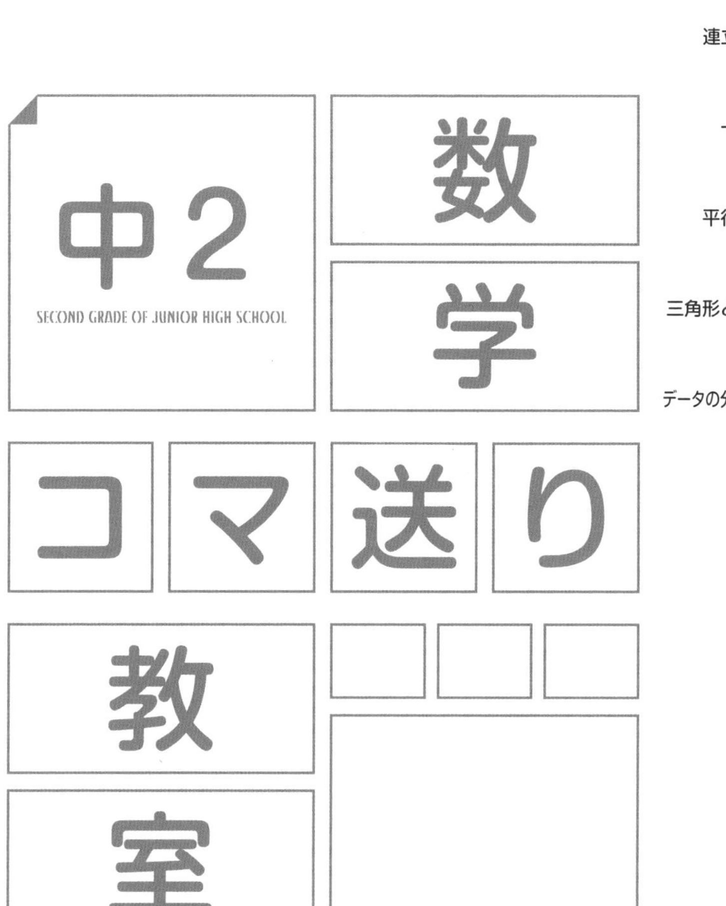

東進ハイスクール中等部・東進中学NET 編著
沖田一希 監修

東進ブックス

はじめに

みなさんこんにちは。本書担当講師のミズクです。
ミズク先生

本書では，彼らネコやイヌでもわかるくらいやさしく「コマ送り」で中学数学を教えます。誰でも絶対わかるように説明しますから，安心してついてきてくださいね。
ネコをニャめてんニョ？
イヌでもわかるワン？
ニャン吉
ワン太

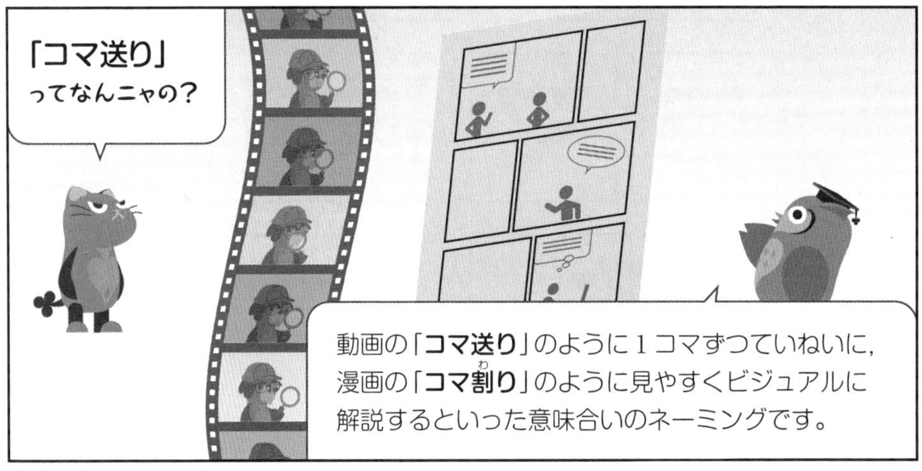

「コマ送り」ってなんニャの？
動画の「コマ送り」のように1コマずつていねいに，漫画の「コマ割り」のように見やすくビジュアルに解説するといった意味合いのネーミングです。

例えば，次の徒競走の1シーンを見てください。この1コマだけでは，どっちが先にゴール*したのか，よくわからないですよね。
スポーツではこういう場面が多いんです

ボクの勝ちだワン！
いや，ボクの勝ちだニャ！
これを，「コマ送り」で見るとどうなるでしょうか？

*先に胴体（頭，首，腕，脚，手，足を除いた部分）がラインに到達したときがフィニッシュ。

2人が並んで
走っています。

全く差がありません。

さあ，ゴールラインが
見えました。

完全に並んでいますが，

ワン太くんのおなかが
先にラインに達したので，

ワン太くんの勝利です。

2
1

この例のように，
どんなにわかりづらいことでも，
1コマずつ「コマ送り」で見れば，
誰でも絶対にわかるんですよ。

空気でおなかを
ふくらませた
ニャ!?
ずるいニャ!!

こうしたコンセプトで
何年もかけて制作されたのが
本書『コマ送り教室』なんです。

バン
コマ送り
つくるの
大変なんですよ

キャラクター紹介

ミズク先生　先生

▶ミミズク*界の実力講師。「数学嫌いを0(ぜろ)にする」を座右の銘(ざゆうのめい)として，元気に優しく日々教鞭をとる。

ニャン吉(きち)　生徒

▶ちょっとオマセで短気なネコ。数学は苦手。難しい問題やワン太の天然ボケにはすぐ腹が立つ。

ワン太(た)　生徒

▶のんびりとマイペースなイヌ。まちがいや失敗を何も気にしない無我の境地を極めている。

*ミミズクはフクロウの一種で，頭に羽角(うかく)（耳のように見える羽の束）がついているものを指す。フクロウはふつう羽角がない。

本書の使い方

本書の使い方はとても簡単！
「1コマずつ読んでいく」だけです。
読むだけでいいワン？

…でも「コマ送り」だから
めっちゃ時間が
かかりそうだニャ…

…と思われるかもしれませんが，
実は全くの「逆」なんですよ。

例えば，
何か食べるときを
イメージしてください。

あまりかまずに
一気に食べると，
体の中で，なかなか
消化されませんよね。

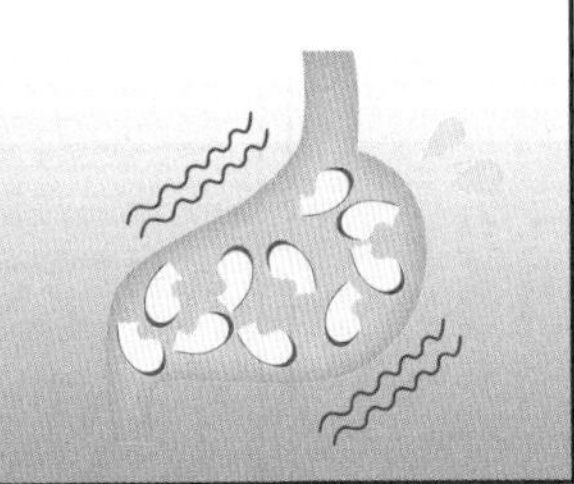

一方，よくかんで，
食べ物を細かくして
から少しずつ食べると，
消化しやすくなります。

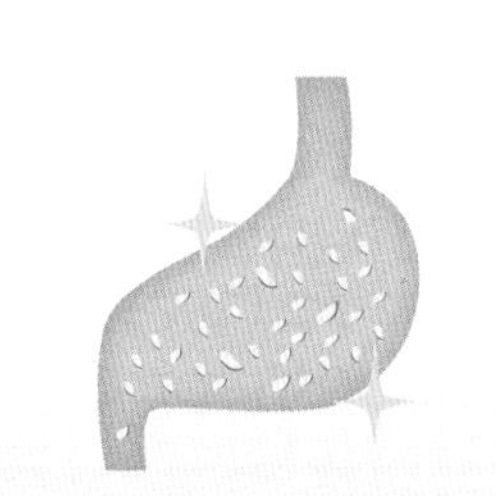

これと同じように，多くの数学の
教科書や参考書は，よくまとまって
はいるのですが，一度に多くの情報
が入ってくる紙面だったり，難しい
表現で書かれていたりするので，
消化には相当の時間がかかります。

一方，本書は，スモールステップで，
1コマずつ，わかりやすく説明する
ので，**とても消化がいい**んですね。
がんばれば，**1日*で1冊全部読み**
終えることも可能なくらいです。

1日で全部読めるニャ!?

*およそ6～12時間程度（ただし個人差があります）。

次のページ（P.6～7）を見てください。
中学３年間で学ぶ数学の系統図（全体像）が載っていますよね。

本書の授業では，この系統図のうち，中２で学ぶ内容を全７章（Chapter 1～7）に分けて授業をします。

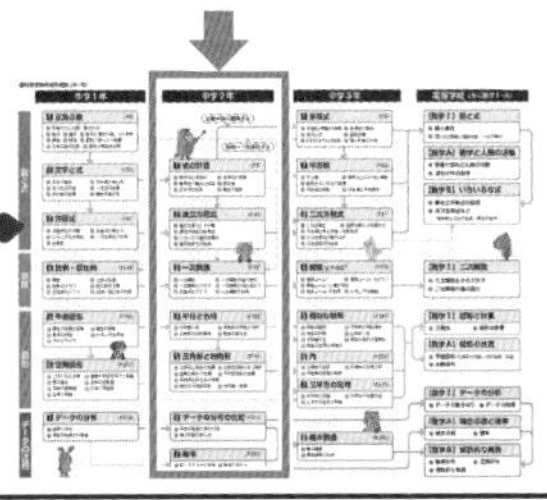

授業の中で，重要なポイントにはこの「POINT マーク」がついていますので，

これがあるところは絶対に覚えましょう。
※覚えないと痛い目にあいます！

ほかにも，以下のようなマークが時々出てきます。
それぞれの意味を覚えて，読み方の参考にしてください。

▶大事な法則。中学でも高校でもずっと使うので，確実に覚えておきましょう。

▶小学校で習った基礎的な事項。忘れていたら復習しておきましょう。

▶しっかり考えてほしいところ。すぐに答えを求めず，まずは自分の頭で考えましょう。

▶じっくり見て理解してほしいところ。読み飛ばさず，じっくり見てください。

▶しっかりと自分で計算してほしいところ。余裕があれば，ノートや紙に書いて計算しましょう。

▶要注意のところ。注意深く見て，しっかり理解しましょう。

なお，各章の最後には，高校入試の良問を掲載した**【実戦演習】**があります。
実際の試験ではどんな問題が出るのか，確認しておきましょう。

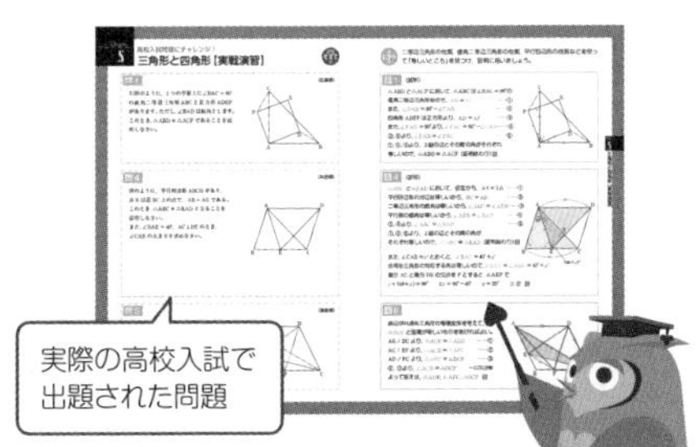

本書を読み終えれば，中２で学ぶ**教科書の内容はほぼ完璧**になります。
学校の予習・復習にも最適ですから，ぜひ本書をマスターして，数学を得意科目にしてくださいね。

❶数学学習内容系統図（中・高）

わからない場合は，前の単元にもどって復習しましょう。

太線➡強く関係する
細線→一部関係する

	中学1年	中学2年
数と式	**1 正負の数** (P.9) 1 符号のついた数・数の大小 2 加法 3 減法 4 加法と減法の混じった計算 5 乗法 6 除法 7 四則の混じった計算 8 正負の数の利用 9 素数と素因数分解	**1 式の計算** (P.9) 1 単項式と多項式 2 多項式の計算 3 単項式の乗法と除法 4 式の値 5 文字式の利用 6 等式の変形
	2 文字と式 (P.51) 1 文字の使用 2 文字式の表し方 3 代入と式の値 4 一次式の計算 5 式が表す数量 6 関係を表す式	**2 連立方程式** (P.37) 1 連立方程式とその解 2 連立方程式の解き方 3 いろいろな連立方程式 4 連立方程式の利用
	3 方程式 (P.75) 1 方程式とその解 2 方程式の解き方 3 いろいろな方程式 4 一次方程式の利用 5 比例式	
関数	**4 比例・反比例** (P.103) 1 関数 2 比例する量 3 比例のグラフ 4 反比例する量 5 反比例のグラフ 6 比例・反比例の利用	**3 一次関数** (P.69) 1 一次関数 2 一次関数の値の変化 3 一次関数のグラフ 4 一次関数の式の求め方 5 方程式とグラフ 6 一次関数の利用
図形	**5 平面図形** (P.141) 1 図形の用語と記号 2 図形の移動 3 基本の作図 4 いろいろな作図 5 円とおうぎ形	**4 平行と合同** (P.117) 1 平行線と角 2 多角形の内角と外角 3 三角形の合同条件 4 証明の進め方
	6 空間図形 (P.179) 1 いろいろな立体 2 直線や平面の平行と垂直 3 面の動き 4 立体の投影図 5 立体の展開図 6 立体の表面積 7 立体の体積	**5 三角形と四角形** (P.155) 1 二等辺三角形の性質 2 二等辺三角形になる条件 3 直角三角形の合同 4 平行四辺形の性質 5 平行四辺形になる条件 6 特別な平行四辺形 7 平行線と面積
データの活用	**7 データの分布** (P.227) 1 度数の分布 2 度数分布表の代表値	**6 データの分布の比較** (P.203) 1 四分位範囲と箱ひげ図 2 箱ひげ図の表し方
		7 確率 (P.221) 1 起こりやすさと確率 2 確率の求め方 3 いろいろな確率

※各単元のページ数は，本シリーズ各学年に対応しています。

中学3年	高等学校（主に数学Ⅰ・A）

1 多項式 (P.9)

1 多項式と単項式の乗除　2 多項式の乗法
3 乗法公式　4 因数分解
5 公式を利用する因数分解　6 式の計算の利用

2 平方根 (P.41)

1 平方根　2 根号をふくむ式の乗除
3 根号をふくむ式の加減
4 平方根の利用　5 近似値と有効数字

3 二次方程式 (P.75)

1 二次方程式　2 因数分解による解き方
3 平方根の考えを使った解き方
4 二次方程式の解の公式
5 二次方程式の利用

4 関数 $y=ax^2$ (P.105)

1 関数 $y=ax^2$　2 関数 $y=ax^2$ のグラフ
3 関数 $y=ax^2$ の値の変化
4 関数 $y=ax^2$ の利用　5 いろいろな関数

5 相似な図形 (P.141)

1 相似な図形　2 三角形の相似条件
3 相似の利用　4 三角形と比
5 平行線と比　6 相似な図形の面積比
7 相似な立体の体積比

6 円 (P.187)

1 円周角の定理　2 円周角の定理の逆
3 円周角の定理の利用

7 三平方の定理 (P.213)

1 三平方の定理　2 三平方の定理の逆
3 三平方の定理の利用

8 標本調査 (P.241)

1 標本調査
2 標本調査の利用

【数学Ⅰ】数と式

- 数と集合
- 式（式の展開と因数分解／一次不等式）

【数学A】数学と人間の活動

- 数量や図形と人間の活動
- 遊びの中の数学

【数学Ⅱ】いろいろな式

- 等式と不等式の証明
- 高次方程式など
（複素数と二次方程式／高次方程式）

【数学Ⅰ】二次関数

- 二次関数とそのグラフ
- 二次関数の値の変化

【数学Ⅰ】図形と計量

- 三角比
- 図形の計量

【数学A】図形の性質

- 平面図形（三角形の性質／円の性質／作図）
- 空間図形

【数学Ⅰ】データの分析

- データの散らばり
- データの相関

【数学A】場合の数と確率

- 場合の数
- 確率

【数学B】統計的な推測

- 確率分布
- 正規分布
- 統計的な推測

もくじ

中学２年（【2021年度】新学習指導要領対応）

数と式

1 式の計算

2 連立方程式

関数

3 一次関数

図形

4 平行と合同

5 三角形と四角形

データの活用

6 データの分布の比較

7 確率

中2　数と式

Chapter

I

式の計算

この単元の位置づけ

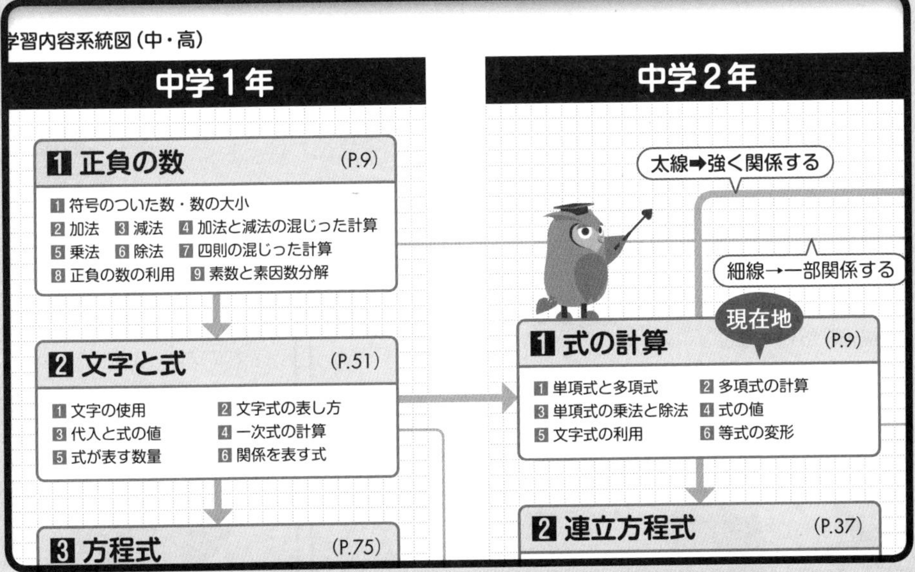

中1では1つの文字をふくむ式の計算を学習しましたが，中2ではそれを発展させ，複数の文字をふくむ式の計算や，単項式・多項式の計算を学びます。

まずは単項式，多項式，次元といった用語の意味をしっかり覚えましょう。次に計算力の養成です。文字式の利用や等式の変形は特に大事なので，完璧を目指して演習をくり返してください。

1 単項式と多項式

問1 （多項式の項）

次の多項式の項をすべていいなさい。

$$5x^2-3ab+y-4$$

多項式…？
どういう意味ニャ…???

1つ1つ説明していきましょう。

$5x^2$ や $-3ab$ などのように，
数や文字の「乗法」だけでつくられた式
のことを「単項式（たんこうしき）」といいます。

$5x^2$ ↑ 単項式　$-3ab$ ↑ 単項式

また，例えば y や -4 などのように，
1つの文字や1つの数でも，
単項式と考えます。

y ↑ 単項式　-4 ↑ 単項式

…ん？
y とか -4 は
「乗法」だけの式
じゃないのに
単項式ニャ？

そうです。
1つの文字や数*でも，
$y=1\times y$
$-4=1\times(-4)$
のように**「乗法」の式であるとも考えられる**ので，
単項式として考えることになっているんです。

さて，これら**単項式**たちを「**＋の符号**」で結びましょう。

単項式＋単項式＋単項式

こうしてできた，
単項式の「和」の形で表された式
のことを「多項式（たこうしき）」というんです。

$$\overbrace{\underbrace{5x^2}_{\text{単項式}}+(\underbrace{-3ab}_{\text{単項式}})+\underbrace{y}_{\text{単項式}}+(\underbrace{-4}_{\text{単項式}})}^{\text{多項式}}$$

そして，「**多項式の一部**」となった
1つ1つの**単項式**は，
多項式の「項（こう）」ともよばれます。

$$\overbrace{\underbrace{5x^2}_{\text{項}}+(\underbrace{-3ab}_{\text{項}})+\underbrace{y}_{\text{項}}+(\underbrace{-4}_{\text{項}})}^{\text{多項式}}$$

＊多項式で文字（変数）をふくまない数字だけの項を「定数項」という。**問1**の多項式では -4 が定数項。

単項式・多項式・項の区別

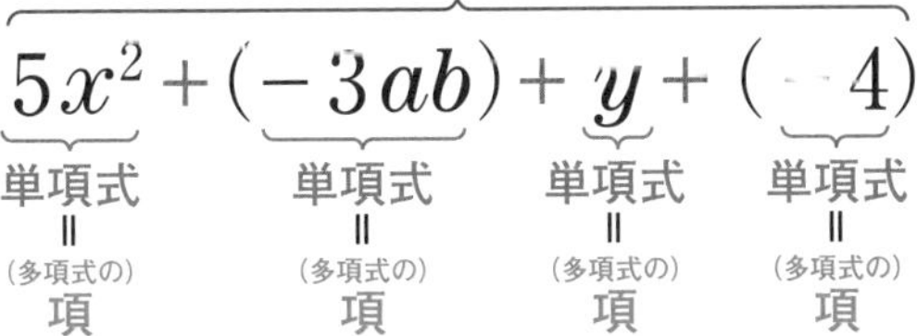

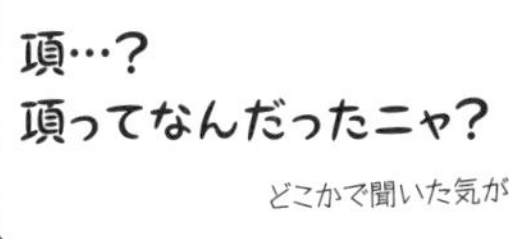

項…？
項ってなんだったニャ？
どこかで聞いた気が…

はて？
「項」は前に習ったワン！

こう書くワン！
項（こう）
思い出したニャ！
怒りと共に!!

MEMO 項（こう）

多項式を構成する各単項式のこと。**加法だけの式**として考えたときの，

（★）+（★）+（★）

の★の部分のこと。

※加法（+）のみで結ばれた式で考える。乗法（×）や除法（÷）をふくむ式では「項」とはいわない。

ちなみに，**問 1** の式

$$5x^2-3ab+y-4$$

は「加法だけの式」ではありませんが，

$$5x^2+(-3ab)+y+(-4)$$

と**加法だけの式（単項式の和）の形になおして考えられます**よね。

だから，**問 1** の式は「多項式」だといえますし，その「項」は

$$5x^2,\ -3ab,\ y,\ -4$$ **答**

の 4 つとなるんです。
これが答えになりますね。

問 2 **（単項式の次数）**

次の単項式の次数をいいなさい。

(1) $8ab$

(2) $-2xy^3$

次数？
何のことニャ？
「次（つぎ）の数（かず）」のことだワン
8 の次の数は 9 だワン

いや，ちがいますよ～
勝手に決めつけないで～

単項式でかけられている「文字の個数」を，その式の「次数（じすう）」といいます。

例えば，
(1)の $8ab$ は，

$$8\times a\times b$$

ということですよね。

かけられている文字は，
a 1つ，b 1つの
合計 2 つなので，
次数は 2 となります。

(1) 2 **答**

(2)も同様に考えましょう。
$-2xy^3$ は，

$$-2\times x\times y\times y\times y$$

と表せます。
かけられている文字の個数は，合計でいくつですか？

文字は合計で10個だワン！

「文字」とは，$x\cdot y\cdot a\cdot b$ などのことです。
アルファベットでかかれてるヤツです

$$-2\times x\times y\times y\times y$$

↑1 ↑2 ↑3 ↑4 ↑5 ↑6 ↑7 ↑8 ↑9 ↑10

ちゃんと話聞いてるニャ？

…x が 1 つで，y が 3 つだから，合計で 4 つだニャ！

$$-2\times x\times y\times y\times y$$

↑1 ↑2 ↑3 ↑4

正解！

ということで，
$-2xy^3$ の次数は 4 となります。

(2) 4 **答**

次数を数えるときは，
-2 などの「係数」は
無視してくださいね。

問3 **（多項式の次数）**

次の式は何次式ですか。

(1) $3x^2+5a-12$

(2) $6x-7y+4$

(3) $2a^2b-3ab-1$

多項式では，各項*の次数のうちで**最も大きいもの**を，その多項式の**次数**といいます。

*「各～」とは「それぞれの～，1つ1つの～」という意味。多項式の「各項」とは「（多項式をつくる）それぞれの項」の意味。

例えば，(1)の多項式では，
各項の次数は以下のとおりです。

(1) $\underbrace{3x^2}_{\text{次数}2}\underbrace{+5a}_{\text{次数}1}\underbrace{-12}_{\text{次数}0}$

※数字だけの項（定数項）の次数は 0 になる。

各項の次数のうちで
最も大きいものは 2 ですよね。

(1) $\underbrace{3x^2}_{\text{次数}2}\underbrace{+5a}_{\text{次数}1}\underbrace{-12}_{\text{次数}0}$
↑

よって，
(1)の多項式の次数は 2 です。

(1) $3x^2+5a-12$ ←次数 2

同様に，(2)の多項式は，
各項の次数のうちで最も大きいもの
は 1 なので，次数は 1 です。

(2) $\underbrace{6x}_{\text{次数}1}\underbrace{-7y}_{\text{次数}1}\underbrace{+4}_{\text{次数}0}$ ←次数 1

(3)の多項式は，各項の次数のうちで
最も大きいものは 3 なので，
次数は 3 です。

(3) $\underbrace{2a^2b}_{\text{次数}3}\underbrace{-3ab}_{\text{次数}2}\underbrace{-1}_{\text{次数}0}$ ←次数 3

そして，ここが大事！

次数が 1 の式を「**一次式**」，
次数が 2 の式を「**二次式**」，
次数が 3 の式を「**三次式**」，
⋮
というんです。

※次数が 4 なら**四次式**，次数が 5 なら**五次式**という。

よって，答えは
以下のようになります。

(1) 二次式 答
(2) 一次式 答
(3) 三次式 答

さあ，単項式，多項式，項，次数についてやりました。これらを自分の口で説明できるくらい，しっかり覚えてください。数学では，ことばの定義を理解することが極めて重要ですからね。

2 多項式の計算

問 1 (多項式の加法)

次の計算をしなさい。

(1) $(2x-3y)+(6x+5y)$

(2) $(3a^2+7a-2)+(4a^2-5a+1)$

「多項式」を理解したら，今度は多項式（一次式・二次式）の計算をやってみましょう。

中１の「**一次式の計算**」で，こういった文字式の計算を解く手順は学びましたよね。覚えていますか？

文字式の計算を解く手順 POINT

❶ **かっこをはずす**〈分配法則など〉

❷ **同類項を集める**〈交換法則〉

❸ **同類項をまとめる**〈分配法則の逆〉

※（文字をふくまない）数は数どうし計算する。
※かっこのない多項式の場合は❶をとばして❷から始める。

全く覚えてないワン！

自信満々にいうニャ！

とりあえず，(1)を解いてみましょう。
まずは，かっこをはずします。

$$(2x-3y)+(6x+5y)$$
$$=2x-3y+6x+5y$$

かっこをはずす

MEMO かっこのはずしかた

かっこの前が＋のときは，そのままかっこを省く。

$+(a+b)=+a+b$ *
$+(a-b)=+a-b$
$+(-a+b)=-a+b$
$+(-a-b)=-a-b$

かっこの前が－のときは，かっこの中の各項の**符号を変えたもの**を和として表す。

$-(a+b)=-a-b$ *
$-(a-b)=-a+b$
$-(-a+b)=+a-b$
$-(-a-b)=+a+b$

*分配法則として考える→ $+(a+b)=(+1)\times(a+b)=+a+b$　$-(a+b)=(-1)\times(a+b)=-a-b$

かっこをはずしたら，次は同類項を集めます。

$$= 2x - 3y + 6x + 5y$$
$$= 2x + 6x - 3y + 5y$$

同類項を集める

そうですね。1つ1つ
説明していきましょう。

例えば，(1)の式を見ると，

$$2x - 3y + 6x + 5y$$

同じ
同じ

青色と橙色の項はそれぞれ，
文字の部分（x，y）が同じですよね。

このように，**文字の部分が全く同じ項**のことを「**同類項**（どうるいこう）」というんです。

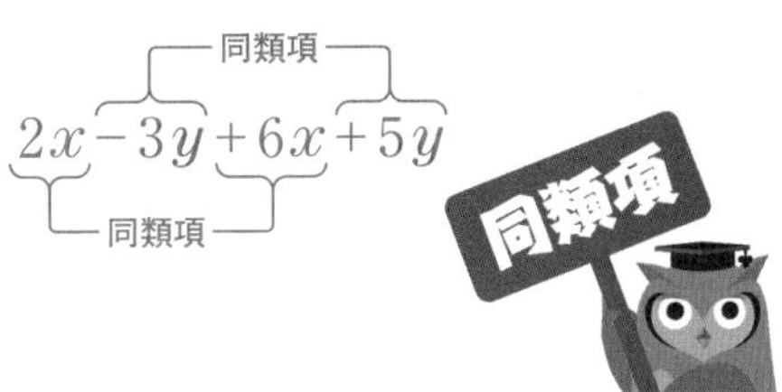

法則

文字式の計算は，「**交換法則**」や「**分配法則の逆**」を使って，
それぞれの**同類項を1つにまとめればよい**，というわけです。

〈交換法則〉

$$a + b = b + a$$

〈各項の並びをどう交換しても計算結果は同じ〉
※交換法則は，加法と乗法のときだけ成り立つ。

〈分配法則〉

$$c \times (a + b) = c \times a + c \times b$$

分配法則の逆

では，(1)の問題にもどりましょう。
交換法則を使って同類項を集めたら，
分配法則の逆を使って，同類項をまとめます。

$$2x + 6x - 3y + 5y$$
$$= (2+6)x + (-3+5)y$$

同類項をまとめる

続けて計算し，それぞれの
同類項が全部まとまったら，
それが答えになります。

$$= (2+6)x + (-3+5)y$$
$$= 8x + 2y$$ 答

(2)も，(1)と同様に考えます。
まずはかっこをはずしましょう。

$$(3a^2+7a-2)+(4a^2-5a+1)$$
$$=3a^2+7a-2+4a^2-5a+1$$

次に，交換法則を使って，
同類項を集めます。

$$=3a^2+7a-2+4a^2-5a+1$$
$$=3a^2+4a^2+7a-5a-2+1$$

最後に，分配法則の逆を使って，
同類項をまとめます。

$$=3a^2+4a^2+7a-5a-2+1$$
$$=(3+4)a^2+(7-5)a+(-2+1)$$
$$=7a^2+2a-1$$ **答**

a^2 と a は，同じ a なのに
「同類項」じゃないニャ？
そう，そこ要注意です。

この a^2 や a のように，
同じ文字であっても，**「累乗の指数」が異なる場合は「同類項」ではない**ので，注意しましょう。

a^2　a ← 同類項ではない

x^3　x^2　x ← 同類項ではない

ちなみに，文字をふくまない項
(＝定数項)は，文字をふくまない項
どうしでまとめればOKですよ。

$$3a^2+4a^2+7a-5a\underline{-2+1}$$

問2 **(多項式の減法)**

次の計算をしなさい。

(1) $(6a-b)-(4a-3b)$

(2) $(x^2-5x-3)-(9x^2-4x+8)$

さあ，今度は多項式の
減法ですが，計算の
手順は同じです。
自分で考えて解いて
みましょう！

(1)は以下のように解きます。

(1) $(6a-b)-(4a-3b)$

$= 6a-b-4a+3b$

$= 6a-4a-b+3b$

$= (6-4)a+(-1+3)b$

$= 2a+2b$ 答

(2)は以下のように解きます。

(2) $(x^2-5x-3)-(9x^2-4x+8)$

$= x^2-5x-3-9x^2+4x-8$

$= x^2-9x^2-5x+4x-3-8$

$= (1-9)x^2+(-5+4)x+(-3-8)$

$= -8x^2-x-11$ 答

問3 (多項式と数の乗法)

次の計算をしなさい。

(1) $-2(3x-2y)$

(2) $3(a-4b-5)$

今度は，多項式（一次式）と数の「**乗法**」の計算ですが，これも中1の「一次式の計算」で学習しましたよね。

(1)の $-2(3x-2y)$ は，

$-2\times(3x-2y)$

の × が省略されている形ですから，**分配法則**を使って計算していきます。

〈分配法則〉

$c\times(a+b) = c\times a+c\times b$

負の数と分配法則

分配法則の公式が $c\times(a-b)$ という形の場合，厳密には $c\times\{a+(-b)\}$ という形であると考えてください。この $(-b)$ の（ ）がはずされて $c\times(a-b)$ になっているというわけです。そして，

$c\times(a-b)=c\times a+c\times(-b)$

という計算になります。

ただし，

$c\times(a-b)=c\times a-c\times b$

として計算しても，結果的には同じになるので，まちがいではありません。

さて，(1)は $c\times(a-b)$ の形なので，以下のように解きます。

(1) $-2(3x-2y)$

$= (-2)\times3x+(-2)\times(-2y)$

$= -6x+4y$ 答

(2)を考えましょう。
(　)の中の項の数が増えても，
同じように分配法則を使って，
かっこをはずして計算します。

(2) $3(a-4b-5)$

$= 3\times a+3\times(-4b)+3\times(-5)$

$= 3a-12b-15$ 答

要するに，かっこをはずして，同類項をまとめればいいだけニャ？

そう，文字式の計算では結局，
❶かっこをはずす→❷同類項を集める→❸同類項をまとめる
という手順は同じなんですよ。

問4 **（多項式と数の除法）**

次の計算をしなさい。

(1) $(6a-4b)\div(-2)$

(2) $(3x-15y-9)\div 3$

文字の混じった**除法**では，わり算の記号 ÷ を使わず，**「逆数***の乗法」**の形になおすのが基本だと，中1の「一次式の計算」で習いましたよね？

$$12b \div 4 = 12b \times \frac{1}{4}$$

逆数

(1)は文字の混じった多項式の**除法**ですから，**逆数**をかける形になおします。

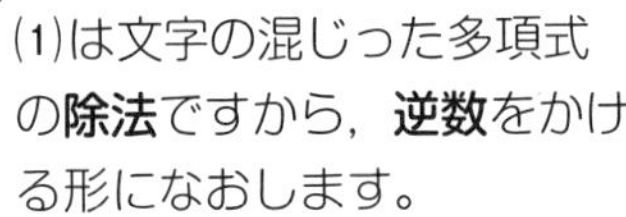

$(6a-4b)\div(-2)$

↓

$= (6a-4b)\times\left(-\frac{1}{2}\right)$

続いて計算すると，

$(6a-4b)\times\left(-\frac{1}{2}\right)$

$= 6a\times\left(-\frac{1}{2}\right)+(-4b)\times\left(-\frac{1}{2}\right)$

$= -3a+2b$ 答

という答えになります。

*逆数…2つの数の積が1になるとき，一方の数を，他方の数の「逆数」という。2の逆数は$\frac{1}{2}$，−2の逆数は$-\frac{1}{2}$である。

(2)は項の数が増えていますが，(1)と同様に計算すれば OK です。

$$(3x-15y-9)\div 3$$
$$=(3x-15y-9)\times\frac{1}{3}$$
$$=3x\times\frac{1}{3}+(-15y)\times\frac{1}{3}+(-9)\times\frac{1}{3}$$
$$=x-5y-3$$ 答

問5 （多項式の四則計算）

次の計算をしなさい。

$$4(x+5y)-3(2x-y)$$

この問題は，
分配法則でかっこを
はずすところが
2 カ所あるので，
計算ミスに
注意しましょう。

かっこをはずしてから，
同類項をまとめます。

$$4(x+5y)-3(2x-y)$$
$$=4x+20y-6x+3y$$
$$=(4-6)x+(20+3)y$$
$$=-2x+23y$$ 答

多項式の計算はいろいろな
パターンがありますが，
❶かっこをはずす
❷同類項を集める
❸同類項をまとめる
という手順は同じなんですね。
たくさん練習して，速く正確に
計算できるようになりましょう。

END

3 単項式の乗法と除法

問 1 （単項式の乗法）

次の計算をしなさい。

(1) $5a\times(-6b)$　(2) $4x\times(-x^3)$

(3) $(-3a)^2\times 2b$

単項式どうしの乗法は，**係数**＊**の積**に**文字の積**をかければいいんです。

乗法では，かけ合わせる順序を自由に入れかえても，その積は変わりませんよね。

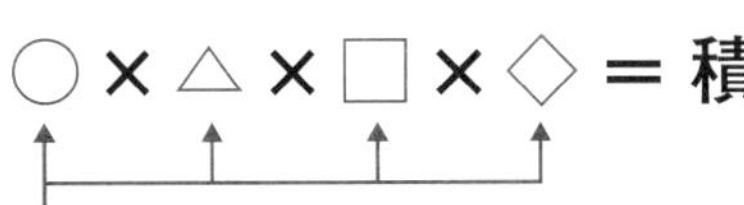

ココは自由に入れかえていいし，どんな順番でかけ合わせてもいい

乗法では（加法と同様に），交換法則と結合法則が成り立つからです。

〈乗法の交換法則〉

$a\times b=b\times a$

〈乗法の結合法則〉

$(a\times b)\times c=a\times(b\times c)$

これをふまえて，(1)をやってみましょう。わかりやすいように，省略されている乗法の記号（×）を表示して考えますよ。

(1) $5a\times(-6b)$

$=5\times a\times(-6)\times b$

まず，**係数と文字を分けて**集めます。

$5\times a\times(-6)\times b$

$=5\times(-6)\times a\times b$

そして，**係数どうし**の積と，

$=5\times(-6)\times a\times b$

$=-30$

文字どうしの積をかければ，

$=5\times(-6)\times a\times b$

$=-30\times ab$

答えになるんです。

$=5\times(-6)\times a\times b$

$=-30\times ab$

$=-30ab$ **答**

＊係数…単項式のある文字に着目したときのほかの部分。主に文字にかけられている数（$5a$ の 5，$-6b$ の -6 など）のこと。

要するに，数字は数字どうし文字は文字どうしかけ合わせればいいニャ？
そう！「文字と数の積は，数を先に書く」というルールに注意してくださいね。

(2)・(3)のように「**指数**」があるときも，(1)と同じように計算します。
最初は，乗法の記号 × をすべて表示して考えるとわかりやすいですよ。

x^3 ← 指数 → $(-3a)^2$

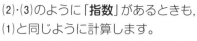

(2) $4x\times(-x^3)$

$=4\times x\times(-1)\times x\times x\times x$

$=4\times(-1)\times x\times x\times x\times x$

$=-4x^4$ 答

(3) $(-3a)^2\times 2b$

$=(-3a)\times(-3a)\times 2b$

$=(-3)\times a\times(-3)\times a\times 2\times b$

$=(-3)\times(-3)\times 2\times a\times a\times b$

$=18a^2b$ 答

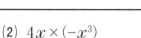

問2 (単項式の除法)

次の計算をしなさい。

(1) $12xy\div(-3x)$

(2) $\dfrac{1}{3}ab^2\div\dfrac{3}{5}b$

文字の混じった**除法**は，÷ の記号を使わずに，「○○**の**○○」の形になおすのが基本だと，前回もやりましたよね？ わかりますか？

(1)は単項式どうしの**除法**なので，「**逆数の乗法**」に変えます。

$12xy\div(-3x)$

$=12xy\times\left(-\dfrac{1}{3x}\right)$

$-3x$ を分数にすると $-\dfrac{3x}{1}$ ですから，逆数は $-\dfrac{1}{3x}$ になります。

まちがえないように注意しましょう。

続けて計算すると，
以下のようになります。

$$12xy\times\left(-\frac{1}{3x}\right)$$

1つの分数で表す

$$=-\frac{12xy}{3x}$$

$$=-\frac{12\times x\times y}{3\times x}$$

乗法の記号×を表示する（省略も可）

$$=-\frac{\overset{4}{\cancel{12}}\times\overset{1}{\cancel{x}}\times y}{\underset{1}{\cancel{3}}\times\underset{1}{\cancel{x}}}$$

約分する

※約分…分数の分子と分母を共通の約数でわって簡単な分数にすること。

$$=-4y$$ 答

(2)も同様に解いてみましょう。

計算

$$(2)\ \frac{1}{3}ab^2\div\frac{3}{5}b$$

$\frac{3}{5}b=\frac{3b}{5}$ ⬇逆数 $\frac{5}{3b}$

$$=\frac{ab^2}{3}\times\frac{5}{3b}$$

$$=\frac{ab^2\times 5}{3\times 3b}$$

$$=\frac{a\times b\times\overset{1}{\cancel{b}}\times 5}{3\times 3\times\underset{1}{\cancel{b}}}$$

$$=\frac{5}{9}ab$$ 答

問3（乗法と除法の混じった計算）

次の計算をしなさい。

$$xy\times x\div x^2y^2$$

×と÷が
混じってるニャ!?
どこから計算
すればいい
ニャ…!?

除法はすべて
乗法になおして
から計算すれば
いいんですよ。

$$xy\times x\div x^2y^2$$

除法を乗法になおす

$$=xy\times x\times\frac{1}{x^2y^2}$$

1つの分数で表す

$$=\frac{xy\times x}{x^2y^2}$$

$$=\frac{x\times y\times x}{x\times x\times y\times y}$$

約分する

$$=\frac{\overset{1}{\cancel{x}}\times\overset{1}{\cancel{y}}\times\overset{1}{\cancel{x}}}{\underset{1}{\cancel{x}}\times\underset{1}{\cancel{x}}\times\underset{1}{\cancel{y}}\times y}$$

$$=\frac{1}{y}$$ 答

ちなみに，慣れてきたら，一気に分数にして計算してもOKですからね。

計算方法は１つではないんです!

$$xy \times x \div x^2y^2$$
$$= \frac{x^2y}{x^2y^2}$$
$$= \frac{1}{y}$$ 別解

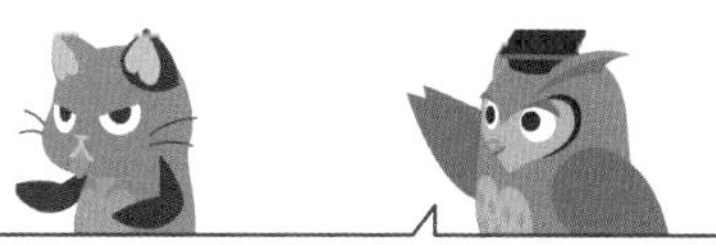

なんで「除法」は必ず「乗法」になおすニャ?

乗法なら**交換法則**や**結合法則**が使えますし，分数になれば係数や文字どうしで**約分**もできます。つまり，「**計算しやすいから**」だと考えてください。

ちなみに，単項式の乗法は**図形**にも応用できるんですよ。

図形にも応用? どーゆーことニャ?

例えば，このような直方体の各辺の長さを文字で表すと，

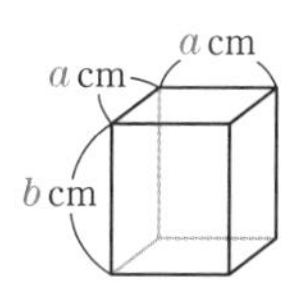

底面積は
$a \times a = a^2$ (cm^2)
体積は
$a \times a \times b = a^2b$ (cm^3)
と文字で表せますよね。

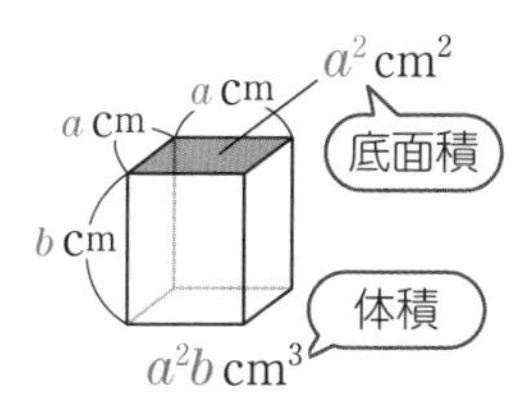

考えて

また，展開図で**表面積**を考えると，
底面積 $= a \times a = a^2$ (cm^2) が２つあって，
側面積 $= a \times b = ab$ (cm^2) が４つあるので，
表面積 $= 2a^2 + 4ab$ (cm^2)
と多項式で表せますよね。

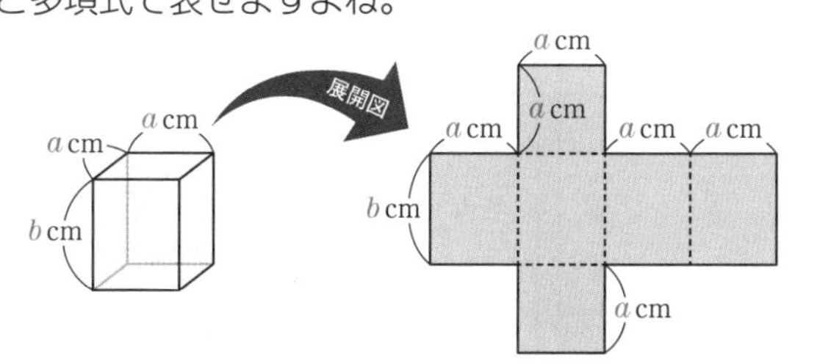

このように，図形の面積や体積も，単項式や多項式で表すことができるわけですね。しっかり応用できるようになりましょうね。

4 式の値

問 1 （代入と式の値）

$x=-3$，$y=4$ のとき，値を代入して，次の式の値を求めなさい。

$$2(3x-5y)-4(2x-3y)$$

式の値…？
中1で習ったかニャ？

そう，中1の「文字と式」でやりましたよね。

結婚式とかお葬式の値段のことだワン？

いや，そんなの中1で習うわけないニャ！

MEMO **代入と式の値**（だいにゅう　しき　あたい）

文字式で，文字の**代**わりに数を**入**れることを「**代入**」という。また，代入して計算した結果を「**式の値**」という。

2　−3
代入　式の値

$$2xy=\underbrace{-12}$$

文字がある式に
数を代入して，
計算して，
それで出た数値が
「式の値」ニャ？

そうです！
では，「式の値」が
わかったところで，
問1を考えましょう。

$x=-3$，$y=4$ ということで，この数をそのまま多項式に**代入**すると，

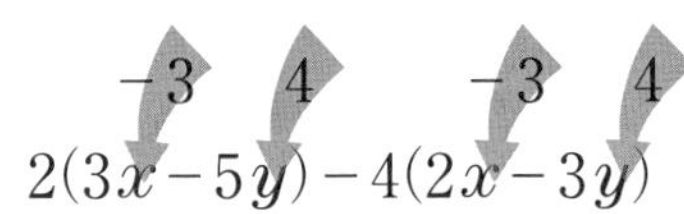

−3　4　−3　4

$$2(3x-5y)-4(2x-3y)$$

このように，計算がちょっと面倒ですよね。

$$2\times\{3\times(-3)-5\times4\}-4\times\{2\times(-3)-3\times4\}$$
$$=2\times(-9-20)-4\times(-6-12)$$
$$=2\times(-29)-4\times(-18)$$
$$=-58+72$$
$$=14$$ 答

ダメではありませんが…

こういった多項式の場合は，

❶ **かっこをはずす**
❷ **同類項を集める**〈交換法則〉
❸ **同類項をまとめる**〈分配法則の逆〉

という通常の計算をしてから，
与えられた数値を代入する方が
カンタンなんです。

まず，「分配法則」を使って，かっこをはずします。

$$2(3x-5y)-4(2x-3y)$$
$$=2\times 3x+2\times(-5y)-4\times 2x-4\times(-3y)$$
$$=6x-10y-8x+12y$$

同類項を集めて，まとめます。

$$6x-10y-8x+12y$$
$$=6x-8x-10y+12y$$
$$=-2x+2y$$

こうすると，最初より文字も少なく，カンタンな式になりますよね。

Before ビフォー $2(3x-5y)-4(2x-3y)$

After アフター $-2x+2y$

この式に
$x=-3$，$y=4$
を代入すると，

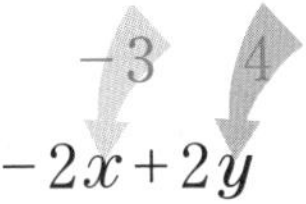

$-2x+2y$

$$-2\times(-3)+2\times 4$$
$$=6+8$$
$$=14$$ 答

なんと，
あっという間に
「式の値」は 14 だと
わかりました。

このように，
先に**式を計算（整理）**してから値を代入する方が，一般的に「式の値」は求めやすいんですね。

代入する値が小数や分数の場合もありますが，**手順は同じ**です。
式を計算してから代入することを意識しましょう。

5 文字式の利用

問1 (式による説明①)

3つの続いた整数の和は3の倍数になる。
このわけを，文字を使って説明しなさい。
ただし，中央の整数を n としなさい。

…ふぁ!?
わけを説明しなさい?
えらそうに
何をいってるニャ!?

中1の「式が表す数量」で，整数※を n とすると，すべての偶数・奇数・倍数は n を使った文字式1つで表すことができる，と学習しましたよね。

n	-2	-1	0	1	2	3	→整数
$2n$	-4	-2	0	2	4	6	→偶数
$2n+1$	-3	-1	1	3	5	7	→奇数
$3n$	-6	-3	0	3	6	9	→3の倍数

※整数…「正の整数(=自然数)」と「0」と「負の整数」すべてのこと。2でわり切れる整数(2，4，6，8など)を**偶数**といい，2でわり切れない整数(1，3，5，7など)を**奇数**という。

今回は，**文字を使った式による説明**の仕方を学習します。
まずは問題文をしっかり読んで，その内容を**文字で表す**ところから始めましょう。

「3つの続いた整数」があります。

(整数)，(整数)，(整数)

「中央の整数を n」とすると，

(整数)，n，(整数)

「3つの続いた整数」は，このように表すことができます。

$$(n-1),\ n,\ (n+1)$$

1小さい数　1大きい数

「3つの続いた整数の**和**」なので，**加法**(+)の記号で結びます。

$$(n-1)+n+(n+1)$$

「3つの続いた整数の和」を計算すると,

$(n-1)+n+(n+1)$

$= n-1+n+n+1$

$= n+n+n-1+1$

$= 3n$

n は整数だから,
$3n$ は3の倍数に
なります。

$= 3n$ → 3の倍数

つまり,問題文の内容を,
文字を使った式で
表すことができたわけです。

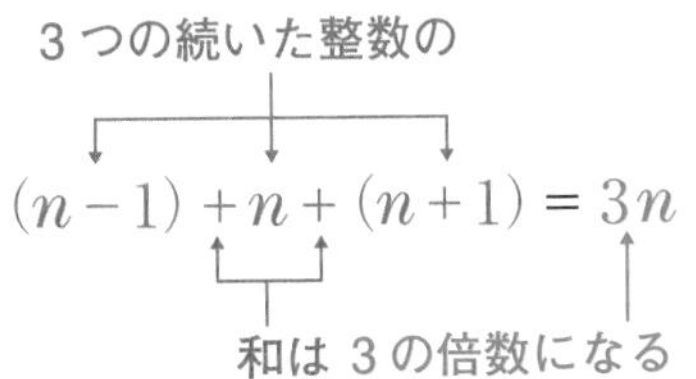

これを根拠として
簡潔に説明すればいいんです。
「説明しなさい」という問いなので,
次のように**文章で説明**を書いて
答えなければいけません。

※最初は難しいと思いますので,まずは読んで
「あ,なるほどね」と理解できれば OK ですよ。

【説明】答(例)

3つの続いた整数のうち,
中央の整数を n とすると,
3つの続いた整数は,
$n-1$, n, $n+1$
と表される。
したがって,それらの和は,
$(n-1)+n+(n+1)=3n$
n は整数だから,$3n$ は3の倍数である。
よって,3つの続いた整数の和は,
3の倍数になる。

問題にある数を
❶ 文字で表す

問題にある計算方法で
❷ 計算する

計算結果を根拠に
❸ 結論づける

問１の説明文はよくある基本的なパターンです。まずは「式による説明の基本手順」を覚えて，これをベースに何度も練習して慣れていきましょう。

式による説明の基本手順

① 問題にある数（整数・偶数・奇数など）を **文字で表す**

② 問題にある計算方法（＋ － × ÷）で **計算する**

③ 計算結果を根拠に（それを理由として） **結論づける**

問２ （式による説明②）

２つの奇数の和は偶数になることを説明しなさい。

「２つの奇数の　和は　偶数になる」をことばの式で表すと，

$$(\text{奇数})+(\text{奇数})=(\text{偶数})$$

となりますよね。これを正しく文字式で表して，計算を成立させられればいいんです。

「偶数」・「奇数」に関しては，

偶数…２の倍数
奇数…２の倍数に１をたした数

と考えましょう。

そして，整数を n とすると，

偶数…$2n$
奇数…$2n+1$

と表すことができますよね。

$$\underbrace{(2n+1)}_{\text{奇数}}+\underbrace{(2n+1)}_{\text{奇数}}=\underbrace{2n}_{\text{偶数}}$$

わかったニャ！
こうすればいいニャ？

それだと，等号が成立しませんよね。

$$(2n+1)+(2n+1)=\cancel{2n}\ 4n+2$$

表した計算がちゃんと成立しないと，説明の根拠にはならないんです。

あっ！
ほんとニャ！

$(2n+1)+(2n+1)$

$=4n+2$

$=2(2n+1)$　分配法則の逆

というこ と ニャので…

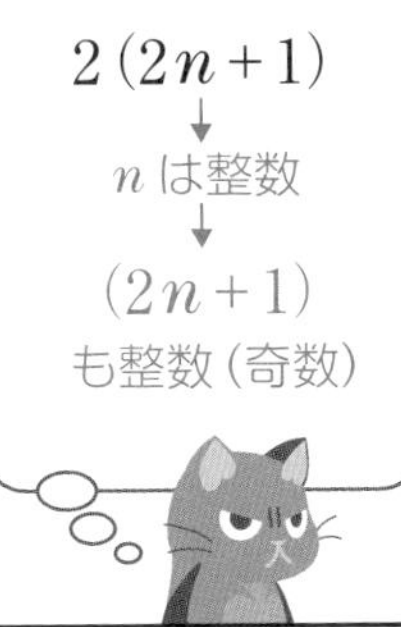

2 (2n+1)
n は整数
(2n+1)
も整数（奇数）

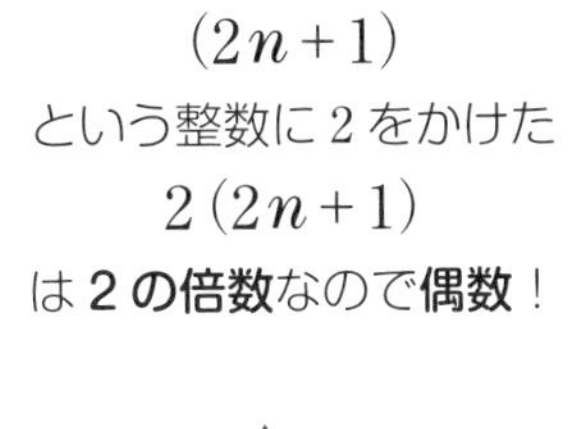

(2n+1)
という整数に 2 をかけた
2 (2n+1)
は 2 の倍数なので偶数！

いけるニャ!?

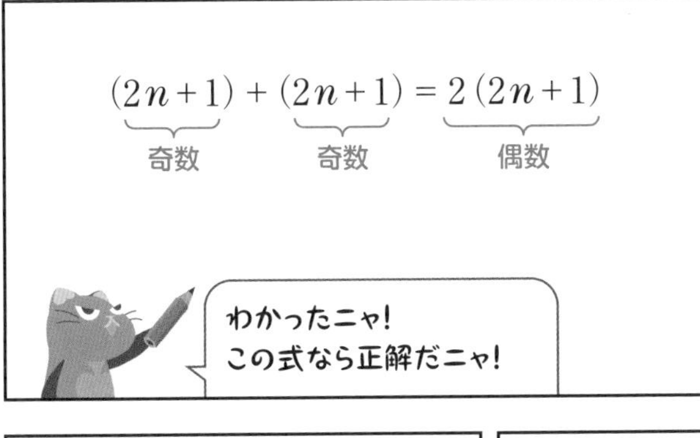

(2n+1) + (2n+1) = 2 (2n+1)
奇数
奇数
偶数
わかったニャ!
この式なら正解だニャ!

う～ん
おしい！
残念!
ニャんで!?

この式だと，「**全く同じ奇数**」をたすという意味になるからです。

$(2n+1)+(2n+1)$

全く同じ奇数

※n どうしは同じ数で，別々の数になることはない。

問題文が求めているのは，「**どんな**奇数をたしても，絶対に偶数になる」ことの説明なんですよ。

2 つの奇数の和は偶数になること
を説明しなさい。

ニャるほど…

こういう場合は，n と m の 2 文字を使って，**2 つの（同じではない）奇数**を表せばいいんです。

$2m+1$　　$2n+1$

同じでない奇数　（m，n を整数とする）

※ここでは n に近い m を使っているが，どんな文字を使ってもよい。

$2m+1$ と $2n+1$ は同じでない奇数（& どんな奇数にもなれる）を表すので，この**和**が**偶数**になることを説明しましょう。

ニャるほど!

$$\begin{aligned}&(2m+1)+(2n+1)\\=\ &2m+1+2n+1\\=\ &2m+2n+2\\=\ &2(m+n+1)\end{aligned}$$

m, n は整数です。
$(m+n+1)$ は**整数どうしの和**ですから,
「整数」になりますよね。

$$2\underbrace{(m+n+1)}_{\text{整数}}$$

$2(m+n+1)$ は「$2\times$(整数)」
という形なので，2の倍数(2でわり切れる整数),
つまり**偶数**になりますよね。

$$\underbrace{2(m+n+1)}_{\text{偶数}}$$

この計算結果を根拠として,
結論づければいいんです。
答えは次のように書きましょう。
(これはあくまでも答えの一例です)

【説明】答(例)

m, n を整数とすると，2つの奇数は
　$2m+1$, $2n+1$
と表される。
したがって，それらの和は,

$$\begin{aligned}&(2m+1)+(2n+1)\\=\ &2m+1+2n+1\\=\ &2m+2n+2\\=\ &2(m+n+1)\end{aligned}$$

$m+n+1$ は整数だから,
$2(m+n+1)$ は2の倍数，つまり偶数になる。
よって，2つの奇数の和は偶数になる。

問題にある数を
❶ **文字で表す**

問題にある計算方法で
❷ **計算する**

計算結果を根拠に
❸ **結論づける**

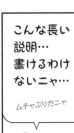

こんな長い説明…書けるわけないニャ…

ムチャぶりだニャ

そうですね。
まあ，まずは，
「説明のイメージ」を
固めておくといいか
もしれません。

説明しなければならない，こういった文章を〈お題〉とよびましょう。

〈お題〉

3 つの続いた整数の和は 3 の倍数になる

〈お題〉

2 つの奇数の和は偶数になる

こういった感じの
イメージで，
簡潔に説明すれば
いいわけです。

【説明のイメージ】

❶ 〈お題〉の内容を文字式で表したよ！

↓

❷ 計算したら，1 つの文字式が出てきたよ！

↓

❸ この文字式は，〈お題〉の条件に合うよ！
したがって，〈お題〉のとおりだよ！

また，文字式で表す数には一定のパターンがありますから，これも覚える！

文字式	表す数	備考
$2n$	偶数	（n は整数とする）
$2n+1$	奇数	偶数（$=2n$）より 1 大きい数。$2n-1$ でも奇数を表す。
$3n$	3 の倍数	$4n$ なら 4 の倍数，$9n$ なら 9 の倍数
$10a+b$	2 けたの数	$100a+10b+c$ なら 3 けたの数

あとはとにかく，今回やった問題の「答え」を，ノートなどに何度も書き写してください。
式による説明は，**答えを真似**して書いていくうちに，必ず上達します。
がんばりましょうね！

答えを真似して書くワン！
答
無駄にうまいニャー！
その「答え」じゃないニャ！
END

6 等式の変形

問 1 （等式の変形）

$2x-3y=4$ を x について解きなさい。

x について解く？
どういう意味ニャ？
!?
なぞの命令ニャ…
いや，特に深く考えなくても大丈夫ですよ。

「x について解く」というのは，
式全体を，

$$x = \sim$$

（x 以外の文字や数の式）

という形にすることです。

「y について解く」というのは，
式全体を，

$$y = \sim$$

（y 以外の文字や数の式）

という形にすることです。

文字が 2 つ以上ある等式（方程式）では，どの文字について解けばいいのかを，はっきりと指定しないといけないわけですね。

$2x-3y=4$
- → x について解く → $x = \sim$
- → y について解く → $y = \sim$

※中1で習う等式（方程式）では，文字が 1 つだけなので，「（文字）について解く」と指定する必要がなかった。

問 1 は，「x について解きなさい」なので，等式を変形して「$x=\sim$」の形にすれば答えになります。

$$2x-3y=4$$

↓ 移項❶

$$2x=3y+4$$

↓ 両辺を 2 でわる

$$x=\frac{3y+4}{2}$$ **答**

y の文字が残ってても答えになるニョね…
そう！
「$x=\sim$」の形であれば，なんでも答えになります。

❶ 移項…等式や不等式で，一方の辺にある項を，符号を変えて他方の辺に移すこと。

問2 （図形と等式）

右の図の三角形の面積を S cm² とするとき，次の問いに答えなさい。

(1) S，a，h の関係式をつくりなさい。

(2) (1)の式を h について解きなさい。

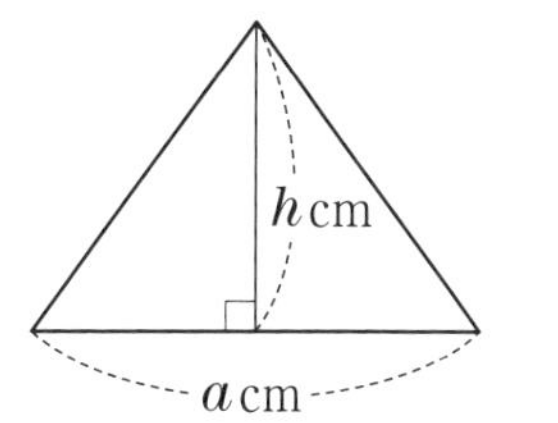

(1)を考えましょう。
三角形の面積＝(底辺)×(高さ)×$\frac{1}{2}$
ですから，

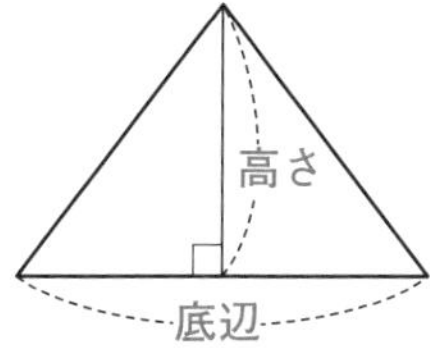

S，a，h の関係を表す式は，

$$S = a \times h \times \frac{1}{2}$$

(面積)　(底辺)　(高さ)

$$S = \frac{1}{2}ah$$ 答

となります。

(2)は，(1)で求めた式を「h＝〜」の形にするということですよね。

$$S = \frac{1}{2}ah$$

両辺を入れかえる

$$\frac{1}{2}ah = S$$

両辺に2をかける

$$ah = 2S$$

両辺を a でわる

$$h = \frac{2S}{a}$$ 答

「h について解く」ときは，左辺を h だけにして，「h＝ 〜 」の形で答えるのが原則です。

さて，等式を変形して，(文字)について解く方法，わかったでしょうか。

これは，**問2**のように，図形に絡(から)めて出題されることが多いので，解き方をしっかり身につけておきましょうね。

今回は結構カンタンだったニャ
END

高校入試問題にチャレンジ！

式の計算【実戦演習】

問 1　次の計算をしなさい。　〈青森県〉

$$(2x^2-5x)-(3x^2-2x)$$

問 2　次の計算をしなさい。　〈愛知県〉

$$6\left(\frac{2x}{3}-\frac{y}{4}\right)-2(2x-y)$$

問 3　次の計算をしなさい。　〈山形県〉

$$(-8ab+12b^2)\div 2b$$

問 4　〈長崎県〉

$x=3$, $y=2$ のとき，

$(-6xy^2)\div 3y$

の値を求めよ。

問 5　〈埼玉県〉

等式 $l=2(a+b)$ を，

b について解きなさい。

問 6　〈秋田県㊌〉

「連続する3つの奇数で最も小さい奇数と最も大きい奇数の和は，中央の奇数の2倍になる」ことを，説明しなさい。

文字式の計算を解く手順は，「かっこをはずす」→「同類項を集める」→「同類項をまとめる」が基本となります。

答1

$(2x^2-5x)-(3x^2-2x)$
$=2x^2-5x-3x^2+2x$
$=2x^2-3x^2-5x+2x$
$=(2-3)x^2+(-5+2)x$
$=-x^2-3x$ 答

答2

$6\left(\frac{2x}{3}-\frac{y}{4}\right)-2(2x-y)$
$=4x-\frac{3}{2}y-4x+2y$
$=-\frac{3}{2}y+\frac{4}{2}y$
$=\frac{1}{2}y$ 答

答3

$(-8ab+12b^2)\div 2b$
$=(-8ab+12b^2)\times\frac{1}{2b}$
$=-8ab\times\frac{1}{2b}+12b^2\times\frac{1}{2b}$
$=-4a+6b$ 答

答4

$(-6xy^2)\div 3y$
$=(-6xy^2)\times\frac{1}{3y}$
$=-2xy$
$=-2\times3\times2$
$=-12$ 答

$x=3$, $y=2$ を代入する

※代入する前に，文字式のまま計算をする方が簡単に答えが求まることが多い。

答5

b について解くので，最終的に「$b=\sim$」の形になればよい。

$l=2(a+b)$
$2(a+b)=l$
$2a+2b=l$
$2b=l-2a$
$b=\frac{1}{2}l-a$ 答

答6 （説明）答(例)

n を整数として，連続する 3 つの奇数のうち最も小さい奇数を $2n+1$ と表すと，連続する 3 つの奇数は小さい順に
$2n+1$，$2n+3$，$2n+5$ となる。
最も小さい奇数と最も大きい奇数の和は，
$(2n+1)+(2n+5)=4n+6$
$=2(2n+3)$
したがって，連続する 3 つの奇数で，最も小さい奇数と最も大きい奇数の和は，中央の奇数の 2 倍になる。

COLUMN-1

8 ÷ 2 (2 + 2) = ?

2019年，インターネット上では，一見すると小学生でも簡単に答えを出せそうな「8 ÷ 2 (2 + 2)」の答えをめぐって，世界を巻き込んだ喧々諤々（けんけんがくがく）の大騒動が起こりました。

上の式に違和（いわ）感を覚えた人がいるかもしれません。教科書では「×」が省略できるのは「$2 \times a = 2a$」のように文字の混じったかけ算の場合だけ。その部分には目をつぶって，「8 ÷ 2 × (2 + 2)」として計算してみましょう！ 君の答えはいくつになりました？

なぜかしら，答えが1つのはずの計算で答えが2つに分かれてしまいます。その理由は計算の優先順位にあります。ここで，計算の優先順位を確認します。第1位は「かっこ」，第2位は「累乗」，第3位は「乗法，除法」，第4位は「加法，減法」でした。第3位の「乗法」と「除法」に優先順位が定められていないので，答えが2つに分かれてしまうんです。

計算順序をもう少し厳格に決めている国や地域もあり，アメリカ式だと，Parentheses（かっこ），Exponents（指数〔累乗〕），Multiplication（乗法），Division（除法），Addition（加法），Subtraction（減法）の頭文字をとって，「PEMDAS（ペムダス）」の順序で計算します。この方式で乗法を優先して，かっこ→乗法→除法の順に計算すると，

$$8 \div 2 \times (2 + 2) = 8 \div 2 \times 4 = 8 \div 8 = 1$$

イギリス式だと，Brackets（かっこ），Order（累乗），Division（除法），Multiplication（乗法），Addition（加法），Subtraction（減法）の頭文字をとって，「BODMAS（ボドマス）」の順序で計算します。この方式で除法を優先して，かっこ→除法→乗法の順に計算すると，

$$8 \div 2 \times (2 + 2) = 8 \div 2 \times 4 = 4 \times 4 = 16$$

となります。アカデミックな雑誌では，省略されている乗法は除法に優先し，式の左から順に計算していくとされることが多いようです。

実はこうした問題は100年前から議論されていましたが，今もって習った場所で答えが変わるという状態です。「1」，「16」以外の答えになった人は計算の優先順位を要復習です！

（文：沖田一希）

中2 数と式

Chapter 2

連立方程式

この単元の位置づけ

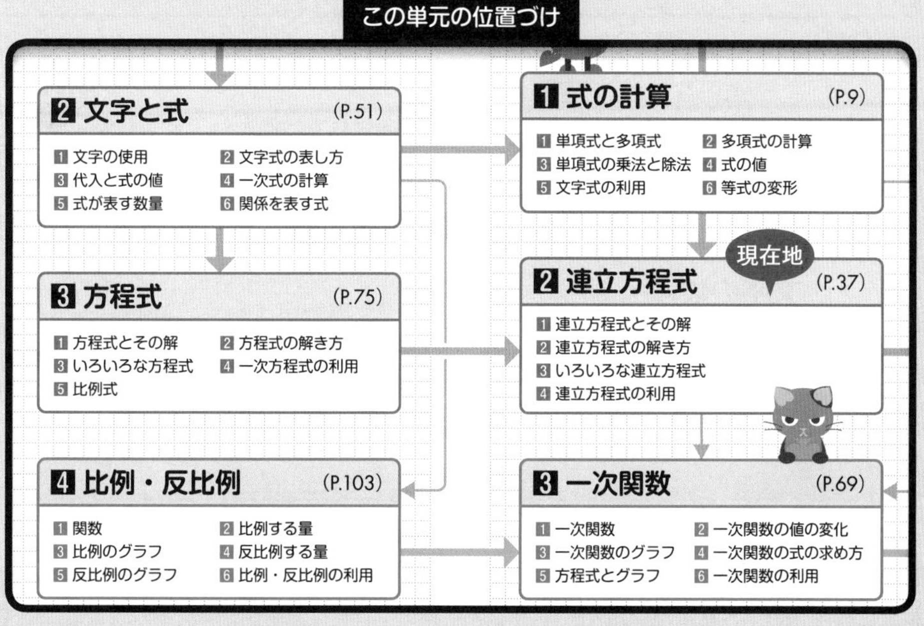

2 文字と式 (P.51)
1 文字の使用 2 文字式の表し方
3 代入と式の値 4 一次式の計算
5 式が表す数量 6 関係を表す式
3 方程式 (P.75)
1 方程式とその解 2 方程式の解き方
3 いろいろな方程式 4 一次方程式の利用
5 比例式
4 比例・反比例 (P.103)
1 関数 2 比例する量
3 比例のグラフ 4 反比例する量
5 反比例のグラフ 6 比例・反比例の利用
1 式の計算 (P.9)
1 単項式と多項式 2 多項式の計算
3 単項式の乗法と除法 4 式の値
5 文字式の利用 6 等式の変形
現在地
2 連立方程式 (P.37)
1 連立方程式とその解
2 連立方程式の解き方
3 いろいろな連立方程式
4 連立方程式の利用
3 一次関数 (P.69)
1 一次関数 2 一次関数の値の変化
3 一次関数のグラフ 4 一次関数の式の求め方
5 方程式とグラフ 6 一次関数の利用

中1では「1つの文字」をふくむ方程式を学習しましたが，中2では「2つの文字」をふくむ2組の方程式――連立方程式を学びます。解を求める方法を身につけたら，ひたすら演習をくり返して強靱(きょうじん)な計算力を養成してください。文章題を苦手とする人は多いのですが，実はワンパターンな問題ばかり。本書の解答をすべて暗記するくらいくり返せば，必ずできるようになります。

I 連立方程式とその解

問1 （二元一次方程式の解①）

二元一次方程式 $x+y=6$ を成り立たせる x, y の値の組を求め，下の表の空欄をうめなさい。

x	0	1	2	3	4	5	6
y							

…ふぁ!?
「二元一次方程式」ってなんニャ?
x と y，文字が２つもあるニャ?

数学で使う「元（げん）」とは，「方程式の**文字**（未知数）」のことです。

「○元□次方程式」などという名称は，
「○元」で**文字**（未知数）の数を，「□次」で**次数**を表しているわけです。

○元□次方程式

文字の数 ← ○　□ → 次数

※次数…単項式でかけられている文字の個数。多項式では，各項の次数のうちで最も大きいもの。

例 $x+2=6$ → 一元一次方程式　　$x+y=6$ → 二元一次方程式

$x^2+y=6$ → 二元二次方程式　　$x^3+y^2+z=6$ → 三元三次方程式

問１の式

$$x+y=6$$

は，文字が x，y と２つある一次方程式なので，「二元一次方程式」といってるんですね。

さて，問題の表は，x が 0〜6 のとき，y はそれぞれどんな値になるでしょうか，という表です。

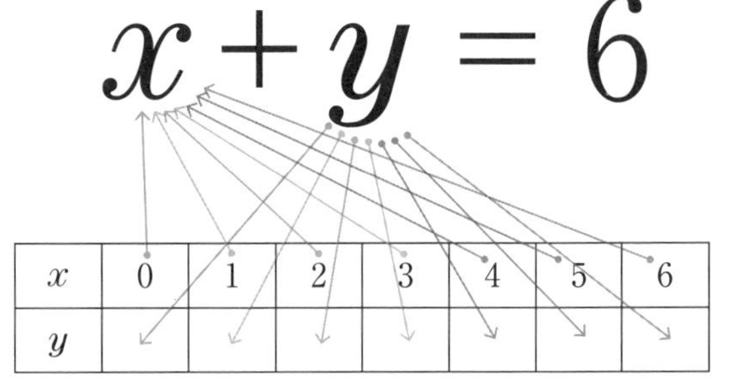

例えば，$x=0$ のとき，
式に $x=0$ を代入すると，

$$0+y=6$$
$$y=6$$

y の値は 6 になります。

x	0	1	2
y	6		

$x=1$ のときは，

$$1+y=6$$
$$y=5$$

x	0	1	2
y	6	5	

$x=2$ のときは，

$$2+y=6$$
$$y=4$$

x	0	1	2
y	6	5	4

このように，$x+y=6$ に x の値を代入していくと，
y の値が求められ，空欄がうまりますね。

x	0	1	2	3	4	5	6
y	6	5	4	3	2	1	0

答

さて，この x と y，
文字の値の**組**に注目
してください。

組？

例えば，x，y の値の組 (0，6) なら，
「$x+y=6$」という二元一次方程式は，
成り立ちます*よね。

代入すると $0+6=6$ となって計算が合いますから

x	0	1	2	3	4
y	6	5	4	3	2

同様に，(1，5) という組でも，
(2，4) という組でも，この方程式は
成り立ちます。

x	0	1	2	3	4
y	6	5	4	3	2

このような，
方程式を成り立たせる
文字の値（の組）を
「解（かい）」というんですよね。

貝（かい）？

3回目!!
だからその貝じゃないニャ！

表にある (3，3) や
(4，2) も「解」ニャ？

そう，もちろん，
それも「解」になります。

*成り立つ…必要な条件が満たされてできあがる。（式の計算が合うなど，おかしいところがなく）成立する。

仮に，x，y の値の組が (2.4，3.6) などの**小数**でも，($\frac{2}{3}$，$\frac{16}{3}$) などの**分数**でも，方程式が成り立つなら，それは「**解**」になります。

x	2.4	$\frac{2}{3}$
y	3.6	$\frac{16}{3}$

解← 解←

そう，特に条件がなければ，**解は無数にある**というわけです。

問２（二元一次方程式の解②）

二元一次方程式 $x+2y=7$ を成り立たせる x，y の値の組を求め，下の表の空欄をうめなさい。

x	0	1	2	3	4	5	6
y							

今度は自分で考えて，**解**を求めましょう。
答えをまとめると，下表のようになります。
※分数で答えてもかまいません。

x	0	1	2	3	4	5	6
y	3.5 $\left(\frac{7}{2}\right)$	3	2.5 $\left(\frac{5}{2}\right)$	2	1.5 $\left(\frac{3}{2}\right)$	1	0.5 $\left(\frac{1}{2}\right)$

答

では次。
問１の $x+y=6$ と，**問２**の $x+2y=7$，この**両方**の方程式を成り立たせる x，y の値の組は何か。
今度はそれを考えましょう。

問３（連立方程式の解）

問１，**問２**の結果を利用して，

連立方程式 $\begin{cases} x+y=6 \\ x+2y=7 \end{cases}$

を解きなさい。

ニャー!!!
ついに出たニャ
「連立方程式」!
うわさに聞く
やっかいなヤツ
だニャ!!??

大丈夫ですよ。
１つ１つ
説明して
いきましょう。

2つ(以上)の文字(未知数)をふくむ2つ(以上)の方程式の組を「**連立方程式**(れんりつ)」といいます。

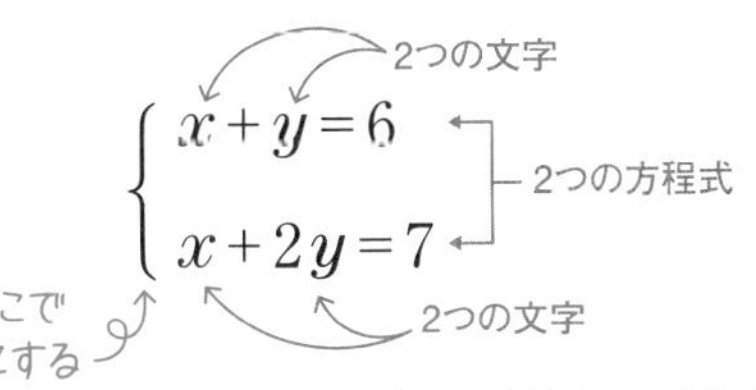

※連立…2つ以上のものが並び立つこと。

そして，**2つの方程式のどちらも成り立たせる文字の値(の組)**を，連立方程式の「解(かい)」といいます。

つまり，**2つの方程式に共通する解**が連立方程式の**解**となります。
そして，この**解を求めること**を連立方程式を「**解く**」というんです。

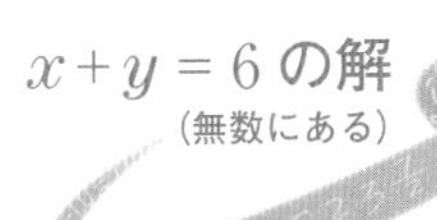

さて，**問1**と**問2**の結果を見比べてみましょう。
両方に共通の解はどれでしょうか？

…そう，(5, 1)の組ですね。

問1

x	0	1	2	3	4	5	6
y	6	5	4	3	2	1	0

問2

x	0	1	2	3	4	5	6
y	3.5	3	2.5	2	1.5	1	0.5

$x=5$，$y=1$ という値の組であれば，
$x+y=6$ と $x+2y=7$，
両方の方程式が同時に成り立ちます。
それ以外の値では成り立ちません。
したがって，この連立方程式の解は，

$$x=5,\ y=1$$ 答

となります。

さて，連立方程式とその解について，まずは理解できましたね。
次回からは，**連立方程式の解き方**を学んでいきます。テストによく出るところなので，がんばりましょう！

END

2 連立方程式の解き方

問 1 （加減法①）

次の連立方程式を解きなさい。

$$\begin{cases} 3x+4y=15 & \cdots\cdots ① \\ 3x+2y=9 & \cdots\cdots ② \end{cases}$$

連立方程式の解き方には，「**加減法**（かげんほう）」と「**代入法**（だいにゅうほう）」という，2つの方法があります。

POINT

両方に共通するポイントは，まず最初に x か y のどちらかを**消去する**ことです。

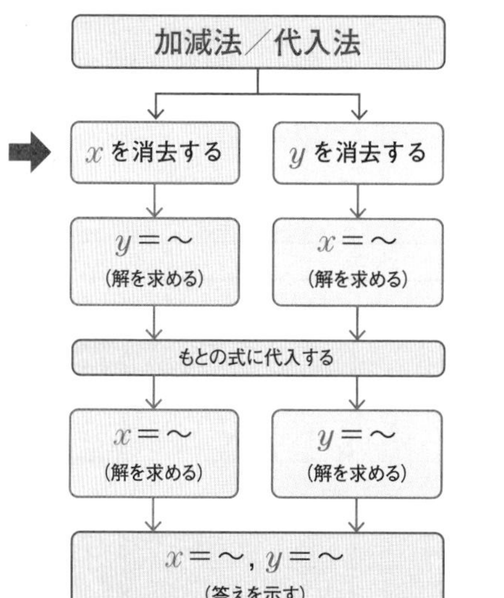

消去する？
「消す」ってことニャ？

そうです。例えば，文字 x をふくむ連立方程式から，x をふくまない1つの方程式をつくることを，x を「**消去する**」といいます。

$$\begin{cases} ○x+□y=〜 \\ ◇x+△y=〜 \end{cases}$$

x を消去する → $y=$〜

くわしくは，これから説明しますよ。まずは「加減法」からやりましょう。

これは，中1で習う「等式の性質❶❷」を使った方法です。つまり，「**等式の両辺は等しいので，両辺に同じ数（や式）をたしたりひいたりしても，等しいままである（等式は成り立つ）**」という性質を使うんです。

まずはこれをしっかり復習しましょう！

等式の性質

❶ **等式の両辺に同じ数（や式）をたしても，等式は成り立つ。**

$A = B$ ならば $A + C = B + C$

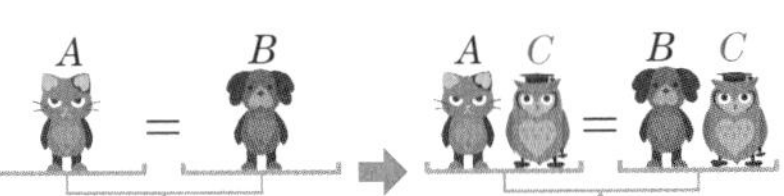

❷ **等式の両辺から同じ数（や式）をひいても，等式は成り立つ。**

$A = B$ ならば $A - C = B - C$

❸ **等式の両辺に同じ数をかけても，等式は成り立つ。**

$A = B$ ならば $AC = BC$

❹ **等式の両辺を（0 でない）同じ数でわっても，等式は成り立つ。**

$A = B$ ならば $\dfrac{A}{C} = \dfrac{B}{C}$ $(C \neq 0)$

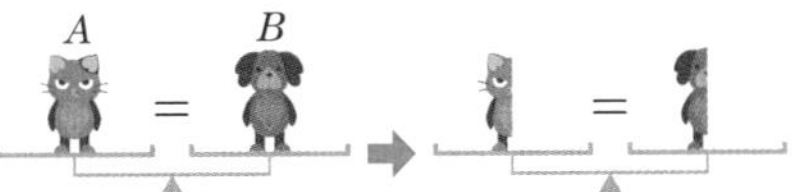

連立方程式でも，この❶・❷の性質を利用します。
等式（方程式）は，左辺と右辺が等しい（＝同じ数とみなすことができる）ので，

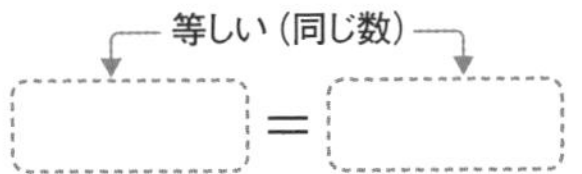

①と②の式の**左辺どうし，右辺どうしを，たしたりひいたりしていい**わけです。

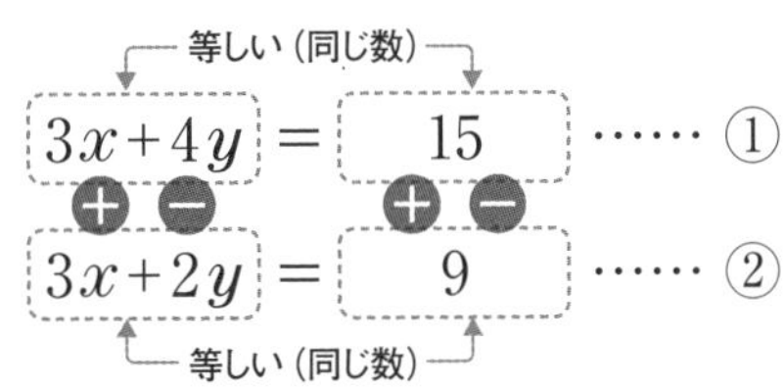

※①の両辺から，同じ数（＝②の両辺）をたしても［ひいても］，等式は成り立つ。

問 1 では，①と②の式に共通する「$3x$」に注目。①の $3x$ から②の $3x$ をひけば，x を**消去**できますよね。

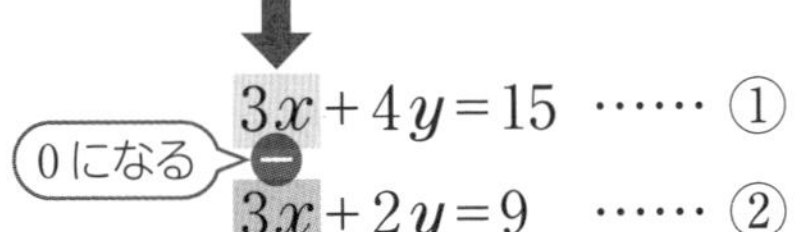

ということで，①の式から②の式をひいてみましょう。

$3x+4y = 15$ …… ①
$-$ $\quad$ $-$
$3x+2y = 9$ …… ②

連立方程式の式どうしをたしたりひいたりするときは，わかりやすいように，**同類項を上下にそろえて**書きます。

$$
\begin{array}{rcccl}
 & 3x & +4y & = & 15 \\
-) & 3x & +2y & = & 9 \\
\hline
\end{array}
$$

小学校の「筆算」みたいですね

まず，①の左辺から②の左辺をひくと，x が消去され，文字は y だけになります。

$$3x+4y=15 \quad \cdots\cdots ①$$
$$-)\ 3x+2y=9 \quad \cdots\cdots ②$$
$$0+2y$$

$3x-3x$ が0となって消える

※同類項どうしで計算する

①の右辺から②の右辺をひくと，

$$3x+4y=15 \quad \cdots\cdots ①$$
$$-)\ 3x+2y=9 \quad \cdots\cdots ②$$
$$2y=6$$

これを解くと，「$y=\sim$」の形になります。

$$3x+4y=15 \quad \cdots\cdots ①$$
$$-)\ 3x+2y=9 \quad \cdots\cdots ②$$
$$2y=6$$
$$y=3$$

さて，y の解を求めるところまできましたが，ここで終わりではありません。

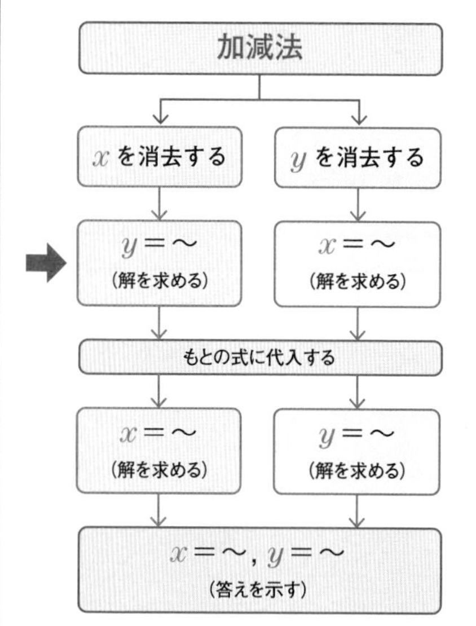

今度は，この $y=3$ を①または②の式（どちらでもよい）に代入します。

$$3x+4y=15 \quad \cdots\cdots ①$$
$$3x+2y=9 \quad \cdots\cdots ②$$

②の方が計算しやすそうなので，$y=3$ を②の y に代入すると，

$$3x+2\times3=9 \quad \cdots\cdots ②$$
$$3x+6=9$$
$$3x=3$$
$$x=1$$

ちなみに，①の方に代入しても
同じ結果になります。

$$3x+4\times3=15 \quad \cdots\cdots ①$$
$$3x+12=15$$
$$3x=3$$
$$x=1$$

したがって，求める解は，

$x=1$，$y=3$ 答

別解 答えはこう書いてもOK！

$$\begin{cases} x=1 \\ y=3 \end{cases} \qquad (x,\ y)=(1,\ 3)$$

さて，今回は x の係数が同じだったので，
x が消えましたね。

$$3x+4y=15 \quad \cdots\cdots ①$$
$$-)\ 3x+2y=9 \quad \cdots\cdots ②$$
$$0 \quad 2y=6$$

0となって消える

このように，
式どうしの加法や減法で，
x か y のどちらかを
消去することを
「**加減法**（かげんほう）」というんです。

ふーん…

加減法

連立方程式を解くときに，文字（x か y のどちらか）の係数（の絶対値）をそろえ，左辺どうし，右辺どうしを「たす」か「ひく」かして，1つの文字を消去する方法。

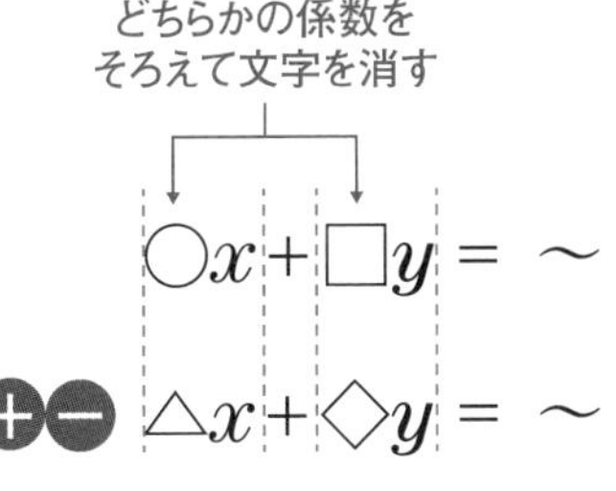

…ふぁ？
文字の係数を
そろえる？
どういう意味
ニャ!?

同類項の係数が
そろっていないと，
加減法は使えません。
今度はそれをやって
いきましょう。

問2 （加減法②）

次の連立方程式を解きなさい。

$$\begin{cases} -x+2y=10 & \cdots\cdots ① \\ 5x+3y=2 & \cdots\cdots ② \end{cases}$$

Chapter 2 連立方程式 2 連立方程式の解き方

…文字の係数が
そろってないから，
文字を消去
できないニャ!?
そうなんですよ。

でも，文字を消す
方法はあるんです。
考えてください。
わかったワン!

こうすれば消えるワン!
+2y=10
+3y=2
MOMO
おまえは
バカか!?

例えば，①の$-x$は，**5**をかければ「$-5x$」となって，②の係数$5x$と絶対値がそろいますね。

$$\begin{cases} -x+2y=10 & \cdots\cdots ① \\ 5x+3y=2 & \cdots\cdots ② \end{cases}$$

（$-x$ → $\times 5$ → $-5x$）

そこで，**等式の性質❸**を利用して，①の**両辺**に**5**をかけます。

$$(-x+2y)\times 5=10\times 5$$

$$-5x+10y=50 \cdots\cdots ①\times 5$$

そして，①×5と②を**たす**と，xが消去できます。

$$\begin{array}{rl} -5x+10y=50 & \cdots\cdots ①\times 5 \\ +)\ 5x+\ 3y=\ 2 & \cdots\cdots ② \\ \hline 13y=52 & \\ y=4 & \end{array}$$

$y=4$を①に代入すると，

$$-x+2\times 4=10$$

$$-x+8=10$$

$$x=-2$$

したがって，求める解は，

$x=-2$，$y=4$ **答**

このように，
係数がそろっていないときは両辺に等しい数をかけて係数（の絶対値）をそろえることで，加減法が使えるようになるんですね。

また，係数の符号が異なる場合は，式を「**たす（加える）**」ことで，文字を消去できます。
覚えておきましょう。

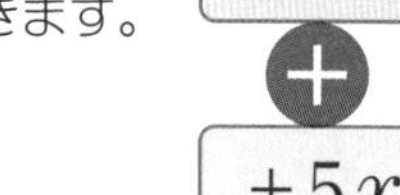

問3 （加減法③）

次の連立方程式を解きなさい。

$$\begin{cases} 2x+3y=3 & \cdots\cdots ① \\ 3x-4y=13 & \cdots\cdots ② \end{cases}$$

…ん？　これは係数がそろわないニャ。
何倍にしてもダメだニャ…？
これは，**両方**の式をいじって，係数を
最小公倍数でそろえるパターンです。

例えば，①に3をかけて，
②に2をかければ，

$$\begin{cases} 2x\times3+3y\times3=3\times3 & \cdots\cdots ① \\ 3x\times2-4y\times2=13\times2 & \cdots\cdots ② \end{cases}$$

$2x$ と $3x$ の**最小公倍数**である
$6x$ で係数がそろいますね。
これで計算してみましょう。

$$\begin{cases} 6x+9y=9 & \cdots\cdots ①\times3 \\ 6x-8y=26 & \cdots\cdots ②\times2 \end{cases}$$

①×3－②×2を計算すると，

$$\begin{array}{lrl} ①\times3 & & 6x+9y=9 \\ ②\times2 & -) & 6x-8y=26 \\ \hline & & 17y=-17 \\ & & y=-1 \end{array}$$

$y=-1$ を①に代入して x の値を求めると，

$$2x+3\times(-1)=3$$
$$2x=6$$
$$x=3$$

答 $x=3,\ y=-1$

このように，①と②，
両方の式に別々の数を
かけて，係数をそろえて
から，加減法を使っても
いいんですね。

…とにかく最初は
文字を１つ消さなきゃ
いけないニョね…

でも，消しゴムで消す
のはいけないワン？

問4 （代入法）

次の連立方程式を解きなさい。

$$\begin{cases} x-3y=-1 & \cdots\cdots ① \\ 3x+2y=19 & \cdots\cdots ② \end{cases}$$

では次に，もう一つの連立方程式の解き方，「**代入法**」をやりましょう。

代入法も加減法と同様に，**最初に１つの文字を消す**ところから始まります。

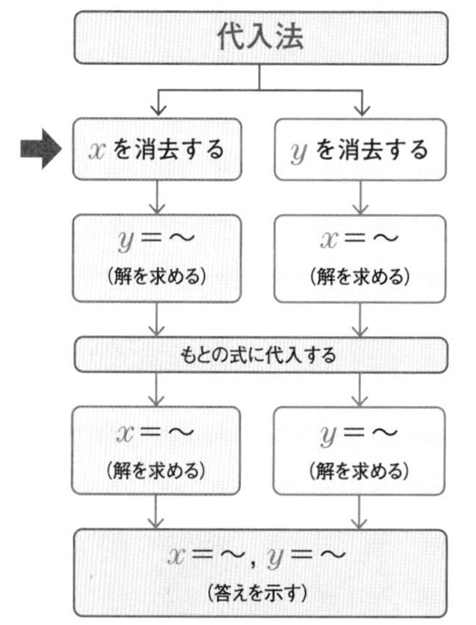

例えば，①の式は，変形すると，

$$x-3y=-1 \quad \cdots\cdots ①$$

移項

$$x=3y-1$$

という式になりますよね。

①，②は連立方程式なので，

$$x=3y-1$$

ということは，②の式の x も $3y-1$ に等しいということです。

$$3x+2y=19 \quad \cdots\cdots ②$$

（x の上に $3y-1$）

したがって，$x=3y-1$ を，②の式に**代入**することができます。

$$3y-1$$

$$3x+2y=19 \quad \cdots\cdots ②$$

すると，x が消去され，y だけの方程式になるので，これを y について解いていきます。

$$3(3y-1)+2y=19$$

$$3(3y-1)+2y=19$$
$$9y-3+2y=19$$
$$9y+2y=19+3$$
$$11y=22$$
$$y=2$$

$y=2$ を①に代入して,

$$x-3\times2=-1$$
$$x-6=-1$$
$$x=5$$

したがって,
求める解は,

$x=5,\ y=2$ 答

となります。

このように,連立方程式の一方の式を「$x=\sim$」の形(または「$y=\sim$」の形)にして,それを他方の式の x(または y)に代入することで,1つの文字を消す方法を「**代入法**(だいにゅうほう)」といいます。

POINT

代入法

連立方程式を解くときに,一方の式を(変形して)他方の式に代入することで,1つの文字を消去する方法。

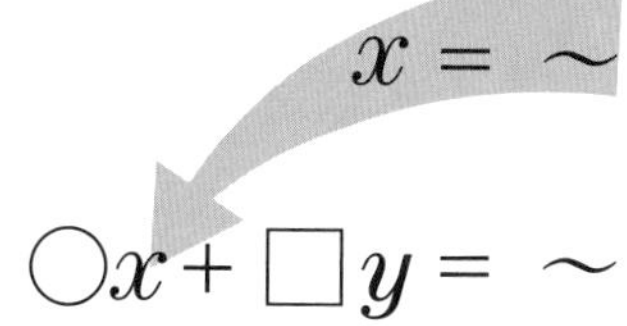

ちなみに,「$x=\sim$」の形(係数がない形)でなくとも,等しい項であればそのまま代入できます。覚えておきましょう。

$$\begin{cases}2x=3y+3\\2x-4y=13\end{cases}$$

$$(3y+3)-4y=13$$

$2x=3y+3$ なので,$3y+3$ は $2x$ に代入できる。

さて,今回学んだ**加減法**と**代入法**は,連立方程式の代表的な2つの解き方です。どちらの方法でも解けるように,がんばって練習しましょうね。

3 いろいろな連立方程式

問 1 （かっこをふくむ連立方程式）

次の連立方程式を解きなさい。

$$\begin{cases} 2x-y=-1 & \cdots\cdots ① \\ 5x-2(x-2y)=26 & \cdots\cdots ② \end{cases}$$

さあ，連立方程式の基本的な解き方がわかったところで，今度は「いろいろな連立方程式」を解いていきましょう！

②のように**かっこ**がついている場合，まずは**かっこをはずす**ことから始めます。

$$5x-2(x-2y)=26 \cdots\cdots ②$$

$5x-2(x-2y)=26 \cdots\cdots ②$

MOMO
かっこをはずすワン？

消してるニャ！

こういうかっこをはずすときは，「**分配法則**」を使いましょう。

〈分配法則〉

$$c\times(a+b)=c\times a+c\times b$$

ニャんでも消せばいいと思ってるニャ？

②のかっこをはずして整理した式を②′（ダッシュ）とします。

$$5x-2(x-2y)=26 \cdots\cdots ②$$

$$5x-2x+4y=26$$

$$3x+4y=26 \cdots\cdots ②'$$

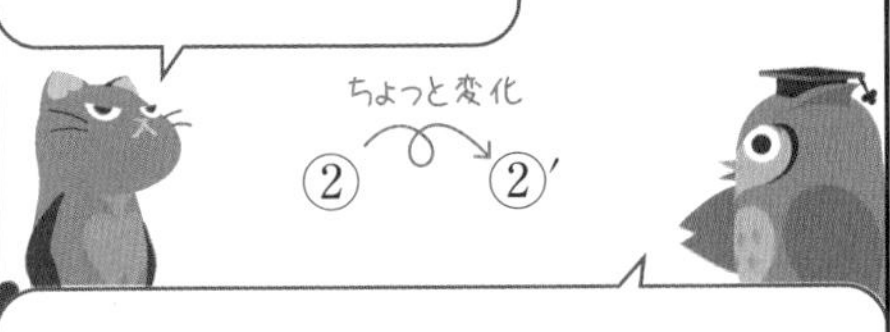
ダッシュ？ ニャんで？
ちょっと変化
② → ②′

もとのモノがちょっと変化したモノには，′をつけて表す場合が多いんですよ。

「もとは同じだけど，ちょっとちがうものだよ」という意味で

さて，整理した②′の式を使って，改めて連立方程式にまとめてみます。

$$\begin{cases} 2x-y=-1 & \cdots\cdots ① \\ 3x+4y=26 & \cdots\cdots ②' \end{cases}$$

①を 4 倍して，加減法 (+) を使えば，
y が消せますよね。

$\times 4 \to -4y$

$$\begin{cases} 2x - y = -1 & \cdots\cdots ① \\ 3x + 4y = 26 & \cdots\cdots ②' \end{cases}$$

①×4 ＋ ②′を計算しましょう。

①×4　$8x-4y=-4$

②′　$+)\ 3x+4y=26$

y が消えて，x の解が求められます。

①×4　$8x-4y=-4$

②′　$+)\ 3x+4y=26$

$11x \quad = 22$

$x=2$

$x=2$ を①に代入すると，
y の値もわかり，解が求められます。

$2\times 2-y=-1$

$-y=-5$

$y=5$

$x=2,\ y=5$ 答

途中式までふくめて答えるときには，次のように解答を書きましょう。

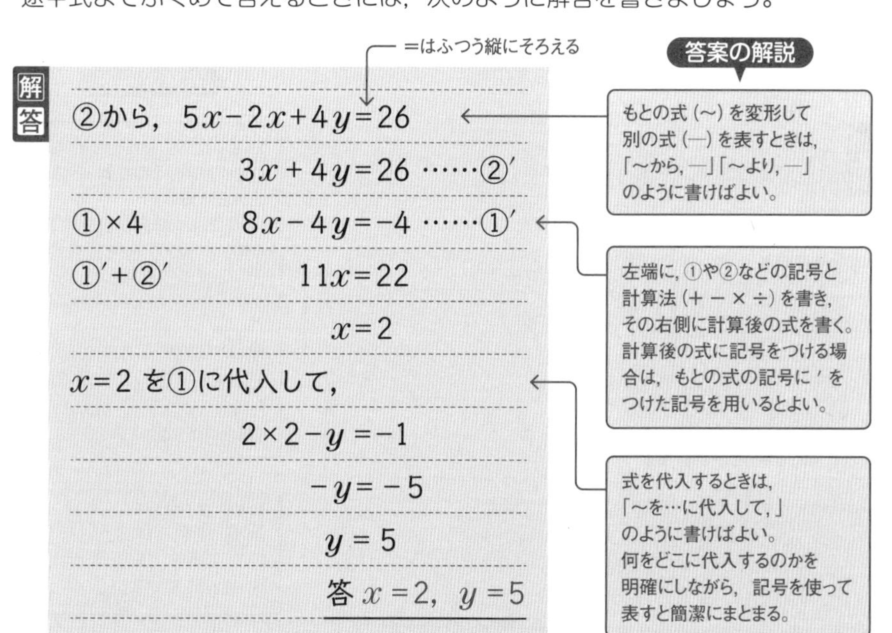

＝はふつう縦にそろえる
解答
②から，$5x-2x+4y=26$
$3x+4y=26$ ……②′
①×4　$8x-4y=-4$ ……①′
①′+②′　$11x=22$
$x=2$
$x=2$ を①に代入して，
$2\times2-y=-1$
$-y=-5$
$y=5$
答 $x=2,\ y=5$
答案の解説
もとの式 (〜) を変形して別の式 (—) を表すときは，「〜から，—」「〜より，—」のように書けばよい。
左端に，①や②などの記号と計算法 (+ − × ÷) を書き，その右側に計算後の式を書く。計算後の式に記号をつける場合は，もとの式の記号に ′ をつけた記号を用いるとよい。
式を代入するときは，「〜を…に代入して，」のように書けばよい。何をどこに代入するのかを明確にしながら，記号を使って表すと簡潔にまとまる。

問2 (小数をふくむ連立方程式)

次の連立方程式を解きなさい。

$$\begin{cases} 0.3x+0.5y=0.1 \cdots\cdots ① \\ -x+6y=15 \quad \cdots\cdots ② \end{cases}$$

うわぁ…
ニャンか…
小数点があると
計算しづらいニャ〜…

中1(いろいろな方程式)でも学んだとおり,係数が**小数**や**分数**の方程式は,両辺に同じ数をかけて,係数を「整数」にすると計算しやすくなります。

①の両辺を10倍すると,

$$(0.3x+0.5y)\times10=0.1\times10$$

$$3x+5y=1$$

となりますね。これを利用して,解いていきましょう。

答えは次のようになります。右側の「答案の解説」も読み,同じように書けるようになりましょう。

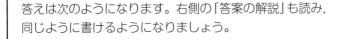

答案の解説

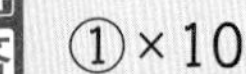

①×10　$3x+5y=1$ ……①′

②×3　$-3x+18y=45$ ……②′

①′+②′　$23y=46$

$y=2$

$y=2$ を①′に代入して,

$3x+5\times2=1$

$3x=-9$

$x=-3$

答 $x=-3$, $y=2$

左端に,①・②の式を何倍するのかを書き,その右側に計算後の式を書く。
①・②の式を変形したことがわかりやすいよう,計算後の式を①′・②′の記号で表している。

左端に,式どうしの計算(ここでは加法)を表し,その右側に計算後の式を書く。計算が続く場合は下に書いていく。

式を代入するときは,
「〜を…に代入して,」
のように書き,下の行に代入後の計算を書いていく。

問3 （分数をふくむ連立方程式）

次の連立方程式を解きなさい。

$$\begin{cases} 2x+4y=14 & \cdots\cdots ① \\ \dfrac{1}{2}x+\dfrac{5}{8}y=2 & \cdots\cdots ② \end{cases}$$

うわぁ…
ニャンか…
分数があると
計算しづらいニャ〜…

係数に**分数**をふくむ方程式では，**分母の（最小）公倍数**を両辺にかけて係数を**整数**にする（＝分母をはらう）と，計算しやすくなります。

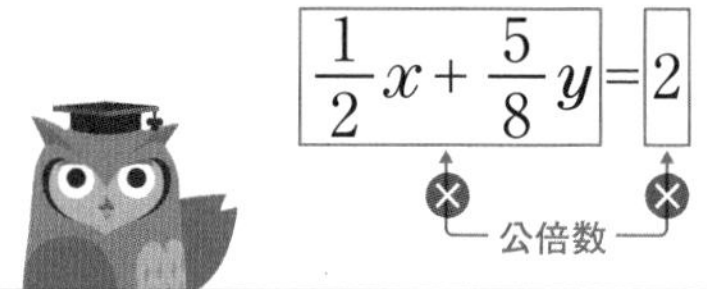

例えば，②の両辺に 8 をかけると，

$$\left(\frac{1}{2}x+\frac{5}{8}y\right)\times 8=2\times 8$$

$$4x+5y=16$$

と係数が整数になりますね。これを利用して，解答を求めていきましょう。

答えは次のようになります。
「加減法」ではなく「代入法」を使ってもかまいませんよ。

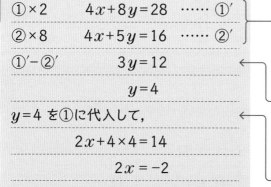

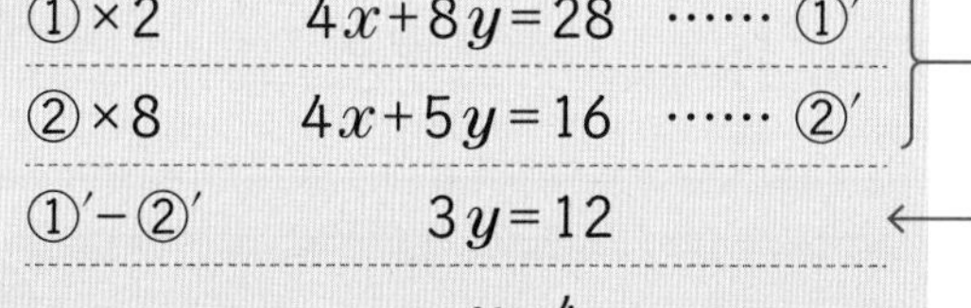

①×2　$4x+8y=28$ ……①′
②×8　$4x+5y=16$ ……②′
①′−②′　$3y=12$
$y=4$
$y=4$ を①に代入して，
$2x+4\times4=14$
$2x=-2$
$x=-1$
答 $x=-1,\ y=4$

左端に，①や②の式を何倍するのかを書き，その右側に計算後の式を書く。①・②の式を変形したことがわかりやすいよう，計算後の式を①′・②′の記号で表している。

左端に，式どうしの計算（ここでは減法）を表し，その右側に計算後の式を書く。計算が続く場合は下に書いていく。

式を代入するときは，「〜を…に代入して，」のように書き，下の行に代入後の計算を書いていく。

問4　**($A=B=C$ の形の連立方程式)**

次の連立方程式を解きなさい。

$$x-7y=3x-17y=2$$

…ふぁ!?
イコール(=)が
2つもあるニャ!
どういうこと
ニャ?
大丈夫。
落ち着いて,
論理的に
考えましょう。

この式は,

$$A=B=C$$

という形です。
A, B, C, 3つの値がすべて等しいということですね。

つまり,

$$A=B$$

であり,

$$B=C$$

であり,

当然,

$$A=C$$

でもあります。
はしっこどうしも等しいわけです。

ですから,**問4**の式は

$$x-7y=2 \quad \cdots\cdots ①$$

であり,

$$3x-17y=2 \quad \cdots\cdots ②$$

でもあります。

したがって,次のような連立方程式に整理することができます。

$$\begin{cases} x-7y=2 & \cdots\cdots ① \\ 3x-17y=2 & \cdots\cdots ② \end{cases}$$

要するに,$A=B=C$ の形の式は,
次のどれかの形の連立方程式になおして,それを解けばいいんです。

$$\begin{cases} A=B \\ A=C \end{cases} \qquad \begin{cases} A=B \\ B=C \end{cases} \qquad \begin{cases} A=C \\ B=C \end{cases}$$

※どの組み合わせでもよいが,右辺が数だけ(文字なし)の形にすると解きやすい。

答えは次のようになります。同じように書けるようになりましょう。

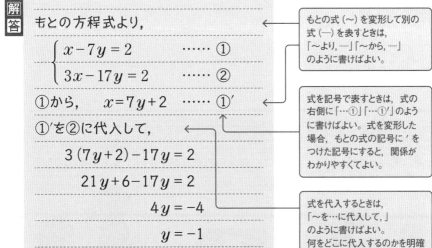

もとの方程式より，

$$\begin{cases} x-7y=2 & \cdots\cdots ① \\ 3x-17y=2 & \cdots\cdots ② \end{cases}$$

①から，　$x=7y+2$　……①′

①′を②に代入して，

$$3(7y+2)-17y=2$$
$$21y+6-17y=2$$
$$4y=-4$$
$$y=-1$$

$y=-1$ を①に代入して，

$$x-7\times(-1)=2$$
$$x+7=2$$
$$x=-5$$

答 $x=-5,\ y=-1$

もとの式（～）を変形して別の式（—）を表すときは，「～より，—」「～から，—」のように書けばよい。

式を記号で表すときは，式の右側に「…①」「…①′」のように書けばよい。式を変形した場合，もとの式の記号に ′ をつけた記号にすると，関係がわかりやすくてよい。

式を代入するときは，「～を…に代入して，」のように書けばよい。何をどこに代入するのかを明確にしながら，記号を使って表すと簡潔にまとまる。

今回は $\begin{cases} A=C \\ B=C \end{cases}$ の形にして，「代入法」を使って解いてますよ。

…これと全く同じように書かないとダメニャの？

いえ，これは答えのほんの一例です。解答の方法は多数あるので，どんな解答の仕方でも，理屈が合っていて，読んで理解できれば OK なんです。

また，式と記号（①，②など）の関係は常に明確にしてください。問題文の式（もとの式）に①や②がついていないのに，突然「①より，…」とか「①を②に代入して…」などといっても，意味不明ですからね。

問5 （解が与えられた方程式）

連立方程式 $\begin{cases} ax+by=-5 \\ bx-ay=10 \end{cases}$ の解が，$x=4$，$y=3$ であるとき，

a，b の値を求めなさい。

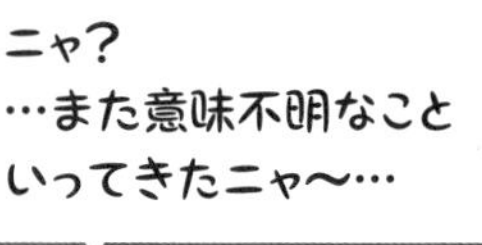

ニャ？
…また意味不明なこと
いってきたニャ〜…

これは
「解が与えられた場合」
の連立方程式です。

貝(かい)が
与えられた場合？
ほしいワン！
その貝じゃないニャ！

この式は，a，b，x，y と文字が4つもあるので，このままでは解けません。

$$\begin{cases} ax+by=-5 \\ bx-ay=10 \end{cases}$$

そこで，$x=4$，$y=3$ という解が与えられているわけです。

$x=4$　　$y=3$

$$\begin{cases} ax+by=-5 \\ bx-ay=10 \end{cases}$$

x，y の解を**代入**すれば，これまでどおり文字が2つ（a，b）の二元一次方程式になりますよね。

$x=4$　　$y=3$

$$\begin{cases} ax+by=-5 \\ bx-ay=10 \end{cases} \Rightarrow \begin{cases} 4a+3b=-5 \\ 4b-3a=10 \end{cases}$$

解が与えられた方程式は，その解を代入して解けばいいということです。

もとの式に $x=4$，$y=3$ を代入して式を整理すると，

$$\begin{cases} 4a+3b = 5 & \cdots\cdots ① \\ -3a+4b=10 & \cdots\cdots ② \end{cases}$$

①×3　　$12a+9b=-15$ ……①′

②×(−4)　$12a-16b=-40$ ……②′

①′−②′　　$25b=25$

$b=1$

$b=1$ を①に代入して，

$4a+3\times1=-5$

$4a=-8$

$a=-2$

答 $a=-2$，$b=1$

もとの式（＝問題文の式）をどうするのか，しっかり書く。

もとの式に「…①」「…②」がないので，ここで使う。

①・②の式を何倍するのかを書き，右側に計算後の式を書く。

式どうしの計算（減法）を表し，右側に計算後の式を書く。

式を代入するときは，「〜を…に代入して，」のように書けばよい。

……
こんな長い解答を
自分で考えて書かなきゃ
いけないニャ？

ネコをニャめてんニョ？

全く同じでなくても，
ちゃんと論理的に
わかるように
書いてあれば
大丈夫ですよ。

あ，おかしいワン！
まちがいがあるワン！

5，6 行目

え？ ほんとですか？

①×3＝3
②×(−4)＝−8
が正しいワン!?

いえ，あの〜…
①や②は数値ではなく，
「記号」なんですね…

ですから…え〜と…

さあ，今回でいろいろな方程式の解き方がわかりましたね。まずはこの答え方を**真似**しながら，基本的な解き方を身につけていきましょう。

4 連立方程式の利用

問 1 （代金の問題①）

1 本 90 円の麦茶と 1 本 130 円のサイダーを合わせて 20 本買い，代金の合計がちょうど 2000 円になるようにしたいと思います。麦茶とサイダーは，それぞれ何本になるでしょうか。

こういうとき多いワン！
ニャン吉によく行かされるワン！

うるさいニャ！
いちいちわんでいいニャ！

…ということですが，日常生活においても，実は「連立方程式」を利用することは結構できるんですよ。

まずは，中１で習った方程式の文章題を解く手順を復習しましょう。

これが基本になります！

方程式の文章題を解く手順

❶ 求めたい未知の数量を文字を使って表す。

❷ 問題文から数量の関係を見つけて，等式（方程式）をつくる。

❸ 方程式を解き，答えとする。

※方程式の解が問題に適しているかを確かめること（ありえない数が出る場合もあるため）。

また，「数量の関係」を表す等式（方程式）は，基本的にこのように表されます。おさえておきましょう！

POINT

「数量の関係」を表す等式

A と B が等しい ➡ A ＝ B

A と B の合計が C ➡ A ＋ B ＝ C

A より B の方が C 大きい ➡ B － A ＝ C

A より B の方が C 小さい ➡ A － B ＝ C

問 1 では，麦茶とサイダーの**本数**がそれぞれ問われています。

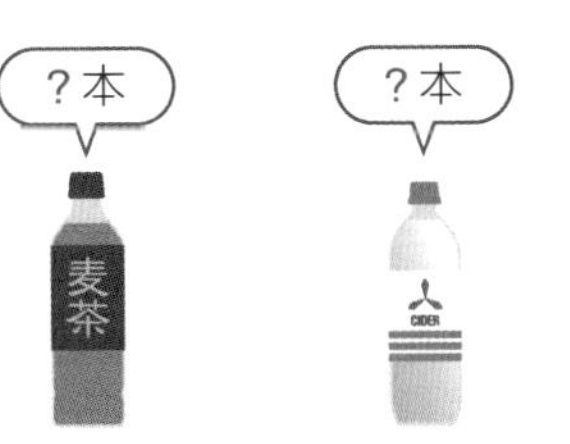

よって，麦茶を x 本，サイダーを y 本買うものとしましょう。

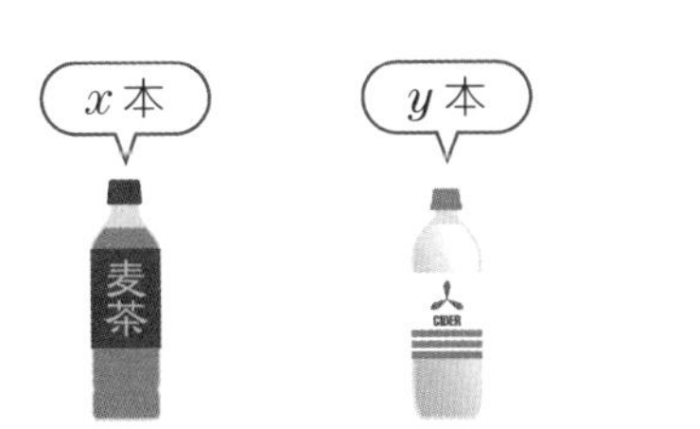

基本的に「**求めたい未知の数量**」を x，y などの文字を使って表すわけですね。

では，麦茶を x 本買うと，代金はいくらになるでしょうか？

90 円が 2 本の場合は (90×2) 円…
90 円が x 本の場合は (90×x) だから 90x 円？

麦茶を x 本，サイダーを y 本買ったときの本数と代金の関係を表にまとめると，このようになります。

ここでは，**本数**と**代金**という 2 つの側面から，「**数量の関係**」を表す 2 つの等式（方程式）をつくることができそうですね。

	麦茶	サイダー	合計
値段（円）	90	130	
本数（本）	x	y	20
代金（円）	$90x$	$130y$	2000

麦茶は x 本，サイダーは y 本，合計で 20 本買うので，

$$x+y=20$$

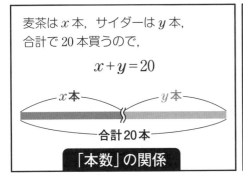

x 本　y 本
合計 20 本
「本数」の関係

麦茶の代金は $90x$ 円，サイダーの代金は $130y$ 円で合計 2000 円なので，

$$90x+130y=2000$$

$90x$ 円　$130y$ 円
合計 2000 円
「代金」の関係

このように，**求めたい未知数が「2 つ」**（$=x$，y）あるとき，問題文にある数量の関係を**「2 つ」の等式（＝連立方程式）**で表せば，それを解くことで答え（＝2 つの未知数）が求められるというわけなんですね。

$$\begin{cases} x+y=20 \\ 90x+130y=2000 \end{cases}$$

2 つの等式（方程式）

連立方程式

※求めたい未知数が 1 つのときはふつう**一次方程式**を利用する。

解答はこのようになります。
じっくり見て，理解していきましょう。

（連立方程式の文章題を解く）

解答

麦茶の本数を x 本，サイダーの本数を y 本とすると，

$$\begin{cases} x+y=20 & \cdots\cdots ① \\ 90x+130y=2000 & \cdots\cdots ② \end{cases}$$

①より，　$x=-y+20$　……①′

①′を②に代入して，

$$90(-y+20)+130y=2000$$
$$-90y+1800+130y=2000$$
$$40y=200$$
$$y=5$$

$y=5$ を①に代入して，

$$x+5=20$$
$$x=15$$

この解は問題に適している。

答　麦茶 15 本，サイダー 5 本

手順❶ 何の数値を x，y とするのか，最初にしっかり書く。

手順❷ 数量の関係を表す連立方程式（2 つの等式）をつくる。

手順❸ 連立方程式を解き，答えとする。（加減法または代入法を使う）

問題に適した解であることを確かめて書く。
※求める値は「本数」なので解は「自然数」が適しているが，仮に「小数・分数・負の数」などであれば適していない。

x，y は使わず，求められている答えを正しく書く。

問2 （道のり・速さ・時間の問題）

A さんは 7 時に家を出発して，1000m 離れた学校に向かいました。はじめは毎分 60m の速さで歩いていましたが，部活動に遅れそうになったので，途中から毎分 100m の速さで走ったら，学校には 7 時 14 分に着きました。歩いた道のりと走った道のりは，それぞれ何 m ですか。

こういった「道のり・速さ・時間」の文章題はテストによく出ます。

「道のり・速さ・時間」を求める式は，完璧に覚えておきましょう。

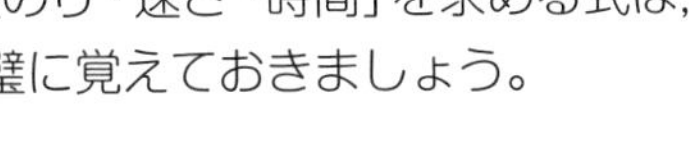

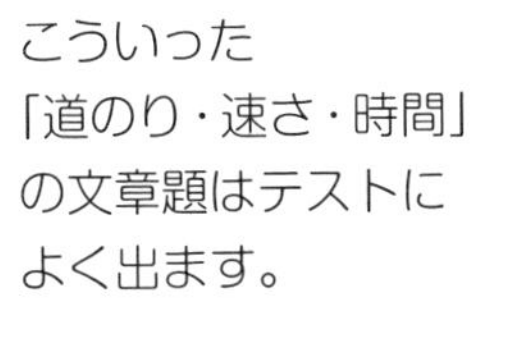

道のり ＝ 速さ × 時間
速さ ＝ 道のり ÷ 時間
時間 ＝ 道のり ÷ 速さ

※「道の端（は・じ）」などと覚える!

さて，数学の文章題はとにかく図をかいて考えるのが基本です。
家から学校までの道のりは 1000m。7 時に家を出て，学校には 7 時 14 分に着いたので，かかった時間は 14 分ですね。

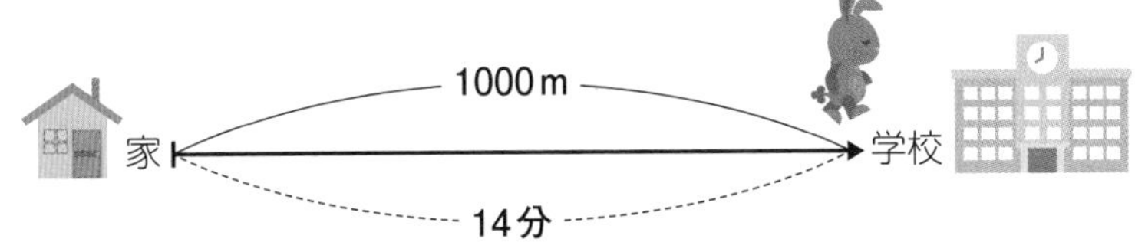

最初歩いていて，途中から走り出したということで，「求めたい未知の数量」である「歩いた道のり」を x m，「走った道のり」を y m としましょう。

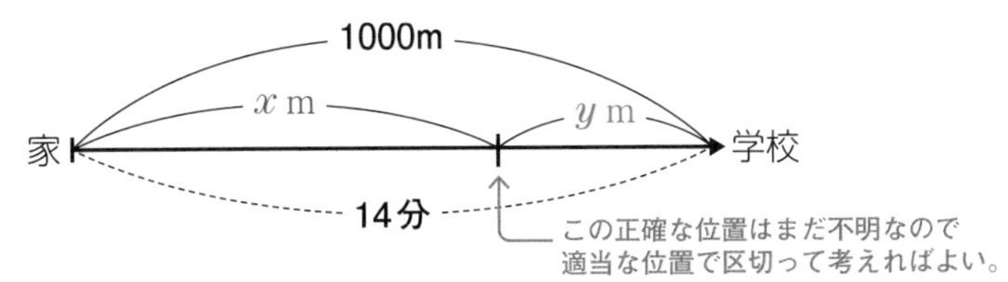

「**道のり**」の関係で，

$$x + y = 1000$$

という等式（方程式）が 1 つできますね。
あともう 1 つ等式をつくりたいのですが，どの数量の関係で等式がつくれますか？

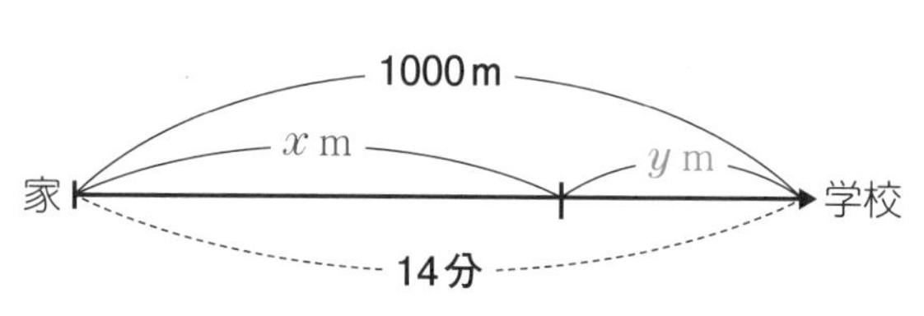

歩いた時間と走った時間を合わせると「14 分」になるニャ？

そう，「**時間**」の関係で等式がつくれるんです！

つまり，x m の道のりを歩いた時間と，y m の道のりを走った時間の合計が「**14 分**」になる，という等式が成り立つわけです。

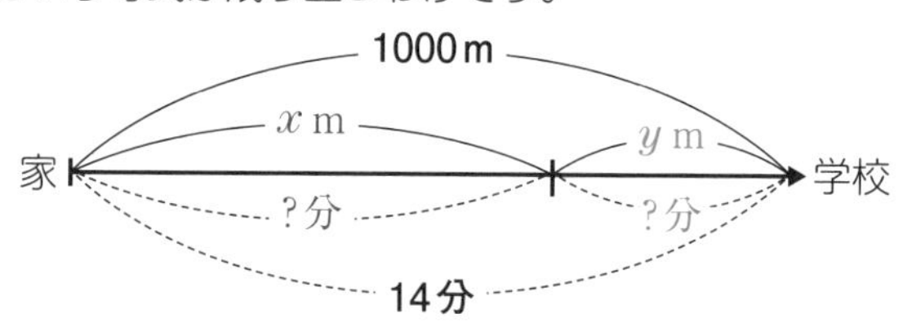

「時間」を求める式は，

時間 ＝ 道のり ÷ 速さ

です。

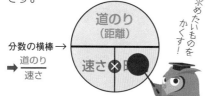

問題文に，歩く速さは「毎分 60 m」で，走る速さは「毎分 100 m」とありますね。

x m を「毎分 60 m」で歩いた時間は $\frac{x}{60}$ 分。
y m を「毎分 100 m」で走った時間は $\frac{y}{100}$ 分。

「**時間**」の関係で，

$$\frac{x}{60} + \frac{y}{100} = 14$$

という等式ができました。

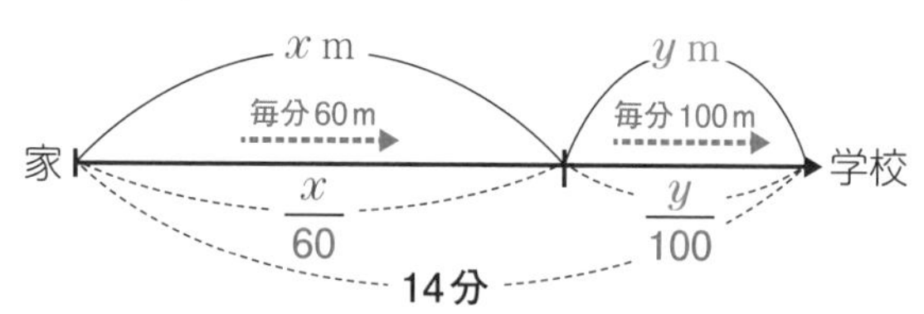

文章題から，「**道のり**」と「**時間**」の関係で，2つの文字をふくむ2つの等式（連立方程式）をつくることができましたね。

$$\begin{cases} x+y=1000 \\ \dfrac{x}{60}+\dfrac{y}{100}=14 \end{cases}$$

連立方程式

あとはこの連立方程式を解けば，求めたい未知の数量（x, y）がわかるわけです。

解答はこのようになります。
じっくり見て，理解していきましょう。

（連立方程式の文章題を解く）

解答

歩いた道のりを x m，走った道のりを y m とすると，

手順1 何の数値を x, y とするのか，最初にしっかり書く。

$$\begin{cases} x+y=1000 & \cdots\cdots ① \\ \dfrac{x}{60}+\dfrac{y}{100}=14 & \cdots\cdots ② \end{cases}$$

手順2 数量の関係を表す連立方程式（2つの等式）をつくる。

②×300　$5x+3y=4200$　……②′

①×3　$3x+3y=3000$　……①′

②′−①′　$2x=1200$

$x=600$

手順3 連立方程式を解き，答えとする。（加減法または代入法を使う）

$x=600$ を①に代入して，

$600+y=1000$

$y=400$

この解は問題に適している。

答　歩いた道のり 600 m，走った道のり 400 m

問3 （割合の問題）

ある学校の昨年の生徒数は，男女合わせて 580 人でした。今年は，男子が 12％ 増え，女子が 5％ 増えたことで，全体で 50 人増えました。昨年の男子の生徒数と女子の生徒数を求めなさい。

問題文の内容を棒グラフで表すと，下図のようなイメージですね。

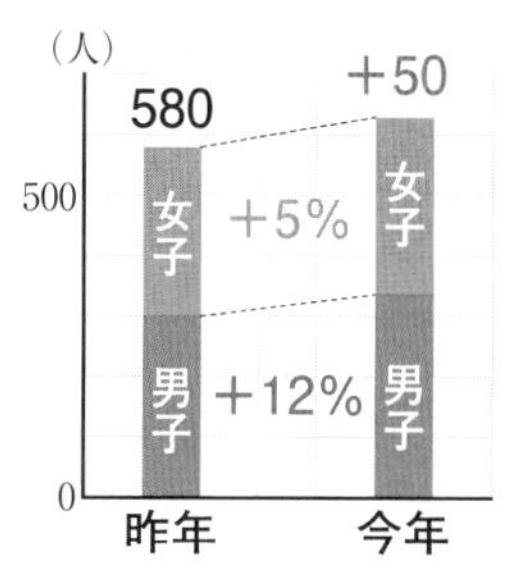

「割合」の文章題ですから，まずは「割合」とは何なのか，どんなイメージで，どうやって計算すればいいのか，それをしっかりとおさえておきましょう。

MEMO **割合**（わりあい）

「もととなる全体の数量」に対して，「ある部分の数量」がどのくらい（何倍）なのかを表した数のこと。全体を 100 として表す**百分率**（～%）と，全体を10として表す**割**（～割）などがある。
計算するときには，割合を**分数**になおして，
「もととなる全体の数量」に**かける**（**かけ算をする**）。

(例) 500 の 8% → $500\times\frac{8}{100}=40$　　60 の 3 割 → $60\times\frac{3}{10}=18$

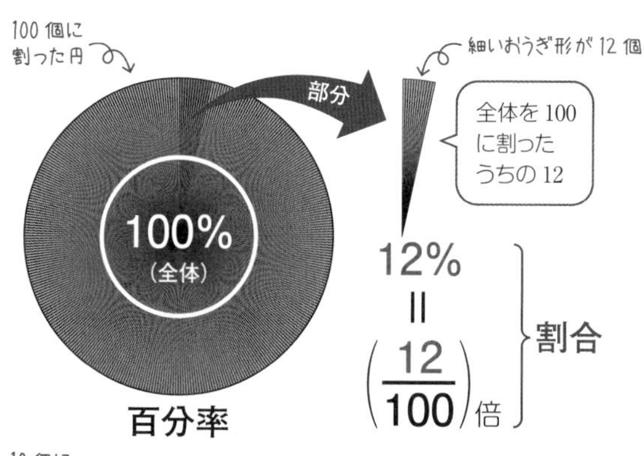

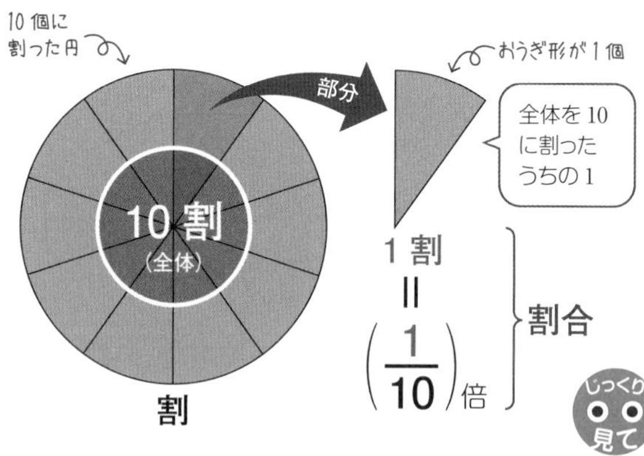

*「x の 12%」の値を求めるときは，「12%」という割合を**分数**になおして x に**かける**。

昨年の男子の生徒数を
x 人，
昨年の女子の生徒数を
y 人とすると，
「男女合わせて 580 人」
なので，

$x+y=580$ …… ①

今年は男子が「12%」*
増えたので，
増えた生徒数は，

$x\times\frac{12}{100}=\frac{12}{100}x$（人）

今年は女子が「5%」
増えたので，
増えた生徒数は，

$y\times\frac{5}{100}=\frac{5}{100}y$（人）

今年は男子・女子，合わせて「50 人」増えたので，

$\frac{12}{100}x+\frac{5}{100}y=50$ …… ②

この①と②で連立方程式をつくり，
その解を求めて答えとしましょう。

昨年の男子の生徒数を x 人，昨年の女子の生徒数を y 人とすると，

$$\begin{cases} x+y=580 & \cdots\cdots ① \\ \frac{12}{100}x+\frac{5}{100}y=50 & \cdots\cdots ② \end{cases}$$

②×100　$12x+5y=5000$ …… ②′

①×5　$5x+5y=2900$ …… ①′

②′−①′　$7x=2100$

$x=300$

$x=300$ を①に代入して，

$300+y=580$

$y=280$

この解は問題に適している。

答　昨年の男子の生徒数 300 人，
　　昨年の女子の生徒数 280 人

ちなみに，
この x，y の値から，
男子の増加数は，

$300\times\frac{12}{100}=36$（人）

女子の増加数は，

$280\times\frac{5}{100}=14$（人）

だとわかりますね。

とにかく，連立方程式
の文章題は図や表を
かいて考えるとわかり
やすくなります。
わからない場合は，
とにかく手を動かして，
図や表をかいて
整理しましょう。

高校入試問題にチャレンジ！

連立方程式【実戦演習】

問1

〈茨城県〉

次の連立方程式を解きなさい。

$$\begin{cases} 3x+4y=1 \\ 2x-y=-3 \end{cases}$$

問2

〈滋賀県〉

次の連立方程式を解きなさい。

$$\begin{cases} x+2y=-5 \\ 0.2x-0.15y=0.1 \end{cases}$$

問3

〈東京都〉

次の連立方程式を解きなさい。

$$\begin{cases} \frac{1}{2}x-\frac{2}{3}(y+1)=3 \\ 2(x-y)=-y+8 \end{cases}$$

問4

〈青森県〉

次の方程式を解きなさい。

$$3x+4y=x+y=2$$

問5

〈和歌山県〉

ある中学校ではリサイクル活動として，毎月古紙を集めてトイレットペーパーと交換している。集めている古紙は，新聞紙，段ボール，雑誌で，それぞれ 10kg，12kg，15kg でトイレットペーパー 1 個と交換できる。ある月のトイレットペーパーと交換した古紙の重さの合計は 478kg であり，トイレットペーパー 40 個と交換できた。トイレットペーパーと交換した古紙のうち，段ボールの重さは 108kg であった。新聞紙と雑誌は，それぞれ何 kg であったか。

連立方程式の解き方，加減法と代入法はしっかりおさえておきましょう。
数量の関係を表す連立方程式のつくり方にも慣れていきましょう。

答1

$$\begin{cases} 3x+4y=1 & \cdots\cdots① \\ 2x-y=-3 & \cdots\cdots② \end{cases}$$

②×4　$8x-4y=-12$　……②′

①＋②′　$11x=-11$

$x=-1$

$x=-1$ を①に代入すると

$-3+4y=1$

$y=1$

したがって，　$x=-1$，$y=1$ 答

答2

$$\begin{cases} x+2y=-5 & \cdots\cdots① \\ 0.2x-0.15y=0.1 & \cdots\cdots② \end{cases}$$

②×20　$4x-3y=2$　……②′

①×4　$4x+8y=-20$　……①′

①′−②′　$11y=-22$

$y=-2$

①に $y=-2$ を代入すると，$x=-1$

したがって，　$x=-1$，$y=-2$ 答

答3

$$\begin{cases} \frac{1}{2}x-\frac{2}{3}(y+1)=3 & \cdots\cdots① \\ 2(x-y)=-y+8 & \cdots\cdots② \end{cases}$$

①×6　$3x-4y-4=18$

$3x-4y=22$　……①′

②を整理すると　$2x-y=8$　……②′

②′×4−①′　$5x=10$

$x=2$

②′に $x=2$ を代入すると，$y=-4$

したがって，　$x=2$，$y=-4$ 答

答4

もとの式より，

$$\begin{cases} 3x+4y=2 & \cdots\cdots① \\ x+y=2 & \cdots\cdots② \end{cases}$$

②より，$x=-y+2$　……②′

②′を①に代入すると，

$3(-y+2)+4y=2$

$y=-4$

$y=-4$ を②′に代入すると，$x=6$

したがって，　$x=6$，$y=-4$ 答

答5

新聞紙の重さを x kg，雑誌の重さを y kg として連立方程式をつくると，

$$\begin{cases} x+y+108=478 & \cdots\cdots① \leftarrow \text{古紙の重さの合計} \\ \frac{x}{10}+\frac{y}{15}+\frac{108}{12}=40 & \cdots\cdots② \leftarrow \text{交換したトイレットペーパーの個数} \end{cases}$$

②×30−①×2 より，$x=190$

$x=190$ を①に代入すると，$y=180$

この解は問題に適している。

したがって，新聞紙 190 kg，雑誌 180 kg 答

COLUMN-2

加減法・代入法 ＋α

連立方程式には，「加減法」と「代入法」，2通りの解き方がありました。この2つをしっかりマスターしていることが前提ですが，途中式をほとんど書くことなく，どんどん答えを出せる方法を伝授します。

$$\begin{cases} ax+by=e \\ cx+dy=f \end{cases}$$

この形の連立方程式を加減法の要領で解くと，

$$(x,\ y)=\left(\frac{-bf+ed}{ad-bc},\ \frac{-ec+af}{ad-bc}\right)$$

（ただし，$ad-bc\neq 0$）

となります。この結果を覚えるんです。「こんなの覚えられない！」という人は多いのですが，実は簡単です。

次のように，右辺を移項したあと，係数を抜き出して，たすきがけの差（ななめどうしをかけて引き算）をとればいいんです。

$$\begin{cases} ax+by-e=0 \\ cx+dy-f=0 \end{cases} \Rightarrow \begin{matrix} a & b & -e & a \\ c & d & -f & c \end{matrix}$$

係数

分母へ

もう一度 x の係数

$$(x,\ y)=\left(\frac{-bf+ed}{ad-bc},\ \frac{-ec+af}{ad-bc}\right)$$

この解法を利用して，次の連立方程式を解いてみましょう。

$$\begin{cases} 2x-y=-1 \\ 3x+4y=26 \end{cases}$$

右図のように，わずかな時間であっさり，

$(x,\ y)=(2,\ 5)$

と解が出ますよね。

途中式が求められていないときや検算などにどんどん活用してください。

$$\begin{cases} 2x-y+1=0 \\ 3x+4y-26=0 \end{cases} \Rightarrow \begin{matrix} 2 & -1 & 1 & 2 \\ 3 & 4 & -26 & 3 \end{matrix}$$

$$(x,\ y)=\left(\frac{(-1)\times(-26)-1\times4}{2\times4-(-1)\times3},\ \frac{1\times3-2\times(-26)}{2\times4-(-1)\times3}\right)$$

$$=\left(\frac{22}{11},\ \frac{55}{11}\right)$$

$$=(2,\ 5)$$

（文：沖田一希）

中２　関数

Chapter

3

一次関数

この単元の位置づけ

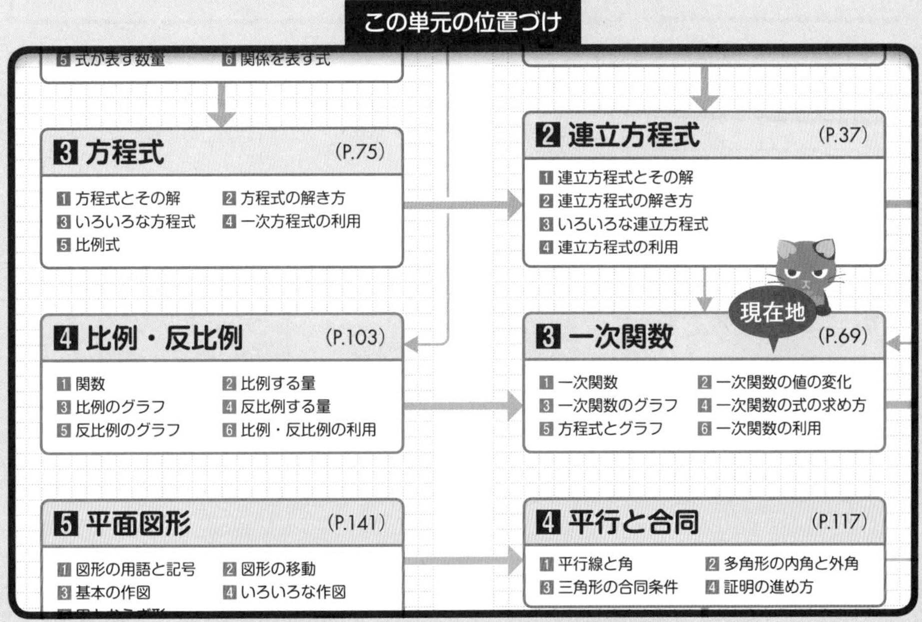

中１では，関数の関係にある２つの数量に着目して，比例・反比例を学びました。中２では，そこから発展し，比例の式に定数項 (b) がついた一次関数を学びます。連立方程式の解が２つの直線の交点となるなど，前章とも関連する分野です。一次関数の意味や式を理解したら，日本語の文章から直線の式をすばやくグラフ化できるよう，演習をくり返しましょう。

1 一次関数

問 1 (一次関数①)

直方体の形をしている水そうに，はじめに8cm の深さまで水が入っています。この水そうに1分間に3cm の割合で水を入れ続けます。水を入れ始めてから x 分後の水の深さを $y$cm とするとき，y を x の式で表しなさい。

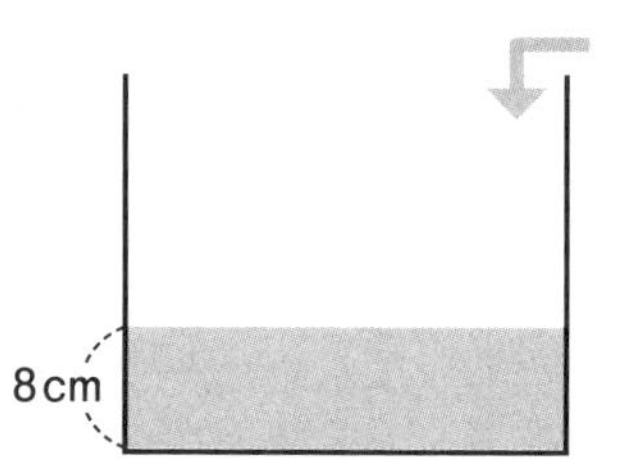

ニャンかこれ，中1で習ったやつじゃニャい？
そう。中1の「関数」のところで同じような問題をやりましたよね。

はじめに8cm あって，1分ごとに3cm ずつ増えていくので，図にすると，このようになります。

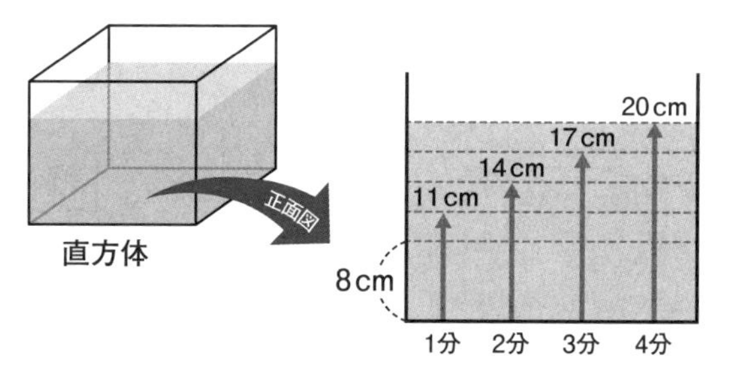

1分間に3cm ずつ深さが増すので，
1分後，2分後，3分後，4分後…
というように，
x の値に対応する y の値を求め，
表にまとめると，こうなります。

x	0	1	2	3	4	…	(分)
y	8	11	14	17	20	…	(cm)

1分間で3cm 増えるので，
x 分間では $3x$cm 増えます。
よって，x 分後に増える
水の深さは，

$$3x$$

と表せますが，

この $3x$ に，はじめの 8cm をたさなければいけませんよね。

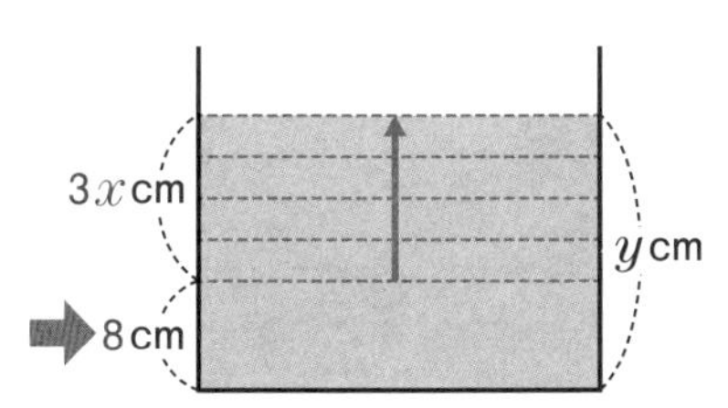

したがって，
x 分後の水の深さを $y$cm とすると，

$$y = 3x + 8$$ 答

という関係式になります。

このように，変数 x の値を決めると，
それにともなって変数 y の値もただ 1 つ決まるとき，
「y は x の関数である」というんでしたね。

x	0	1	2	3	4	…
y	8	11	14	17	20	…

変数 x が決まれば，変数 y も決まる

※変数…この x と y のように，いろいろな値をとる（いろいろな数値に変化しうる）文字のこと。

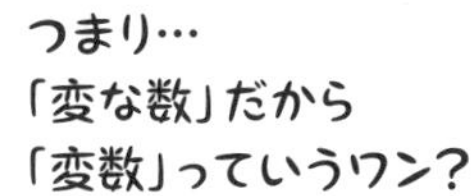

つまり…
「変な数」だから
「変数」っていうワン？

だからちがうニャ！
何を聞いてたニャ!?
あほニャの？

x も y も，変数なのでいろいろな数になりえるが，x が決まらないと，
y はどんな数になるか決まらない。

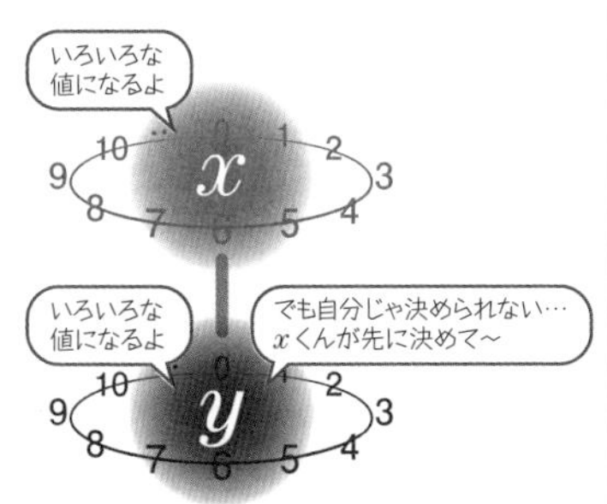

x が決まると，それにともなって，
y の数も「1 つだけ」に決まる。

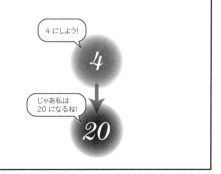

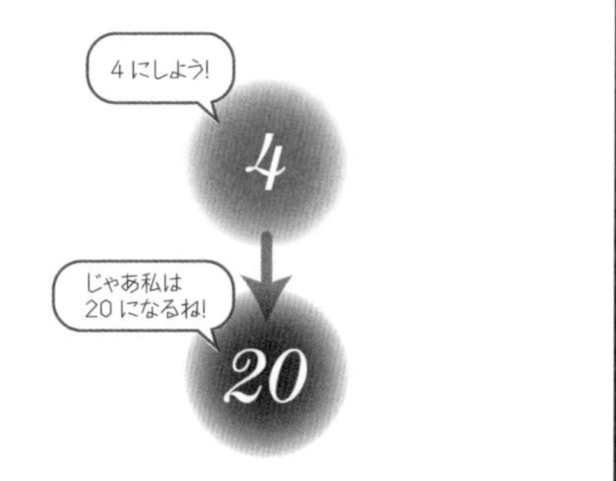

4 にしよう！
4
じゃあ私は 20 になるね！
20

こういう関係のとき，
「y は x の関数である」
というわけですよね。

関数は「優柔不断」ニャ…

そして，$y=3x+8$ のように，
y が x の**一次式**で表されるとき，
「y は x の**一次関数**（いちじかんすう）である」といいます。
一次関数は，一般的に
次のような形の式で表されます。

一次関数の式

POINT

$$y = \overbrace{\underbrace{ax}_{\text{一次の項}} + \underbrace{b}_{\text{定数の部分}}}^{\text{一次式}}$$

一次の項（x に比例する部分）

定数の部分

MEMO 一次式（いちじしき）

「一次の項（かけられている文字が1つの項）だけの式」または「一次の項と数の項の和で表される式」のこと。

例　$3x$，$3x+8$　　　$3x^2$，$3xy+8$
　　↑一次式↑　　　　↑二次式↑

※項…加法だけの式「○+□+△+◇」の，○ □ △ ◇の部分のこと。

MEMO 定数（ていすう）

問1の式 $y=3x+8$ の 3 や 8 のように，すでに**決まった数（変わらない数）**のこと。
公式としては a，b の文字で表しているが，実際には整数・分数・小数などの数値が入る。
なお，多項式や方程式で，変数（x，y などの文字）をふくまない項を「**定数項**」という。

以下のような式はすべて一次関数です。
「$y=ax+b$」の a や b には，
様々な定数が入るわけですね。

例
$$\left.\begin{aligned} y &= 3x+8 \\ y &= 0.4x \\ y &= \frac{x}{3}-5 \end{aligned}\right\}\text{すべて一次関数}$$

ちなみに，$y=\dfrac{x}{3}-5$ のように

$$y=ax-b$$

という形も一次関数です。

$$y=ax+(-b)$$

→ $y=ax-b$

と変形しているんですね。

問2 (一次関数②)

長さ18cmのろうそくに火をつけると，1分間に0.3cmずつ短くなりました。火をつけてからx分後のろうそくの長さを$y$cmとするとき，yをxの式で表しなさい。

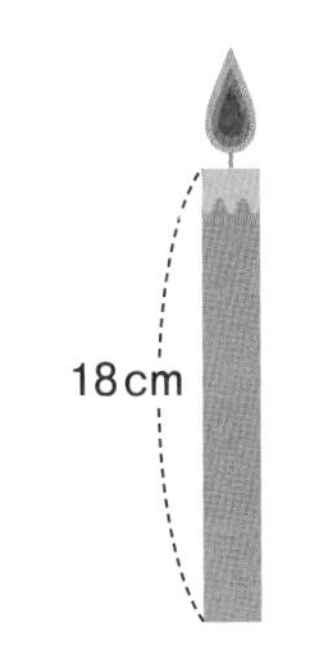

1分間に0.3cmずつ短くなるから，x分後は，$0.3\times x=0.3x$ (cm) だけ短くなります。

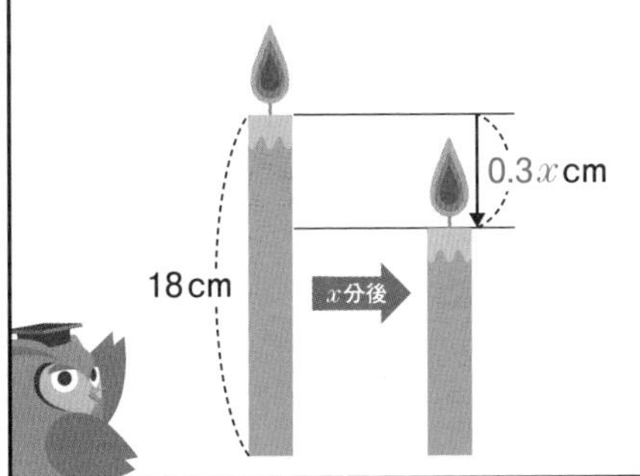

残ったろうそくの長さ (＝$y$cm) は，もとの長さから減った分をひけばいいので，$y=18-0.3x$ (cm)

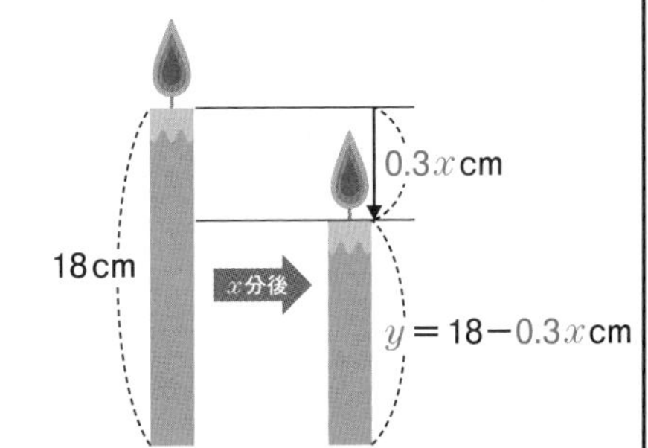

「yをxの式で表す」というのは，つまり，

$$y=ax+b$$

という形の式で表すということです。

※文字をふくむ項axが先，文字のない定数項bが後ろ。

$y=18-0.3x$を$y=ax+b$の形に整理すると，

$$y=-0.3x+18$$ 答

となります。

これは，$y=ax+b$の形なので，yはxの一次関数であるといえます。

別解

減った分 (0.3$x$cm) と残った分 ($y$cm) をたすともとの長さ (18cm) になるので，

$$0.3x+y=18$$

の式を変形して，

$$y=-0.3x+18$$ 答

問3 （一次関数の式）

次の㋐～㋒のうち，y が x の一次関数であるものはどれですか。

㋐ 1辺の長さが x cm の正三角形の周の長さは y cm である。

㋑ 底辺 x cm，高さ y cm の平行四辺形の面積が 36cm^2 である。

㋒ 半径 2cm，高さ x cm の円柱の表面積が $y\text{cm}^2$ である。

…ふぁ!?
y が x の一次関数であるものはどれか？
…どういうことニャ？

簡単にいうと，
x と y の関係が「$y = ax + b$」で表せる場合は，
「y は x の**一次関数**である」といえるんです。

$$y = ax + b$$

y は x の一次関数である

㋐の x と y の関係を式で表してみましょう。
周の長さ y は，x を3つ合わせたものなので，

$$y = 3x$$

と表すことができます。

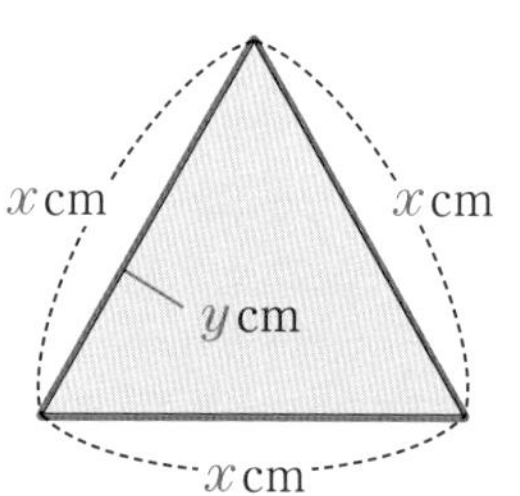

この式は，

$$y = 3x + 0$$

だと考えられ，
「$y = ax + b$」の形になるので，y は x の**一次関数であると**いえます。

ちなみに，y が x の関数であり，
x と y の関係が

$$y = ax$$

という式で表されるとき，
「**y は x に比例する**」
というんですよね。

中1でやりましたよ!

実は，比例の式 $y=ax$ は，
一次関数の式 $y=ax+b$ の b が 0 になっている場合の式なんです。
つまり，**比例は一次関数（の特別な場合）である**といえるんですよ。

㋑の x と y の関係を式で表してみましょう。
平行四辺形の面積は，（底辺）×（高さ）なので，

$$xy = 36$$

と表すことができますね。

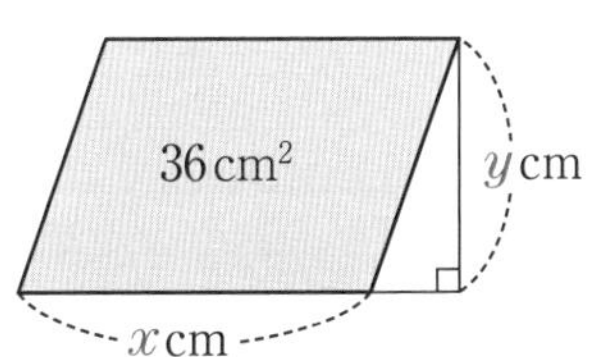

この式を変形すると，

$$y = \frac{36}{x}$$

となり，
「$y = ax + b$」の形には
ならないので，
y は x の一次関数では
ありません。
※反比例の関係になっている。
反比例の式▶ $y = \frac{a}{x}$

㋒は，まず円柱と
その展開図を
かいてみましょう。

底面積と側面積，それぞれの面積を求めます。

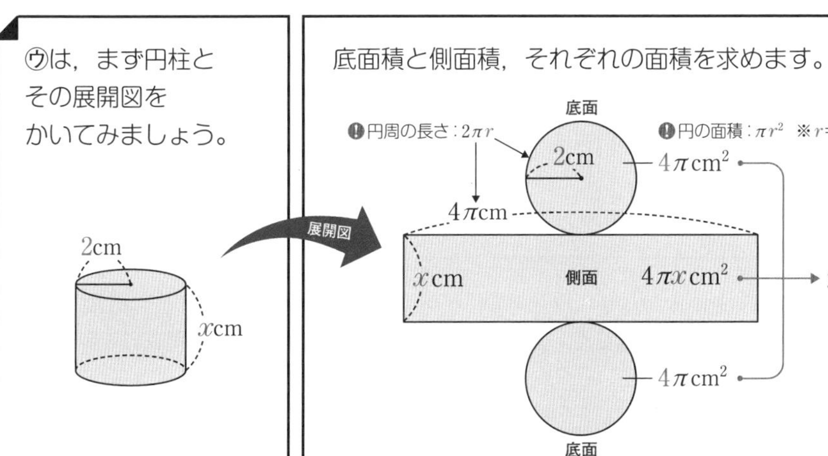

上の図のとおり，円柱の表面積（y）は，

$$y = \underbrace{(2\pi \times 2) \times x}_{\textbf{側面積}} + \underbrace{(\pi \times 2 \times 2) \times 2}_{\textbf{底面積が2つ}}$$

$$y = 4\pi x + 8\pi \ (\mathrm{cm}^2)$$

という式で表せます。
この式は「$y = ax + b$」の形なので，
y は x の**一次関数である**といえます。

答 ㋐，㋒

さあ，一次関数とは何なのか，
わかったでしょうか。
テストでも一次関数は超頻出。
重要な柱となる項目なので，
完璧に理解してから
次に行きましょう。

END

2 一次関数の値の変化

問 1 （変化の割合）

一次関数 $y=3x+4$ で，x の値が次のように増加したときの，変化の割合を求めなさい。

(1) 2 から 4 まで増加

(2) -1 から 3 まで増加

変化の割合…？
どういう意味ニャ…？？
はい，1つ1つ整理していきましょう。

変化の割合

x の増加量に対する y の増加量の割合（x の増加量に対して y が何倍増加するのかを表したもの）を「変化の割合」といいます。

yが上

$$\text{変化の割合} = \frac{y\text{の増加量}}{x\text{の増加量}}$$

まず(1)を考えましょう。$y=3x+4$ で，x の値が 2 から 4 に増加したとき（増加量は 2），y の値はどうなるでしょうか。

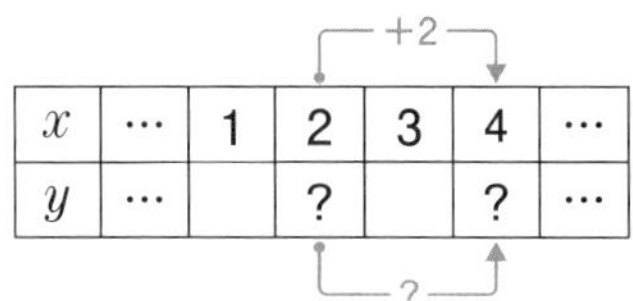

+2

x	…	1	2	3	4	…
y	…		?		?	…

?

x の値を $y=3x+4$ に代入すれば，y の値が求められます。

$x=2$ のとき，

$y=3\times2+4=10$

$x=4$ のとき，

$y=3\times4+4=16$

x の値が 2 から 4 に増加したとき（増加量は 2），y の値は 10 から 16 に増加することがわかりました（増加量は 6）。

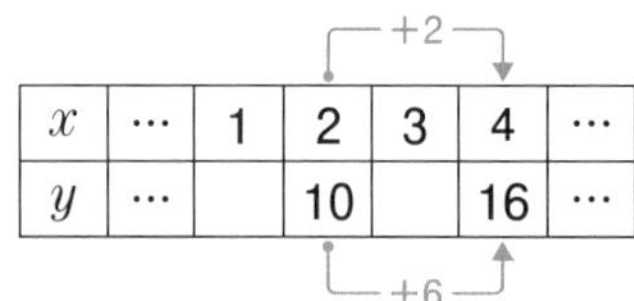

+2

x	…	1	2	3	4	…
y	…		10		16	…

+6

変化の割合は，

$$\frac{y\text{の増加量}}{x\text{の増加量}}$$

で求められますから，(1)の変化の割合は，

$$\frac{6}{2}=3$$ **答**

一次関数 $y=3x+4$ では，x が 1 増加すると y は 3 増加する。
つまり，y の増加量は，x の増加量の 3 倍※であるということなんです。

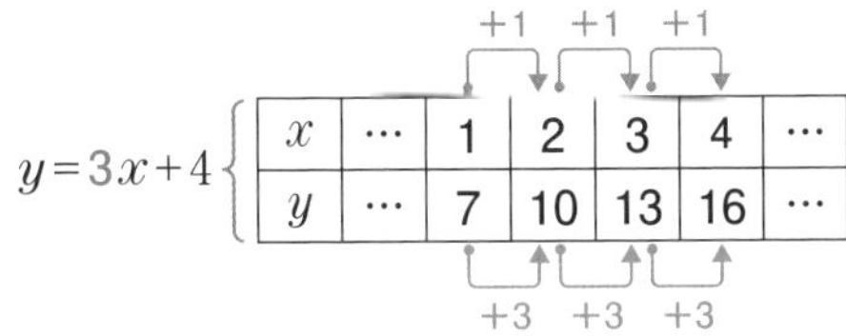

$y=3x+4$

x	…	1	2	3	4	…
y	…	7	10	13	16	…

※**増加量**が 3 倍なのであって，**値**が 3 倍なわけではないので注意。

(2)も同様に考えます。$y=3x+4$ に，x の値を−1 から 3 まで代入すると，y の値は次のようになりますよね。

x	…	-1	0	1	2	3	4	…
y	…	1	4	7	10	13	16	…

x の値が−1 から 3 に増加したとき（増加量は 4），y の値は 1 から 13 に増加しています（増加量は 12）。

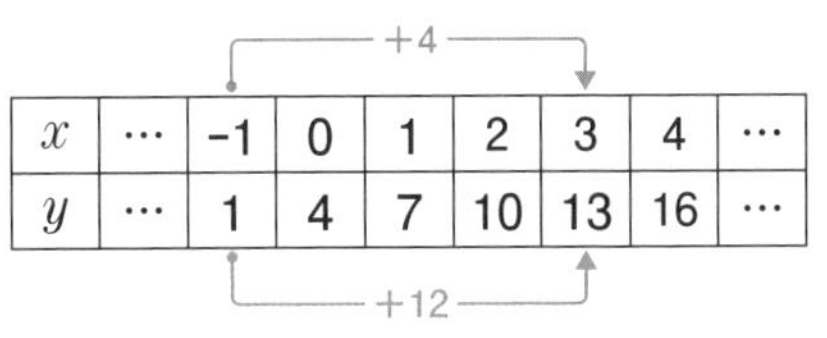

x	…	-1	0	1	2	3	4	…
y	…	1	4	7	10	13	16	…

変化の割合は，

$$\frac{y\text{の増加量}}{x\text{の増加量}}$$

で求められますから，(2)の変化の割合は，

$$\frac{12}{4}=3$$ 答

…ん？
(1)と(2)で，答えが同じ 3 だニャ…？

そう！　実は，同じ一次関数の式では，**変化の割合は常に一定**で，変わらないんですよ。

POINT

一次関数の変化の割合

一次関数 $y=ax+b$ では，変化の割合**は一定**であり，a に等しい。

$$\text{変化の割合}=\frac{y\text{の増加量}}{x\text{の増加量}}=a$$

〈一次関数の式〉
$y=ax+b$
（a ＝ 変化の割合）

問2 （yの増加量の求め方）

次の一次関数で，x の増加量が 5 のときの
y の増加量をそれぞれ求めなさい。

(1) $y=8x-7$

(2) $y=-6x+12$

変化の割合の式，

$$\frac{y\text{の増加量}}{x\text{の増加量}}=a$$

を変形すると，

$$y\text{の増加量}=a\times x\text{の増加量}$$

となります。

(1)では，x の増加量が 5 で，
a（＝変化の割合）が 8 なので，
これらの値を左の式に代入すると，

$$y\text{の増加量}=8\times5=40$$ 答

となります。

(2)では，x の増加量が 5 で，
a（＝変化の割合）が −6 なので，

$$y\text{の増加量}=(-6)\times5=-30$$ 答

となります。

a が負の数である
$y=-6x+12$ は，
x が 1 増加するごとに
y は−6 となる
（6 減少する）わけです。

したがって，一次関数 $y=ax+b$ では，次のことがいえるんです。
「あたりまえ」のことですが，おさえておきましょう。

$a>0$ のとき，x の値が増加すると，y の値は増加する。

$a<0$ のとき，x の値が増加すると，y の値は減少する。

問3 （反比例の関係の変化の割合）

反比例の式 $y=\frac{18}{x}$ で，x の値が次のように増加したときの変化の割合をそれぞれ求めなさい。

(1) 2から3まで増加

(2) 6から9まで増加

「反比例」の式の場合，変化の割合はどうなるのか，という問題ですね。一次関数と同じなのでしょうか。

MEMO 反比例（はんぴれい）

y が x の関数で，x が2倍，3倍…になると，y は $\frac{1}{2}$ 倍，$\frac{1}{3}$ 倍…となる関係。x と y が $y=\frac{a}{x}$ という関係式で表される（a は比例定数）。

〈反比例の式〉 $y=\frac{a}{x}$

まず，問題にある x の値を $y=\frac{18}{x}$ に代入して，y の値を調べてみましょう。

x	…	2	3	4	5	6	7	8	9	…
y	…	9	6			3			2	…

x が2から3に増加したとき（増加量は1），
y は9から6に減っています（増加量は−3）。

x	…	2	3	4
y	…	9	6	

（x：+1，y：−3）

x が6から9に増加したとき（増加量は3），
y は3から2に減っています（増加量は−1）。

x	…	2	3	4	5	6	7	8	9	…
y	…	9	6			3			2	…

（x：+3，y：−1）

変化の割合は，

$$\frac{y\text{の増加量}}{x\text{の増加量}}$$

で求められますから，
答えは以下のとおりになります。

(1) $\frac{-3}{1}=-3$　　(2) $\frac{-1}{3}=-\frac{1}{3}$ **答**

このように，**反比例の関係では変化の割合は一定ではない**ことがわかりますね。一次関数（$y=ax+b$）だから，変化の割合が一定になるのです。覚えておきましょう。

END

3 一次関数のグラフ

問 1 （比例と一次関数のグラフ①）

次の一次関数のグラフを，右の図にかきなさい。

① $y=2x$

② $y=2x+3$

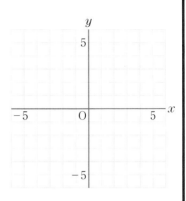

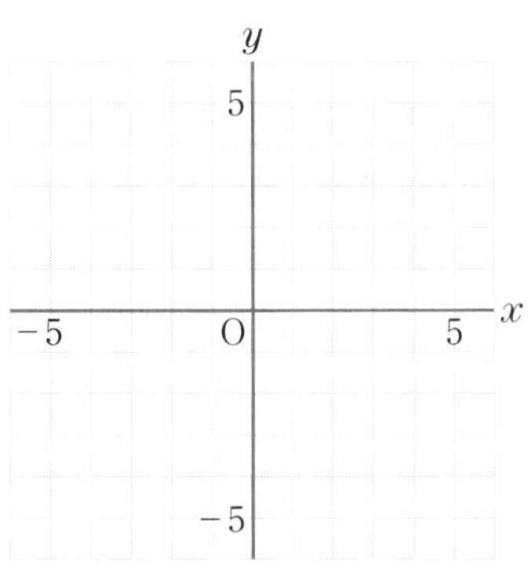

あ…，①は「比例」のグラフかニャ？中1でやったニャ！

そう，「比例」も一次関数※です。まずは比例のグラフから復習しましょう。

例えば，$y=2x$ に $x=1$ を代入すると，y の値は 2 になりますね。この点の座標は (1, 2) になります。

※座標は必ず（x 座標，y 座標）の順に書く！

x	…	−3	−2	−1	0	1	2	3	…
y	…	−6	−4	−2	0	2	4	6	…

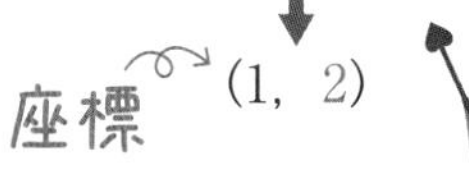

座標 (1, 2) の点をかき入れて，

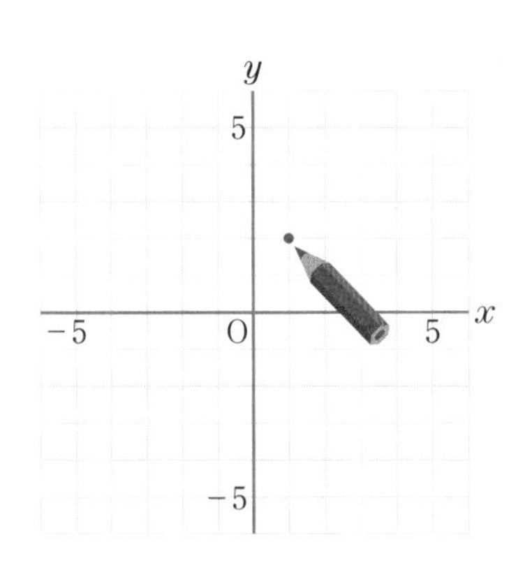

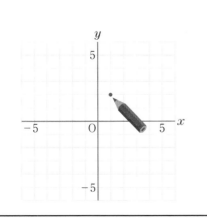

この点と原点 (0, 0) を直線で結ぶと，①の $y=2x$ のグラフができます。

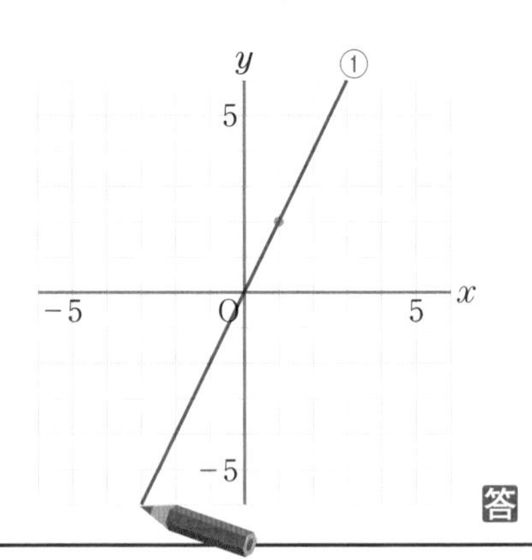

※一次関数の式 $y=ax+b$ の b が 0 の場合，**比例**の式（$y=ax$）になる。

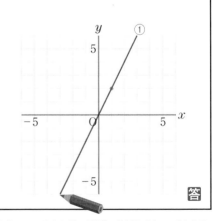

比例のグラフは**原点を通る直線**になるので，**原点以外のもう1点がわかれば，かくことができる**んですよね。

「原点以外のもう1点」は，どの点でもいいニャ？

(2, 4)とか
(3, 6)とか…

もちろん，そこは自由です。
ただし，x 座標と y 座標の値が共に「**整数**」にならないと正確なグラフがかきづらいので，注意しましょう。

さて，②の $y = 2x + 3$ のグラフを考えましょう。
まずは，この式の x に -3 ～ 3 の値を代入して，対応する y の値を表にまとめてみます。

x	…	-3	-2	-1	0	1	2	3	…
y	…	-3	-1	1	3	5	7	9	…

$y=2x$ と比べると，y の値が全部「+3」になってるニャ！

そのとおりですね！

この x，y の組を座標とする点をグラフにかきましょう。
(2, 7)と(3, 9)は図に入らないので省略します。

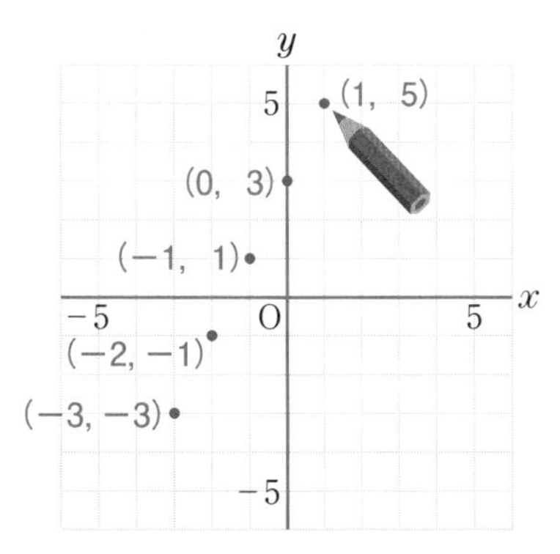

これらの点をすべて結ぶと，
②の $y = 2x + 3$ のグラフができます。
一次関数のグラフは**直線**になるんです。

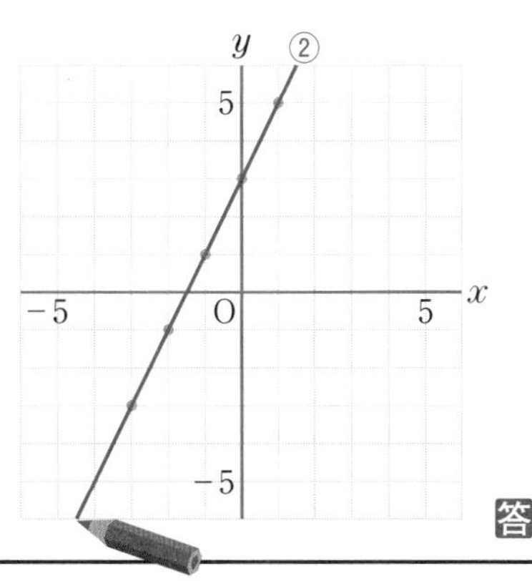

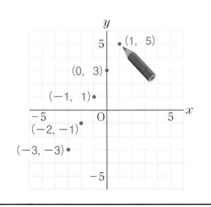

実は，① $y=2x$ のグラフを，各点で **3** だけ**上**に**平行移動**させたのが，

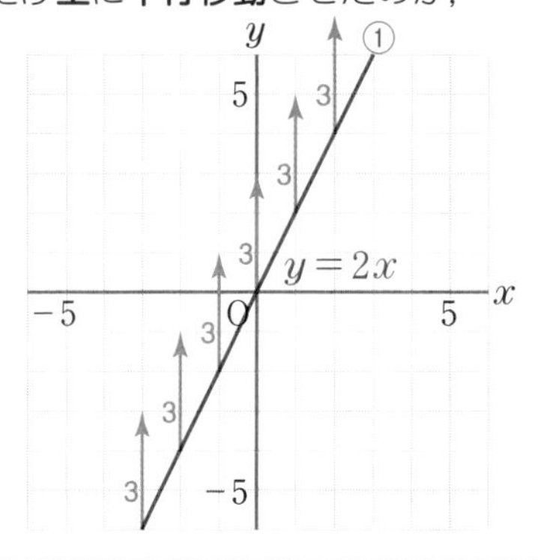

② $y=2x+3$ のグラフなんです。

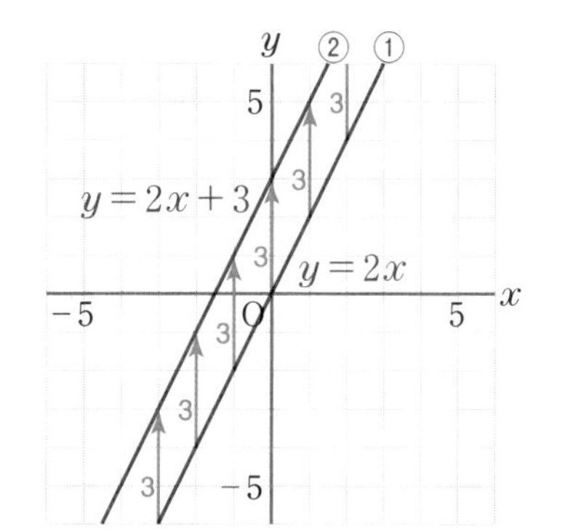

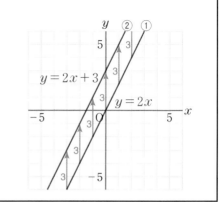

① $y=2x$
に「+3」した
② $y=2x+3$
という式だから，
上に 3 移動する
ニャ？

そう。y 軸は，
上が「**正（+）の方向**」で，**下**が「**負（−）の方向**」ですからね。

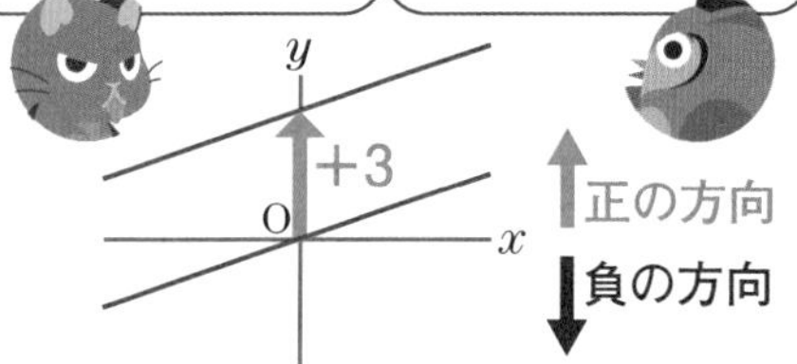

逆に，$y=2x-3$ であれば，①より **3** だけ**下**に**平行移動**するわけです。

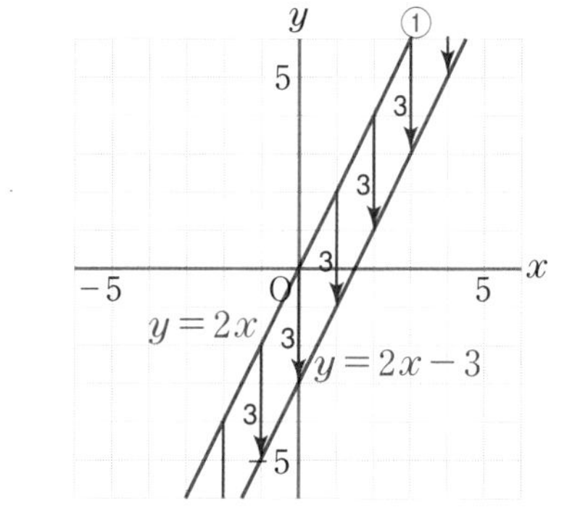

POINT 比例のグラフと一次関数のグラフの関係

一次関数 $y=ax+b$ のグラフは，比例のグラフ $y=ax$ を y 軸上で b だけ**平行移動**させた**直線**となる。

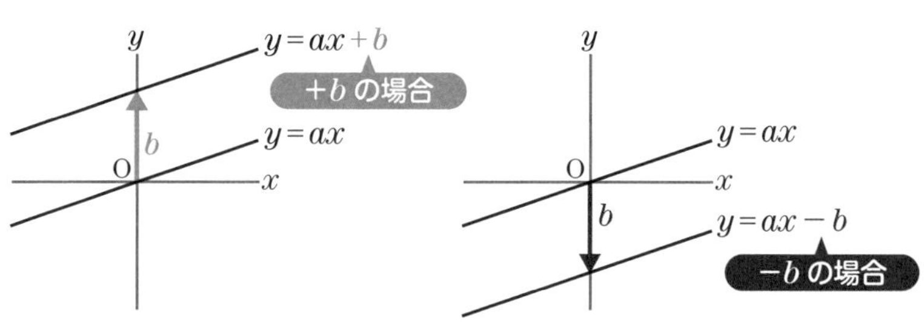

※ $y=ax+(-b)$ が $y=ax-b$ となる。

ところで，一次関数 $y=ax+b$ の b は，$x=0$ のとき，

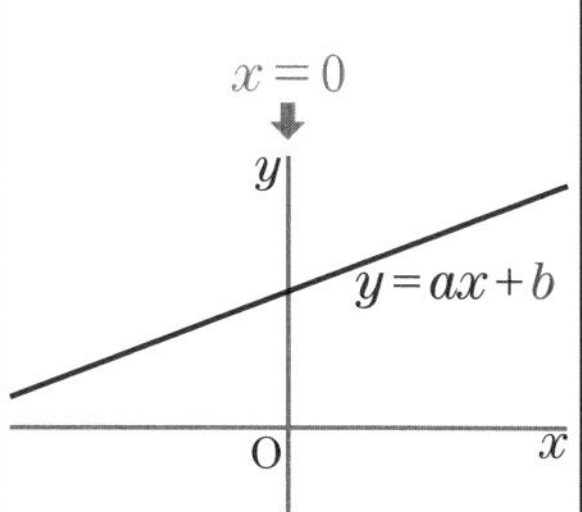

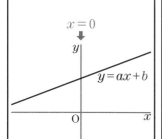

グラフが y 軸と交わる点 $(0,\ b)$ の y 座標になっていますよね。

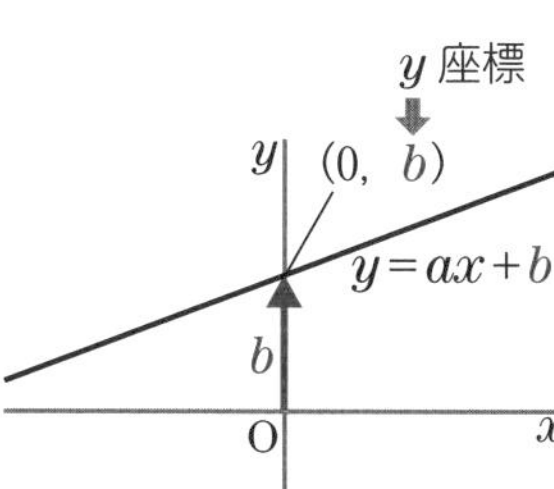

この b のことを，一次関数のグラフの「切片(せっぺん)」といいます。

せっぺん？ ニャんで？

MEMO 切片(せっぺん)

切れはし。数学ではグラフと座標軸の**交点**のこと。グラフが座標軸を遮断する（区切る）ことから，その交点が英語で intercept（＝遮断する，区切るなどの意味）と名づけられ，この intercept が日本語では「**切片**」と訳された。

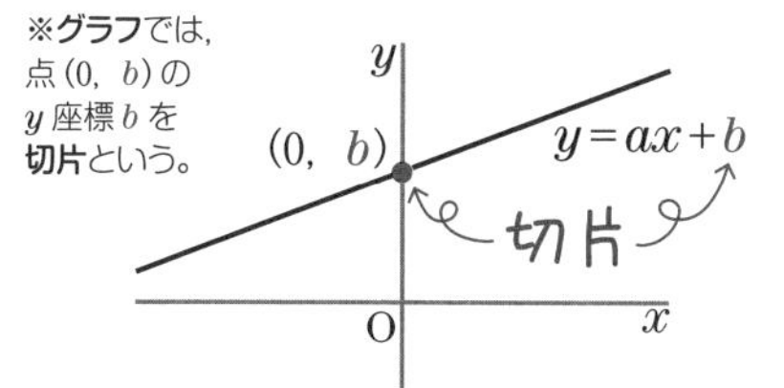

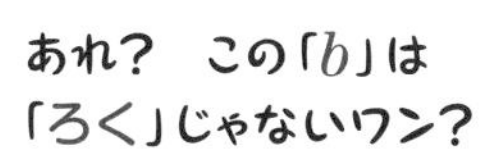

あれ？ この「b」は「ろく」じゃないワン？

ずっと「ろく」だと思ってたワン…
今まで何を聞いてたニャ？

b(ビー) は数字の「6(ろく)」ではないニャ！

ちょっと似てるけど!!

さあ，一次関数 $y=ax+b$ では，b の部分を「切片」といいますが，実は a の部分にも特別な名前がついているんですよ。

$$y=ax+b$$

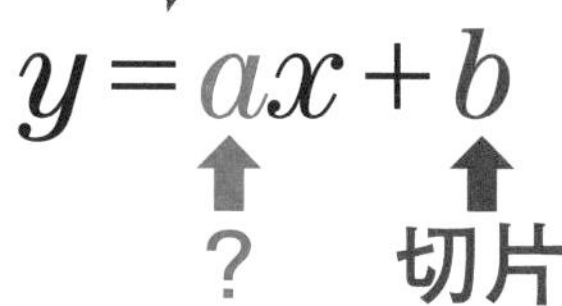

とくべつななまえ？

例えば，$y=2x+3$ のグラフの場合，右へ 1 進む（＝x が 1 増える）と，上へ 2 進み（＝y が 2 増え）ます。

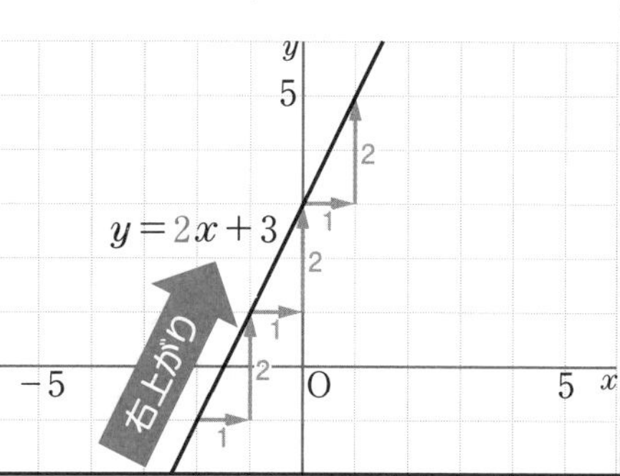

$y=3x+3$ のグラフなら，
右へ 1 進む（$=x$ が 1 増える）と，
上へ 3 進み（$=y$ が 3 増え）ます。

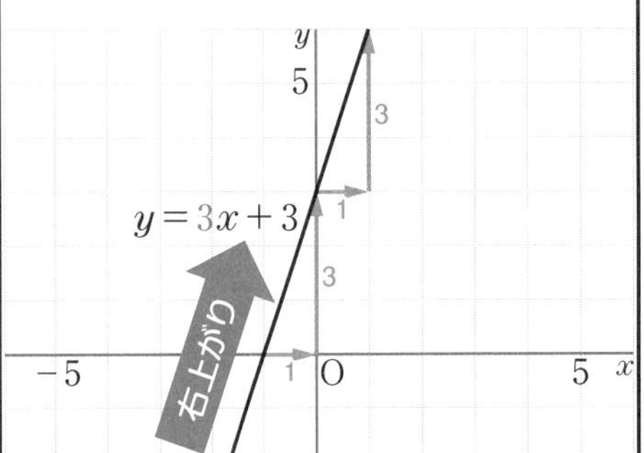

$a<0$ の場合，$y=-2x+3$ なら，
右へ 1 進む（$=x$ が 1 増える）と，
下へ 2 進み（$=y$ が 2 減り）ます。

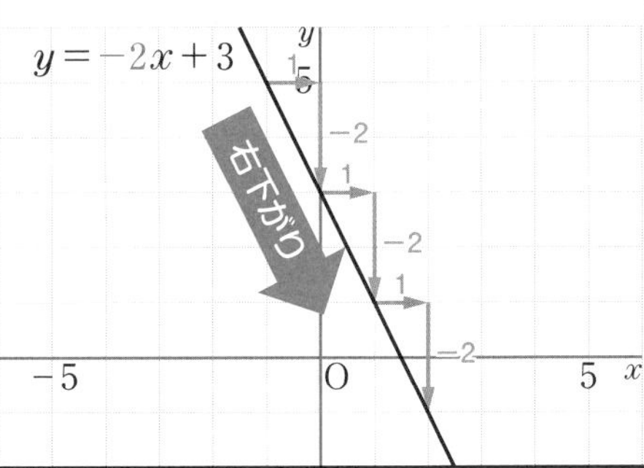

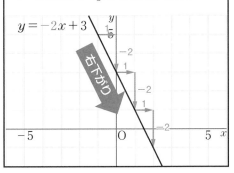

つまり，一次関数
$y=ax+b$ のグラフの
「傾きぐあい」は，
a の値によって決まっ
ていますよね。

そのため，一次関数のグラフでは，
この a の部分のことを「傾き（かたむ）き」というんです。

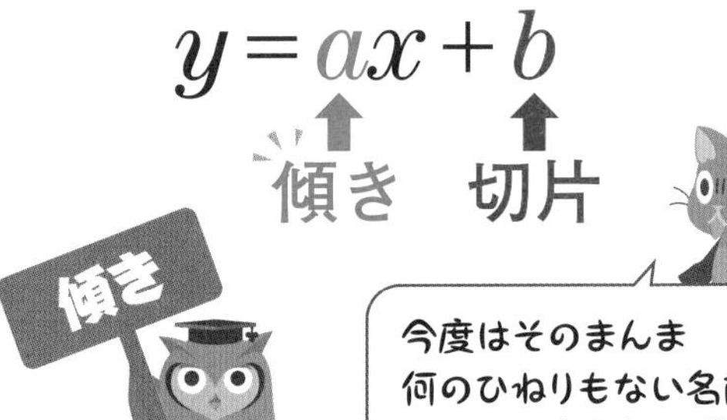

今度はそのまんま
何のひねりもない名前ニャ…
なぞのネーミングセンスだニャ…

POINT 一次関数のグラフ

❶ 一次関数 $y=ax+b$ のグラフは，
傾きが a，切片が b の**直線**である。
※「直線 $y=ax+b$」などという場合もある。

❷ $a>0$ →「**右上がり**」の直線になる。
$a<0$ →「**右下がり**」の直線になる。

❸ 傾きの a は**変化の割合**に等しい。

変化の割合 $= \dfrac{y\text{の増加量}}{x\text{の増加量}} = a$

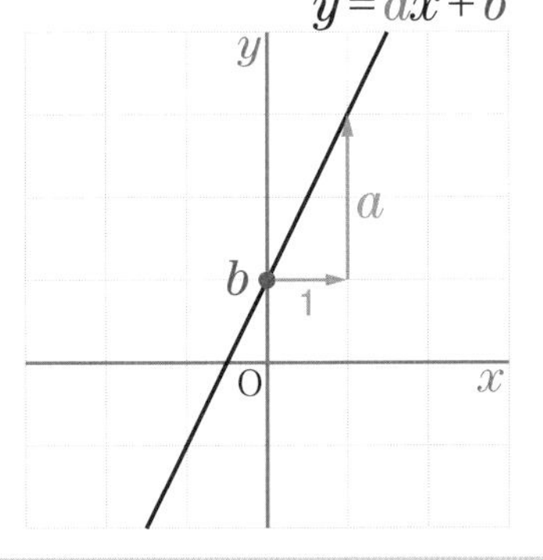

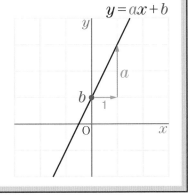

問2 （一次関数の傾きと切片）

次の一次関数について，グラフの傾きと切片をいいなさい。

(1) $y=9x+6$

(2) $y=-8x-5$

これはもはや簡単ですね。答えはこのとおりです。

(1) 傾き 9，切片 6

(2) 傾き −8，切片 −5 答

1コマ目で答え出たニャ！最速ニャ？

問3 （比例と一次関数のグラフ②）

次の一次関数のグラフを，右の図にかきなさい。

① $y=2x-3$

② $y=-3x+1$

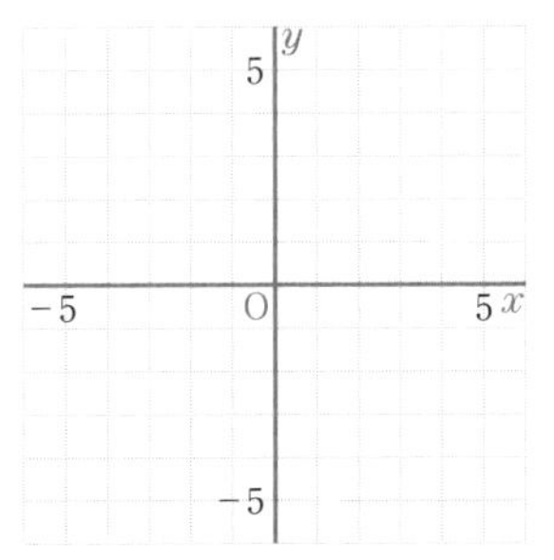

これは問1と同じようにxとyの値を「表」にして考えればいいニャ？

もちろん，それでもいいのですが，もっと簡単な方法があるんですよ。

直線とは，「**2つの点**」を通るまっすぐな線のことですから，

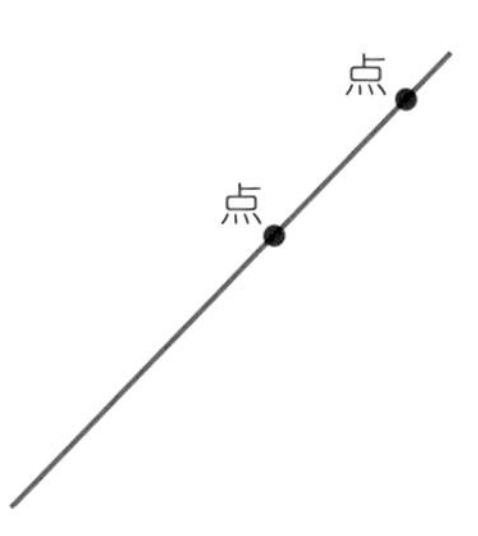

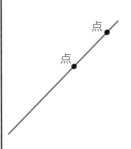

「**2つの点**」がわかれば**直線**のグラフはかけますよね。

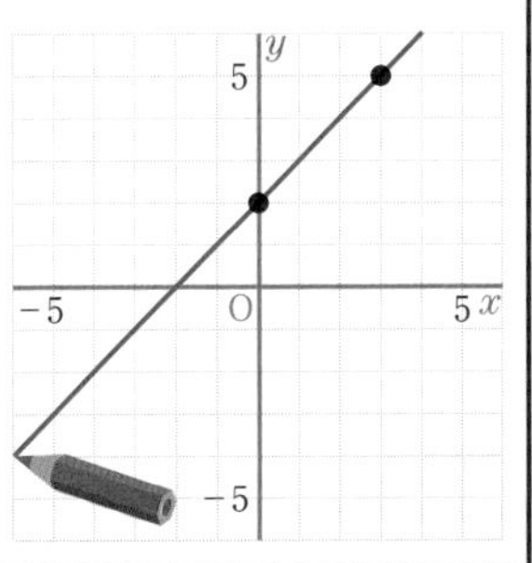

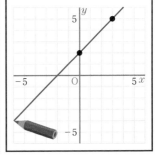

① $y=2x-3$ は，
$x=0$ のとき，$y=-3$ となるので，
点 $(0,\ -3)$ がとれますね。
※$x=0$ を式に代入して（暗算で）y を求めましょう!

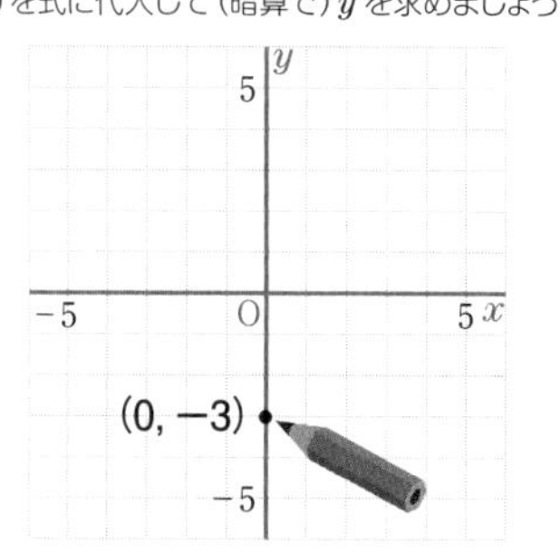
(0, −3)

$x=1$ のときは，$y=-1$ となるので，
点 $(1,\ -1)$ がとれます。

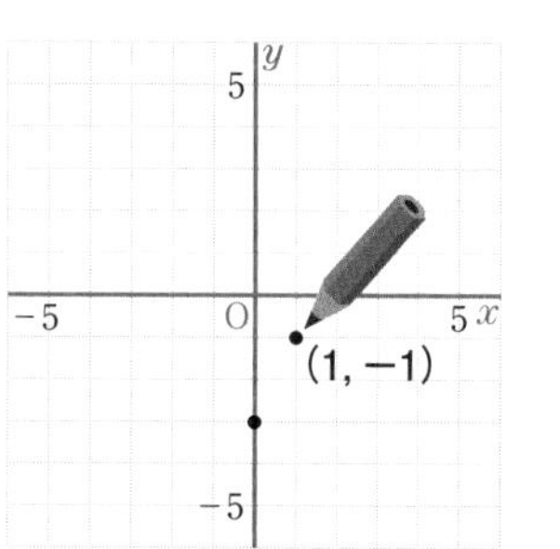
(1, −1)

2点を結ぶ直線をかけば，
①のグラフが完成です。

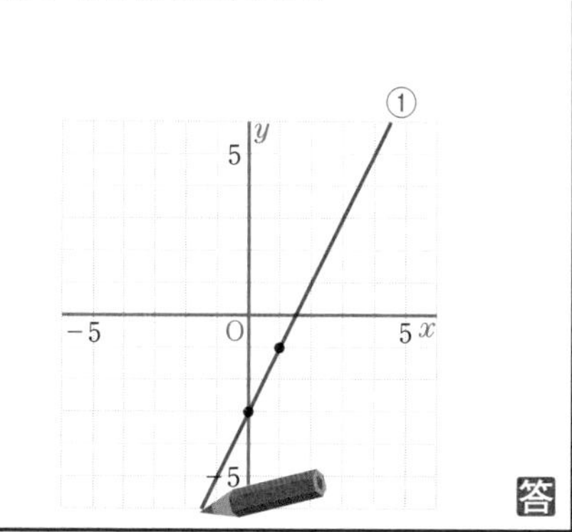
①
答

$y=2x-3$ のグラフですから，
傾きが 2 で「右上がり」，切片が−3
であることも確認しましょう。

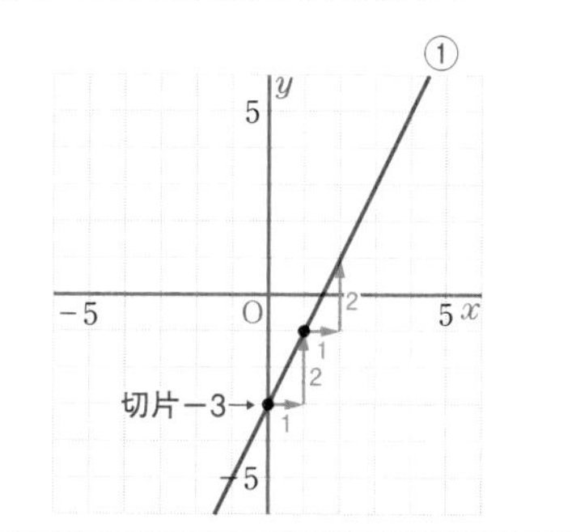
①
切片−3→

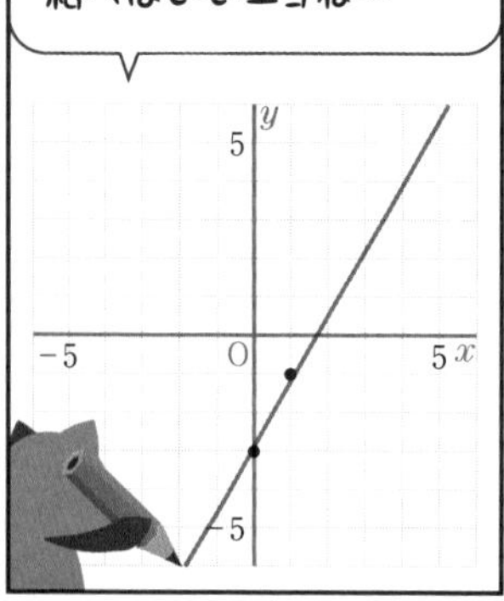
ニャるほど…
2つの点をかいて
結べばいいニョね…

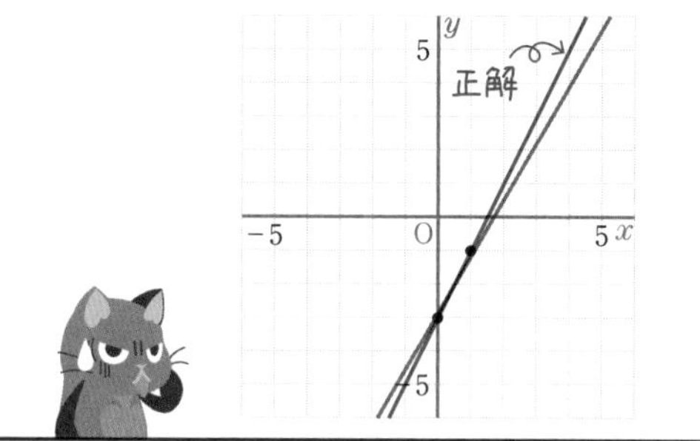
…あれ？　ニャんか…
ボクがかいたのは
少しズレてるニャ？
正解

点と点が近いと
ズレやすいですからね。

点 (0, −3) と少し離れた点，例えば，
点 (2,　1) や点 (3,　3) をとれば，
正確な直線がかきやすくなりますよ。
2点の距離は近くない方がいいですね。

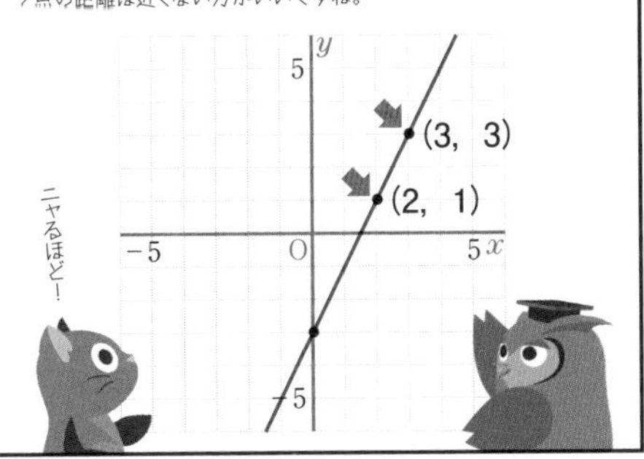
(3,　3)
(2,　1)
ニャるほど！

太い鉛筆なら
少しズレても
大丈夫だワン！
太すぎニャ！
感覚がズレてるニャ！

さて，② $y=-3x+1$ をかきましょう。
$x=0$ のとき，$y=1$ となるので，
点 (0,　1) がとれますね。

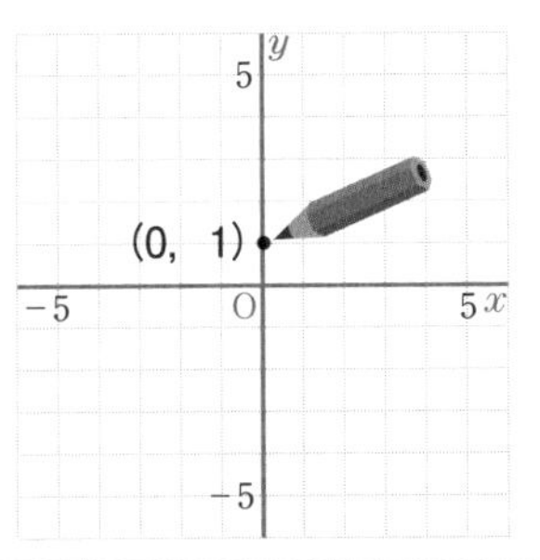
(0,　1)

$x=2$ のときは，$y=-5$ となるので，
点 (2, −5) がとれます。
※$x=1$ を代入して，点 (1, −2) をとっても OK です。

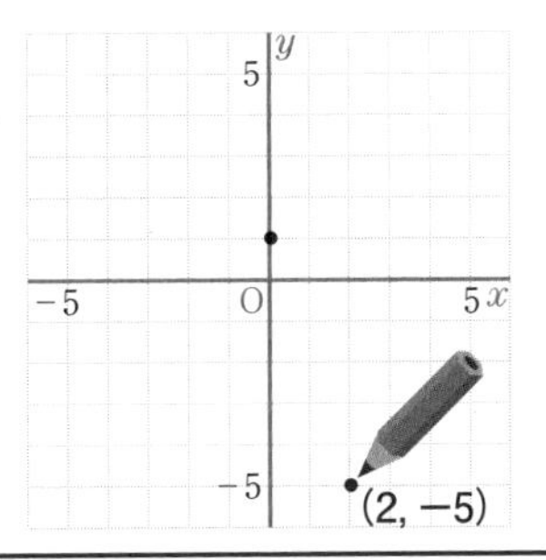
(2, −5)

2点を結ぶ直線をかけば，
②のグラフが完成です。

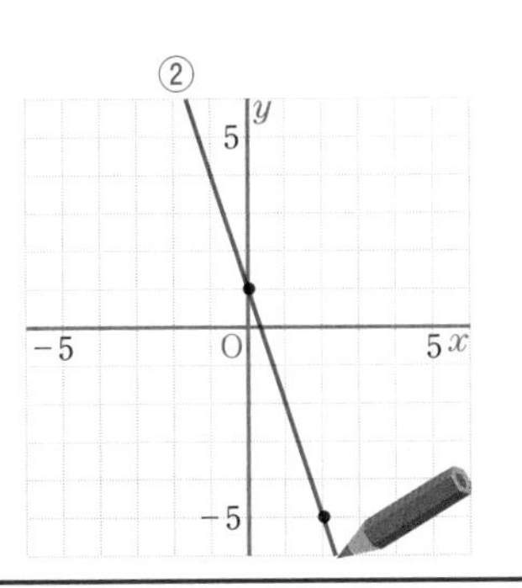
②
答

$y=-3x+1$ のグラフですから，
傾きが**−3** で「右下がり」，
切片が 1 であることも確認しましょう。

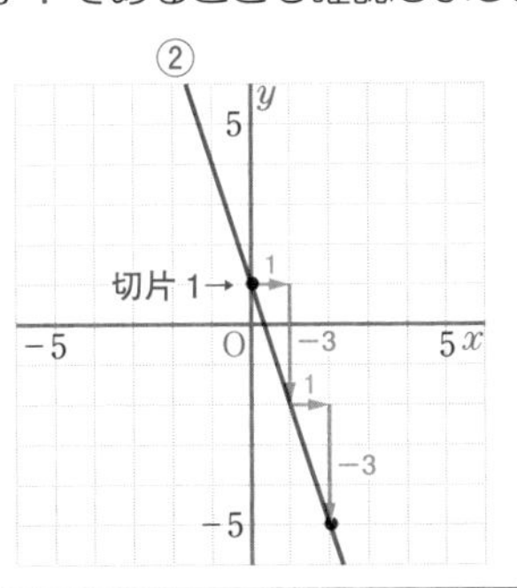
②
切片 1→
1
−3
1
−3

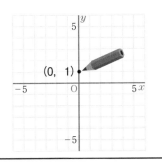

問4　(一次関数のグラフと変域)

右のグラフの一次関数 $y=2x-1$ について，次の問いに答えなさい。

(1) x の変域が $1<x<4$ のときの y の変域を求めなさい。

(2) x の変域が $-1 \leqq x \leqq 3$ のときの y の変域を求めなさい。

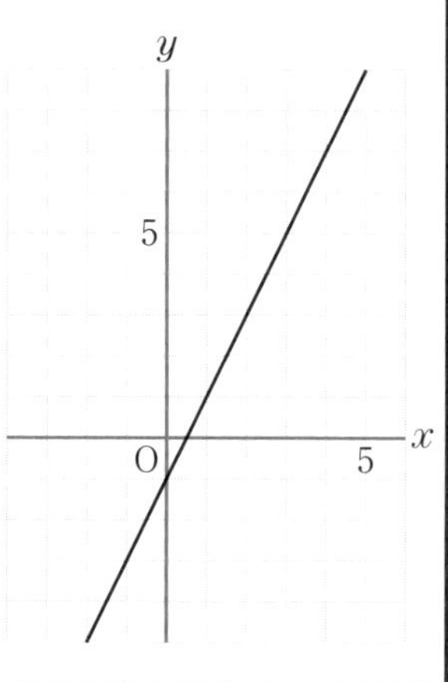

「**変数のとりうる値の範囲**」を，その変数の「**変域**(へんいき)」といいます。

中1でやりましたよね!

(1)は，x の**変域**が
1より大きく
4より小さい
ということなので，

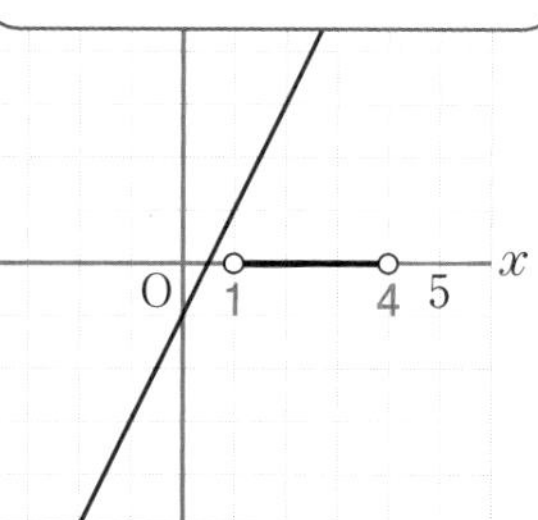

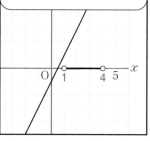

変数 x は，この範囲の**いずれかの値になりえる**ということです。

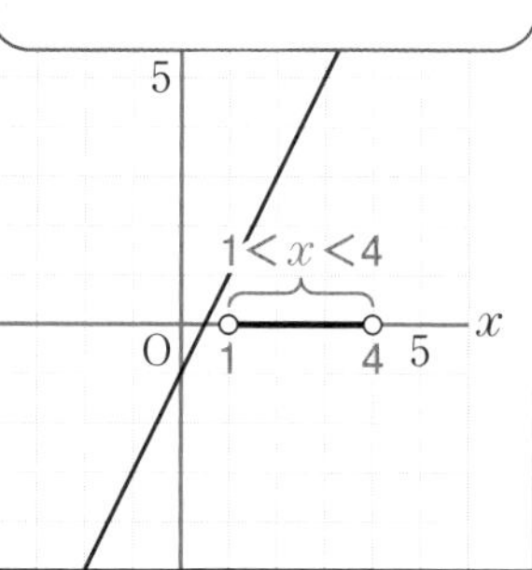

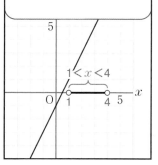

この x の変域の中で，変数 y の変域はどこからどこまでですか（y はどんな値になれる可能性がありますか），というのがこの問題なんです。

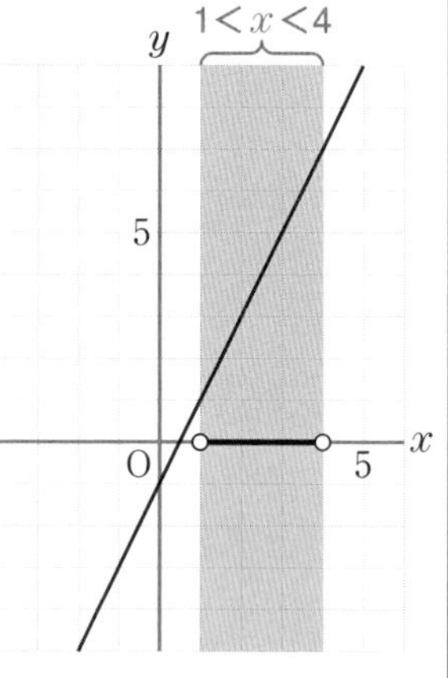

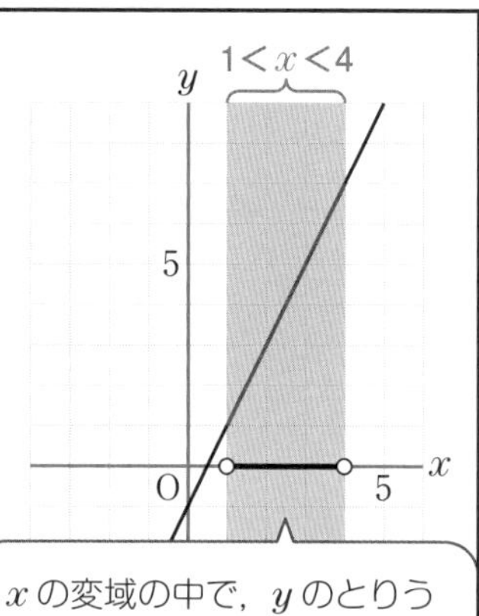

x の変域の中で，y のとりうる範囲は，この赤線部分です。

※変域を数直線上で表すとき，端の数を**ふくむ**場合は●で表し，**ふくまない**場合は○で表す。

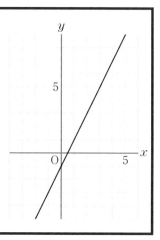

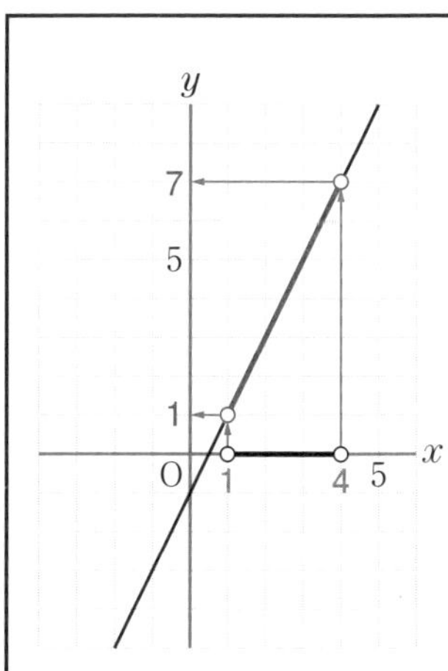

x が 1 のとき y は 1,
x が 4 のとき y は 7。

したがって,
(1)の y の変域は,

$1 < y < 7$ 答

となります。

※x の値は 1 より大きいので,
y の値も 1 より大きくなる。
また, x の値は 4 より小さいので,
y の値も 7 より小さくなる。

要するに, y の値は「2〜6」ってことニャ?

整数ではそうですね。
ただ, 1.1 や 6.9 などの**小数**かもしれませんし, **分数**の $\frac{3}{2}$ かもしれません。
様々な値になりえるわけです

(2)は, x の変域が
−1 以上, 3 以下
なので,

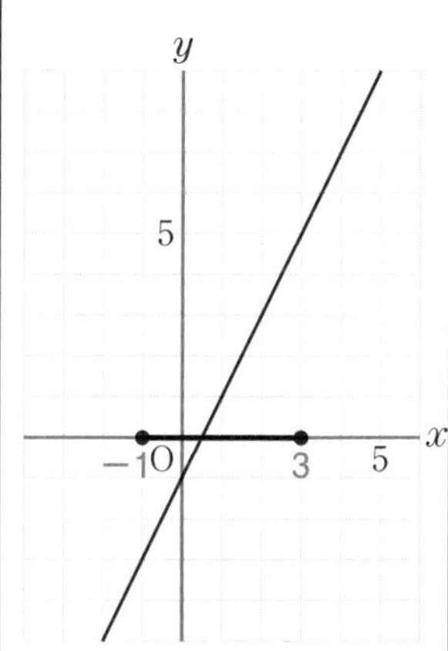

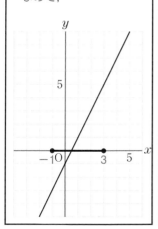

y のとりうる範囲は,
この赤線部分です。

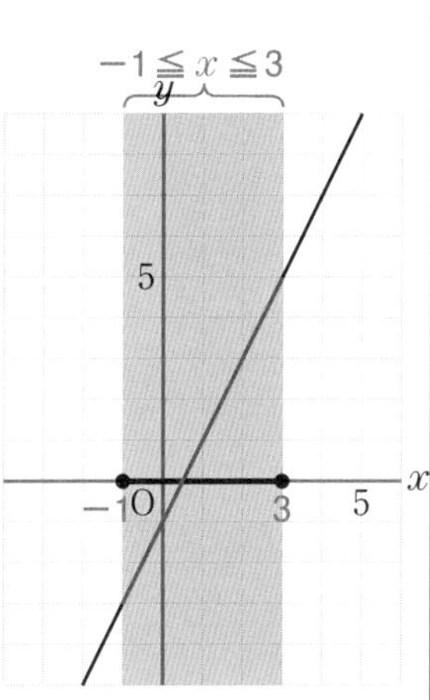

x が −1 のとき y は −3,
x が 3 のとき y は 5。

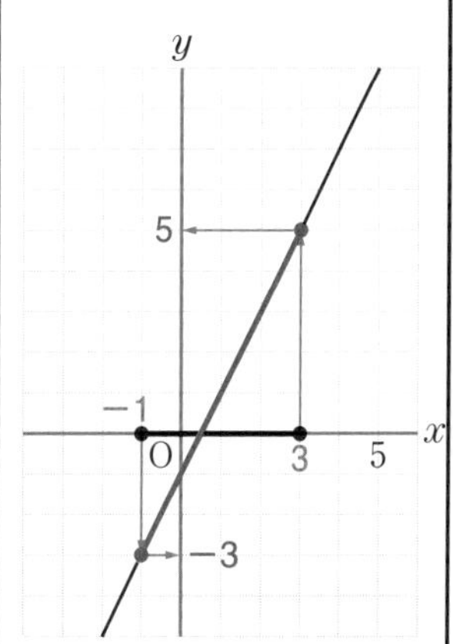

したがって,
(2)の y の変域は,

$-3 \leqq y \leqq 5$ 答

となります。

※x の値は−1 **以上**なので, y の値も−3 **以上**になる。また, x の値は 3 **以下**なので, y の値も 5 **以下**となる。

さあ, 一次関数のグラフの特徴やかき方, 変域の求め方などがわかりましたね。
計算だけでなく, しっかり**グラフ**のイメージをもちながら, 一次関数を理解しましょう。

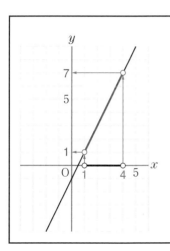

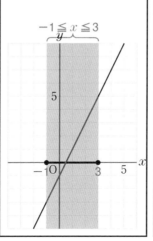

4 一次関数の式の求め方

問 1 (傾きと切片から式を求める)

下の図の直線(1), (2)の式を求めなさい。

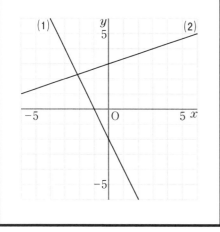

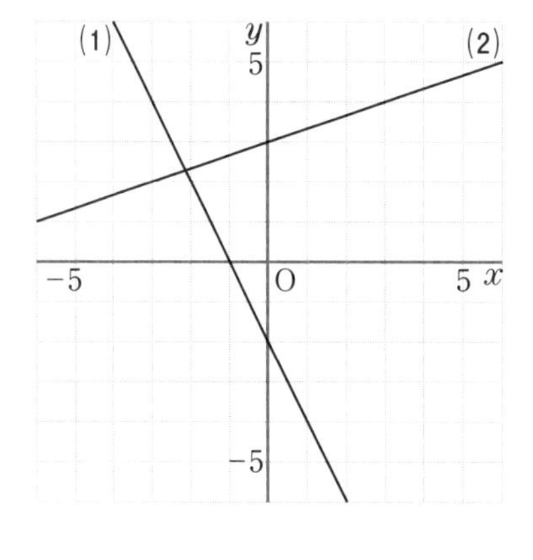

直線の…式？どういうことニャ？知らんがニャ！

グラフを見て，そのグラフの「式」を求める問題ですね。

まず，「**直線**」ということは，「**一次関数**」のグラフであるということですよね。

直線 ＝ 一次関数

そうだったニャ…

さらに，「**一次関数**」ということは，式はこの形になるということです。

一次関数の式

$$y = ax + b$$

（a：傾き，b：切片）

したがって，$y=ax+b$ の a，b の値がわかれば，一次関数の式は求められるというわけですね。

つまり，グラフを見て，「傾き」と「切片」がわかればいいってことニャ？
そのとおりです！

関数の「変化の割合」がグラフの「傾き」になる（変化の割合＝傾き）という点にも注意しましょう。

$$y = ax + b$$

a ＝ 変化の割合 $\left(\dfrac{y\text{の増加量}}{x\text{の増加量}}\right)$

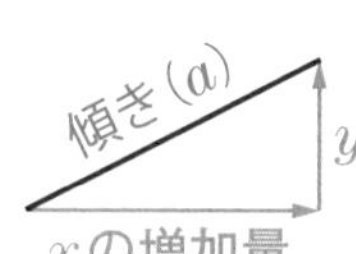

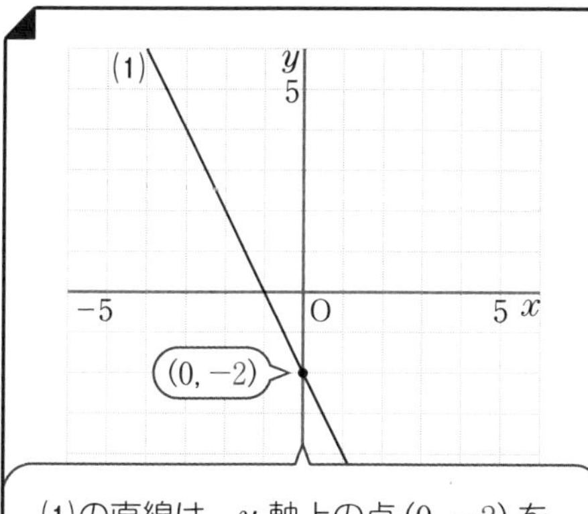

(1)の直線は，y 軸上の点 $(0,\ -2)$ を通るので，切片は**−2** です。

また，右へ 1 進むと下へ −2 移動するので，変化の割合は $\frac{-2}{1}$ で，傾きは−2 になります。

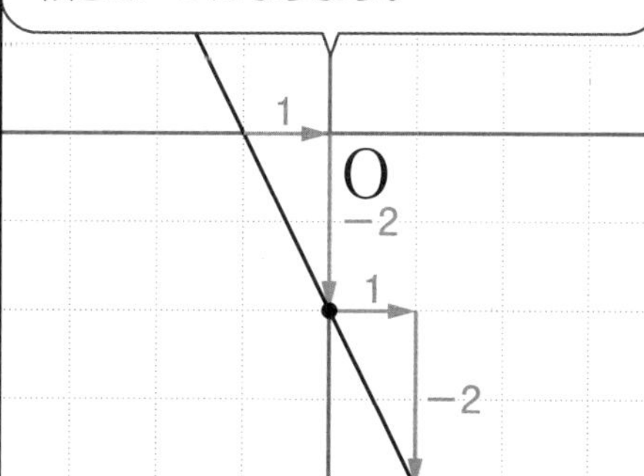

切片は**−2**，傾きは−2 なので，直線(1)の式は，

$$y=-2x-2$$ 答

となります。

このように，「切片」と「傾き」がわかれば，直線（＝一次関数のグラフ）の式を求めることができるわけですね。

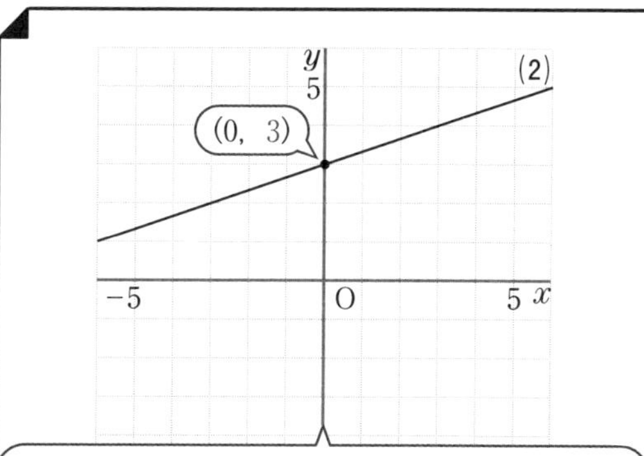

(2)の直線は，y 軸上の点 $(0,\ 3)$ を通るので，切片は **3** です。

また，右へ 3 進むと上へ 1 進むので，変化の割合は $\frac{1}{3}$，傾きは $\frac{1}{3}$ です。

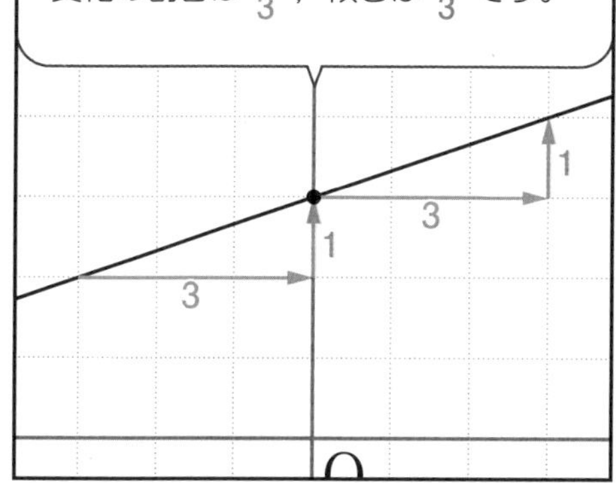

切片は **3**，傾きは $\frac{1}{3}$ なので，直線(2)の式は，

$$y=\frac{1}{3}x+3$$ 答

となります。

このように，傾きが「**分数**」になる場合もありますし，「小数」になる場合もあります。柔軟に対応できるようになりましょう。

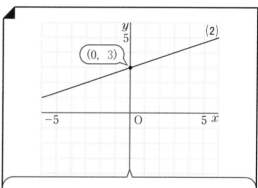

問2 （傾きと1点から式を求める）

グラフの傾きが-4で，点$(-1, -3)$を通る一次関数の式を求めなさい。

「傾き」とどこか「1点」がわかれば，一次関数の式は求められます。

一次関数の式はこの形。

$$y=ax+b$$

傾きは-4で，

$$y=-4x+b$$

点$(-1, -3)$を通るので，$x=-1$，$y=-3$を代入します。

$$y=-4x+b$$

-3　　-1

$$-3=-4\times(-1)+b$$
$$-3-4=b$$
$$b=-7$$

このように，

$y=ax+b$のa，x，yの値がわかれば，残る1つ，bの値が出るわけです。

$b=-7$なので，求める式は，

$$y=-4x-7$$ 答

となります。

問題文に「傾き」や座標点(x, y)が与えられたら，それを$y=ax+b$に代入するよう，意識しましょう。

問3 （2点から式を求める）

次の条件を満たす直線の式をそれぞれ求めなさい。

(1) グラフが2点$(-2, 1)$，$(1, -5)$を通る。

(2) $x=-2$のとき$y=-5$，$x=4$のとき$y=-2$

今度は「2点」がわかるときに，一次関数の式を求める問題です。図で考えましょう。

⑴の直線の式は，
2 点 $(-2,\ 1)$，$(1,\ -5)$ を通ります。

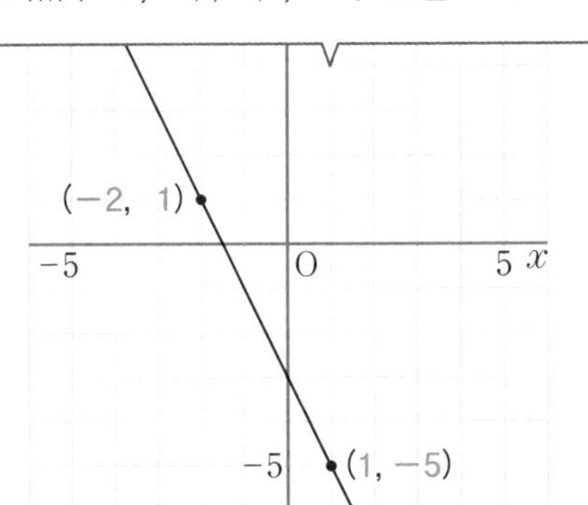

変化の割合は $\dfrac{-5-1^{*}}{1-(-2)}=\dfrac{-6}{3}$ なので，
傾きは -2 です。

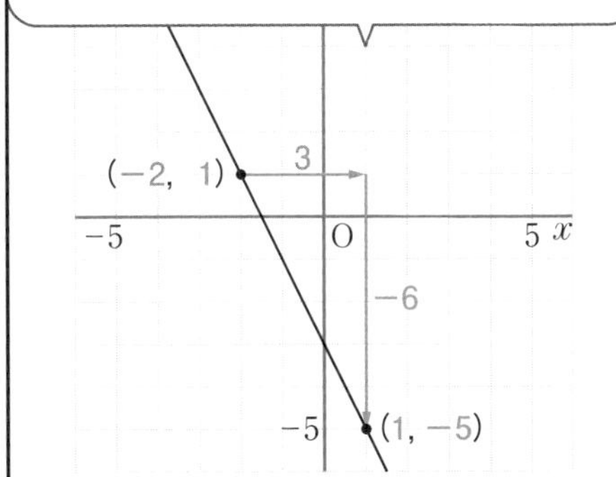

「**傾き**」が出たら，
あとは「**切片**」(**問 1**)
または「1 点」(**問 2**) が
わかれば，一次関数の
式は求められますよね。

2 点が出ているので，
どちらかの「1 点」を
$y=-2x+b$
に代入します。

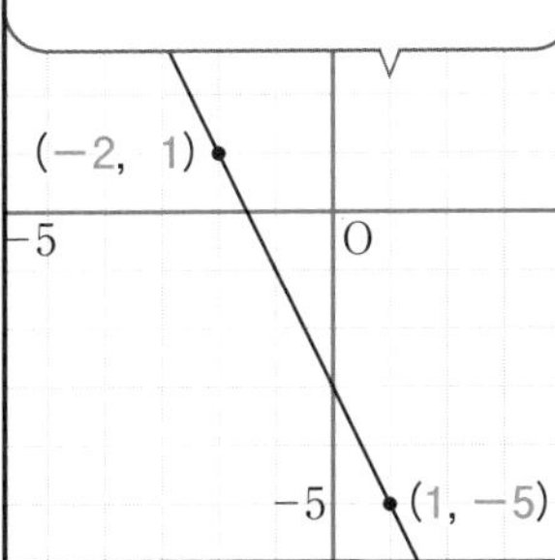

$x=-2$，$y=1$
を代入すると，

$$1=-2\times(-2)+b$$
$$1-4=b$$
$$b=-3$$

求める⑴の式は，
$y=-2x-3$ 答
となります。

⑵の式は，図で考えましょう。
まず，$x=-2$ のとき，

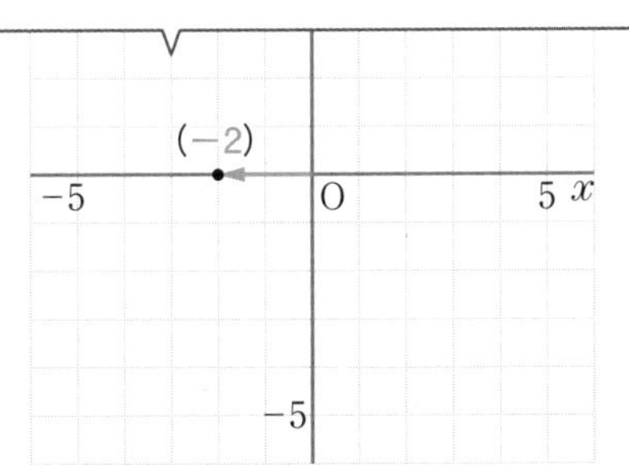

$y=-5$ ということです。
これはつまり，直線が点 $(-2,\ -5)$
を通るということなんですね。

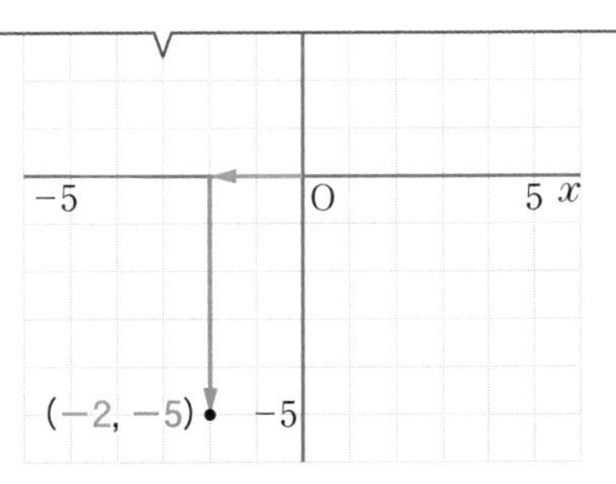

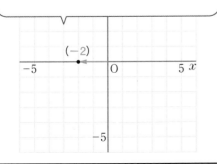

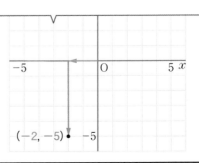

また，$x=4$ のとき，$y=-2$ ということで，点 $(4, -2)$ も通ります。
これで「2 点」が出ました。

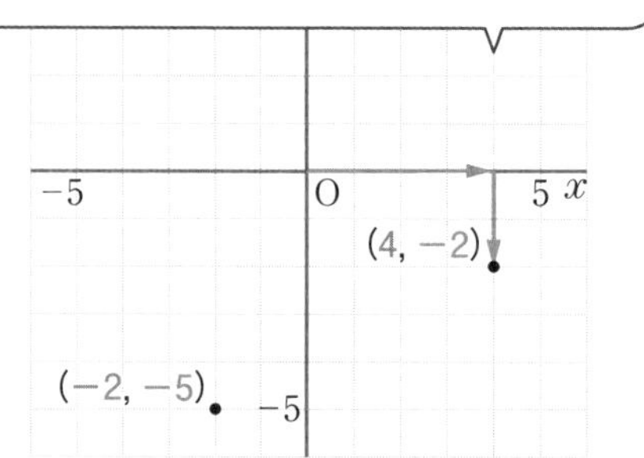

変化の割合は $\frac{-2-(-5)^{*}}{4-(-2)}=\frac{3}{6}=\frac{1}{2}$
なので，傾きは $\frac{1}{2}$ です。

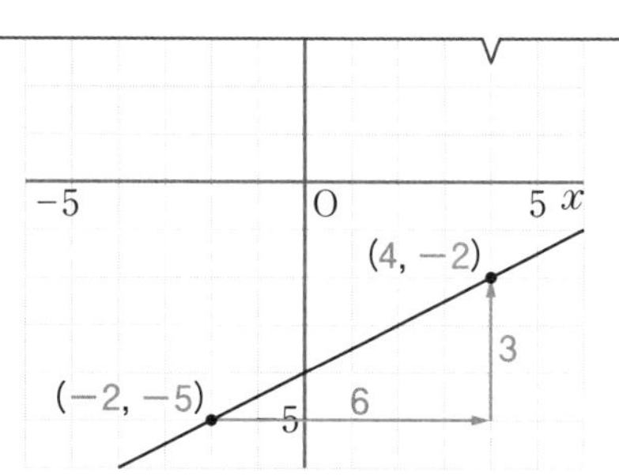

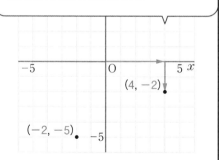

「傾き」が出たら，
2 点のどちらか 1 点を

$$y=\frac{1}{2}x+b$$

に代入します。

今回は点 (4, −2) の方にしましょう。どっちでもいいんですけど

$x=4$，$y=-2$ を，
代入すると，

$$-2=\frac{1}{2}\times 4+b$$
$$-2=2+b$$
$$b=-4$$

求める(2)の式は，

$$y=\frac{1}{2}x-4$$ 答

となります。

このように，
「$x=$○のとき，$y=$□」
という表現は，
「点（○，□）を通る」
と同じことなんです。
覚えておきましょう。

ちなみに，「**2 点**」がわかっている場合，
「**連立方程式**（れんりつほうていしき）」を使って，一次関数の式を求めることもできるんです。

例えば，**問 3** の(1)の式は，
$y=ax+b$ という形であり，
2 点 (−2，1)，(1，−5) を通ります。

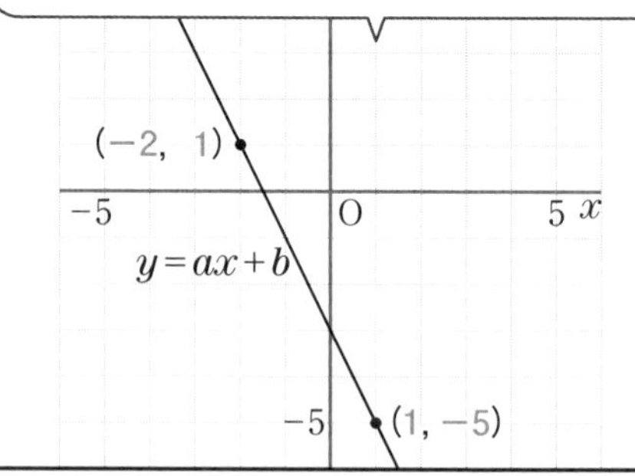

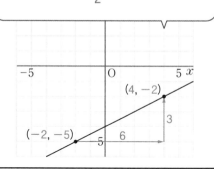

点 $(-2,\ 1)$ を通るから，
$x=-2,\ y=1$ を
$y=ax+b$ に代入すると，

$$1=-2a+b \quad \cdots\cdots ①$$

点 $(1,\ -5)$ を通るから，
$x=1,\ y=-5$ を
$y=ax+b$ に代入すると，

$$-5=a+b \quad \cdots\cdots ②$$

1は省略

あら不思議，a，b という**2つの文字**についての「**連立方程式**」ができあがるんですね。

$$\begin{cases} 1=-2a+b & \cdots\cdots ① \\ -5=a+b & \cdots\cdots ② \end{cases}$$

これを解くと，
$a=-2,\ b=-3$
となるので，
求める(1)の式は，

$y=-2x-3$ 答

とわかるんです。

同じように，**問3**の(2)も，
$x=-2,\ y=-5$
$x=4,\ y=-2$
の2点を $y=ax+b$ に代入すると，
次のような**連立方程式**ができます。

$$\begin{cases} -5=-2a+b & \cdots\cdots ① \\ -2=4a+b & \cdots\cdots ② \end{cases}$$

これを解くと，
$a=\dfrac{1}{2},\ b=-4$
となるので，
求める(2)の式は，

$y=\dfrac{1}{2}x-4$ 答

とわかるんです。

連立方程式を使えば，図とかグラフで考えなくても解けるニャ！

そう，この方が解きやすいという人は，連立方程式を使って解いても OK ですからね。

一次関数の式は，傾きや点などのわかっている条件から，様々な求め方があるんですね。しっかり復習して，様々な考え方，解き方ができるようになりましょう。

END

5 方程式とグラフ

問 1（二元一次方程式のグラフ）

方程式 $x-2y=4$ のグラフを，下の図にかきなさい。

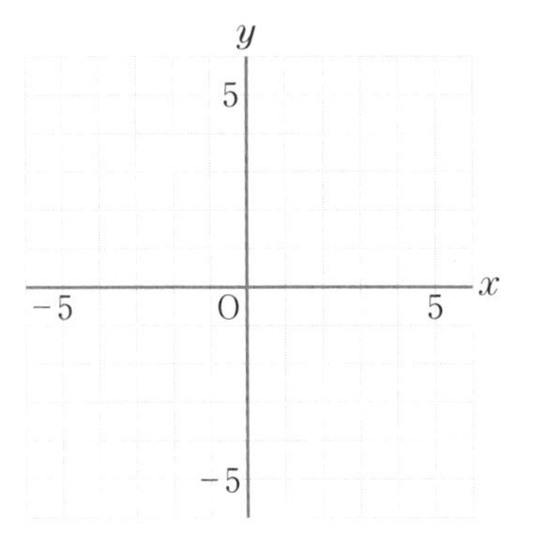

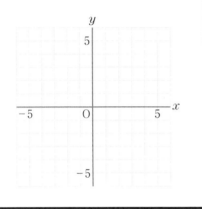

…ふぁ？
方程式のグラフ？
一次関数のグラフ
じゃないニャ？

「一次関数」だけではなく，
「二元一次方程式」
も**グラフ**にできるんですよ。

MEMO 二元一次方程式（にげんいちじほうていしき）

二つの文字（x，y など）をふくむ，
一次の（＝次数が 1 の）**方程式**のこと。

(例) $x+y=6$　　$2x-3y=12$
$\frac{2}{3}x+\frac{y}{2}=5$　　$0.5a-3b=4$

※次数…単項式でかけられている**文字の個数**。多項式では，各項の次数のうちで最も大きいもの。「一次」の式は，x や y のみで，x^2，x^3，y^2，y^3 などはふくまない。

問 1 の方程式 $x-2y=4$ に，$x=-5$ ～ 5 を代入し，それに対応する y の値を表にまとめてみましょう。

x	…	−5	−4	−3	−2	−1	0	1	2	3	4	5	…
y	…	−4.5	−4	−3.5	−3	−2.5	−2	−1.5	−1	−0.5	0	0.5	…

次に，x，y の値の組を座標とする点を，図にかき入れます。

この点 1 つ 1 つは，方程式の「解」でもありますよね。

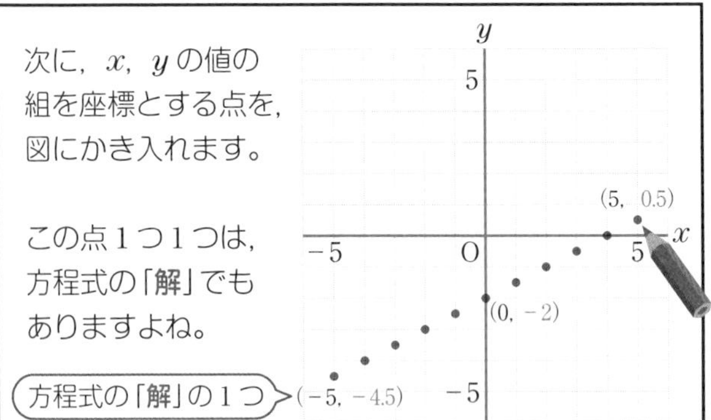

…ん？
点が「まっすぐ」に
並んでるニャ？

そう！ 座標点がすべてまっすぐに並ぶんですよ。

仮に，x の値をもっと細かくきざむと，
座標の点はこのようになります。

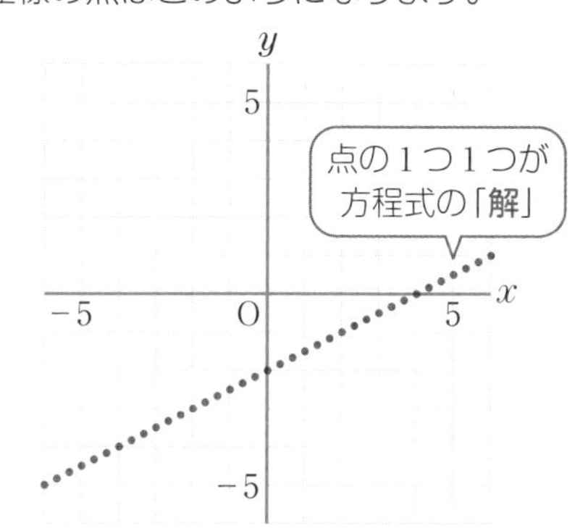

もっともっと細か～くきざむと，
最後は「**直線**」のグラフになるんです。

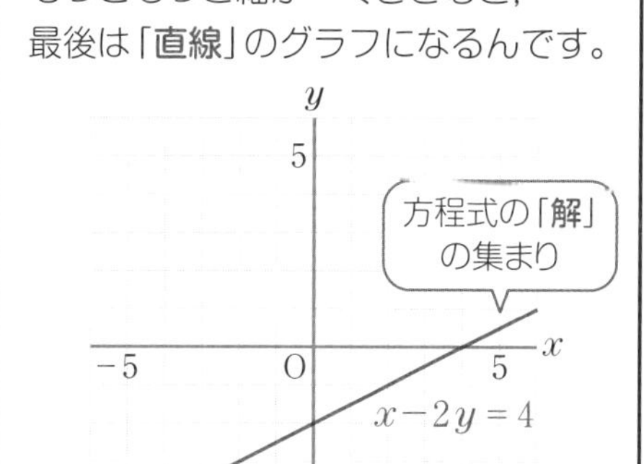

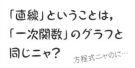

「直線」ということは，
「一次関数」のグラフと
同じニャ？
方程式ニャのに…

そのとおりなんです！

二元一次方程式 $x-2y=4$ を y について解く
（「$y=\sim$」の形にする）と，

$$x-2y=4$$
$$-2y=-x+4$$
$$y=\frac{1}{2}x-2$$

となり，つまり
一次関数のグラフ
（傾き $\frac{1}{2}$，切片 −2）
になるわけですね。

y
5
一次関数の
グラフ
$y=\frac{1}{2}x-2$
x
−5
O
5
(0, −2)
2
1
傾き $\frac{1}{2}$
−5

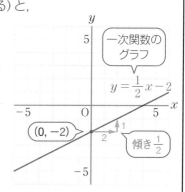

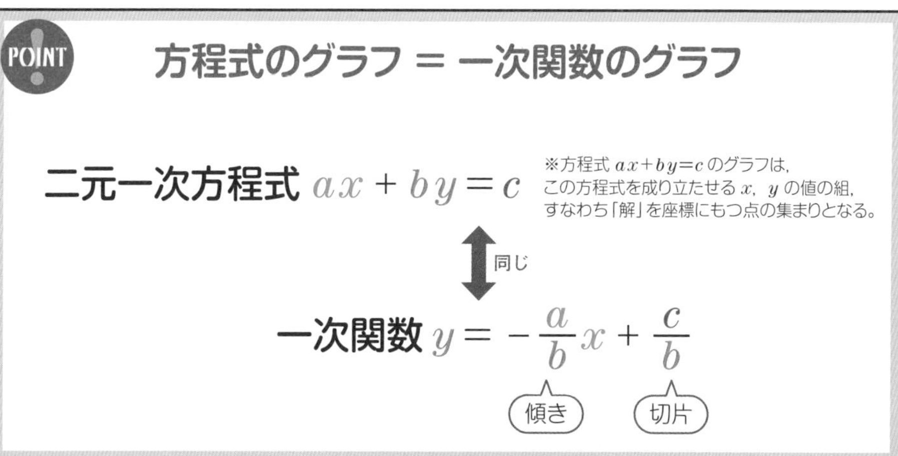

POINT
方程式のグラフ ＝ 一次関数のグラフ
二元一次方程式 $ax+by=c$
※方程式 $ax+by=c$ のグラフは，
この方程式を成り立たせる x，y の値の組，
すなわち「解」を座標にもつ点の集まりとなる。
同じ
一次関数 $y=-\frac{a}{b}x+\frac{c}{b}$
傾き
切片

問2 （二元一次方程式のグラフをかく方法）

次の方程式のグラフをかきなさい。

(1) $3x + y = -1$

(2) $2x + 3y = 6$

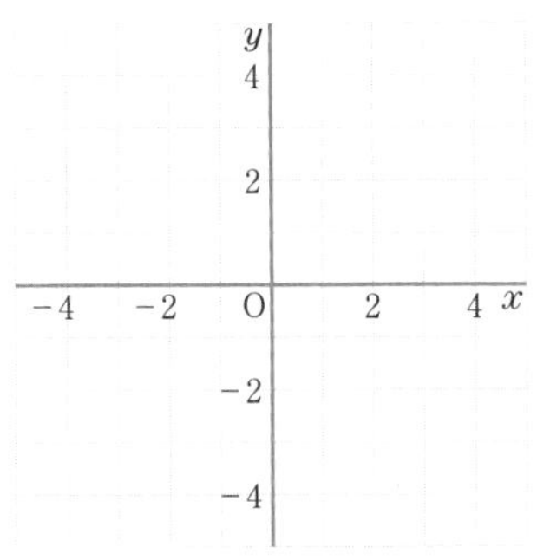

二元一次方程式のグラフをかく方法は，主に「2つ」あるんです。これは一次関数のグラフも同じです。どんな方法でしょうか？
わかったワン！
カンタンだワン
え？　もうわかったニャ？

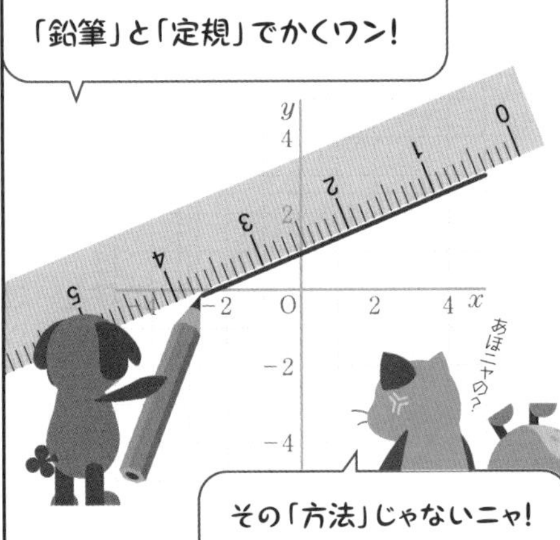

「鉛筆」と「定規」でかくワン！
あほニャの？
その「方法」じゃないニャ！

…さっきやったように方程式を「$y = ax + b$」という一次関数の形になおせばいいニャ？
そう，1つめはそれです。もう1つは**「2点」を求めてかく**という方法ですね。

「直線」グラフのかき方

（一次関数と二元一次方程式のグラフに共通）

❶「傾き」と「切片」からかく

※「二元一次方程式」は「一次関数」の形（$y = ax + b$）になおす。
※「切片」の代わりにほかの「1点」を求めてもよい。

❷「2点」を求めてかく

※「直線」は「2点」を結べばかける。
※xやyに0を代入するのが最も簡単（文字が1つ消えるため）。

(1)を考えましょう。

二元一次方程式 $3x+y=-1$ を y について解くと,

$$3x+y=-1$$

$$y=-3x-1$$

傾き　切片

一次関数のグラフになりますね。❶のとおり，傾きと切片がわかれば一次関数のグラフはかけますから,

(1)のグラフは，このようになります。

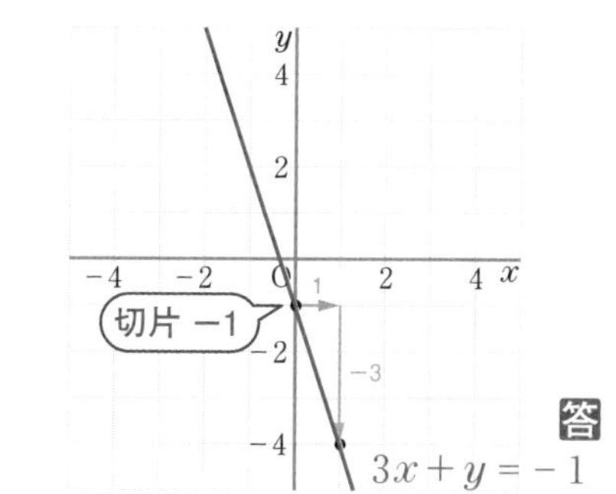

(2)は，❷の方法でかいてみましょう。方程式 $2x+3y=6$ の「2 点」を求めるのに最も簡単な方法は,

$$x=0$$

$$y=0$$

を代入することです。

$2x+3y=6$ に，$x=0$ を代入すると,

$$2\times0+3y=6$$

$$3y=6$$

$$y=2$$

$x=0$（←y 軸との交点）のとき，$y=2$ になるということです。

$2x+3y=6$ に，$y=0$ を代入すると,

$$2x+3\times0=6$$

$$2x=6$$

$$x=3$$

$y=0$（←x 軸との交点）のとき，$x=3$ になるということです。

2 点 $(0,\ 2)$，$(3,\ 0)$ を通るので，(2)のグラフは，このようになります。

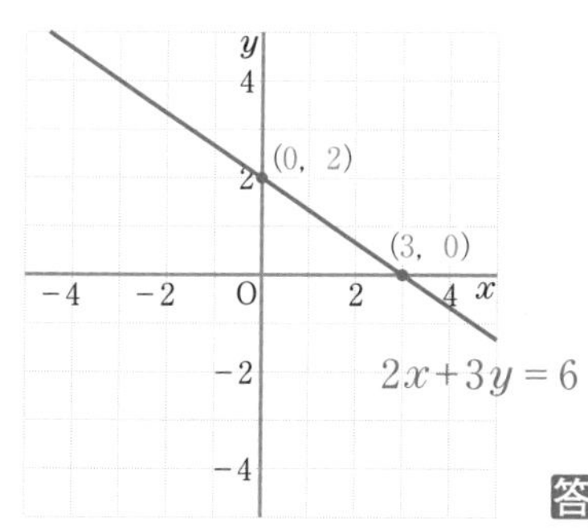

二元一次方程式で，x や y に 0 を代入するというのは，つまり**座標軸との交点**を求めるということですね。ただし，**座標軸との交点が常に「整数」になるわけではない**ので要注意です。

※座標軸との交点の値が「整数」にならない場合は，ほかの適当な値を代入しましょう。

問3 （x軸・y軸に平行なグラフ）

次の方程式のグラフをかきなさい。

(1) $4y=-8$

(2) $3x=9$

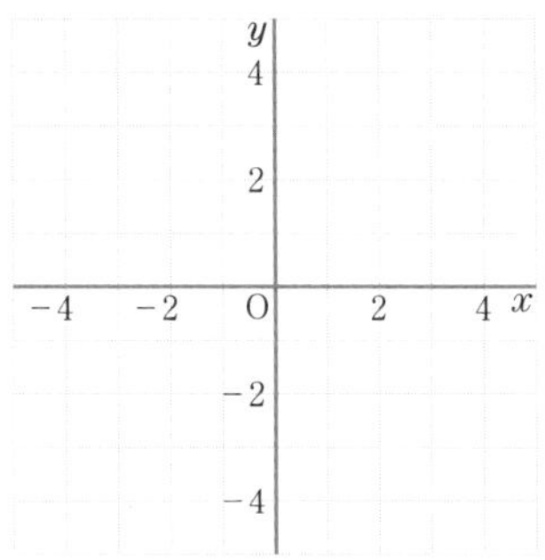

…ニャ？　式の中の文字が１つだけニャ…??
二元一次方程式になってないニャ？

これは，**特別な場合**の「二元一次方程式」だと考えてください。

つまり，二元一次方程式 $ax+by=c$ の，a や b が「0」である場合と考えるわけです。

※ a，b，c を定数とする。

$$0x+by=c$$

二元一次方程式 $ax+by=c$

$$ax+0y=c$$

(1)も，$0x+4y=-8$ という「二元一次方程式」だと考えて，y について解くと，

$$0x+4y=-8$$

$$4y=-0x-8$$

$$y=-0x-2$$

となります。

※(1)の式は x の項が見えない状態だと考える。

これは，x **にどんな値を入れても，常に** $y=-2$ **である**[*]ということです。

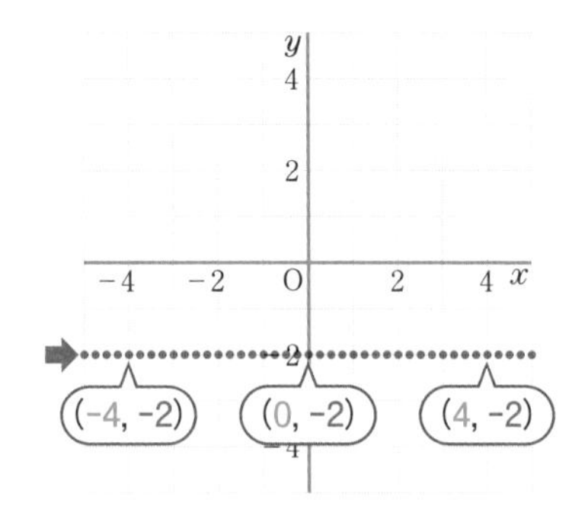

＊$-0x$ は x がどんな値でも常に 0 になるため。

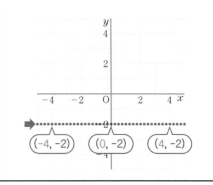

よって，グラフは，点 (0, −2) を通る，x **軸に平行**な直線になります。

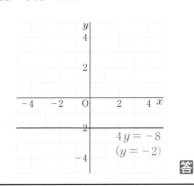

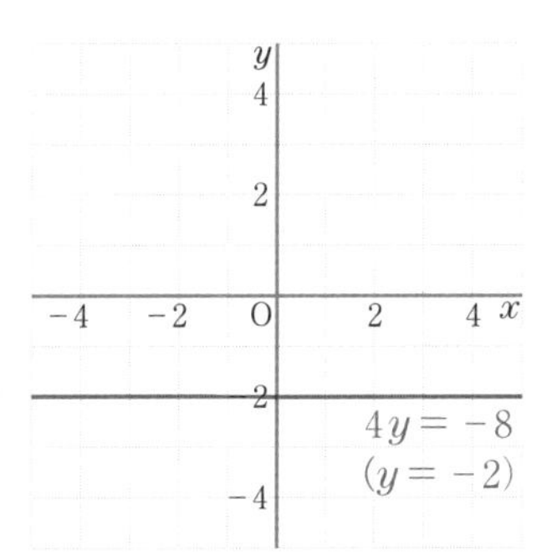

(2) も同様に，$3x + 0y = 9$ という「二元一次方程式」だと考えて，x について解くと，

$$3x + 0y = 9$$

$$3x = -0y + 9$$

$$x = -0y + 3$$

となります。

※(2) の式は y の項が見えない状態だと考える。

これは，y **にどんな値を入れても，常に** $x = 3$ **である**ということですね。

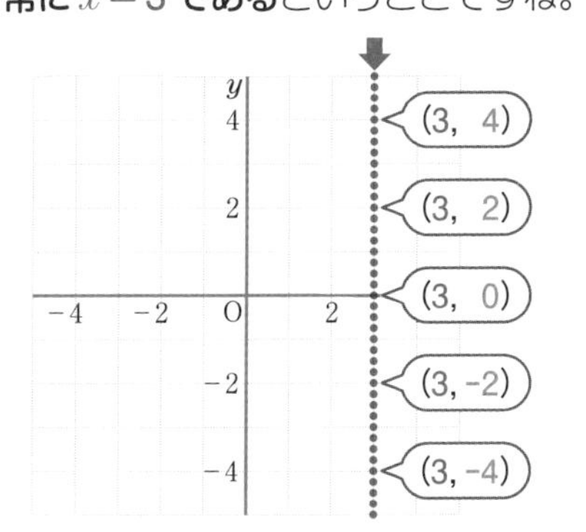

よって，グラフは，点 (3, 0) を通る，y **軸に平行**な直線になります。

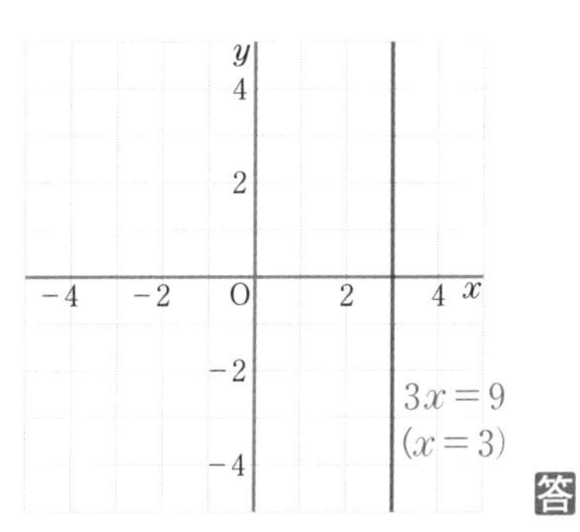

POINT

このように，方程式 $ax + by = c$ のグラフは，
$a = 0$ (→ $ax = 0$) の場合は x **軸に平行**な直線に，
$b = 0$ (→ $by = 0$) の場合は y **軸に平行**な直線になるわけです。

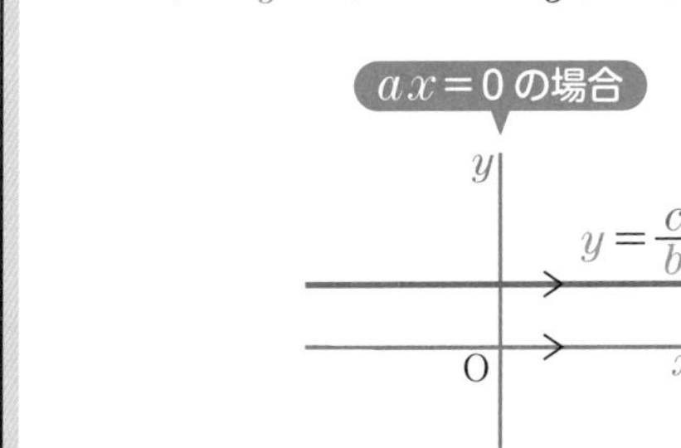

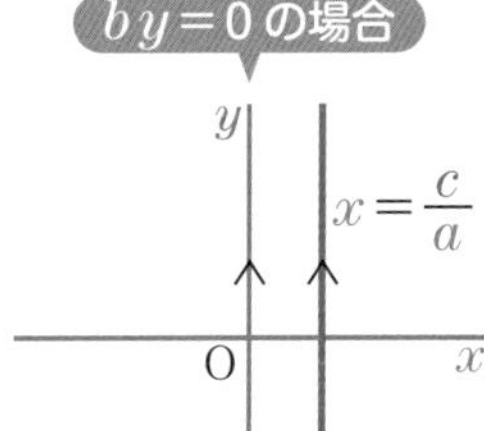

Chapter 3 一次関数 5 方程式とグラフ

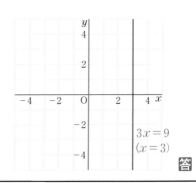

問4　（連立方程式とグラフ）

連立方程式 $\begin{cases} 2x-y=-1 \\ x+y=4 \end{cases}$ の解を，

下の図にグラフをかいて求めなさい。

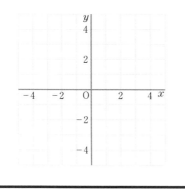

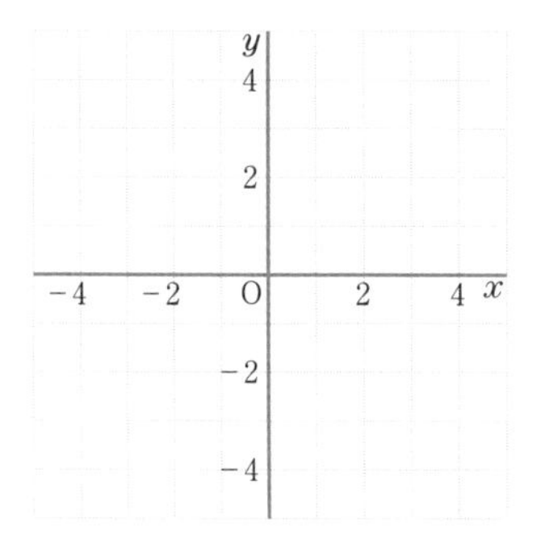

ふぁ!?
連立方程式の解を
グラフにかく?
どういうことニャ?
「解」を
グラフに
かくワン?
簡単だワン!
ホー

できたワン!
どんなグラフだニャ!

連立方程式といっても，ただの「二元一次方程式」が２つあるだけです。まずはこれをグラフにしてみましょう。

$2x-y=-1$

を y について解くと，

$$-y=-2x-1$$

$$y=2x+1$$

$x+y=4$

を y について解くと，

$$y=-x+4$$

２つの式をグラフに表すと，こうなります。

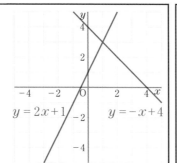

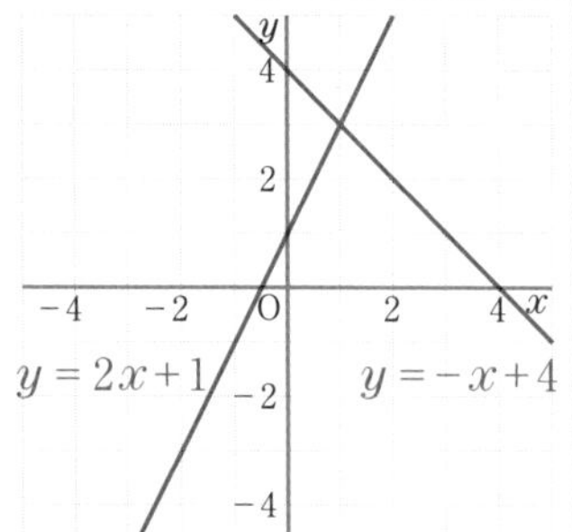
$y=2x+1$
$y=-x+4$

この「直線」は，方程式の「解」を座標とする点が無数に集まったものですよね。

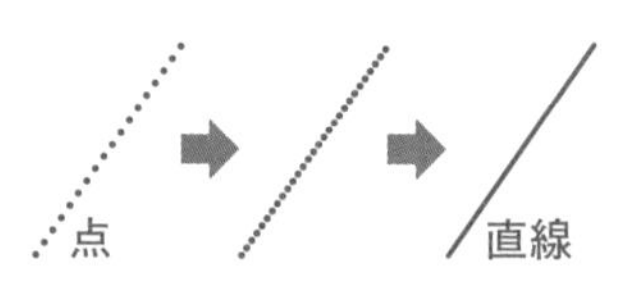
点
直線

「連立方程式の解」というのは，
2つの方程式に**共通する解**のことです。

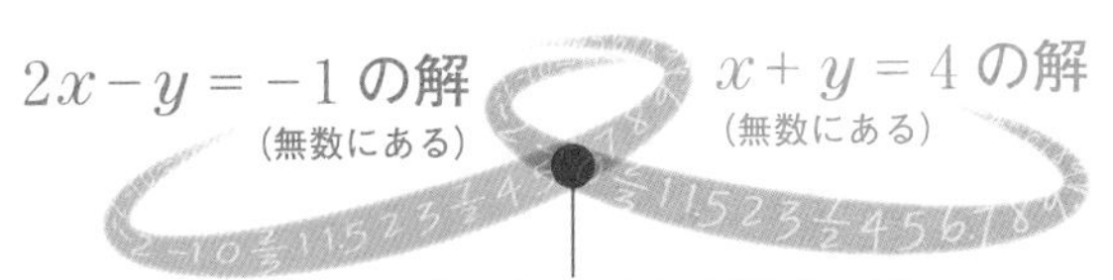

共通する解 = 連立方程式の解
(1つだけ)

2つの直線で「共通する」
部分というと…？

あ，「交点」ニャ⁉

そう！　2直線のグラフの「**交点**(こうてん)」が，
「**連立方程式の解**」になるんです。
図を読み取ると，交点の座標は
(1，3)なので，これが答えです。

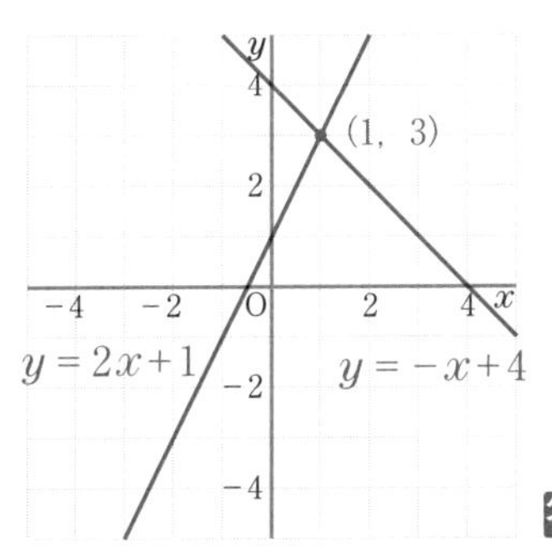

ちなみに，この連立方程式をふつうに解くと，その解はグラフの「交点」の座標と一致します。

$$\begin{cases} 2x-y=-1 & \cdots\cdots ① \\ x+y=4 & \cdots\cdots ② \end{cases}$$

①＋②より，$3x=3$

$x=1$

$x=1$ を②に代入して，

$1+y=4$

$y=3$

答　$x=1$，$y=3$

↓

(1，3)

連立方程式の解 ＝ グラフの交点

連立方程式 $\begin{cases} ax+by=c & \cdots ① \\ a'x+b'y=c' & \cdots ② \end{cases}$ の解は，

直線①，②の「交点」の座標と一致する。

※交点の座標が「整数」でない(＝グラフから読み取りづらい)場合は，連立方程式を解き，その解を交点の座標とする方法が有効。

END

6 一次関数の利用

問 1 (一次関数のグラフの利用①)

下の図は，A 駅と B 駅の間の列車の運行の一部分を表したダイヤグラムです。次の問いに答えなさい。ただし，どの列車の速さもすべて同じものとします。

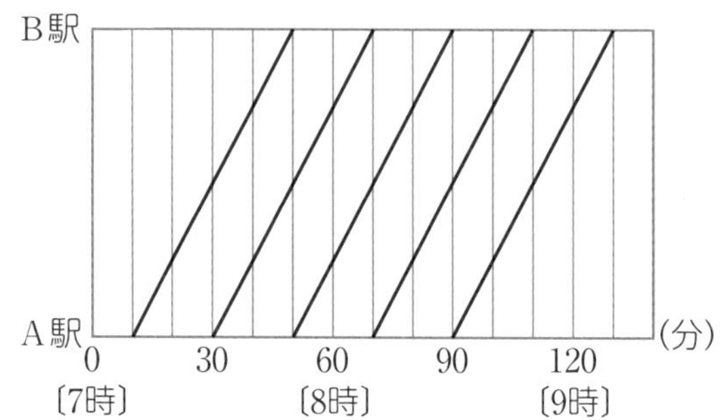

(1) A 駅と B 駅の間の距離が 40km とすると，列車の速さは時速何 km か求めなさい。

(2) B 駅始発の列車は，B 駅発 7 時 20 分です。その後 20 分おきに列車は出発します。始発から 5 本の列車のグラフを，上の図にかき入れなさい。

(3) B 駅始発から 2 番目の列車は，途中で何本の列車とすれちがいますか。グラフから読み取りなさい。

「ダイヤグラム」とは，縦軸に距離，横軸に時間をとり，列車の位置を線で示す，列車の運行予定表のことです。「ダイヤ」と略されることが多いですね。

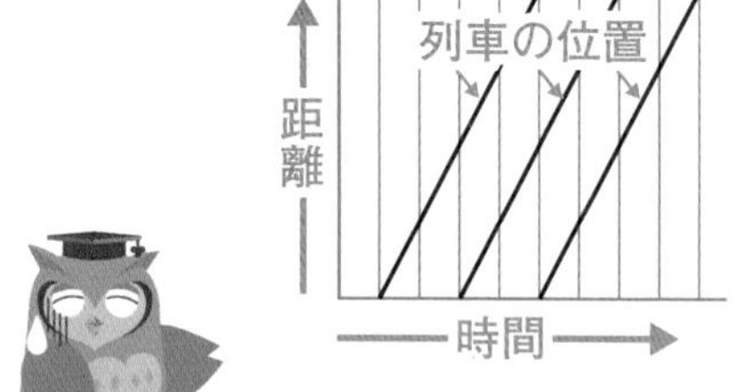

*Carat（カラット）…宝石の重さの単位。1 カラット = 0.2g。

(1)では，A駅とB駅の距離が40kmです。

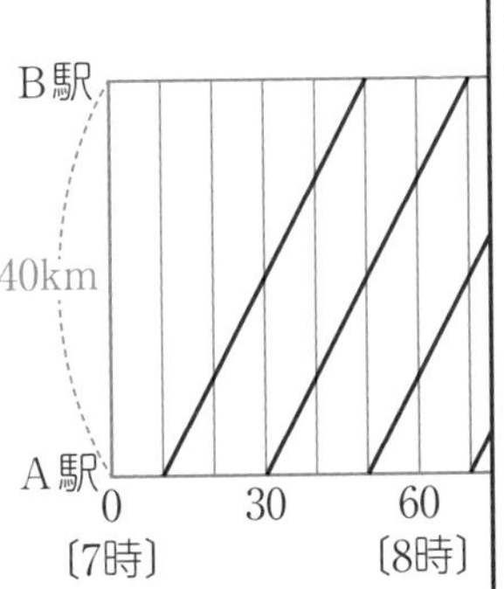

7時10分にA駅を出発した列車は，

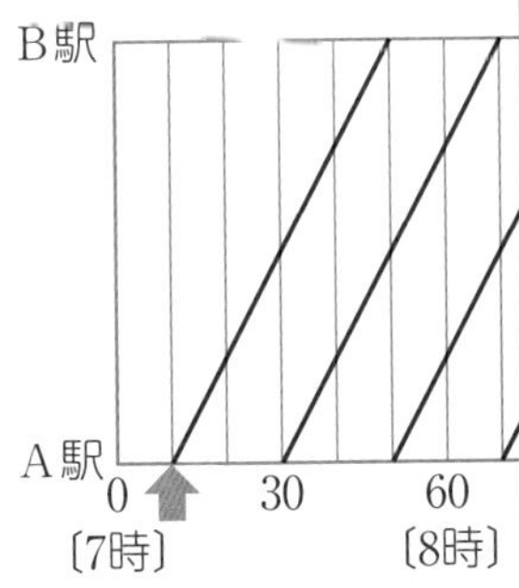

7時50分（＝40分後）にB駅に到着します。

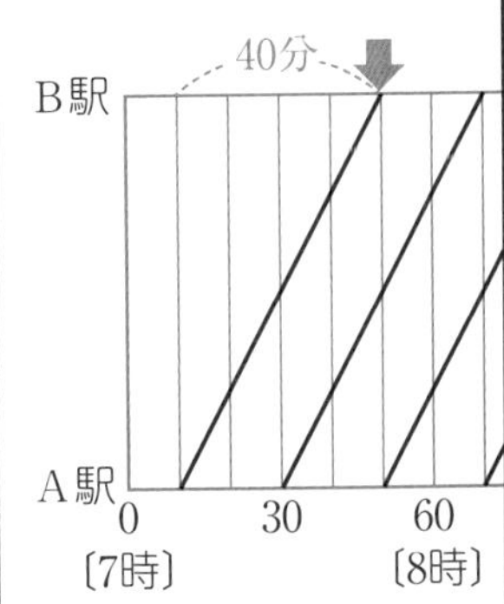

「分」を「時間」になおす※と，

$$40\text{分} = \frac{40}{60}\text{時間} = \frac{2}{3}\text{時間}$$

※求められているのは「時速」なので，「〜分」は「〜時間」になおす。
1分 $= \frac{1}{60}$ 時間なので，40（分）$= \frac{1}{60} \times 40 = \frac{40}{60} = \frac{2}{3}$（時間）となる。

速さ ＝ 道のり ÷ 時間

なので，

$$40 \div \frac{2}{3} = 40 \times \frac{3}{2} = 60$$

したがって，答えは

時速60km 答

となります。

(2)も論理的に考えていきましょう。
ゆっくりでいいので，着実についてきてくださいね。

「B駅始発の列車」が

「7時20分」に出発します。

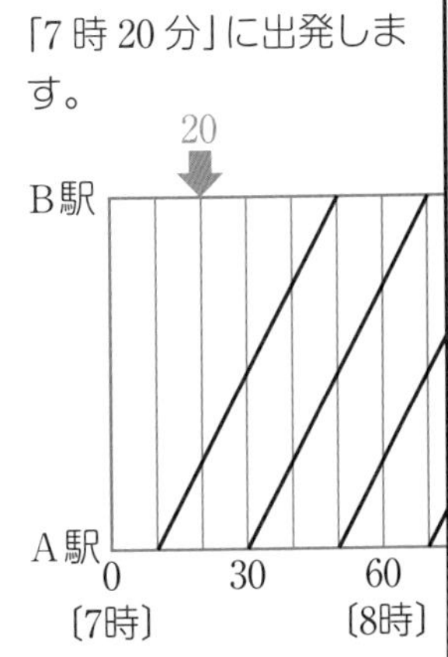

この問題では，
「どの列車の速さも
すべて同じもの」
なので，列車の速さは
(1)と同じ

時速 60km

であり，A 駅まで

40 分

で到着します。

よって，A 駅には，「7 時 20 分」の 40 分後，
「60 分〔8 時〕」に到着します。

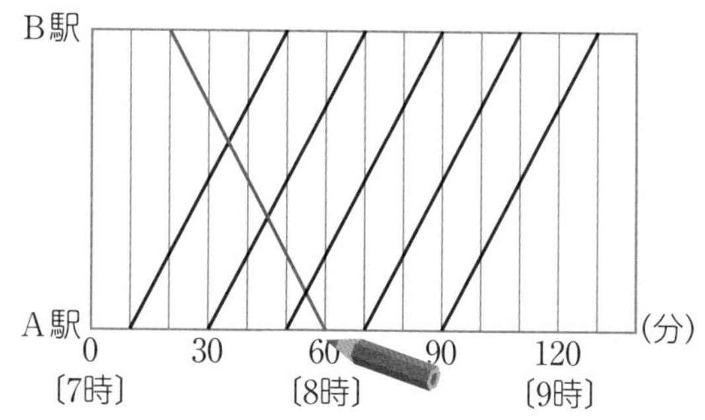

その後「20 分おき」に出発する列車を 4 本かき入れればよいので，答えはこのようになります。

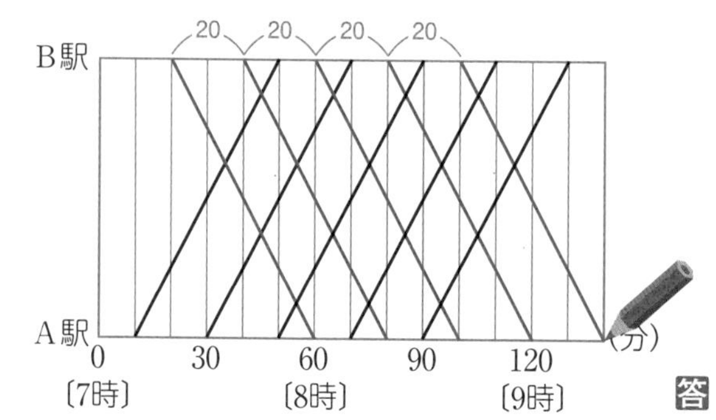

……こうやって
1つ1つ考えていけば，
そんなに難しくないニャ

そう。問題文のことばを
ていねいに正しく理解し
て答えていくんです。

(3)を考えましょう。B 駅始発から
「2 番目」の列車は，これですね。

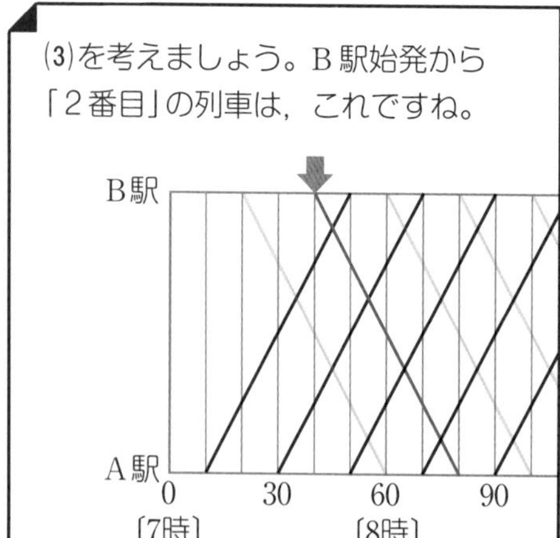

すれちがうところというのは，
ほかの列車と交差するところです。

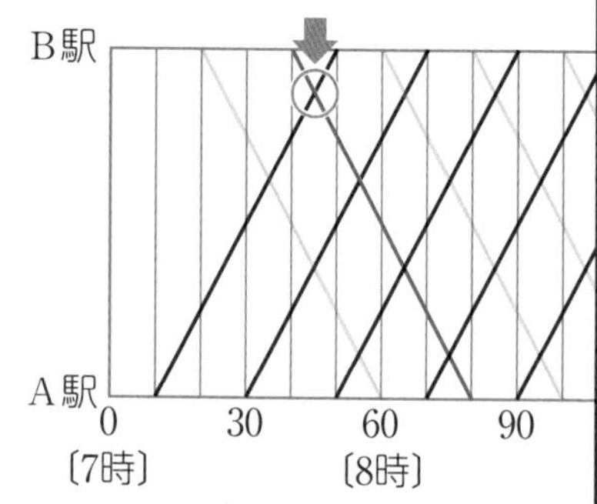

出発から到着まで，途中で４回，
ほかの列車とすれちがいますね。

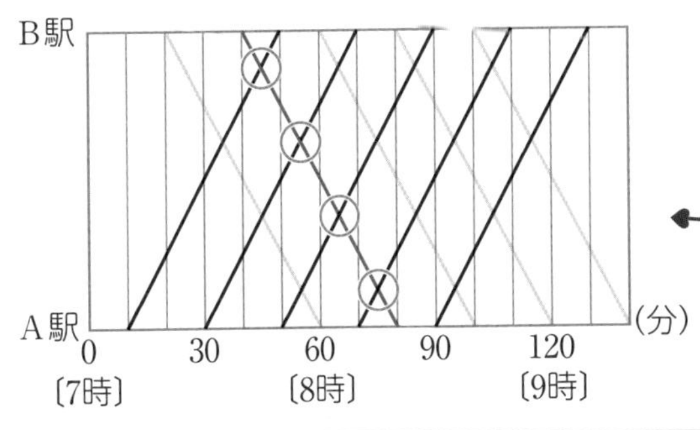

したがって，
途中ですれちがう列車は，
４本 答
となります。

ニャるほど…。
そうやって見るニョね…

問２ (一次関数のグラフの利用②)

自宅から 1600 m 離れた駅に，兄は一定の速さの自転車で向かいました。途中のコンビニで５分間買い物をして，また同じ速さで駅に向かいました。下のグラフは，そのときの様子を途中のコンビニに着くまで表したものです。次の問いに答えなさい。

(1) 兄の自転車の速さを求めなさい。

(2) 兄の残りのグラフを下の図にかき入れなさい。

(3) 父は兄の忘れ物に気づいて，兄が出発してから８分後に時速 24 km の自動車で追いかけました。父は，兄が出発してから何分後に追いつきますか。父のグラフをかいて，グラフから読み取って答えなさい。

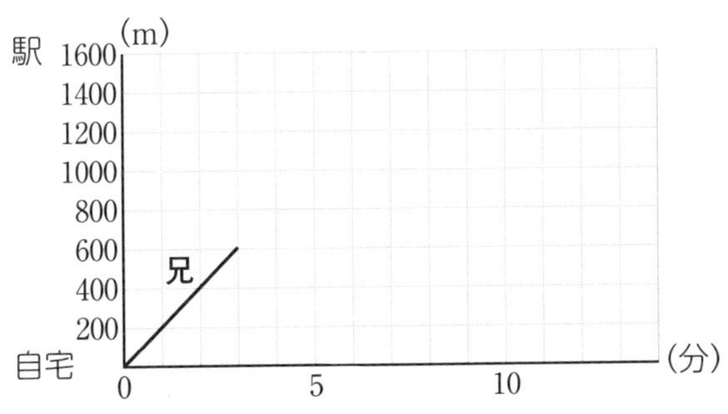

⑴を考えましょう。グラフをよーく見ると，1 分間に 200 m 進んでいますね。
※右に 1 マス〔=1 分〕進むと，上に 1 マス〔=200 m〕進む。

600
400
200
宅
0　5
兄
1　200　1　200　1　200

速さ ＝ 道のり ÷ 時間
なので，
600（m）÷3（分）＝200（m/分）
と計算しても OK です。

兄の自転車の速さは，

分速 200 m **答**

となります。

⑵を考えましょう。
兄が自転車で駅に向かう様子を
「**途中のコンビニに着くまで表した**」のが
このグラフですから，

あ，そーかー
ここかニャ？

コンビニに到着したのが，3 分間に 600 m 進んだ，この点だということです。

駅　1600 (m)
1400
1200
1000
800
600
400
200
自宅　0　3分　5　10　(分)
コンビニ到着
兄

コンビニで 5 分間買い物をしますので，5 分間全く進まず，600 m の地点のままです。

1600 (m)
1400
1200
1000
800
600
400
200
宅　0　5　10
5分
兄

その後，「また同じ速さで駅に向かい」ますので，分速 200 m で，駅（＝1600 m の地点）に到着するということですね。

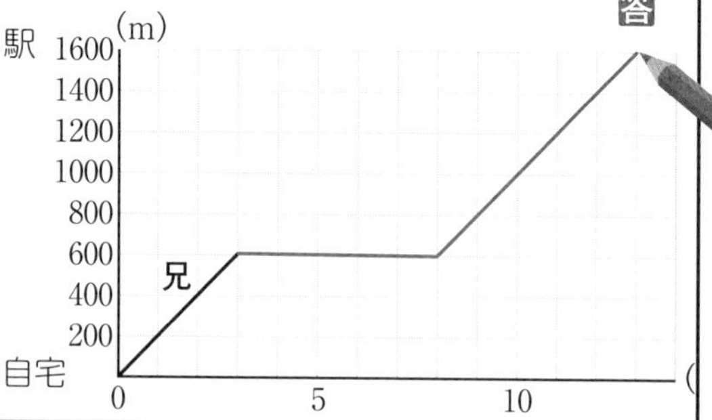

(3)を考えましょう。
「兄が出発してから**8分後**」に，父が出発します。

駅 1600 (m) 1400 1200 1000 800 600 400 200 自宅 0 5 10 (分)
兄
8分

「時速 24km」で追いかけますが，グラフの単位は「分」と「m」です。よって，「分速～m」になおさなければいけません。

「時速 24km」を分速になおすと，
24000 (m) ÷ 60 (分)
＝400 (m/分)
なので，「**分速 400**m」になります。

※1時間で 24km＝60分間で 24000m。1分間では 24000÷60＝400m。

1分間に 400m 進むので，
ちょうど4分間で 1600m 進みます。

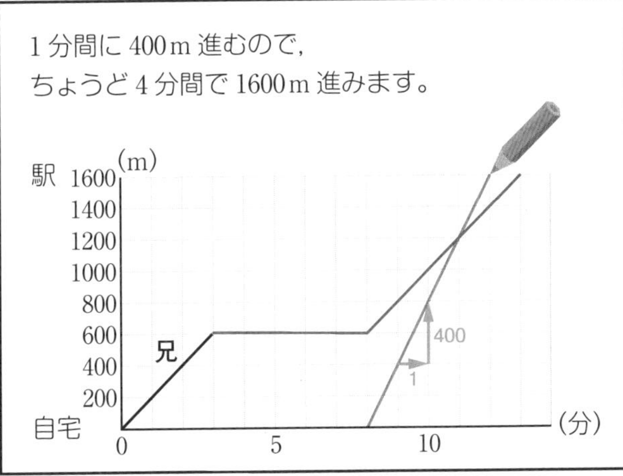

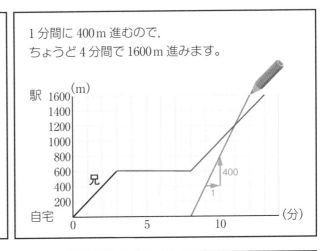

父が兄に追いつくのは，父の線と兄の線の**交点**，
つまり自宅から 1200m の地点です。
※交点を座標で考えると (11，1200)。

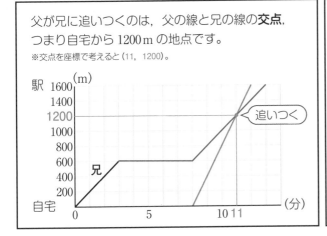

駅 1600 (m) 1400 1200 1000 800 600 400 200 自宅 0 5 10 11 (分)
兄
追いつく

したがって，
父が追いつく時間は，
兄が出発してから
11分後 答
だとわかります。

コンビニに行ってなければ追いつけてないニャ!!

問3 (一次関数と図形)

右の図の長方形ABCDで，点Pは，Aを出発して，辺上をB，Cを通ってDまで動く。点Pが$x$cm動いたときの△APDの面積を$y$cm^{2}として，次の問いに答えなさい。

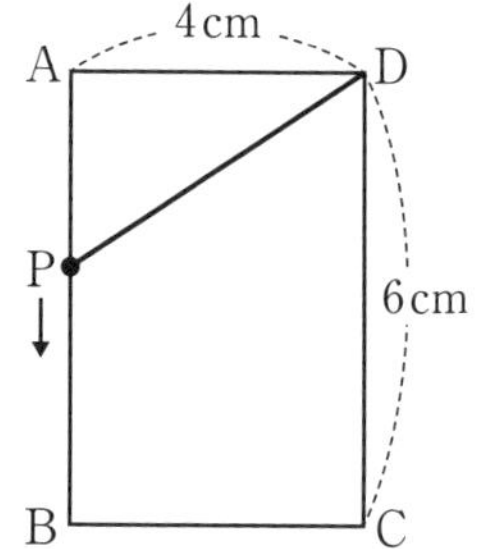

(1) 点Pが，①辺AB，②辺BC，③辺CDの辺上を動くとき，それぞれについて，yを式で表しなさい。また，そのときのxの変域を求めなさい。

(2) 点Pが辺AB，BC，CD上を動くときの，△APDの面積の変化の様子を表すグラフを右の図にかきなさい。

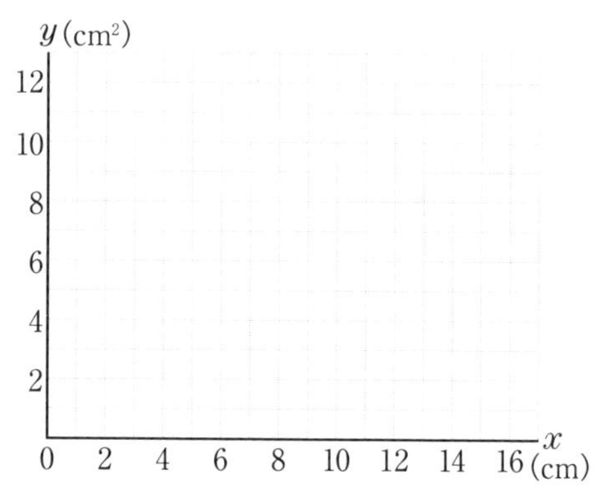

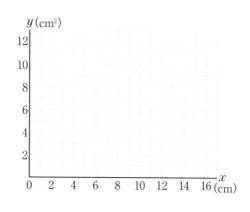

(1)を考えましょう。
点PはAを出発して，

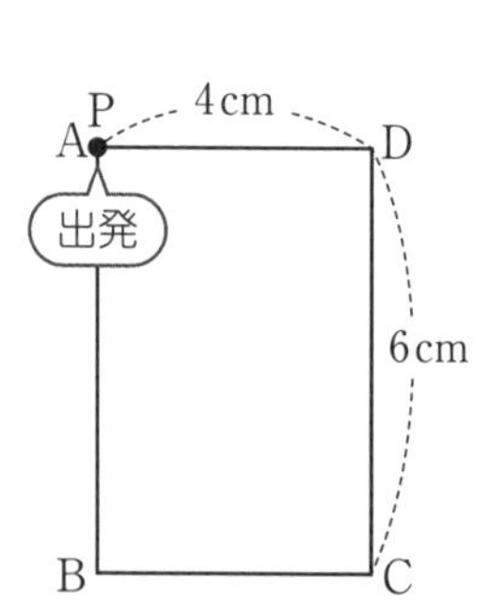

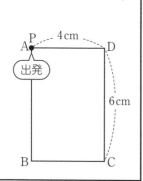

まずは，①辺AB上を$x$cm動きます。

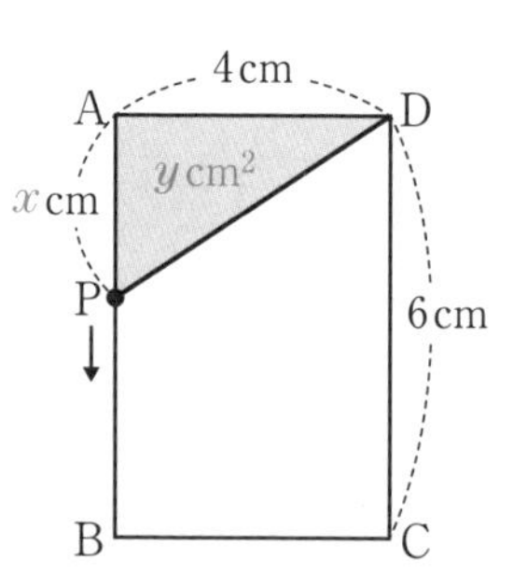

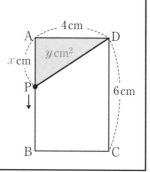

①では，点Bまで動きます。(x＝6cm)

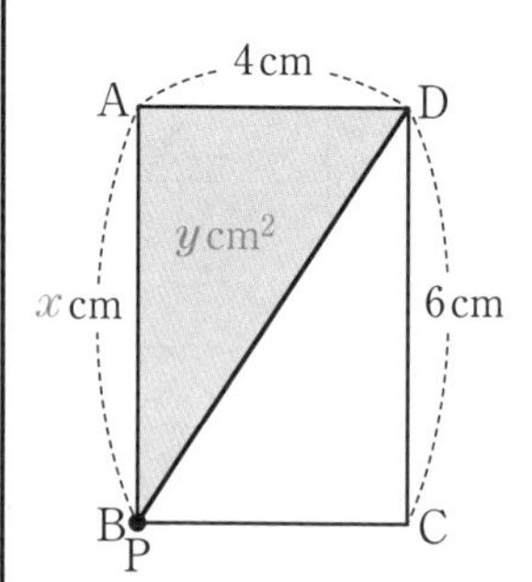

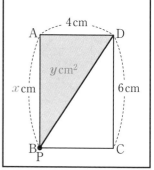

辺 AD を**底辺**として，
点 P が $x$cm 動いたときの
△APD の面積を $y$cm^2 と
すると，x が高さなので，

$$y = 4 \times x \times \frac{1}{2} = 2x$$

① $y = 2x$ 答

❶ 三角形の面積：底辺 × 高さ × $\frac{1}{2}$

また，点 P は，図の ➡ 部分を動くので，
x の変域は，

① $0 \leqq x \leqq 6$ 答

となります。

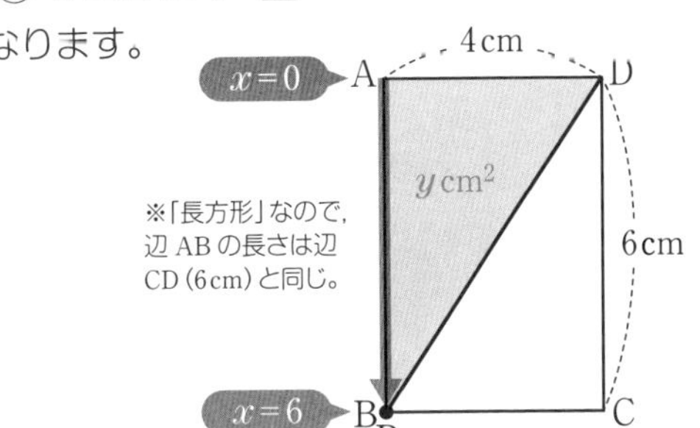

※「長方形」なので，
辺 AB の長さは辺
CD (6cm) と同じ。

さて，点 P が 6cm 動くと，
点 B に着きます。

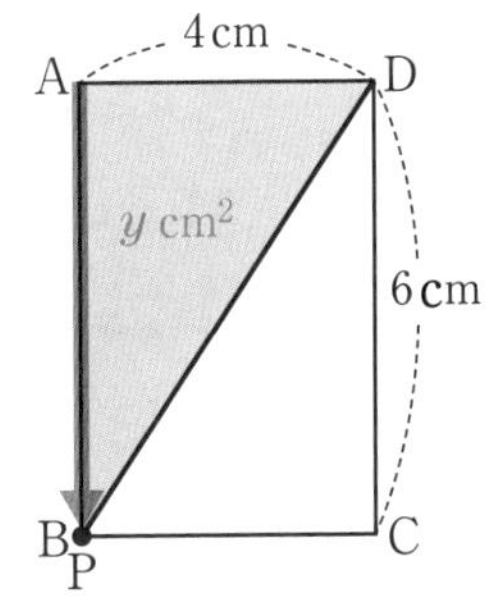

さらに，点 P が②辺BC
上を動くと，その道のり
x は ➡ 部分になります。

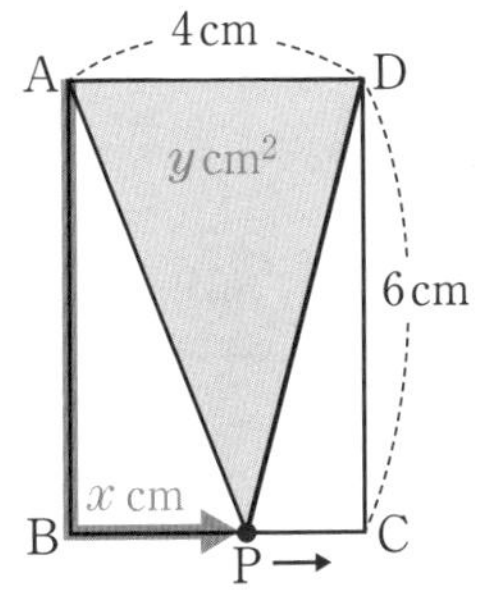

このとき，
辺AD を**底辺**とすると，
△APD の高さは
常に 6cm なので，
面積を求めるのに
x は**関係ありません**よね。

点 P が点 C に
着くまで同様なので，
y を式で表すと，

$$y = 4 \times 6 \times \frac{1}{2} = 12$$

と，右辺に x が入らない
式になります。

② $y = 12$ 答

「②辺BC」上のとき
の x の変域は，
点 B ($x = 6$) と点 C
($x = 10$) の間なので，
② $6 \leqq x \leqq 10$ 答
となります。

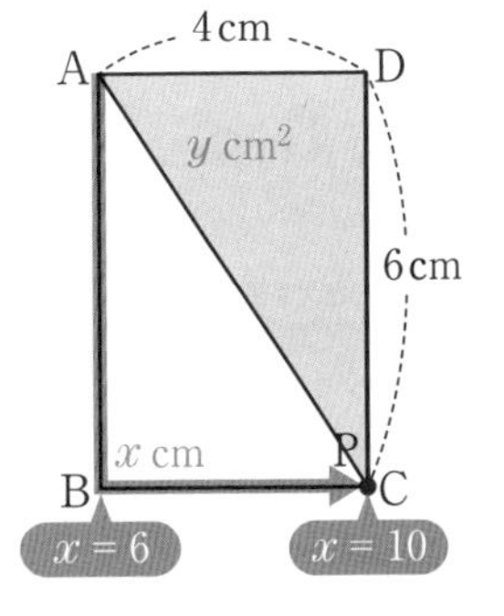

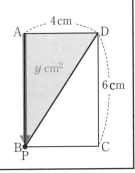

さて，点Pが
計10cm動いたとき，
点Cに着きます。

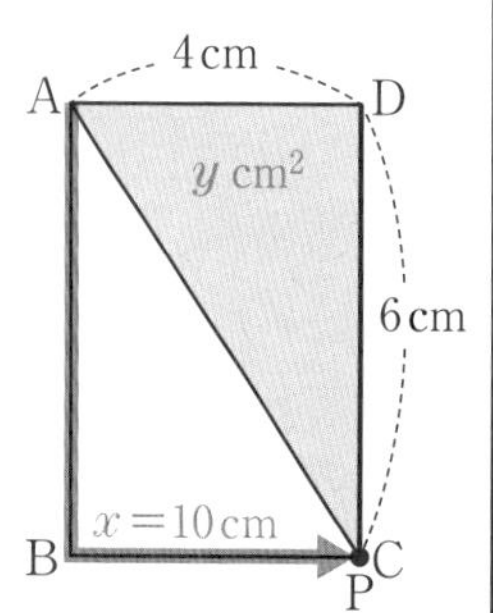

さらに，点Pが③辺CD
上を動くと，その道のり
xは ➡ 部分になります。

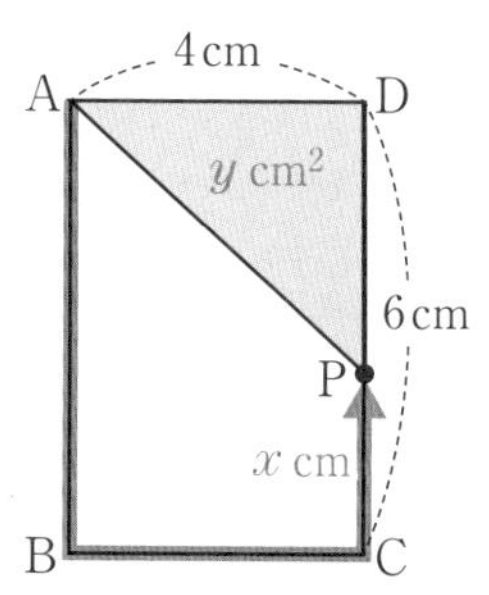

辺ADを底辺とすると，
△APDの高さは ― の
部分になりますよね。

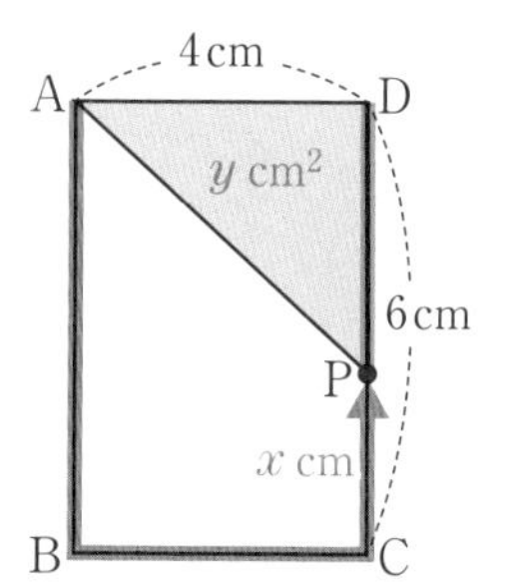

つまり，この ― の部分
の長さを式で表せばいい
わけですが，どんな式に
なるでしょう？

ふぁ？　式で表す？

辺AB，辺BC，辺CDの「合計」の長さは，
6＋4＋6＝16cmです。
これからxの部分をひけば，― の部分が残ります。

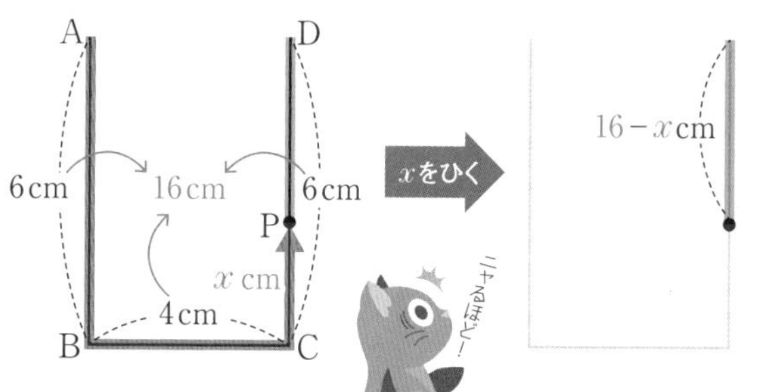

辺ADを底辺として，
点Pが「③辺CD」上を動く
ときのyを式で表すと，

$$y = 4\times(16-x)\times\frac{1}{2}$$

$$y = 32-2x$$

③ $y=-2x+32$ 答

また，点Pが③辺CD上を動くときの
xの変域は，
③ $10\leqq x\leqq 16$ 答
となります。

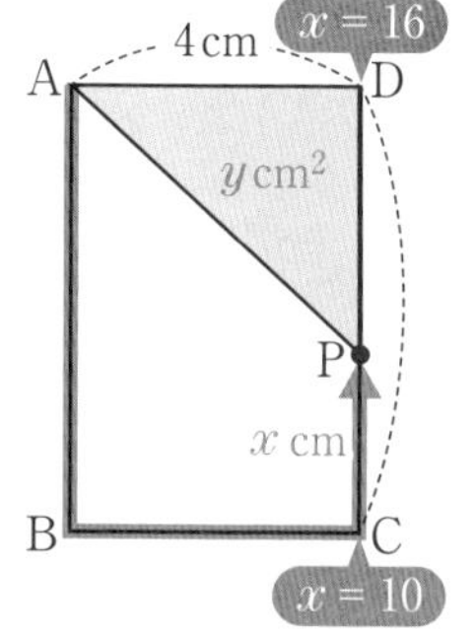

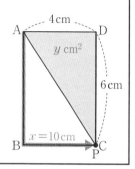

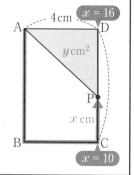

(2)を考えましょう。
(1)では，点Pが辺上を動くときの，
それぞれの面積と変域を求めました。
これを一次関数の**グラフ**として
表せばいいんですね。

	面積	変域
①辺AB	$y=2x$	$0 \leqq x \leqq 6$
②辺BC	$y=12$	$6 \leqq x \leqq 10$
③辺CD	$y=-2x+32$	$10 \leqq x \leqq 16$

①(変域 $0 \leqq x \leqq 6$) のとき，
「$y=2x$」のグラフになります。

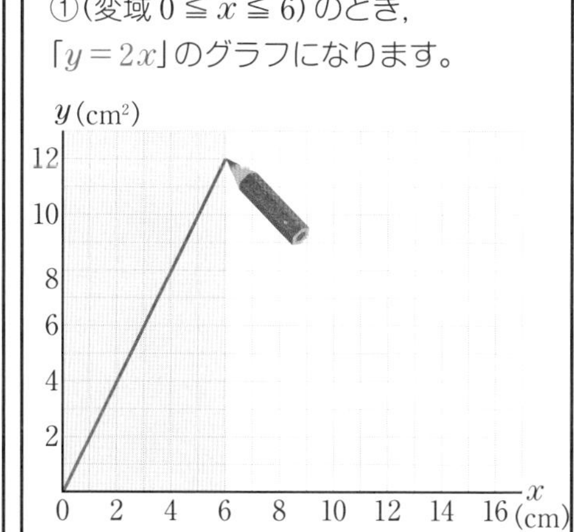

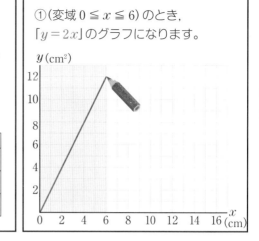

②(変域 $6 \leqq x \leqq 10$) のとき，x 軸に
平行な「$y=12$」のグラフになります。

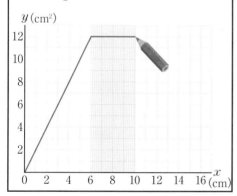

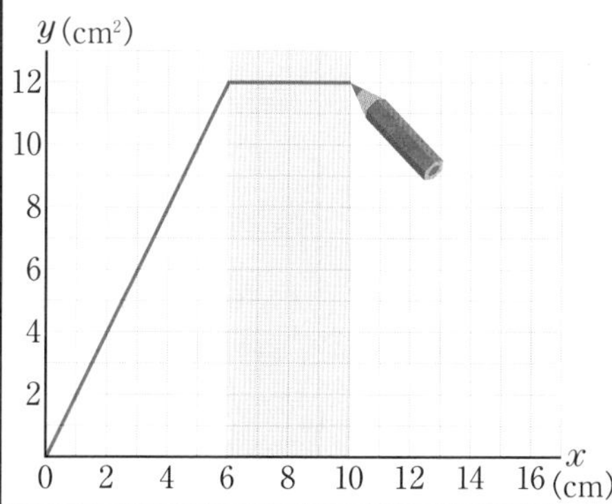

③(変域 $10 \leqq x \leqq 16$) のとき，
「$y=-2x+32$」のグラフになります。

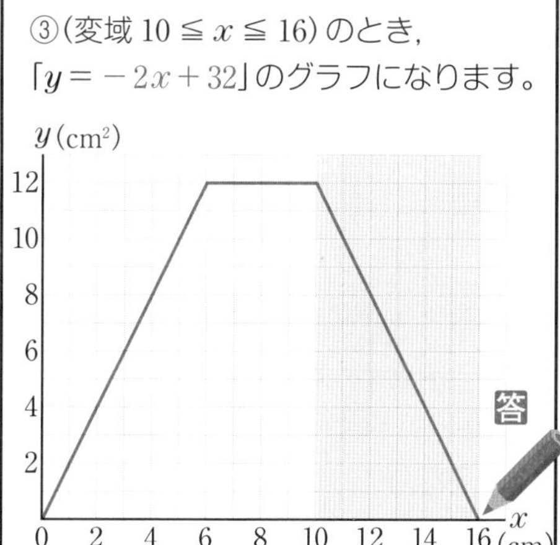

一次関数のグラフは**直線**なので，
傾きと**1点**がわかれば
結構簡単にかけますよね。
もし迷ったら，
x にいろいろな値を代入し，
いくつかの点をかいてみて，
そこから考えてもいいですからね。

さあ，このように，一次関数やそのグラフを利用すると，身のまわりの様々な現象を「目に見える」形で示し，問題を解決できたりするわけですね。数学は，実は日常の多くの場面で使われているんですよ。

高校入試問題にチャレンジ！

一次関数【実戦演習】

問1

〈佐賀県〉

下の直線は，ある一次関数のグラフである。この関数の式を求めなさい。

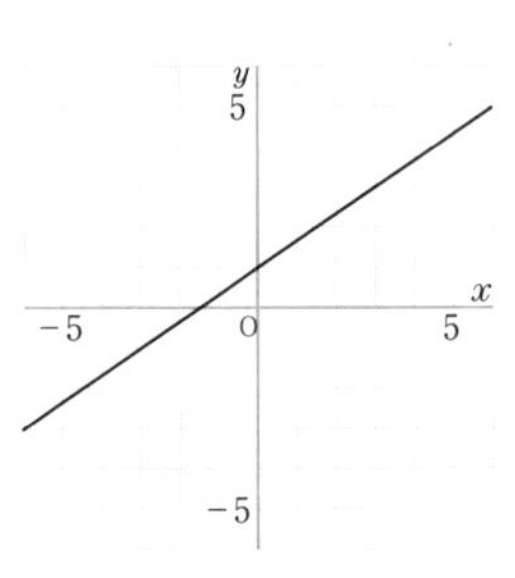

問2

〈山口県〉

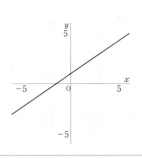

下の図で，2つの直線 $y=2x-1$，$y=-x+5$ の交点を求めなさい。

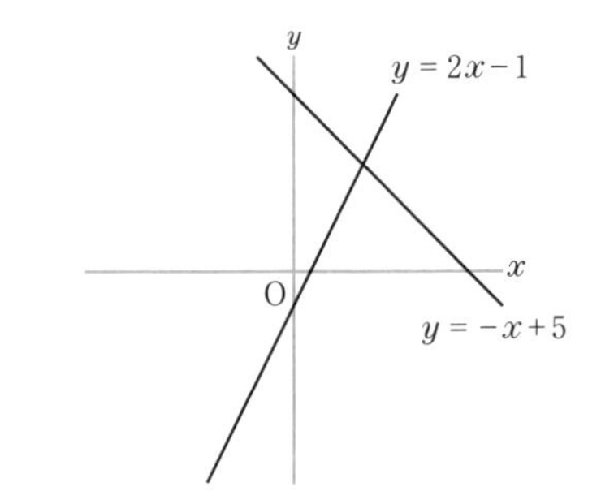

問3

〈高知県〉

y は x の一次関数であり，変化の割合が，-2 で，そのグラフが点 $(3,\ 4)$ を通るとき，y を x の式で表せ。

問4

〈群馬県〉

y が x の一次関数で，
$x=-1$ のとき $y=5$，
$x=3$ のとき $y=-7$ である。
この一次関数の式を求めなさい。

問5

〈大阪府㊕〉

グラウンドに線をひくために用いるラインカーの中には石灰が入っており，はじめに入っている石灰の重さは 2000g である。「ひいたラインの長さ」が xm のときの「ラインカーに入っている石灰の重さ」を yg とする。「ひいたラインの長さ」が増えるのにともなって「ラインカーに入っている石灰の重さ」が減る割合は一定であり，「ひいたラインの長さ」が 1m 増えるごとに「ラインカーに入っている石灰の重さ」は 40g ずつ減る。また，$x=0$ のとき，$y=2000$ であるとする。このとき，次の問いに答えなさい。

(1) $0 \leqq x \leqq 50$ として，y を x の式で表せ。
(2) $y=600$ となるときの x の値を求めよ。

一次関数 $y=ax+b$ のグラフは，傾きが a，切片が b の直線になります。
傾き a は「変化の割合」に等しいという点もおさえておきましょう。

答1

傾き＝変化の割合（$=\frac{y の増加量}{x の増加量}$）より，
x が 3 増加すると y は 2 増加するので，
傾きは $\frac{2}{3}$。y 軸で交わる切片は 1。
したがって，この関数の式は，
$y=\frac{2}{3}x+1$ 答

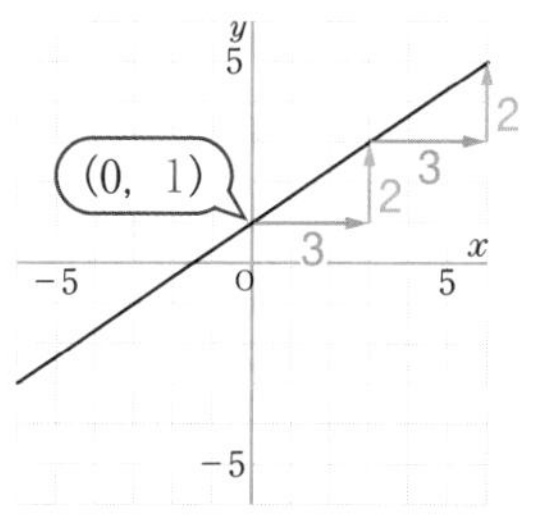

答2

$y=2x-1$ と $y=-x+5$ より，

$$\begin{cases} y=2x-1 & \cdots\cdots① \\ y=-x+5 & \cdots\cdots② \end{cases}$$

①と②の連立方程式として考える。
①を②に代入して，

$$2x-1=-x+5$$
$$3x=6$$
$$x=2$$

$x=2$ を②に代入すると，$y=3$
したがって，2 つの直線の交点は，
(2，3) 答

答3

一次関数の式 $y=ax+b$ で考える。
変化の割合（$=a$）は -2 であるため，
$y=-2x+b$ とおく。
これに $x=3$，$y=4$ を代入すると，
$4=-6+b$　　$b=10$
したがって，$y=-2x+10$ 答

答4

※連立方程式を用いてもよい。

傾き（変化の割合）は $\frac{-7-5}{3-(-1)}=-3$
なので，$y=-3x+b$ とおく。
これに $x=-1$，$y=5$ を代入すると，

$$5=-3\times(-1)+b$$
$$b=2$$

したがって，$y=-3x+2$ 答

答5

(1) はじめの石灰は 2000 g で，ラインを x m ひくごとに石灰は $40x$ (g) ずつ減り，残りの石灰が y g なので，
x と y の関係式は，$y=2000-40\times x$
したがって，答えは，$y=-40x+2000$ 答

(2) 上記の(1)で求めた式 $y=-40x+2000$ に，
$y=600$ を代入すればよいので，$600=-40x+2000$
$40x=2000-600$　　$40x=1400$　　$x=35$
したがって，答えは，　$x=35$ 答

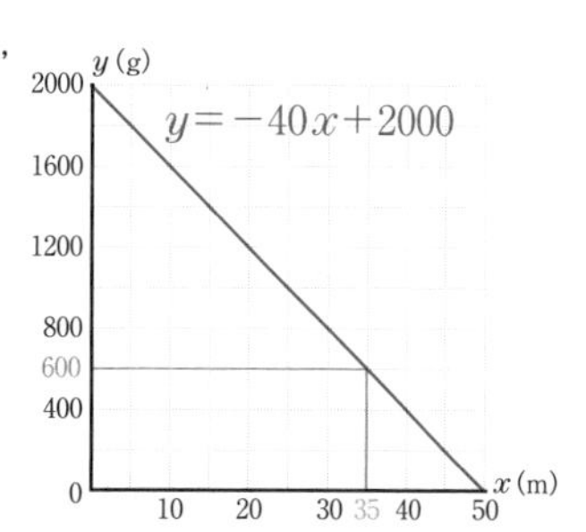

COLUMN-3

傾きと近似値

ガソリンスタンドに自家用車で灯油を買いにきた3人のお話です。彼らはポリタンクに灯油を入れて，車にレギュラーガソリンを入れて代金を払って帰りました。右の表は，灯油の購入量（こうにゅう）とガソリンの購入量，その合計金額を表したものです。ただし，合計金額は正確な値ですが，灯油とガソリンの購入量は小数第一位を四捨五入した値です。

	灯油の購入量	ガソリンの購入量	合計金額
①	10 ℓ	46 ℓ	7,083 円
②	8 ℓ	46 ℓ	6,975 円
③	63 ℓ	11 ℓ	7,101 円

①～③のそれぞれに対して，灯油1ℓあたりの価格をx円，ガソリン1ℓあたりの価格をy円として合計金額に関する式をつくってみます。

$10x + 46y = 7083$ …… ①

$8x + 46y = 6975$ …… ②

$63x + 11y = 7101$ …… ③

未知数はx，yの2つなので，3つの式のうち2つの式の連立方程式を解けば，おおよその価格を求めることができるはずです。前回のコラムの要領で解を求めると，①と②の解はQ $(x, y) = (54, 142.23\cdots)$，②と③の解はR $(x, y) = (88.93\cdots, 136.16\cdots)$ となります。近似値であるはずの2つの解には大きなへだたりがありますね。なぜでしょうか。

連立方程式の解は2つの一次関数のグラフの交点なので，①と②，②と③のグラフをかいて，QとRを視覚的に確認してみましょう。さらに，真の値であるP $(x, y) = (90, 135)$ をグラフにかき入れてみます。

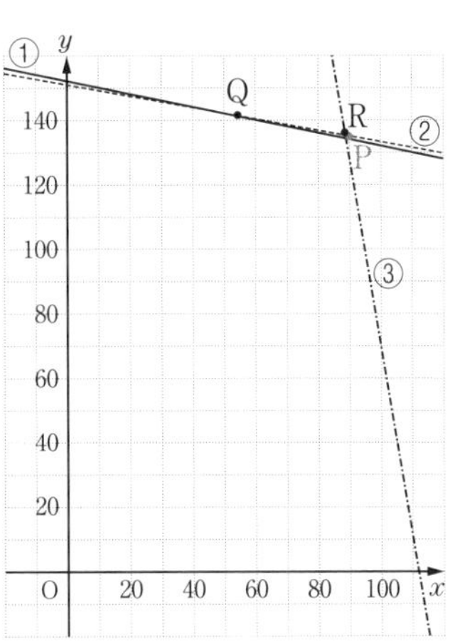

この例から，2つの直線の傾きが似ているときよりも，2つの直線の傾きが異なるときの方が，（近似値を使った）解の値は真の値に近いということがわかります。

（文：沖田一希）

中２　図形

Chapter 4

平行と合同

この単元の位置づけ

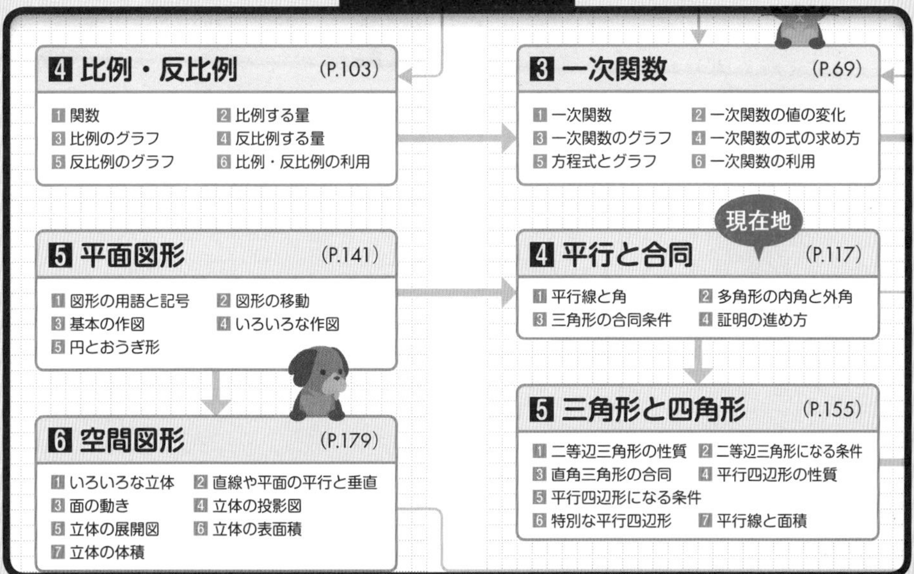

中１では図形の基礎・基本を学びましたが，中２からは様々な図形の性質について学習していきます。図形の性質をもとにした「証明」もできるようになりましょう。

この章のポイントは，用語と公式（図形の性質），そして「三角形の合同条件」を完全に覚えることです。証明文は，教科書や本書の書き方を「真似」すれば書けるようになります。

I 平行線と角

問 1 （対頂角）

下図のように，2 直線 ℓ，m が交わっている。$\angle a, \angle c, \angle d$ の大きさを求めなさい。

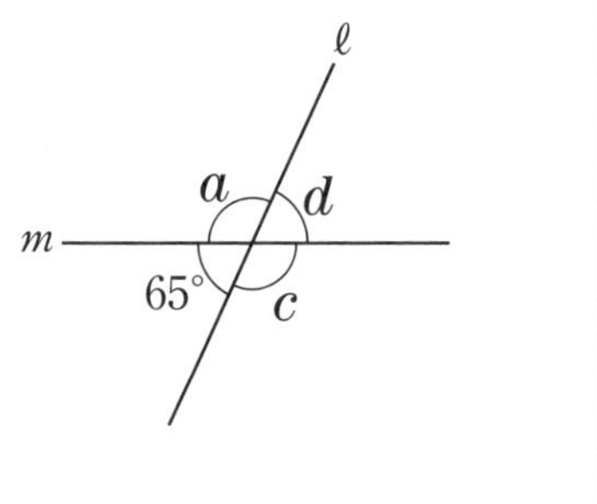

…では，始めましょう。
2 直線が交わります。

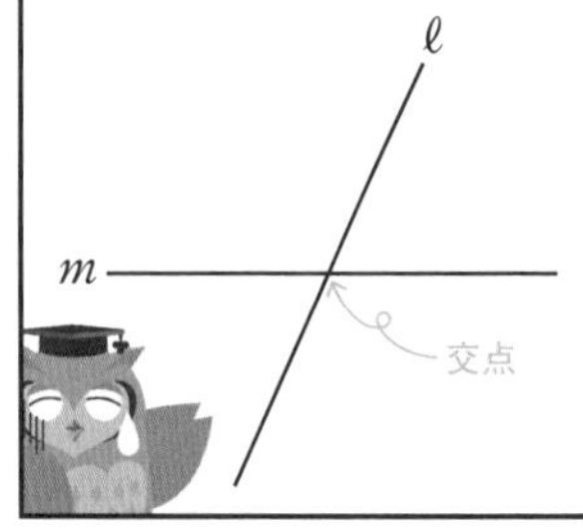

すると，
交点のまわりに
4 つの角ができます。

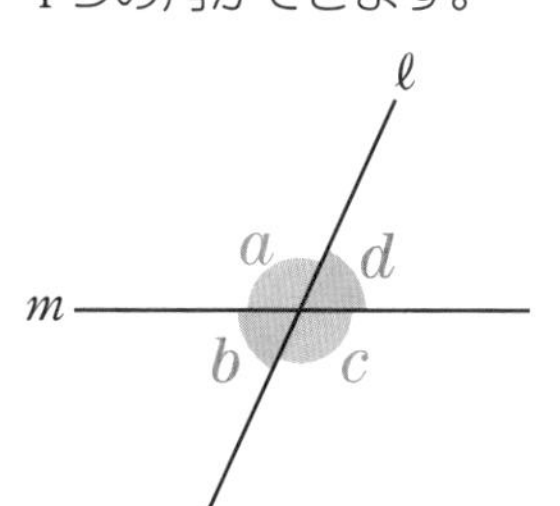

このうち，$\angle a$ と $\angle c$ は，
交点をはさんで，
互いに向かい合って
いますよね。

ℓ
a
m
c

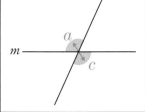

この $\angle a$ と $\angle c$ のように，
互いに向かい合っている
角を**対頂角**（たいちょうかく）といいます。

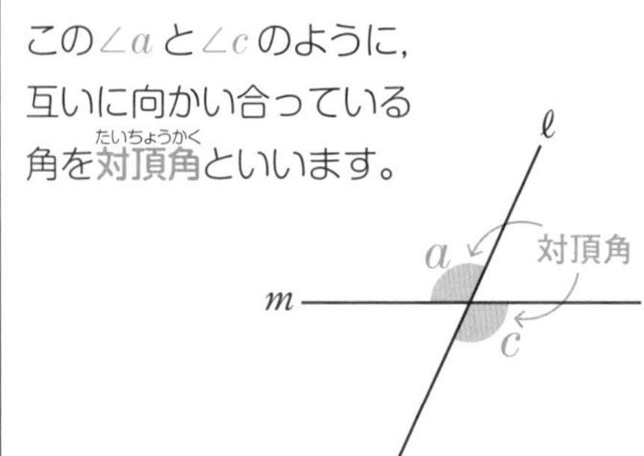

$\angle b$ と $\angle d$ も，互いに
向かい合っているので，
対頂角です。

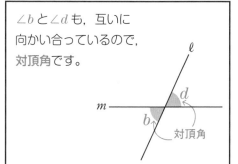

ℓ
d
m
b
対頂角

さて，論理的に考えていきましょう。
円全体の中心角を360°と考えると，

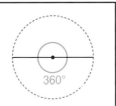

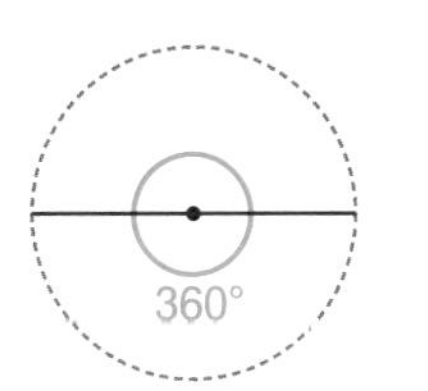

その半分（＝**1つの直線**のなす角）は180°です。

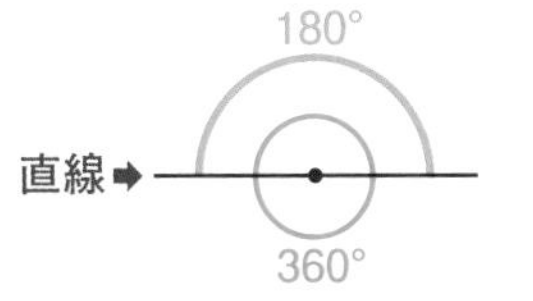

本当だワン!
180°
見ればわかるニャ!
いちいち分度器使うニャ!

直線 ℓ で考えると，

$$\angle a + \angle b = 180^\circ$$

ですから，

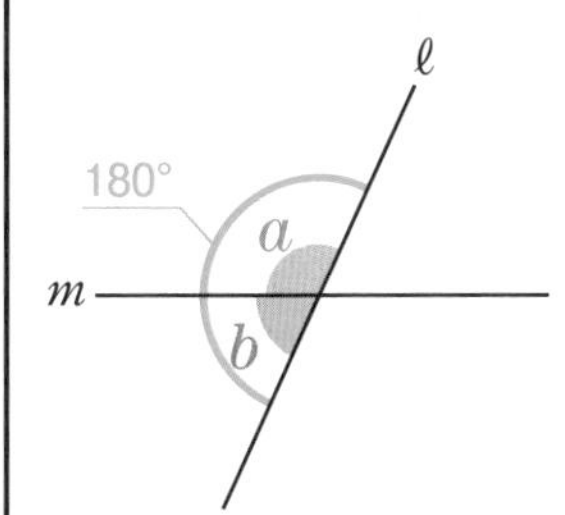

$\angle a$ は，

$$\angle a = 180^\circ - \angle b$$

と表せます。

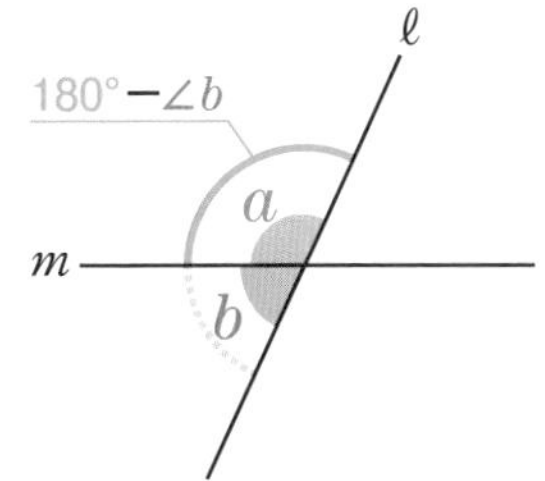

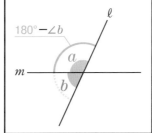

同様に，
直線 m で考えると，

$$\angle b + \angle c = 180^\circ$$

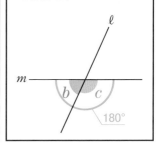

ですから，

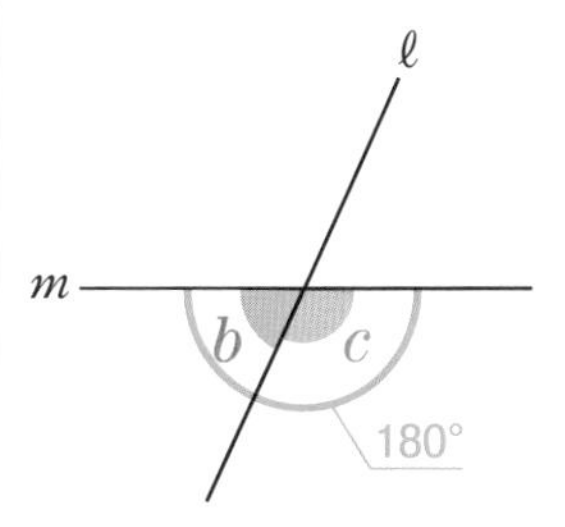

$\angle c$ も，

$$\angle c = 180^\circ - \angle b$$

と表せます。

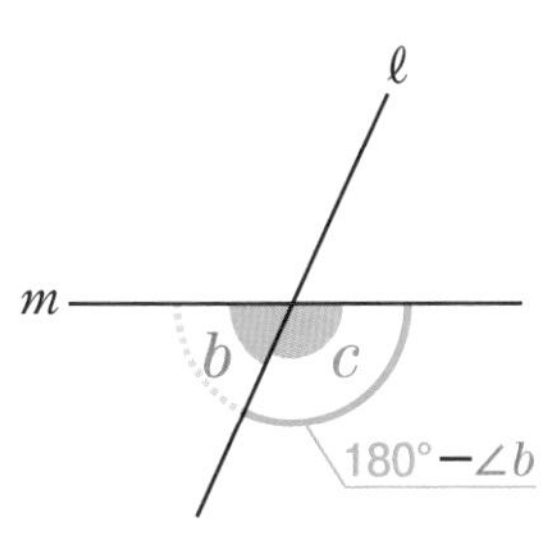

$$\angle a = 180^\circ - \angle b$$

$$\angle c = 180^\circ - \angle b$$

なので，

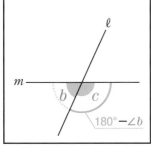

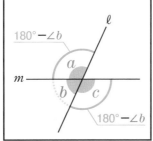

$$\angle a = \angle c$$

といえるわけです。

これが「対頂角は等しい」ことの証明です。

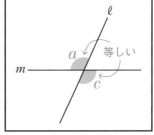

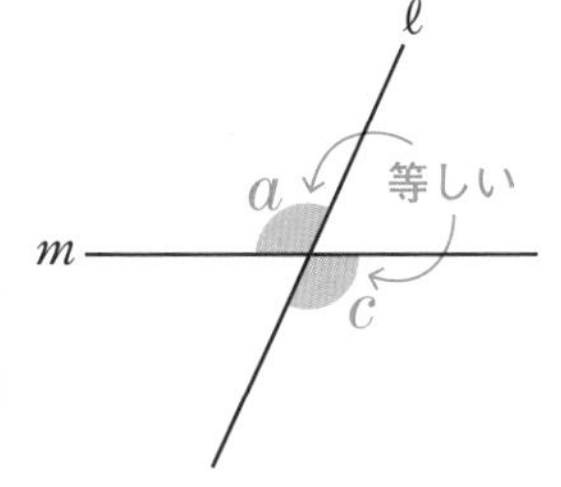

同様に，

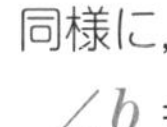

$\angle b = 180° - \angle a$

$\angle d = 180° - \angle a$

なので，

$\angle b = \angle d$

も成り立ちます。

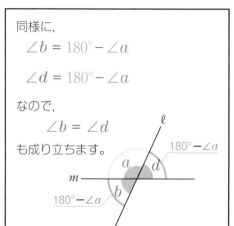

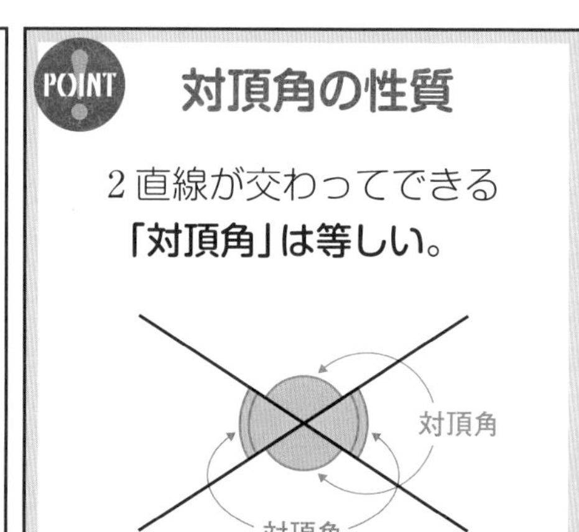

対頂角の性質

2直線が交わってできる
「対頂角」は等しい。

この性質をふまえて，
問1の図を見ると，
もう簡単ですよね。

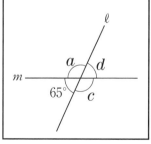

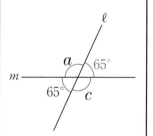

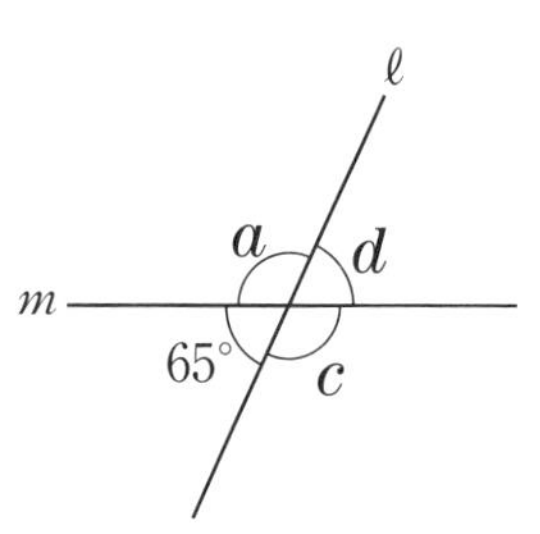

対頂角は等しいので，

$\angle d = 65°$ 答

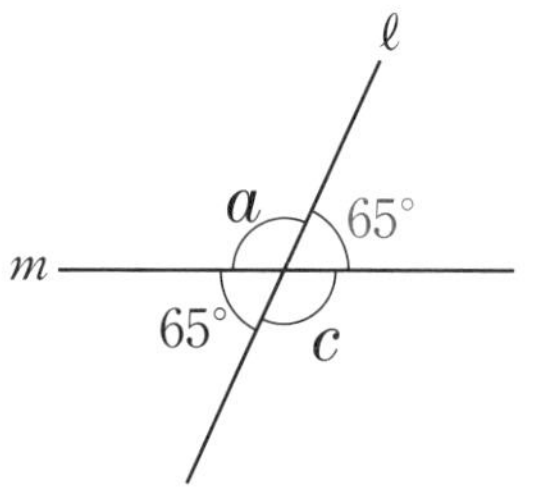

$\angle a = 180° - 65°$

なので，

$\angle a = 115°$ 答

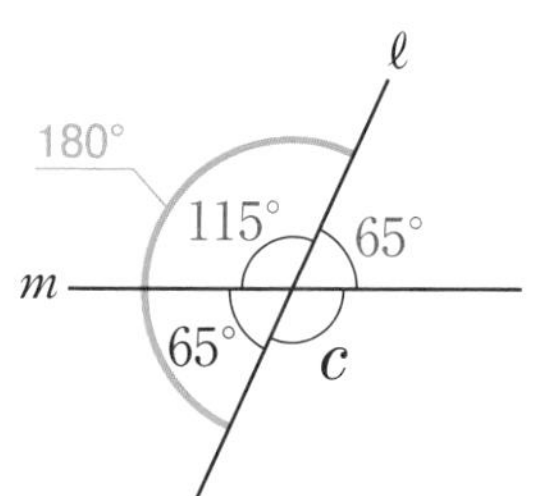

対頂角は等しいので，

$\angle c = 115°$ 答

簡単に答えが全部出ましたね。

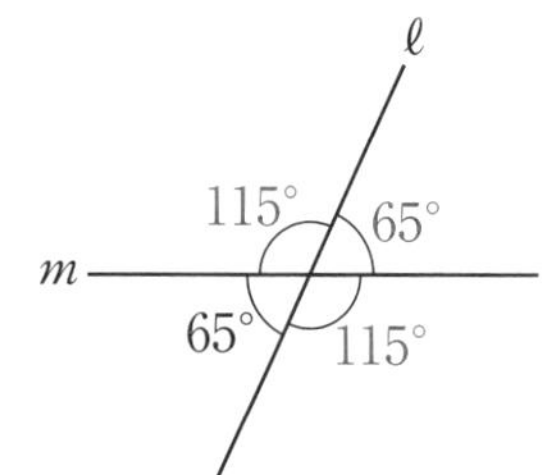

ニャるほど…！
整理しながら考えると
結構カンタンだニャ…

数学は図形も「感覚」ではなくて，
理路整然と論理的に考えれば，
実に単純明快なんですよ！

問2 （同位角・錯角と平行線）

下図のように，平行な２直線 ℓ，m に直線 n が交わっている。$\angle a$，$\angle b$ の大きさを求めなさい。

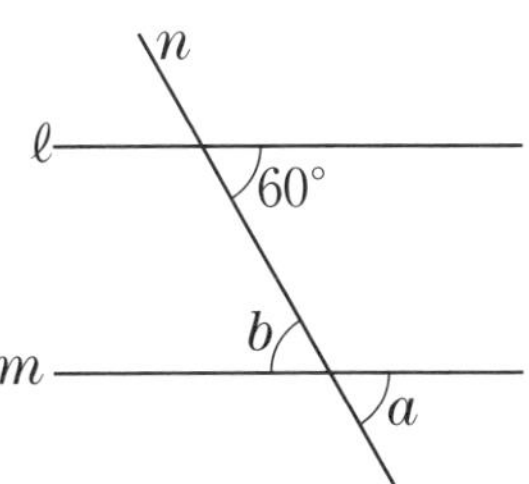

……ふぁ !?
「対頂角は等しい」が
使えなくニャい…？

今まで習った知識では
解けませんよね。
１つ１つ説明しましょう。

まずはじめに，平行な
２つの直線があります。

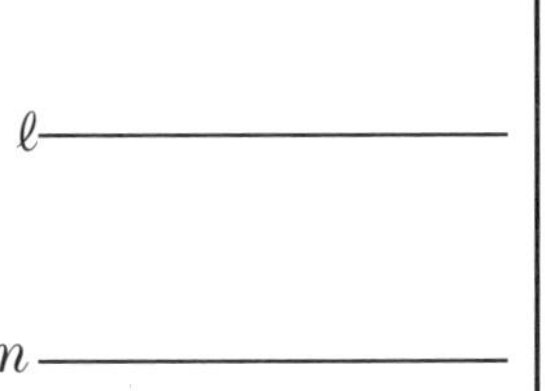

その２直線に，
もう１つの直線 n が
交わります。

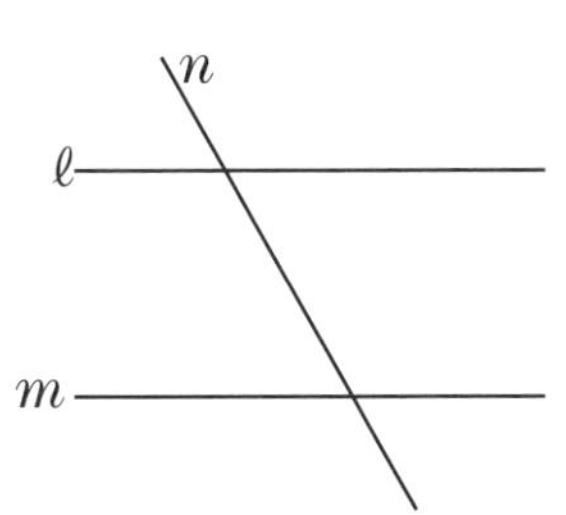

このとき，２直線に，
４つ（●●●●）ずつ，
合計８つの角ができます。

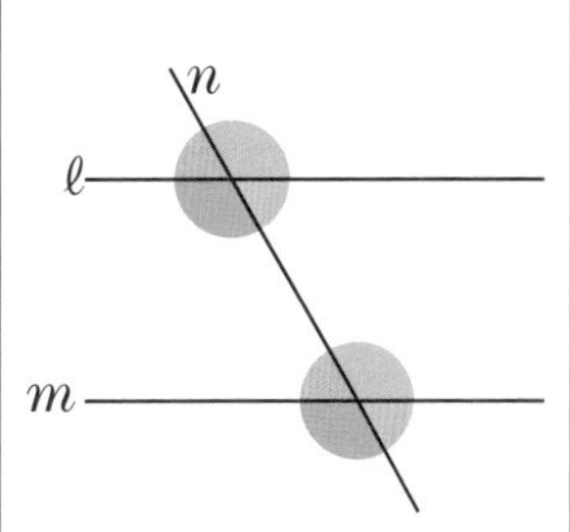

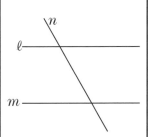

８つの角のうち，例えば●の角は，
直線 n の立場で考えると，
交わる直線の**同**じ**位**置にある**角**ですよね。
このような２つの角を「**同位角**（どういかく）」といいます。

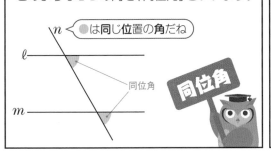

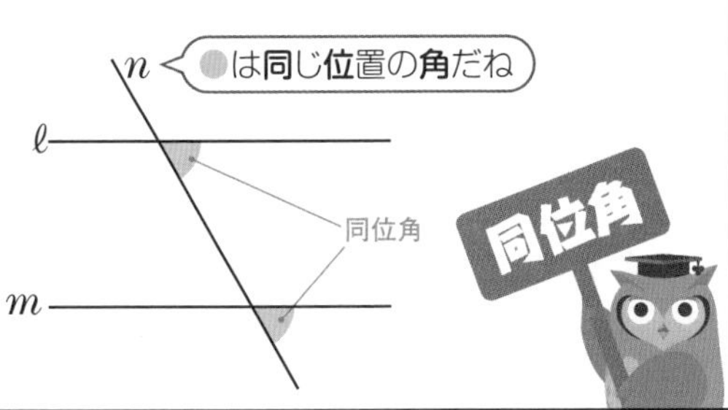

●の角，●の角，●の角も，
それぞれ「**同位角**」です。
４つずつ角ができるので，
同位角も４組できるわけです。

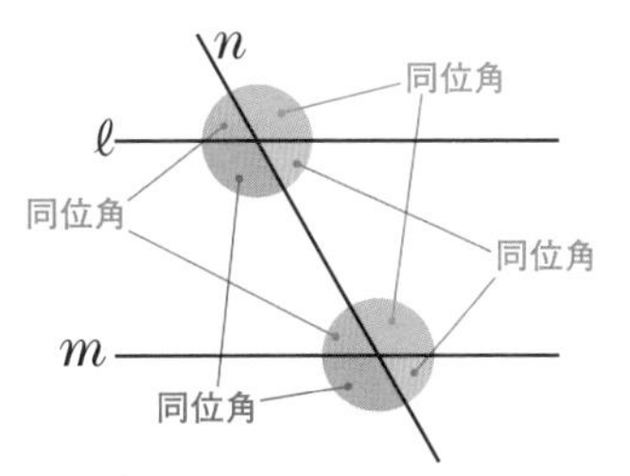

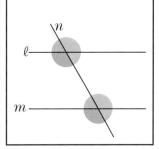

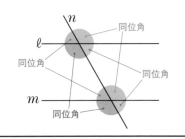

また，2直線の「**内側**」にある角のうち，
※2直線の「外側」は無視!

n
ℓ
m
内側

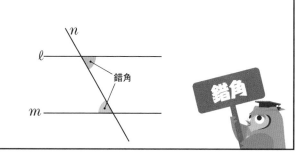

直線 n の**反対側で相対する**位置にある（はす向かいにあるような）2つの角を「**錯角**」といいます。

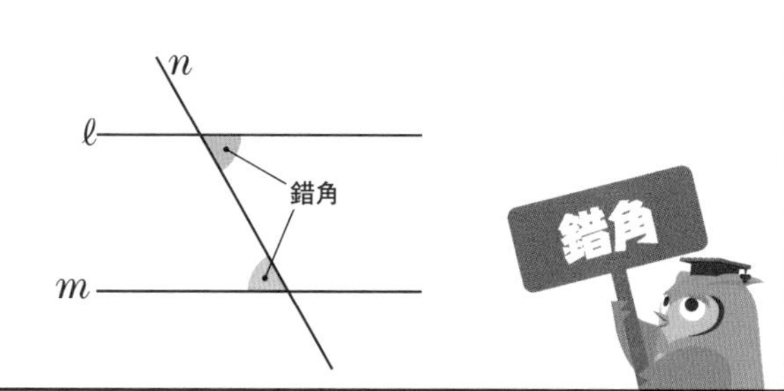

●と●の角は**錯角**です。
また，●と●の角も**錯角**です。
錯角は2組できるんですね。

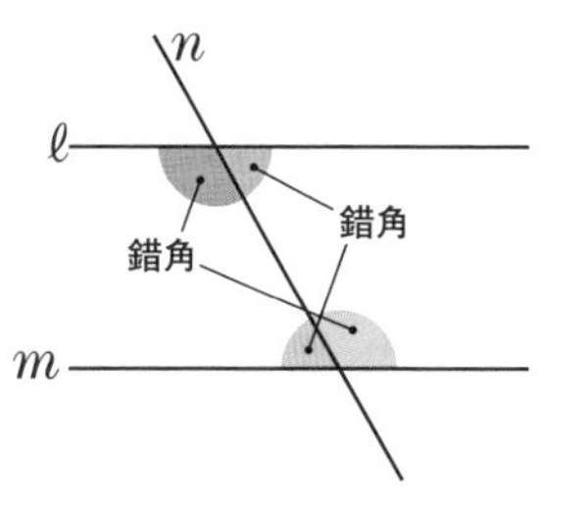

ボクもよく**錯角**が多いといわれるワン！

それをいうなら**錯覚**だニャ！
字がちがうニャ!

「錯角」と「錯覚」，読みは同じですけど，まちがえないようにしましょうね…

ちなみに，2直線 ℓ，m が**平行でない**場合でも，「**同位角**」や「**錯角**」の位置関係は変わりません。
2直線が平行か平行でないかは関係ないんです。

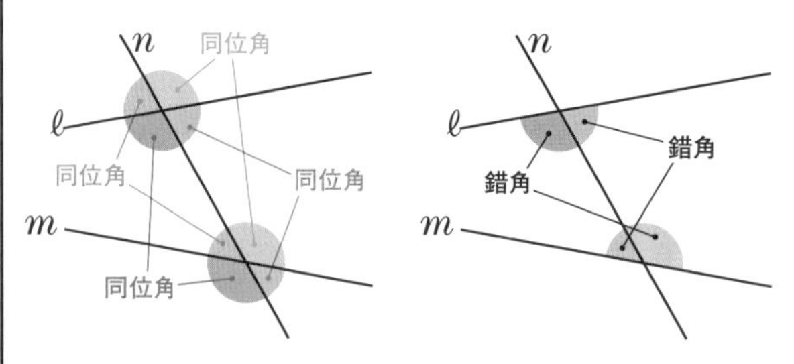

ただし，2直線が**平行である**場合，**同位角**や**錯角**がある性質をもつんです！

平行線の性質

2直線に1つの直線が交わるとき，

❶ 2直線が平行ならば，同位角は等しい。

❷ 2直線が平行ならば，錯角は等しい。

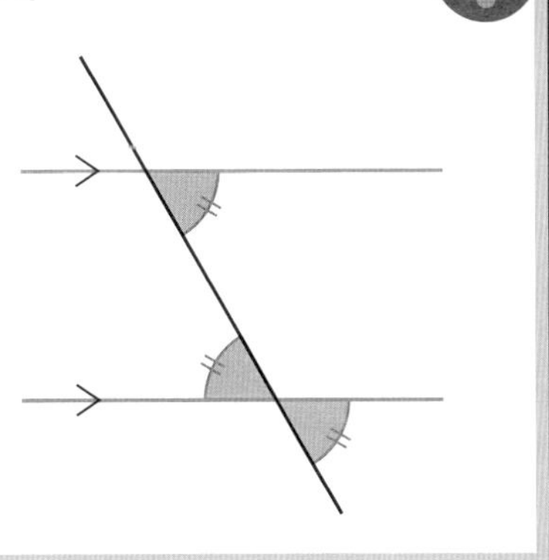

平行線の
同位角が等しいと，

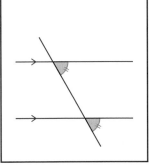

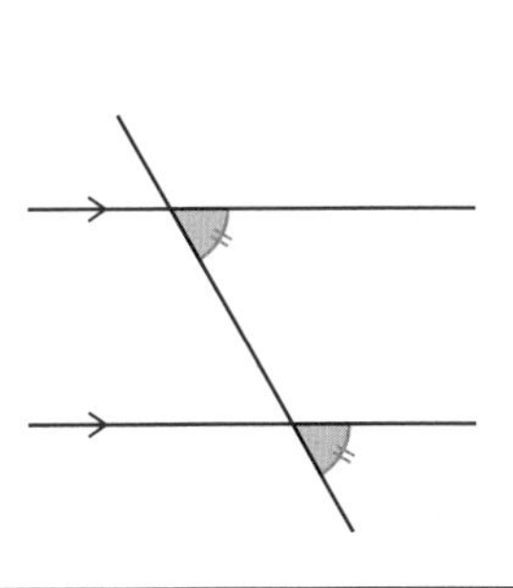

対頂角は等しいので，

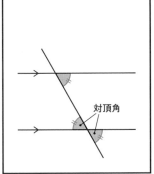

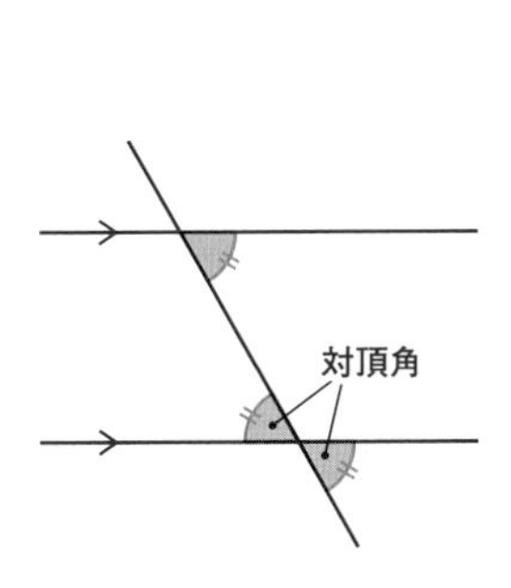

錯角も等しいという
ことになるわけです。

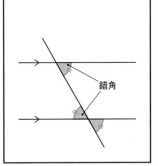

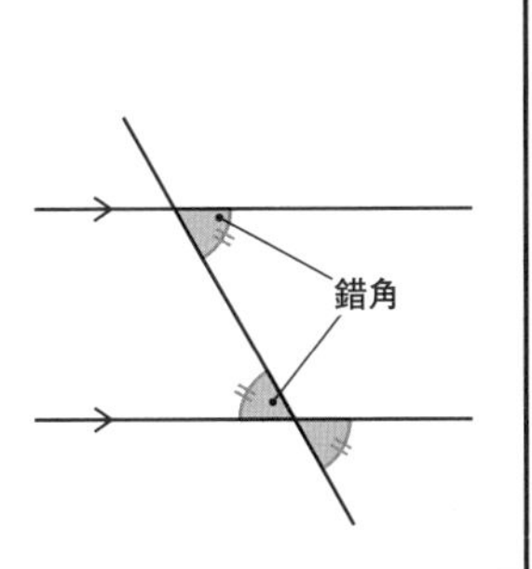

ふーん…
でも，なんで2直線が平行なら
同位角が等しくなるニャ？

それを確かめるには，実際に，
平行な直線をひいてみるのが
一番わかりやすいでしょう。

使うのは，2つの三角定規です。

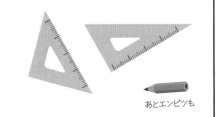

あとエンピツも

1 まず，1 直線をひきます。

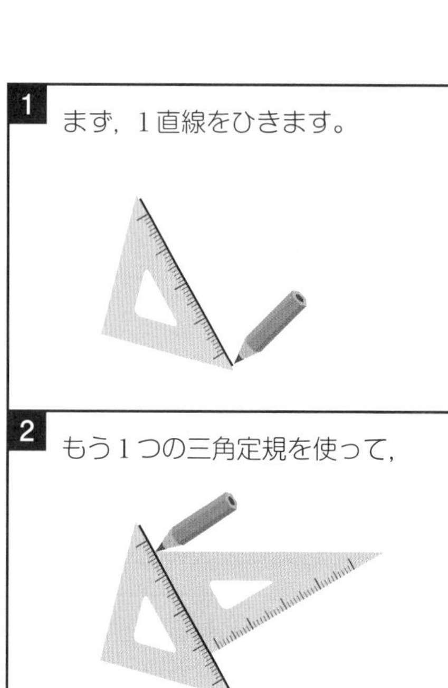

2 もう 1 つの三角定規を使って，

3 2 直線の 1 本目をひきます。

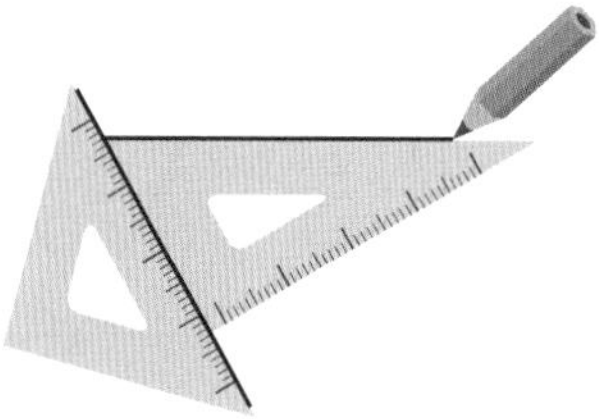

4 右側の三角定規を下にずらして，

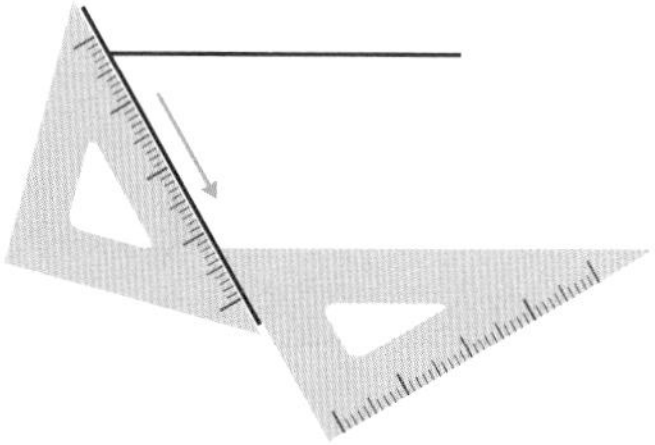

5 2 直線の 2 本目をひきます。

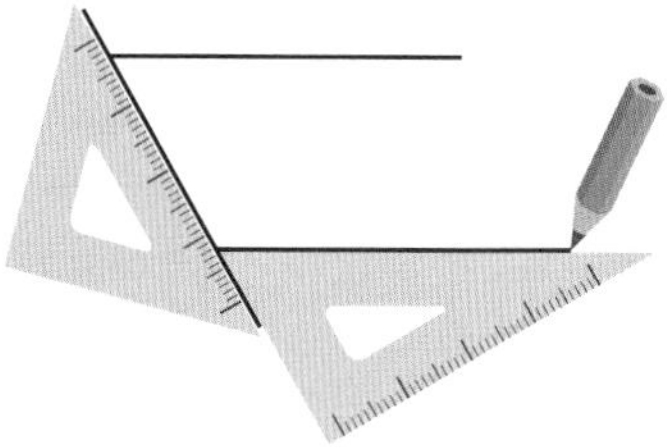

6 平行な 2 直線ができました。

平行（＝距離がどこも同じ）

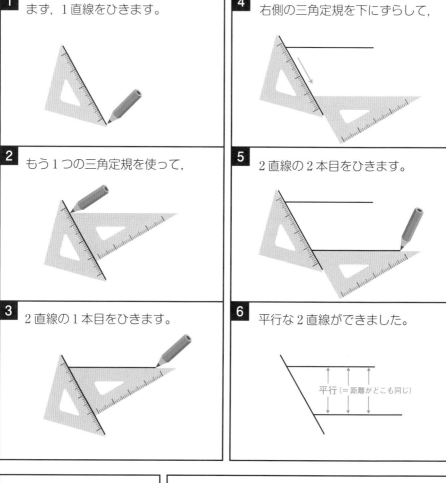

小学校でも習ったように，平行線はこのようにひくわけですが，このときにできる「同位角」に注目！

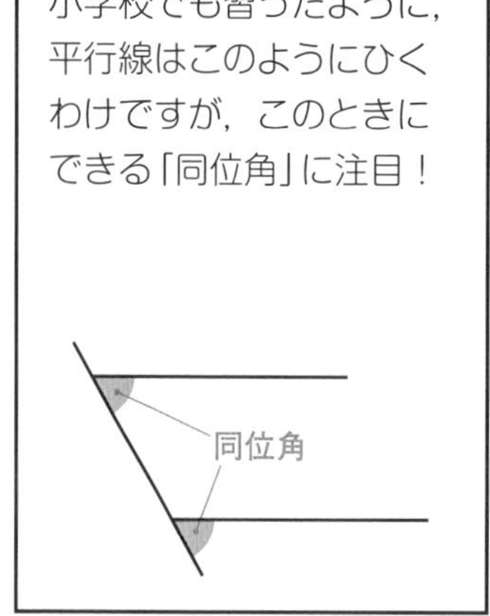

この「同位角」は，
もともと三角定規の同じ部分の角ですよね。
だから，「**平行な 2 直線の同位角は等しい**」
といえるんです。

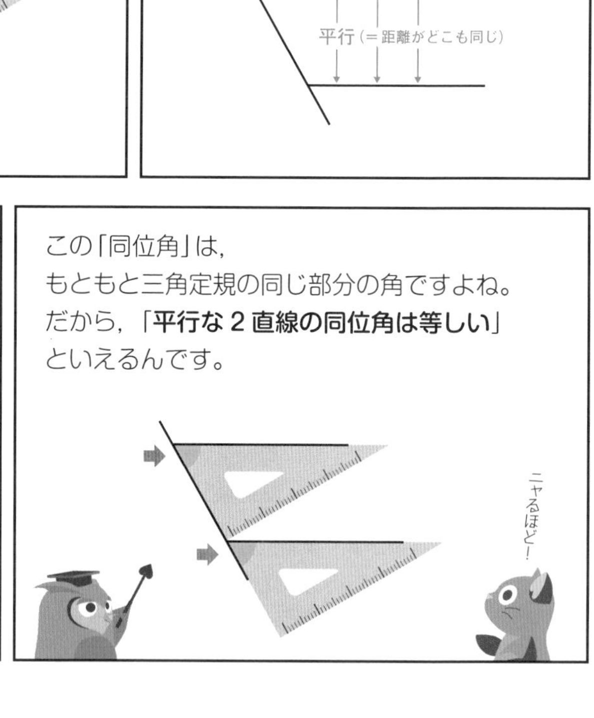

また，今回は
同位角が等しくなる
ように2直線を
ひいたわけですが，
ここから，**逆**のことも
いえるんです。

つまり，
「2直線が平行ならば，
同位角（錯角）は等しい」
を逆に考えると，

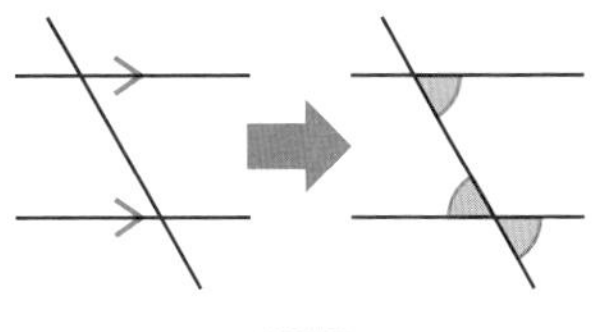

「同位角（錯角）が
等しければ，2直線は
平行である」とも
いえるわけなんです。

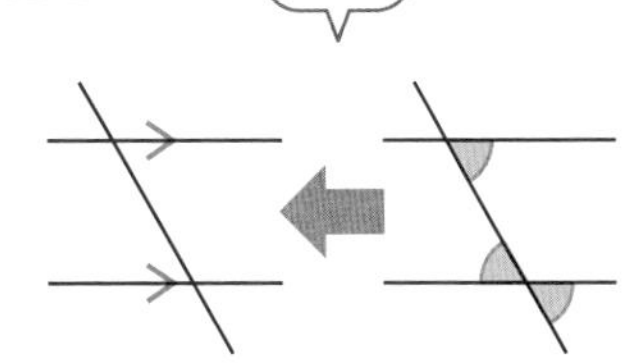

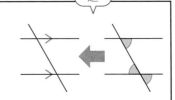

平行線になる条件

POINT

2直線に1直線が交わるとき，

❶ 同位角が等しければ，
2直線は平行である。

❷ 錯角が等しければ，
2直線は平行である。

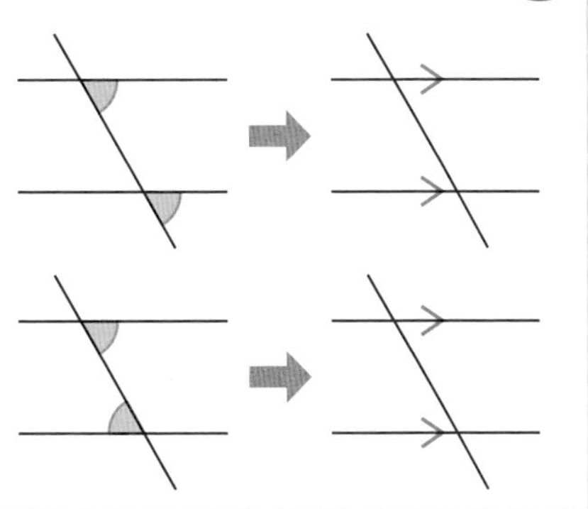

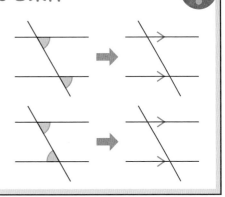

問2を考えましょう。
同位角は等しいので，

$\angle a = 60°$ 答

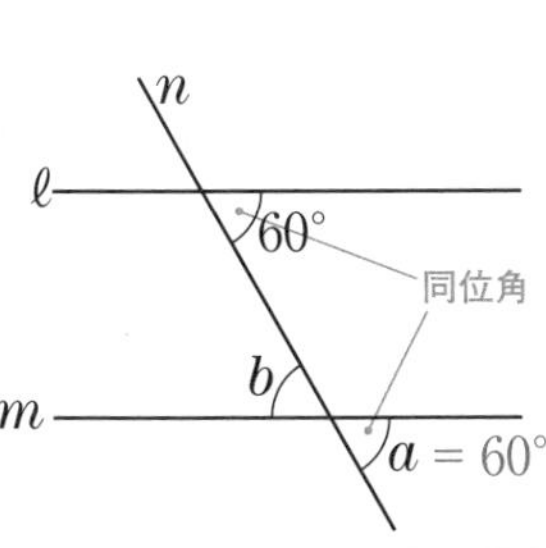

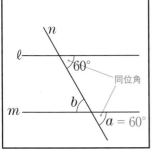

また，
対頂角は等しいので，

$\angle b = 60°$ 答

※「錯角」で考えてもよい。

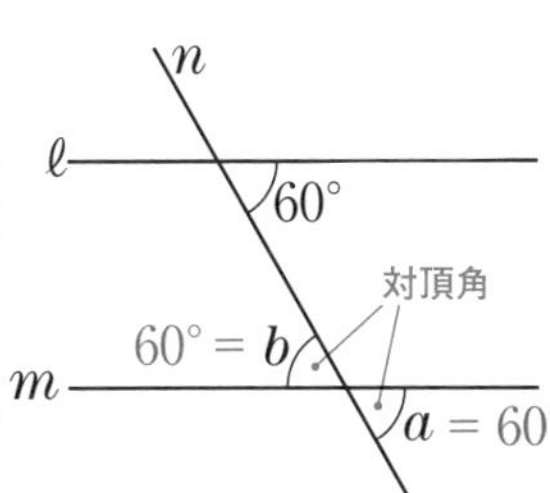

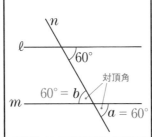

「平行線の性質」を知っていれば，簡単に答えがわかりましたね。
平行線の同位角・錯角を応用させて解く力は，今後も重要になってきます。ここでマスターしておきましょうね！

2 多角形の内角と外角

問 1　(三角形の角の性質の説明①)

右の図のように，△ABC の辺 BC の延長上に点 D をとり，点 C を通って辺 AB に平行な直線 CE をひきます。この図を利用して，三角形の内角の和は 180°であることを説明しなさい。

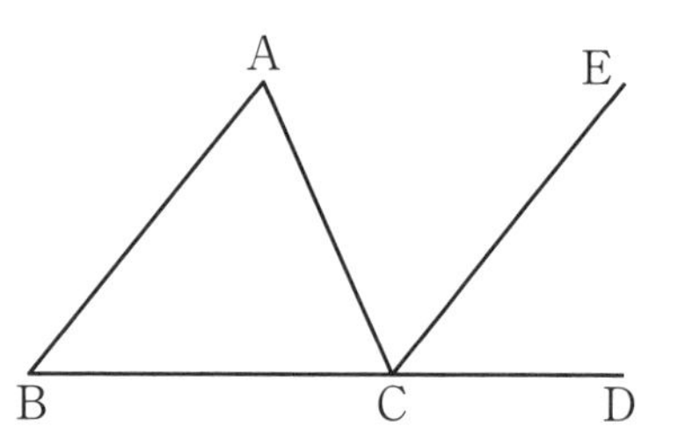

…内角の和？
…説明しなさい？
…何いってんのか
よくわからんニャ…

2 つの「**平行な直線**」があるので，
「**同位角・錯角は等しい**」
という性質が使えますよね。
これをベースに
考えていけばいいんですよ。

まず，「**内角**（ないかく）」というのは，多角形の**となり合う 2 辺**が，

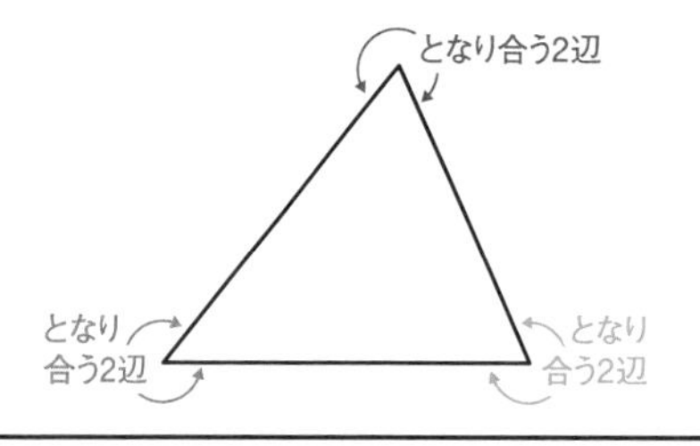

多角形の「**内部**」につくる角のことです。
三角形の内角は 3 つできます。

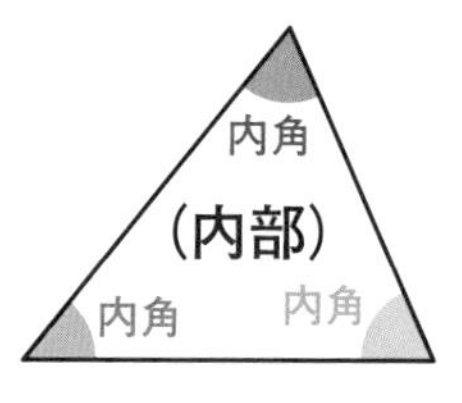

一方，多角形で，1 辺を延長したとき，

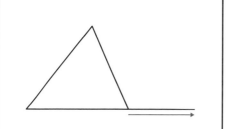

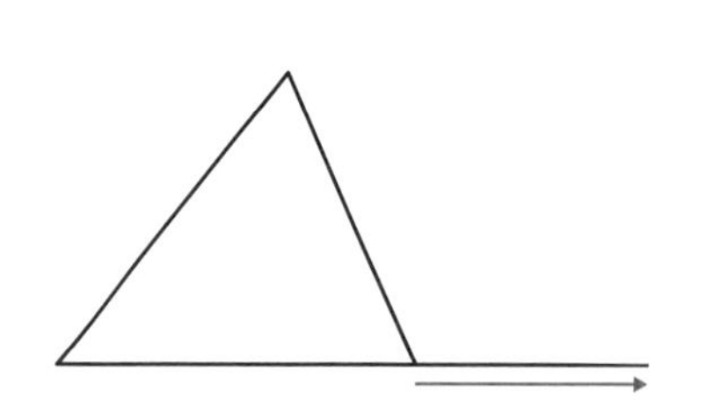

1 辺の延長と，その**となりの辺**との間にできる角を「**外角**（がいかく）」といいます。

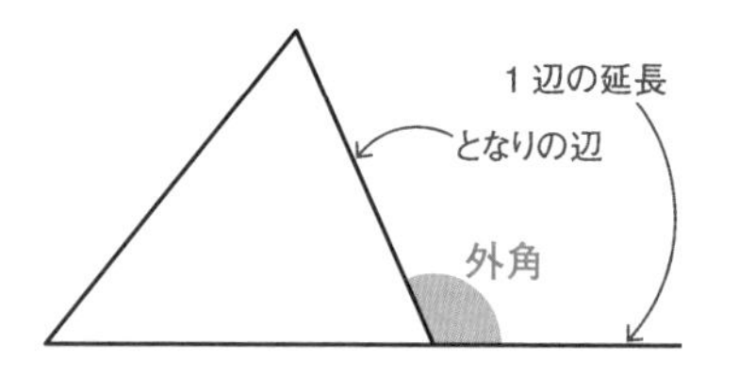

1 辺の延長が変わると，
その**となりの辺**も変わり，
外角の位置も変わります。

※ほかの2つの頂点についても同じように考えられるので，三角形は全部で6つの外角ができる。

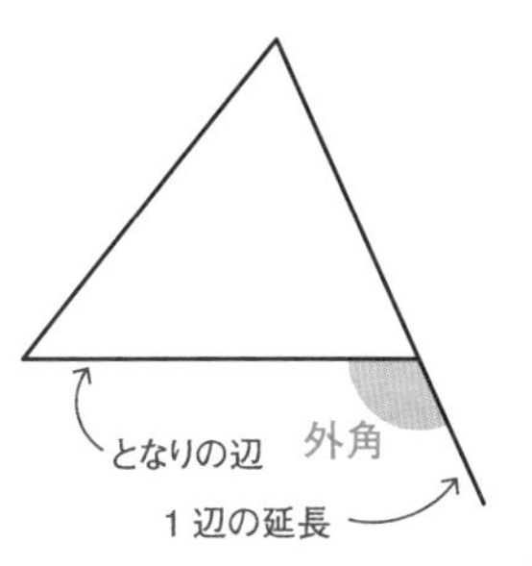

これらをふまえて，
問1を1つ1つ
解いていきましょう。

まず，それぞれの角に，
a，b，c，d，e と名前をつけましょう。

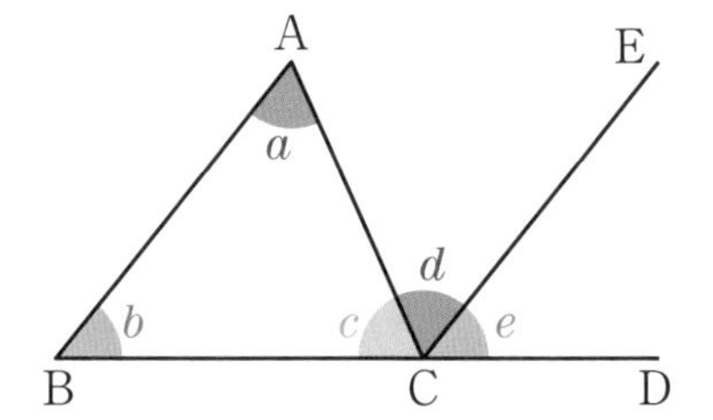

さて，辺ABと直線CEは**平行**です。

これがポイント!

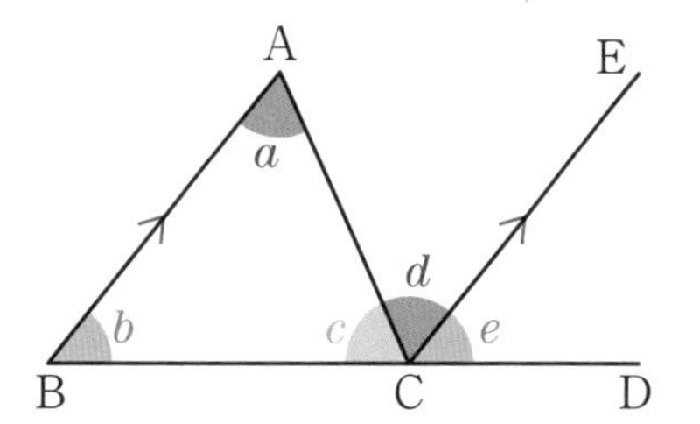

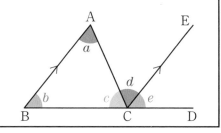

平行線の**錯角**は等しいので，

$\angle a = \angle d$

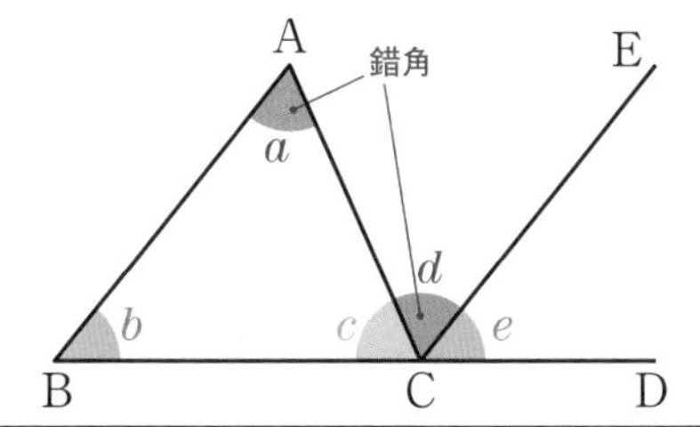

平行線の**同位角**は等しいので，

$\angle b = \angle e$

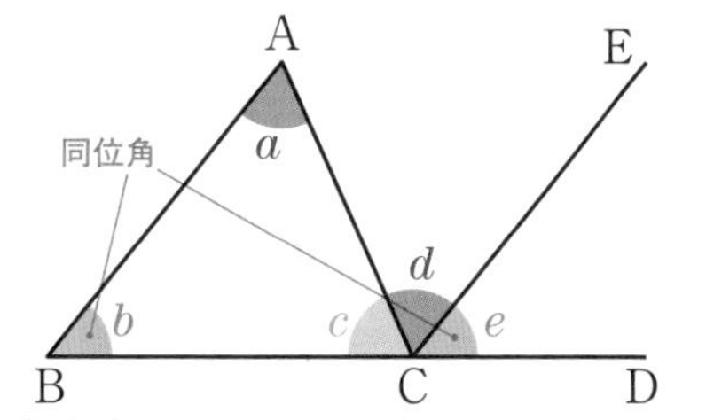

$\angle c$, $\angle d$, $\angle e$ は一直線上にあるので，
たすと 180°になりますよね。

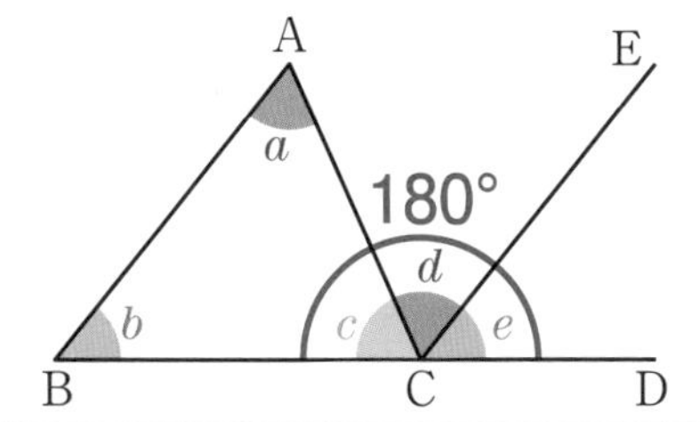

したがって，

$\angle a+\angle b+\angle c$ ← 三角形の内角の和

$= \angle d+\angle e+\angle c$

$= 180°$

これより，三角形の内角の和は
180°であるといえます。*

*このように，あることがらが成り立つわけを，すでに正しいと認められていることがらを根拠にして示すことを**証明**という。

三角形の内角，外角の性質

❶ 三角形の内角の和は 180°である。

❷ 三角形の外角は，そのとなりにない 2つの内角の和に等しい。

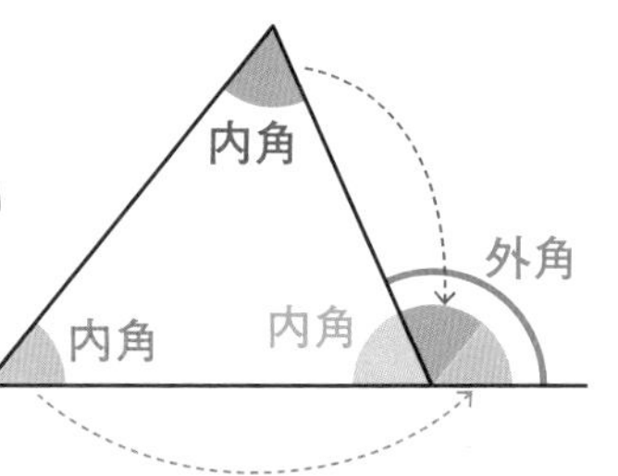

問2 （三角形の角の性質の説明②）

下の図で，$\angle x$ の大きさを求めなさい。

(1)

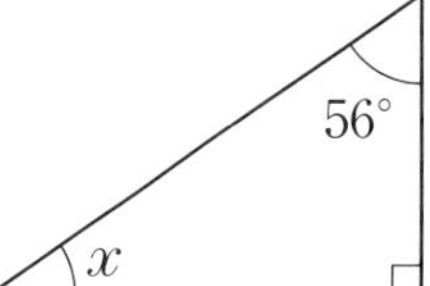

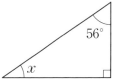

(2)

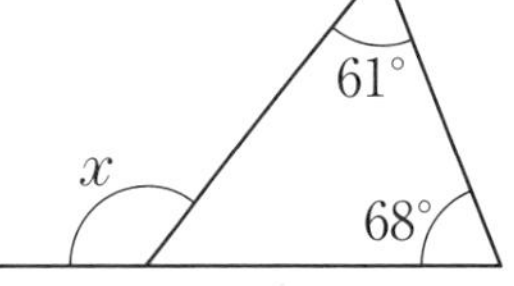

(1)を考えましょう。
三角形の内角の和は 180° だから，

$$\angle x + 56° + 90° = 180°$$

$$\angle x = 180° - 56° - 90°$$

$$\angle x = 34°$$ 答

(2)を考えましょう。
三角形の外角 $\angle x$ は，そのとなりにない 2 つの内角（61°と 68°）の和に等しいという性質があるので，

$$\angle x = 61° + 68°$$

$$\angle x = 129°$$ 答

簡単に解けたニャ…
三角形の内角，外角の性質がわかっている人には，簡単な問題でしたね。

三角形の内角の和は 180°だとわかりました。
では，四角形，五角形，六角形など，その他の「**多角形**の内角の和」は，それぞれ何度になるのか。
今度はそれを調べていきましょう。

問3 (多角形の内角の和①)

次の問いに答えなさい。

(1) 十角形の内角の和を求めなさい。

(2) 正八角形の1つの内角の大きさを求めなさい。

(1)の「十角形」の内角の和とは，この◇の部分の和のことですね。

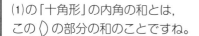

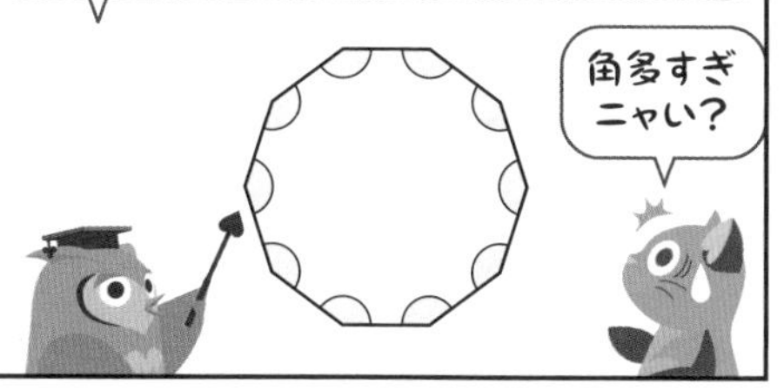
角多すぎニャい？

理科で習った「茎の断面図」みたいだワン！

植物の茎の断面図
確かに…ちょっと似てるニャ…

実は，多角形*の内角の和は，「**三角形の内角の和が180°である**」ということをもとにして，**1つの式**で表すことができるんです。

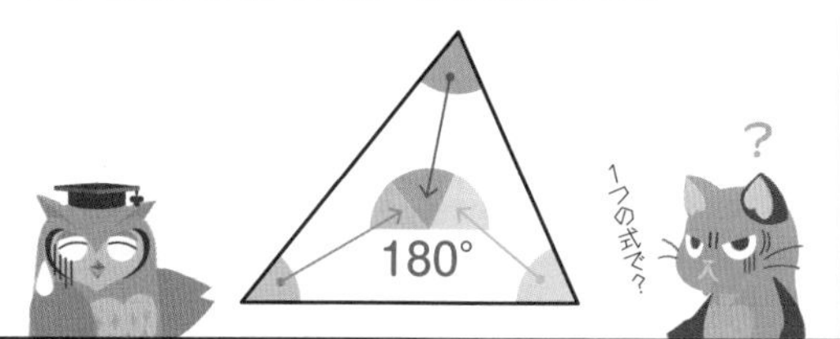
180°
1つの式で？

例えば，四角形で，**1つの頂点**から**対角線**をひいて，いくつかの「**三角形**」に分けましょう。

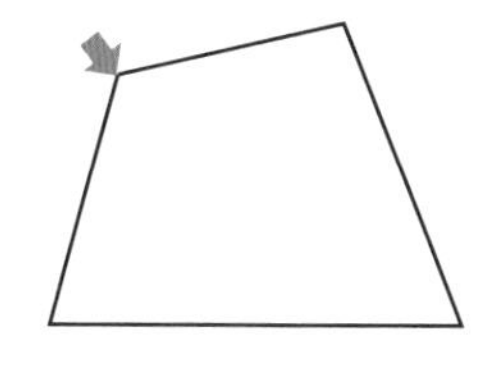

MEMO **対角線**(たいかくせん)

多角形において，となり合わない2つの頂点を結ぶ線分のこと。

―：対角線

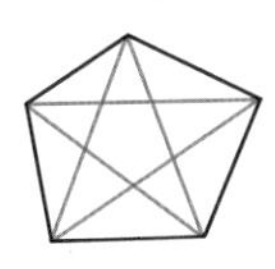
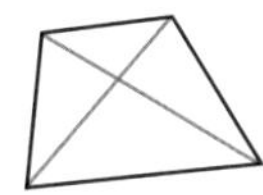
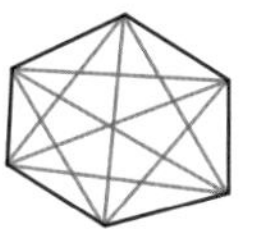

四角形の**1つの頂点**からは，**対角線**は1本ひけます。

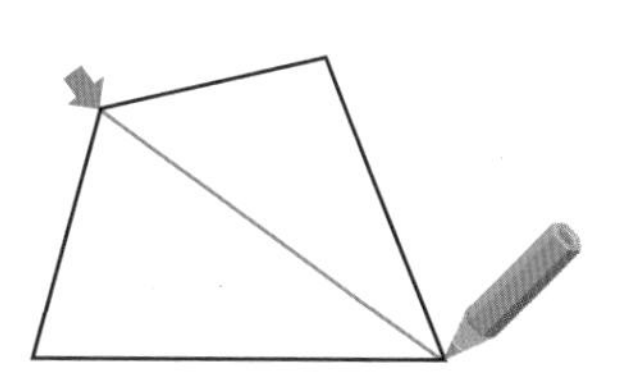

*多角形（たかくけい／たかっけい）…三角形・四角形・五角形など，3つ以上の線分（＝辺）で囲まれた平面図形。辺が3本なら三角形，辺が4本なら四角形，辺が5本なら五角形，辺がn本ならn角形という。

すると，三角形が 2 つできますね。

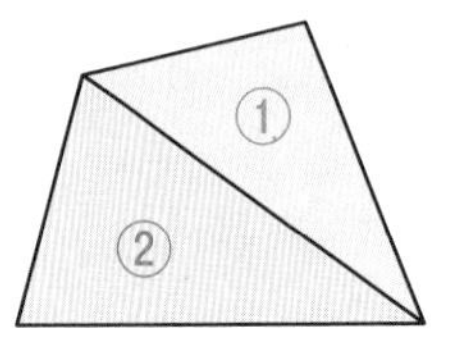

●部分を内角とする三角形，●部分を内角とする三角形，2 つの三角形ができます。

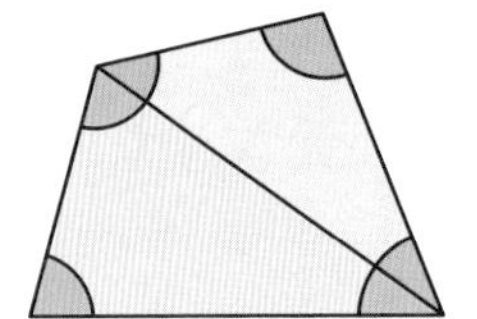

一方，この**四角形**の内角は●部分ですから，

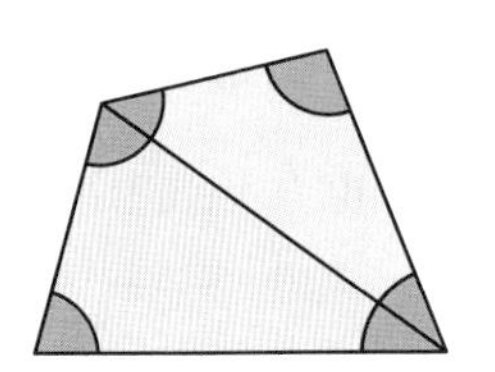

三角形のすべての内角の和が，**四角形の内角の和**に等しいわけです。

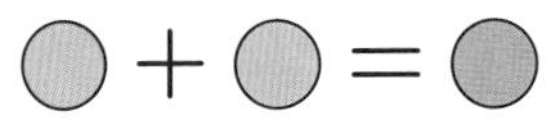

つまり，四角形は，**2 つ**の三角形（＝内角の和は 180°）に分けられるので，四角形の内角の和は，

$$180^\circ \times 2 = 360^\circ$$

だとわかります。

同じように，**五角形**の**1 つの頂点**から対角線をひくと，

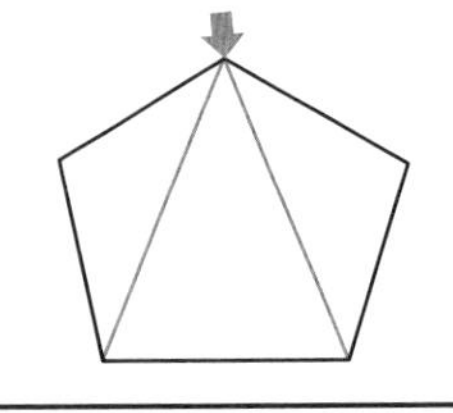

全部で **3 つ**の三角形ができます。

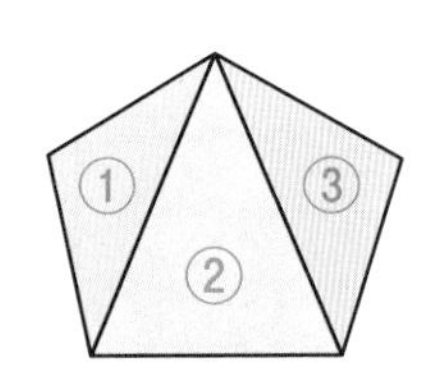

ここでも，**三角形のすべての内角の和**は**五角形の内角の和**に等しいですね。

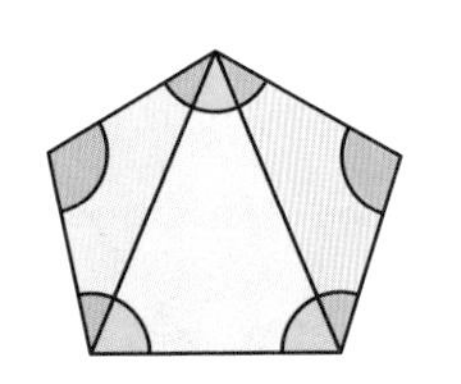

つまり，五角形は **3 つ**の三角形（＝内角の和は 180°）に分けられるので，五角形の内角の和は，

$$180^\circ \times 3 = 540^\circ$$

となります。

…ニャんか，パターンが見えてきたようニャ…

では，もっと例を見ていきましょう！

六角形は 4 つの三角形に,

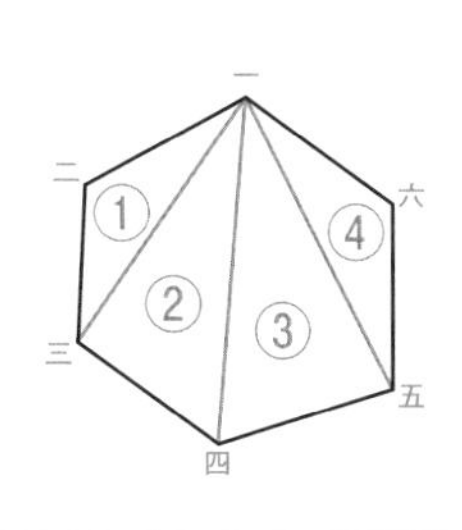

七角形は 5 つの三角形に,

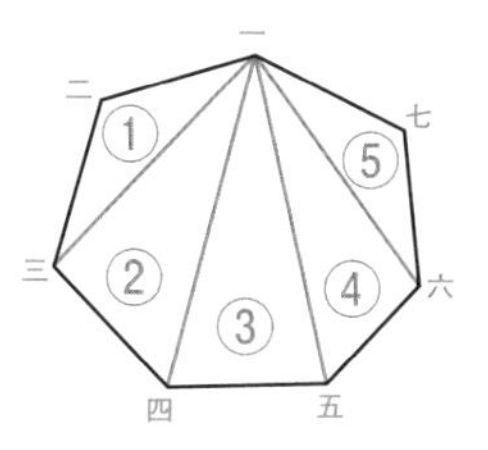

八角形は 6 つの三角形に分けられます。

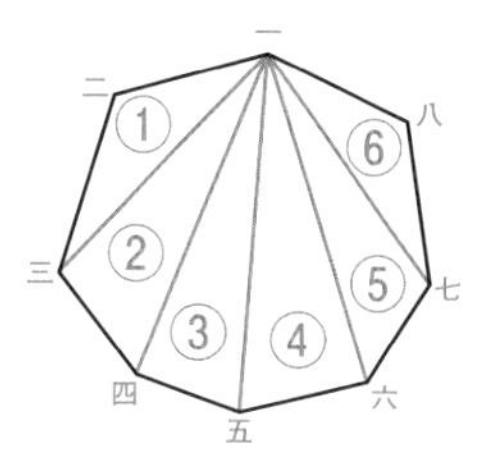

あ…!
辺の数より 2 少ない数の三角形ができてるニャ!?

そのとおり正解!

つまり, **1 つの頂点**から**対角線**をひくと,

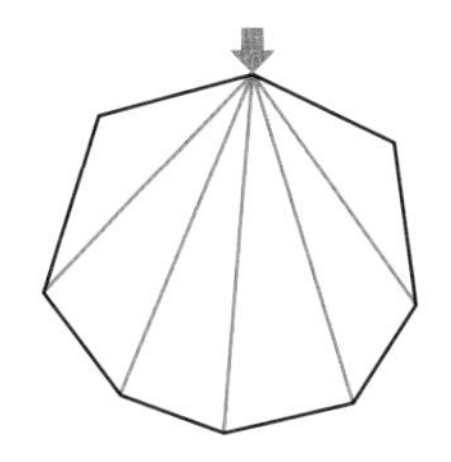

その**頂点**の両どなりにある**2 本の辺を除いて,**

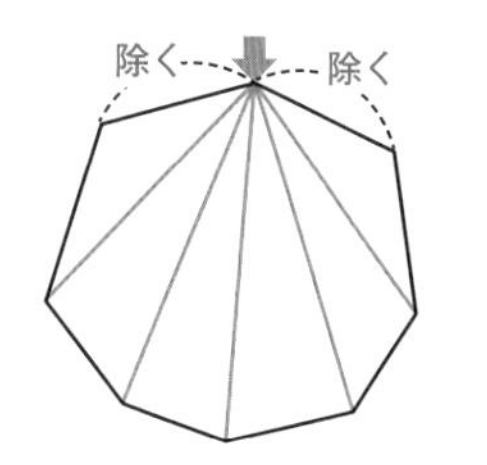

ほかすべての辺が「底辺」となる三角形ができると考えられるわけです。

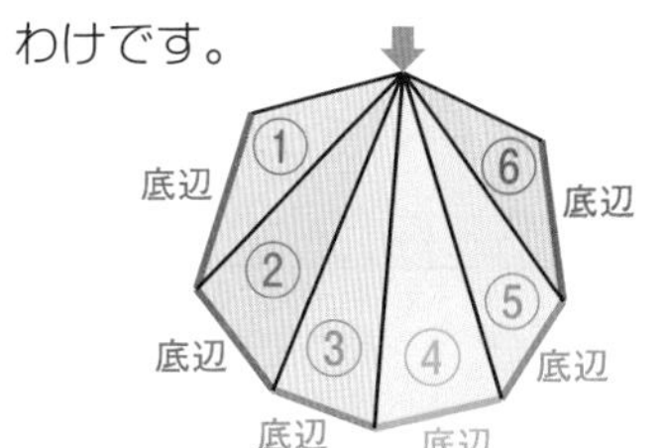

ですから,辺の数が n 本ある「n 角形(エヌかっけい)」として考えると,

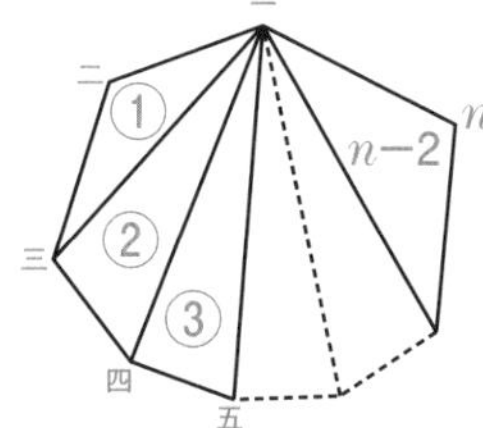

n より 2 少ない,$(n-2)$ 個の三角形に分けられるといえます。

多角形の「内角の和」

n 角形の内角の和は, $180° \times (n-2)$ である。

(1)を考えましょう。
十角形は,
10 より 2 少ない
8 つの三角形に
分けられますので,

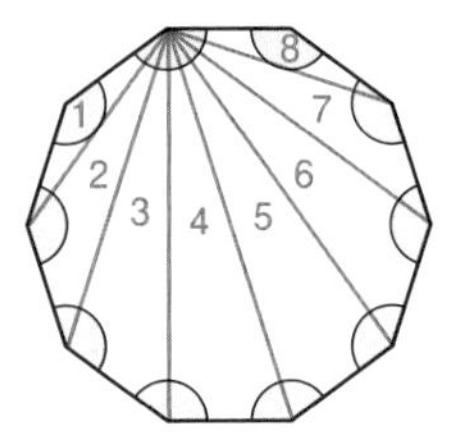

十角形の内角の和は,

$180° \times (10-2)$

$= 180° \times 8$

$= 1440°$ 答

となります。

(2)を考えましょう。
「正八角形」とは,
8 つの辺の長さと内角の
大きさがすべて等しい
八角形のことです。

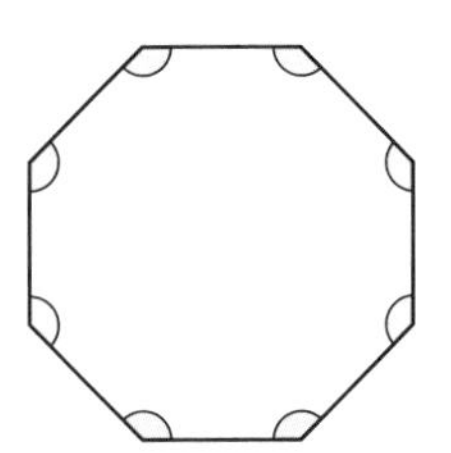

八角形の内角の和は,

$180° \times (8-2)$

$= 180° \times 6$

$= 1080°$

となります。

正八角形は内角の大きさがすべて
等しいので，8 でわれば,
1 つの内角の大きさがわかります。

$1080° \div 8 = 135°$ 答

n 角形の内角の和は $180° \times (n-2)$ で
あるということがわかれば，簡単に
答えが出ますよね。この式はしっか
りと覚えておいてください。

問 4 **(多角形の内角の和②)**

右の図の六角形 ABCDEF の内角の和を,
内部の 1 つの点 O から各頂点にひいた線
分で三角形に分ける方法で求めなさい。

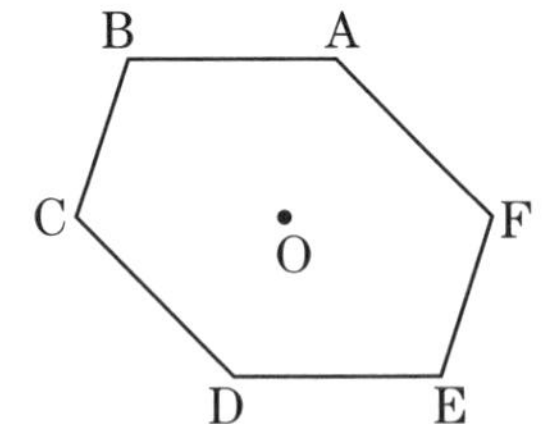

今回は，1つの頂点から
対角線をひく方法ではなく，
内部の1つの点Oから，
各頂点にひいた線分で
三角形に分ける方法で，
内角の和を求めなさい，
というわけです。

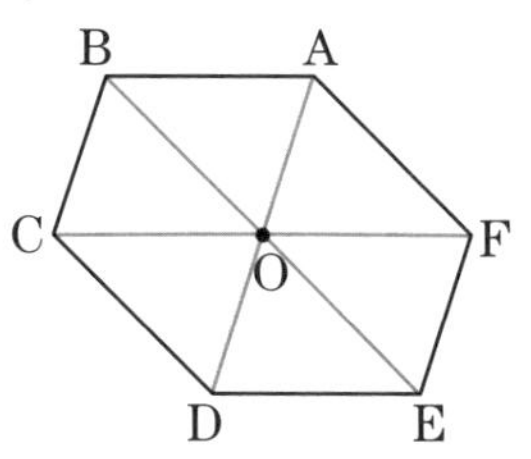

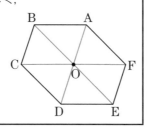

この方法だと，六角形から
6個の三角形ができます。

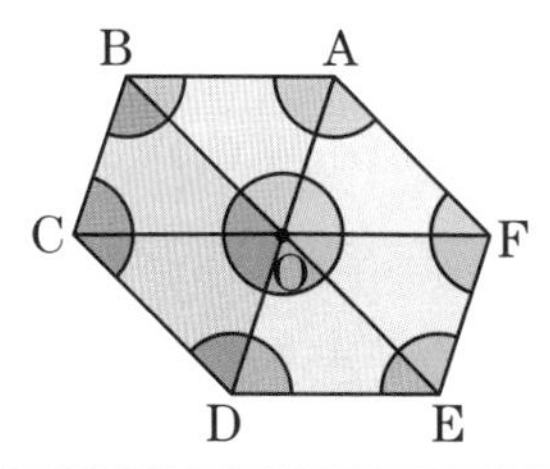

6個の三角形の内角の和は，

$$180° \times 6 = 1080°$$

となりますが，

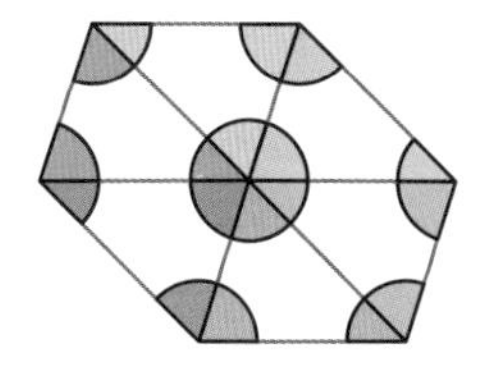

この**六角形の内角**は，
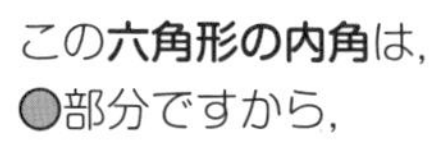部分ですから，

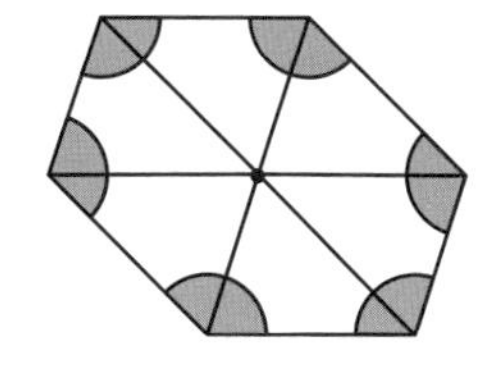

まんなかにある角が
余計ですよね。

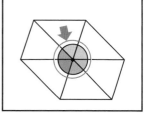

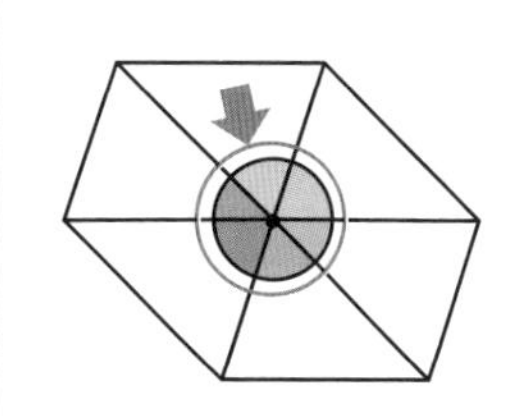

この部分は合計で
何度ですか？
え〜…と…
360°ニャ？
正解！

つまり，6個の三角形の内角の和
（＝1080°）から，360°を**ひく**必要が
あるんです。

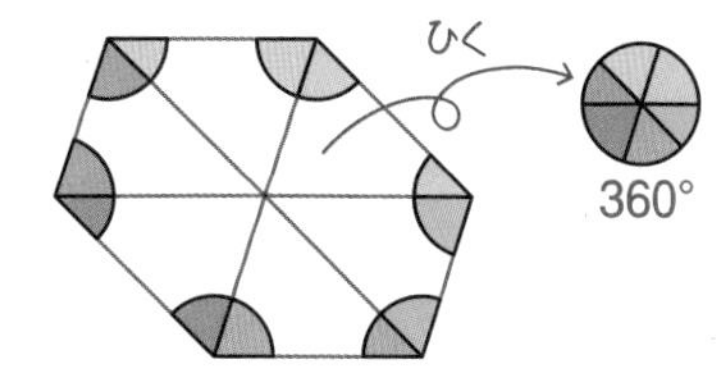

したがって，
六角形の内角の和は，

$$180° \times 6 - 360° = 720°$$ 答

となります。

この方法では，**六角形では**6**個の三角形**
ができるので，n **角形では** n **個の三角形**
ができることがわかります。
したがって，n 角形の内角の和は，

$$180° \times n - 360°$$

という式で表せますね。

Chapter 4 平行と合同 2 多角形の内角と外角

なお，頂点から対角線をひく方法で多角形の内角の和を求める式は，

$180°\times(n-2)$

$=180°\times n-180°\times 2$

$=180°\times n-360°$

と変形できます。

つまり，多角形の内角の和は，どちらの方法で求めても同じなんだよ，ということですね。

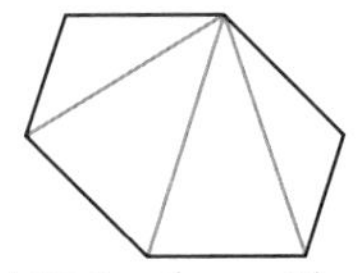

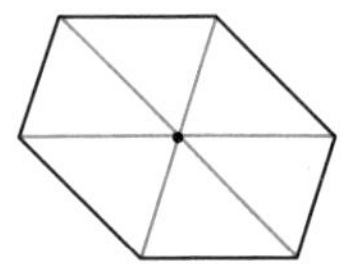

$180°\times(n-2) = 180°\times n-360°$

問5 （多角形の外角の和）

右図の六角形ABCDEFの外角の和を求めなさい。

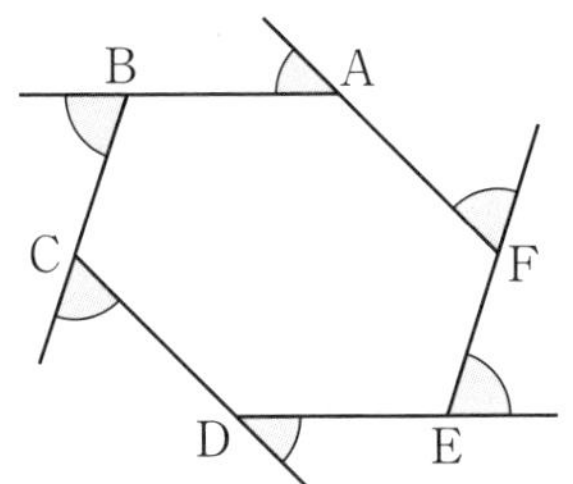

さあ，時間がないので，サクッと解きましょう。

「時間がない」って…どういうことニャ？

本なニョに…

外角に加えて，六角形の**内角**も◯で示すと，

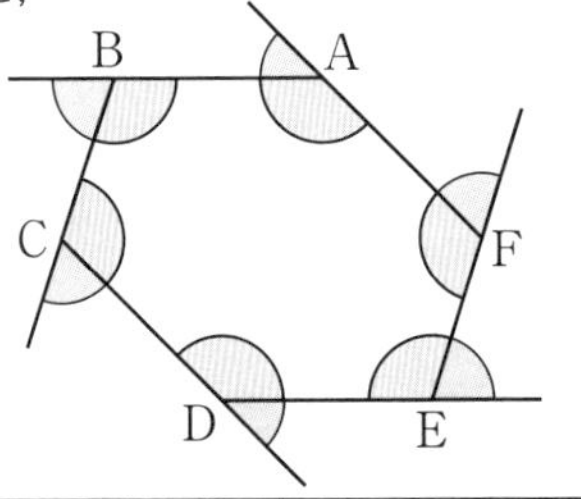

180°の角が，6つできますね。

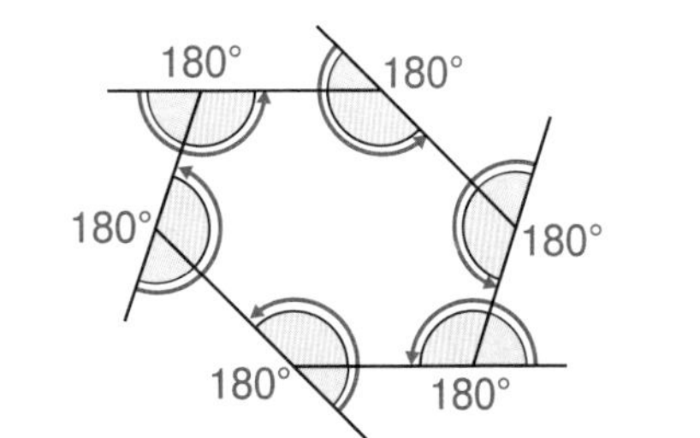

全部を合計すると，

$180°\times 6=1080°$

となりますが，

「**外角**の和」を求めたいので，**内角**（＝◯の部分）の和をひかないといけません。

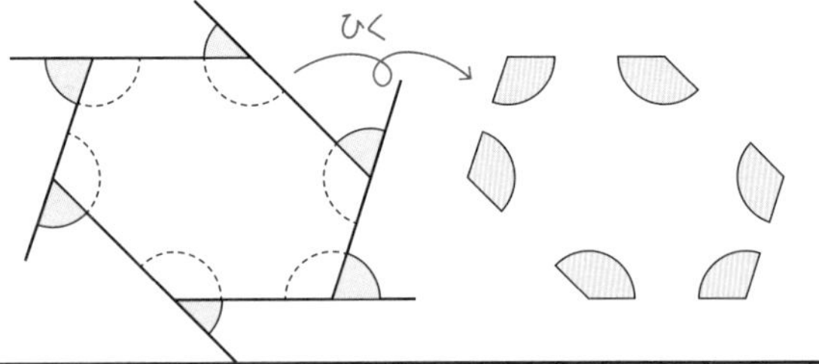

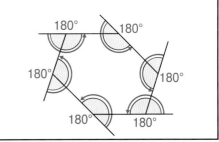

六角形の**内角**の和は，

$180^\circ \times (6-2)$

$= 180^\circ \times 4$

$= 720^\circ$

となるので，

六角形の**外角**の和は，

$1080^\circ - 720^\circ = 360^\circ$ 答

となります。

この考え方は，
六角形だけでなく，
どんな多角形にも
あてはまるんですよ。

六角形では 6 個の **180°**ができるように，
n 角形では n 個の **180°**ができますよね。

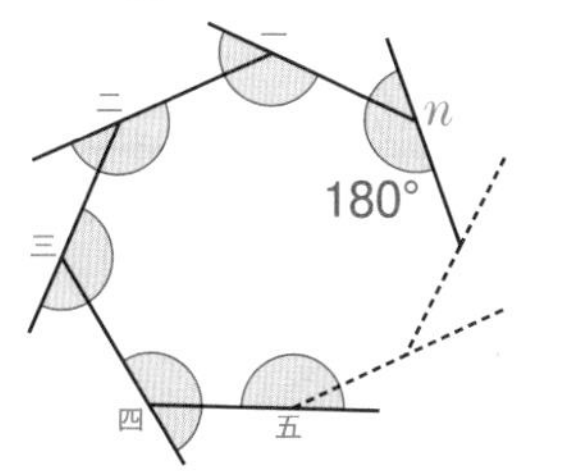

したがって，n 角形の外角の和は，

内角と外角の和　内角の和

$180^\circ \times n - 180^\circ \times (n-2)$

$= 180^\circ \times n - 180^\circ \times n + 360^\circ$

$= 360^\circ$

と，常に 360°になるわけです。

多角形の「外角の和」

n 角形の外角の和は，360°である。

（どんな多角形でも，外角の和は常に 360°になる）

三角形も四角形も五角形も，多角形は
みんな外角の和が 360°になるんです。

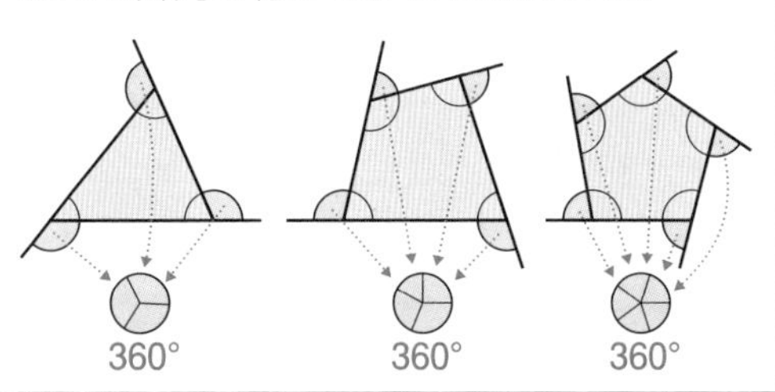

多角形の内角の和と外角の和は，
表裏一体の関係にあります。
内角の和や外角の和をたしたり
ひいたり，柔軟な発想で考えら
れるようにしましょうね！

3 三角形の合同条件

問 1 （合同な図形）

右の図で，△ABC と合同な三角形を見つけ，△ABC と合同であることを，記号 ≡ を使って表しなさい。

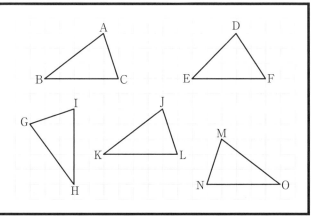

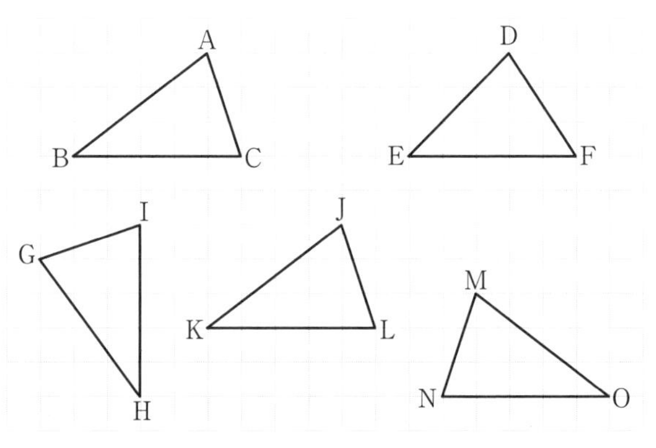

合同…？どういう意味だったかニャ？

お金や物を無理矢理うばうことだワン！

それは**強盗**！ ダメですよ!

「**移動**」してピッタリと重ね合わせることができるとき，2 つの図形は**合同**であるといいます。

ピッタリ

合同

この「移動」というのは，中 1 で習った「**平行移動・回転移動・対称移動**」のどれかです。3 つの移動を組み合わせても OK です。
どんな移動をしても，最後にピッタリと重なれば，合同であるといえます。

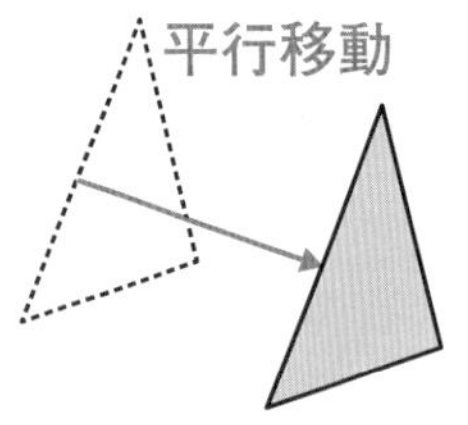

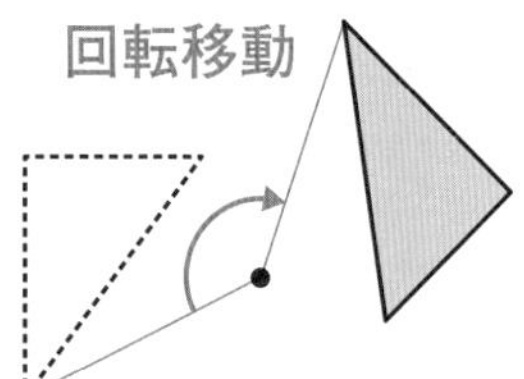

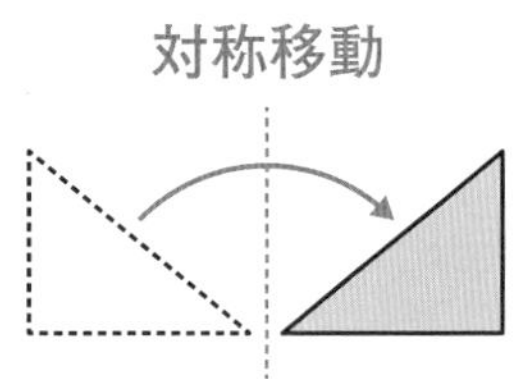

点 A から左に 4 マス，
下に 3 マスで点 B。
辺 BC は 5 マス。
点 C から上に 3 マス，
左に 1 マスで点 A。

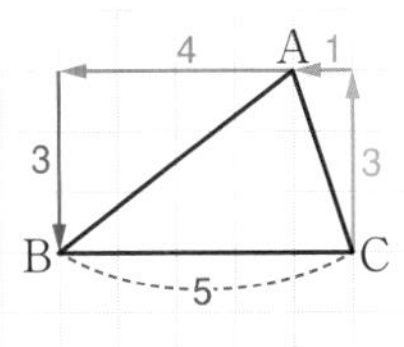

このような感じで，
頂点どうしの位置関係
や辺の長さなどを
おさえつつ，
合同な三角形を探して
いきましょう。

△DEF は，
点 D の位置が点 A と
ちがうので，
合同ではありません。

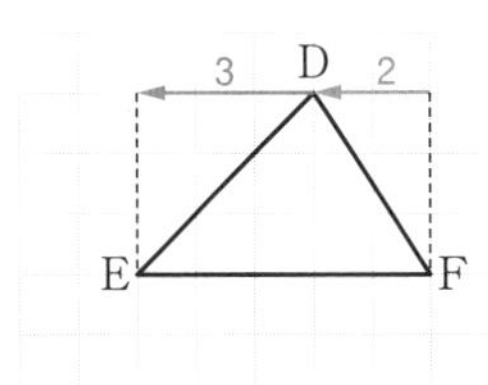

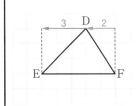

△GHI は，△ABC を左回りに 90°回転
させたものなので，**合同**です。

△ABC ≡ △GHI **答**

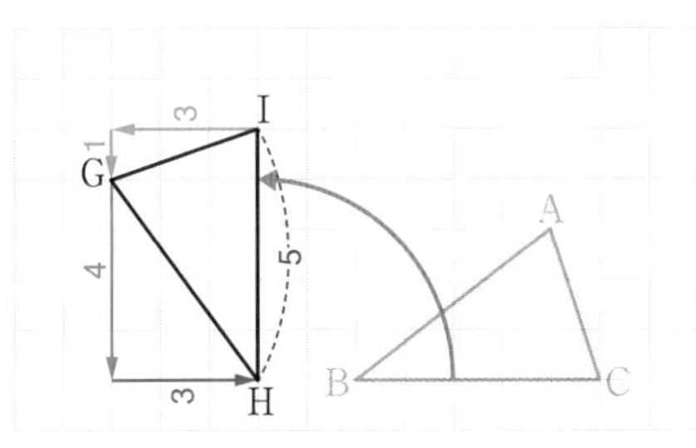

カンタンだったワン！
ボクでも解けたワン！
△ABC＝△IHG
おしい！
え？
ちがうニョ？

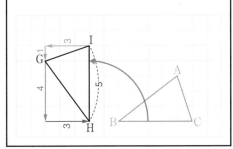

合同であることを表す場合，＝ ではなく，
≡ という記号を使います。

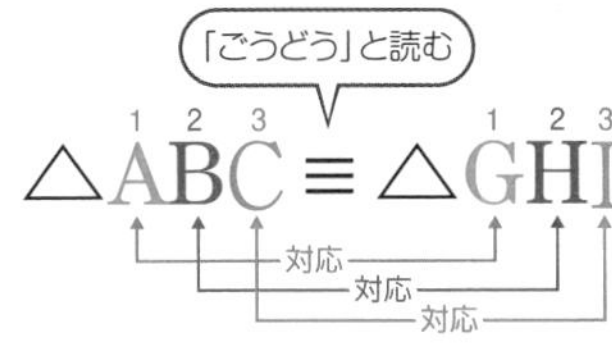

このとき，左辺と右辺で**対応する頂点の**
記号を同じ順番で書かなければいけません。

だから「△IHG」だとダメなんですね

MEMO 図形の記号のつけ方

図形の頂点に記号をつけていく場合，
左上（または上）の方から反時計回りに，
図形の周に沿って，A, B, C, …とアル
ファベット順につけていくのがふつう。
読み書きする場合も基本は同じ。
※ただし厳密なルールはない。

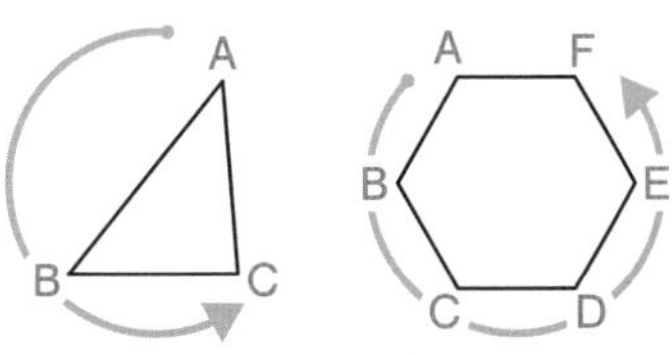

さて，△JKL は，△ABC を**平行移動**させただけのものなので，**合同**です。

$\triangle ABC \equiv \triangle JKL$ 答

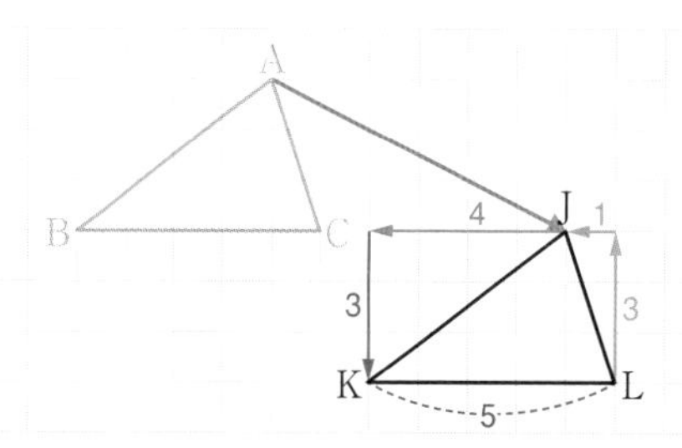

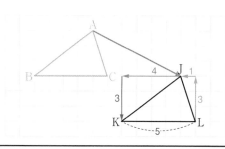

△MNO は，一見，△ABC とは重なり合わないので，合同ではなさそうですが，

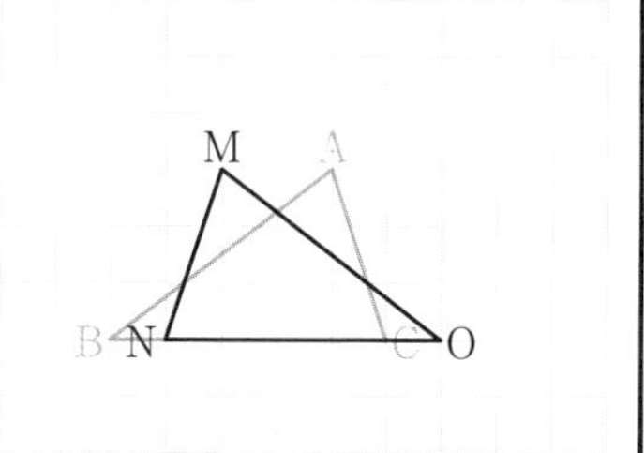

よく見ると，△ABC を**対称移動**させたものなので，**合同**です。

$\triangle ABC \equiv \triangle MON$ 答

順番に注意

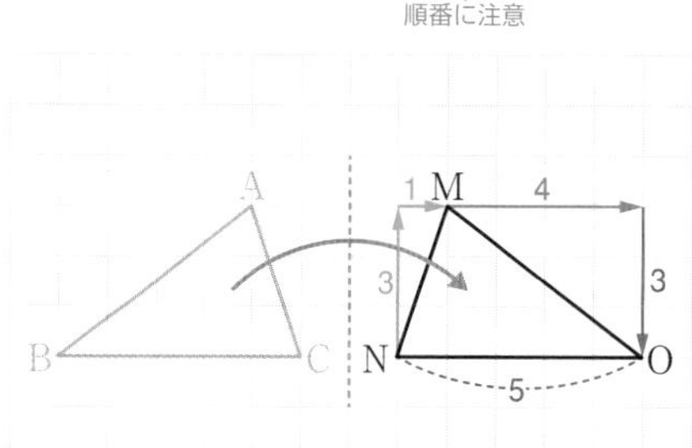

対称移動させたら「逆」に見えるのに，「合同」といっていいニャ？

いいんです！　直線で折り返せば**ピッタリと重なり合う**図形も，「合同」といえるんですよ。
ということで，**合同な図形の性質**をおさえておきましょう。

POINT

合同な図形の性質

対応する { 線分（の長さ） / 角（の大きさ） } が等しい

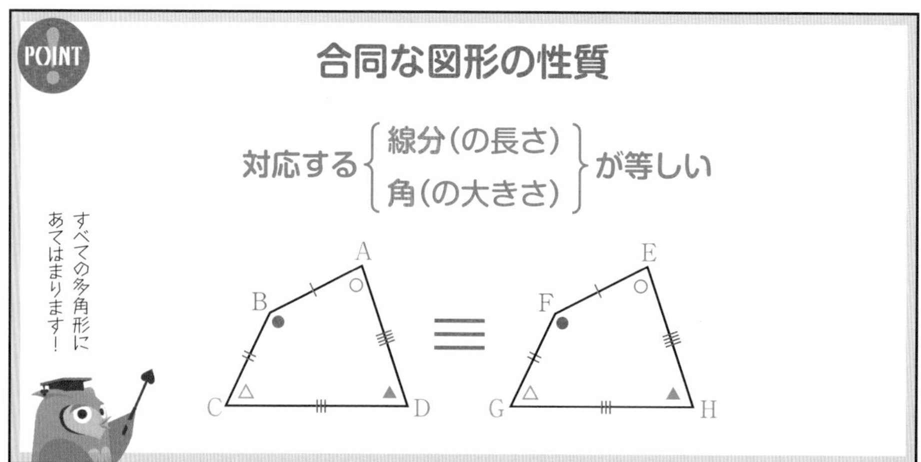

※「対角線」の長さも等しい。

問2 （三角形の合同条件①）

下の図のように，辺 BC と長さの等しい辺 EF がある。△ABC と合同になるように，点 D を決めて，△DEF をかきなさい。

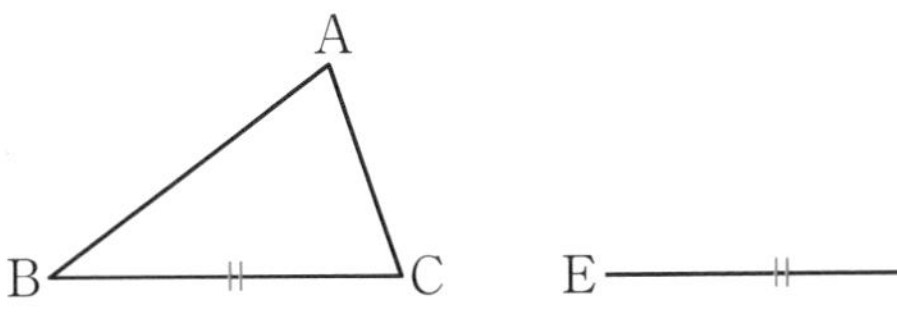

実は，三角形が合同になるための条件（合同と判断してよい場合）というのが，**3つ**あるんです。
まずはそれをザッと見てみましょう。

POINT

三角形の合同条件

（2つの三角形は，次のどれかが成り立つとき合同である）

❶ 3組の辺がそれぞれ等しい。　**合同条件❶**

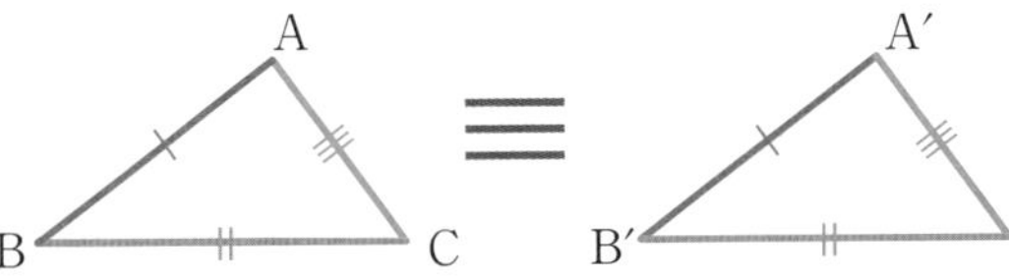

(例) AB＝A′B′，BC＝B′C′，CA＝C′A′

❷ 2組の辺とその間の角がそれぞれ等しい。　**合同条件❷**

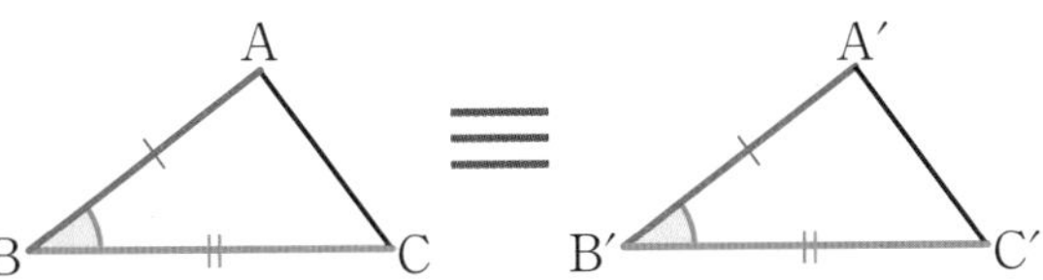

(例) AB＝A′B′，BC＝B′C′，∠B＝∠B′

❸ 1組の辺とその両端の角がそれぞれ等しい。　**合同条件❸**

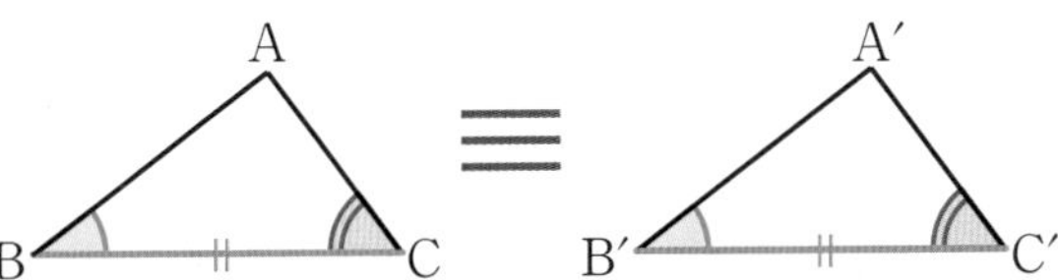

(例) BC＝B′C′，∠B＝∠B′，∠C＝∠C′

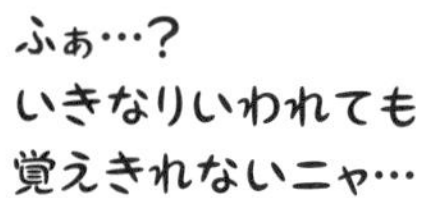

そうですよね。実際に
「作図」をしながら
覚えていきましょう。

まずは，
コンパスを使って，
三角形の合同条件❶に
合う方法で
かいてみましょう。

コンパスを使うワン？
わかったワン！

え!?
もうわかったニャ？

こうすれば三角形になるワン！

まじめにやるニャ！
「合同」関係ないニャ!

まず，コンパスで
辺 AB の長さをとって，

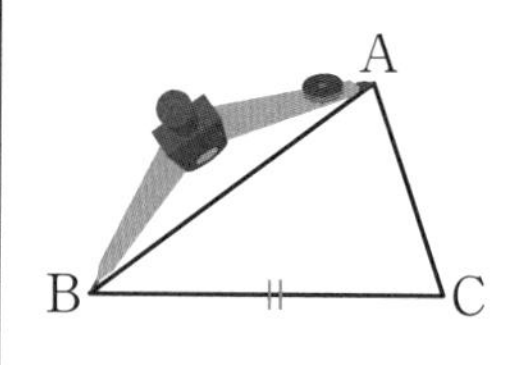

この長さを，
点 E を基点にして，
点 D になりそうな
あたりへうつします。

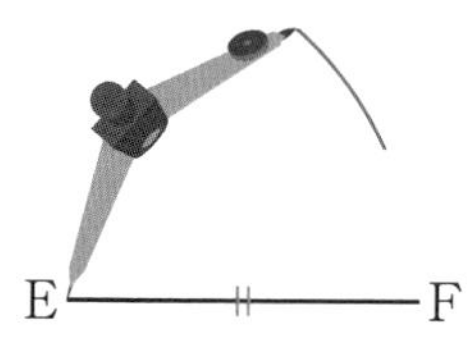

同様に，コンパスで
辺 AC の長さをとって，

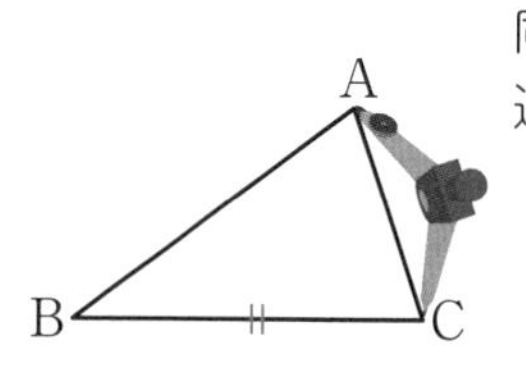

点 F を基点にして，
この長さをうつすと，
交点が点 D になります。

点 D と点 E，E を結ぶと，

DE = AB，DF = AC

となり，3 組の辺の長さが
それぞれ等しくなりますね。

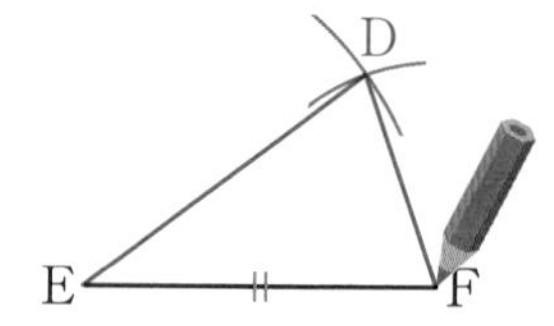

つまり，3組の辺（の長さ）がそれぞれ等しいという**三角形の合同条件❶**にあてはまるので，これが正解の1つになるんです。

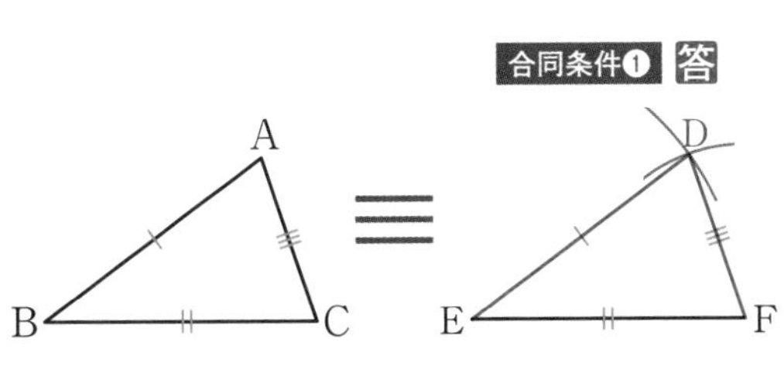

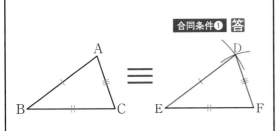

次に，
コンパスと分度器を使って，
三角形の合同条件❷に合う
方法でかいてみましょう。

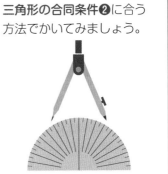

先程と同様に，
コンパスで辺ABの
長さをとり，
点Eからうつします。

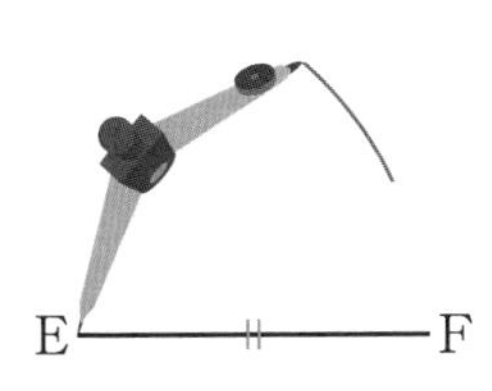

そして，分度器で
△ABCの∠Bを測り，

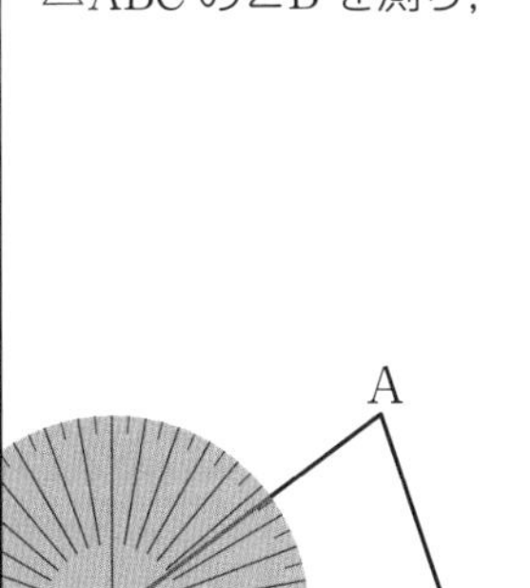

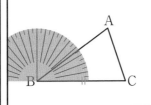

∠B＝∠Eとなるように，点Eから直線をひくと，コンパスでかいた線との交点が点Dになります。

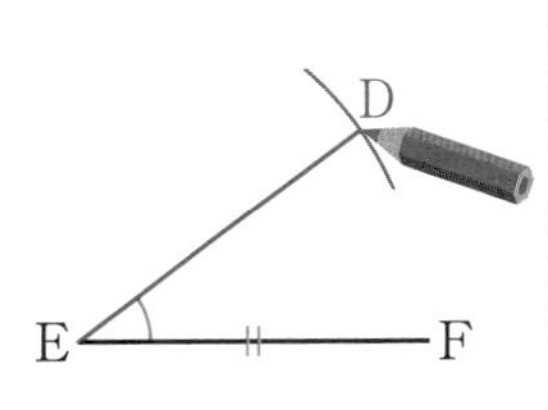

交点Dが決まれば，
残る1辺DFは**自動的に**
かけます。

※このとき，辺DFと辺ACの長さは等しくなる。

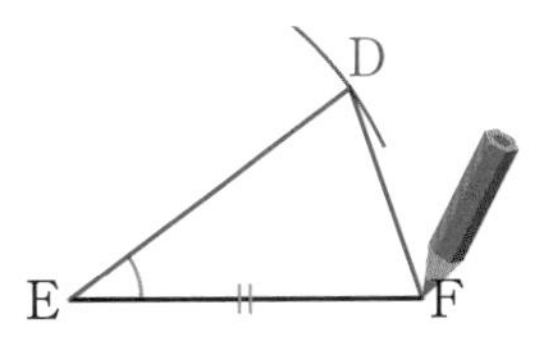

すると，DE＝AB，∠E＝∠Bとなり，
2組の辺（の長さ）とその間の角が等しいという
三角形の合同条件❷にあてはまりますね。
これがもう1つの正解になります。

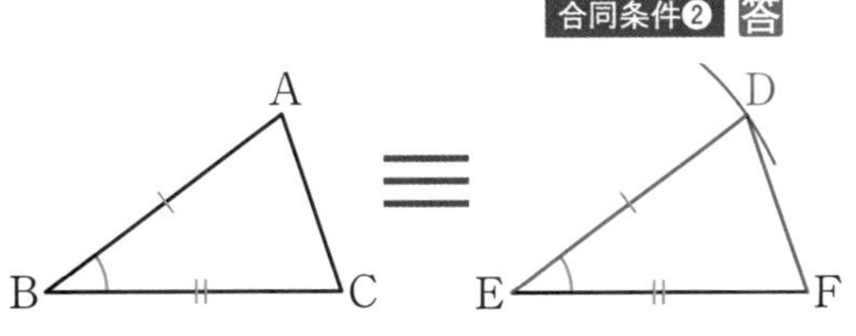

要するに，
「2 つの辺」と「1 つの角」
が等しければ
合同なニョね…

ただ，「1 つの角」は，
どの角でもいいわけではないんですよ。

下図のように，「2 組の辺と 1 つの角」が等しくても，1 つの角が 2 組の辺の間にない場合，**合同にならない**ことがあるんです。等しい 2 組の辺の間にある角が等しいことが合同の条件なので，注意しましょう。

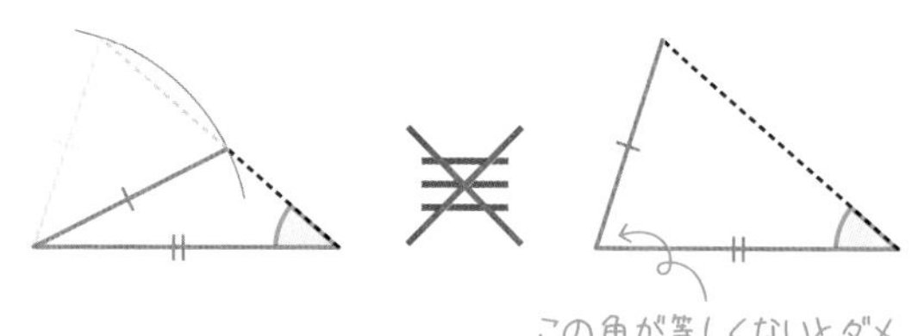

最後に，今度は分度器を使って，**三角形の合同条件❸**に合うようにかいてみましょう。

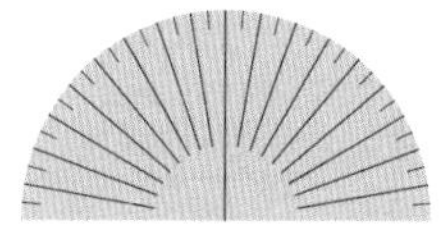

まず，△ABC の，辺 BC の両端の角，∠B と∠C の大きさを測ります。

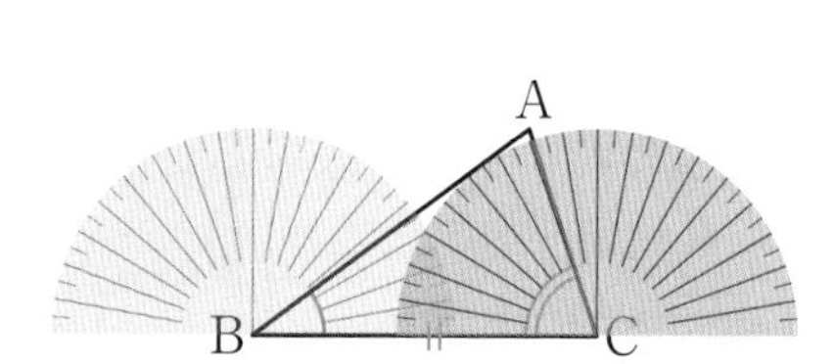

次に，辺 EF の上に，

∠E = ∠B

∠F = ∠C

となるように適当な長さの直線をひくと，交点 D が決まります。

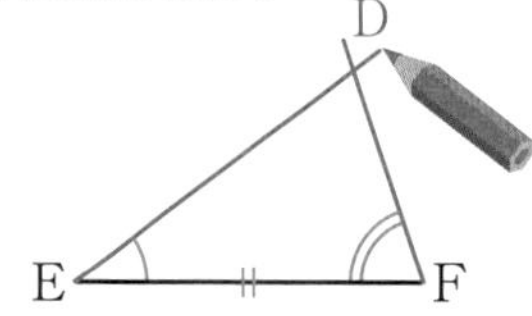

すると，1 組の辺（の長さ）とその両端の角が等しいという**三角形の合同条件❸**にあてはまる合同な三角形ができますね。
これも正解になります。

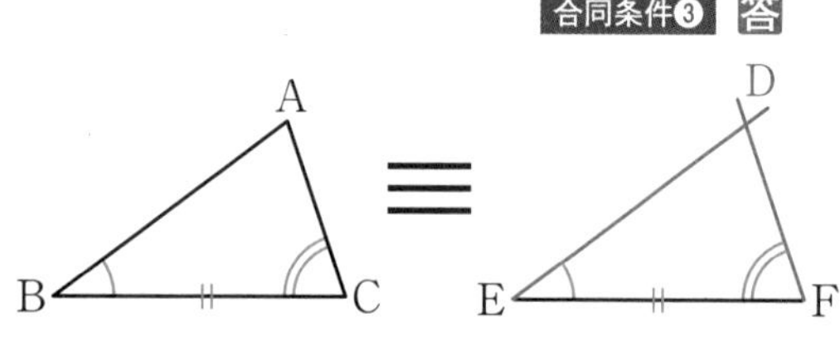

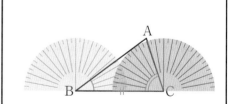

要するに，「1つの辺」と「2つの角」が等しければ合同なニョね…

ただ，「2つの角」は，**どの角でもいいわけではない**んですよ。

下図のように，「1組の辺と2つの角」が等しくても，2つの角が1組の辺の**両端にない**場合，**合同にならない**ことがあるんです。等しい1組の辺の**両端の角**が等しいことが合同の条件なので，注意しましょう。

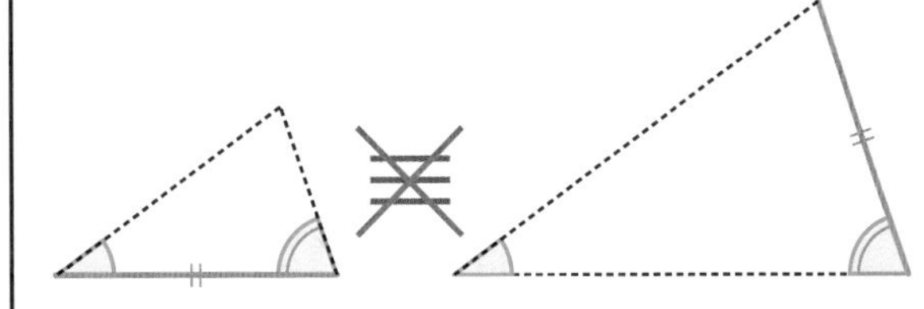

問3 （三角形の合同条件②）

下の図で，合同な三角形の組を見つけ，記号≡を使って表しなさい。

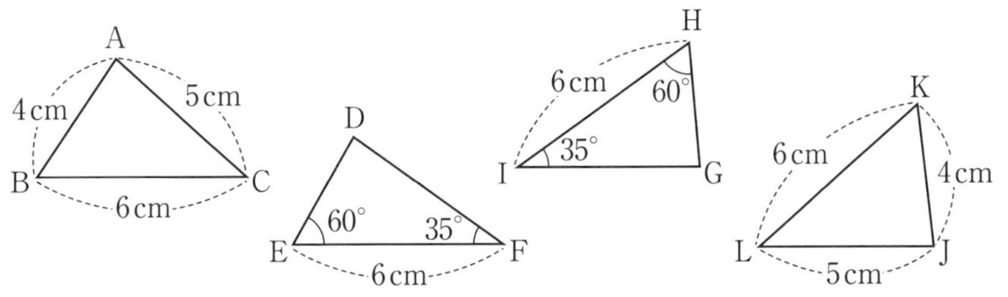

「三角形の合同条件」をもとに，合同な三角形を特定しましょう！

三角形を回転させて，同じ向きで考えるとわかりやすいですよ。

△KLJを左に回転させて△ABCと同じ向きにすると，
AB＝JK＝4 cm，BC＝KL＝6 cm，CA＝LJ＝5 cm
と，**3組の辺がそれぞれ等しい**ので，

△ABC≡△JKL 答　合同条件❶

対応順にかく！

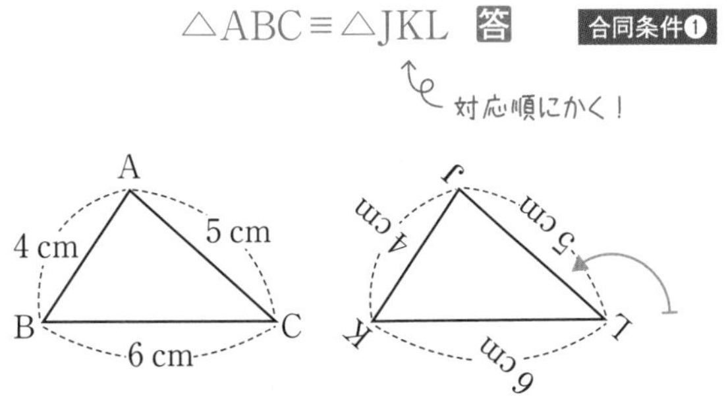

△DEF は，1 つの辺と，その両端の角が示されていることに注目！

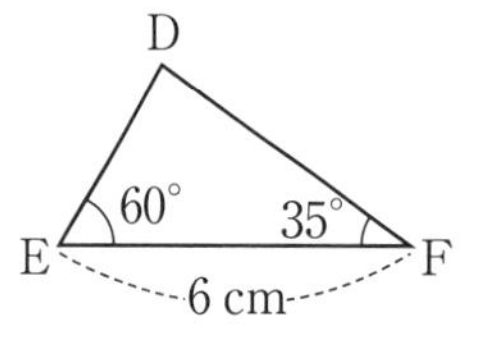

△HIG を△DEF と同じ向きにして見ると，

EF ＝ HI ＝ 6 cm

∠E ＝ ∠H ＝ 60°

∠F ＝ ∠I ＝ 35°

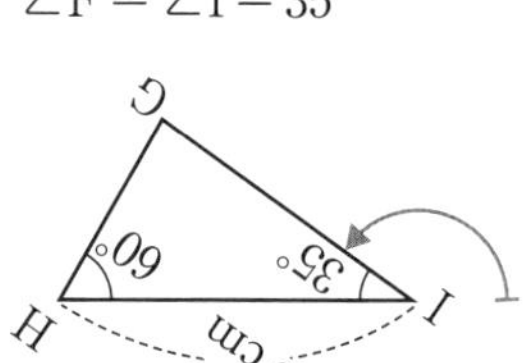

1 組の辺とその両端の角が等しいので，

△DEF ≡ △GHI **答**

合同条件❸

「三角形の合同条件」を知っていれば，重ね合わせなくても，2 つの三角形が合同かどうかを判別できるんですね。

問 4 （三角形の合同条件③）

次の(1)，(2)の図で，合同な三角形の組を記号 ≡ を使って表し，その合同条件をいいなさい。ただし，それぞれの図で，同じ印をつけた辺や角は等しいものとする。また，線分 AB と線分 CD の交点をそれぞれ M，O とする。

(1)

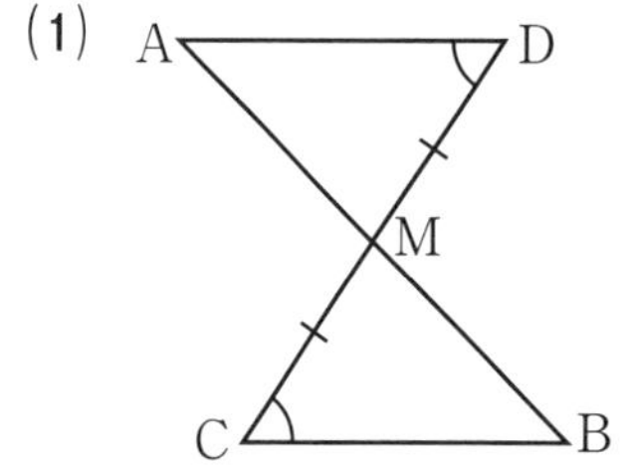

(2)

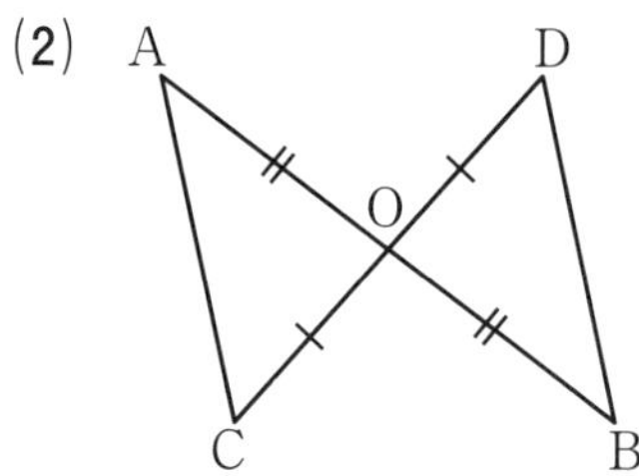

(1)を考えましょう。上と下の三角形は，1 組の辺と 1 組の角が等しいので，

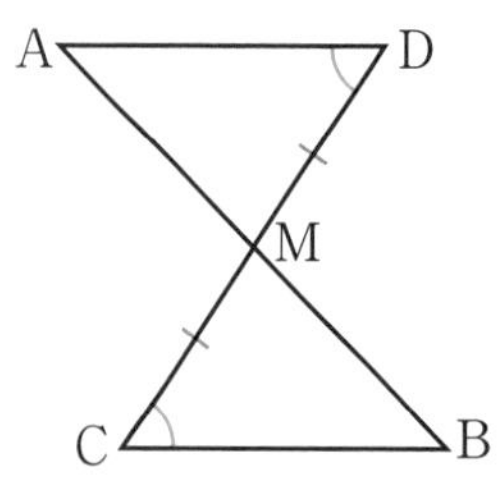

この辺が等しければ「合同」になりますし，

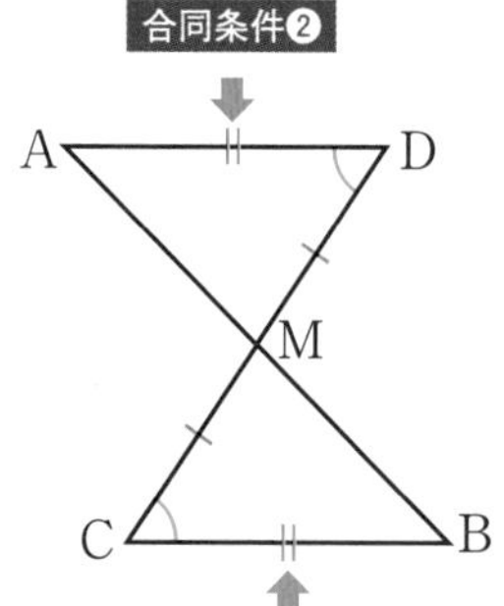

またはこの角が等しければ，「合同」になりますよね。

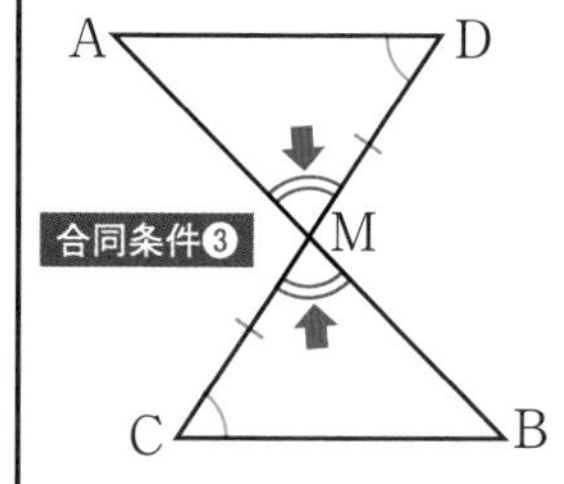

……あ！
この角は「対頂角」ニャ？
「対頂角は等しい」って
前に習ったニャ！

そのとおり正解！

対頂角であることから，
∠AMD＝∠BMC
となります。

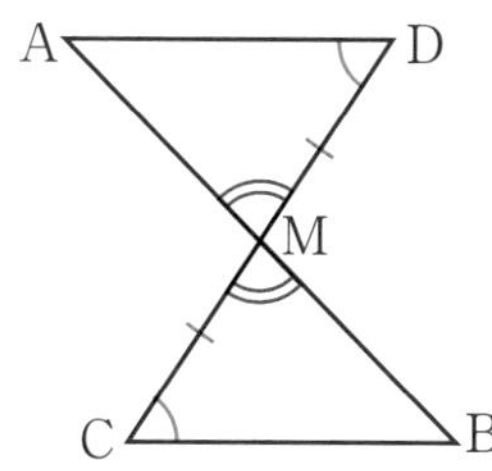

したがって，答えは
次のようになります。
△AMD≡△BMC

合同条件：
1 組の辺とその両端の
角がそれぞれ等しい。

合同条件❸

⑵を考えましょう。
左と右の三角形は，
2 組の辺がそれぞれ
等しく，

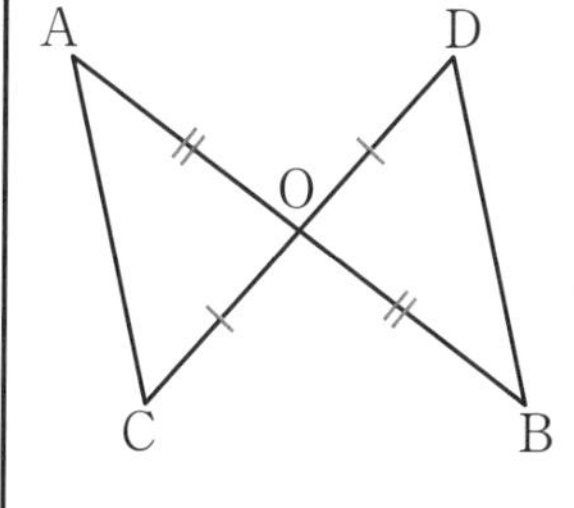

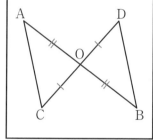

また，2 組の辺の
間にある角も**対頂角**の
ため等しいので，

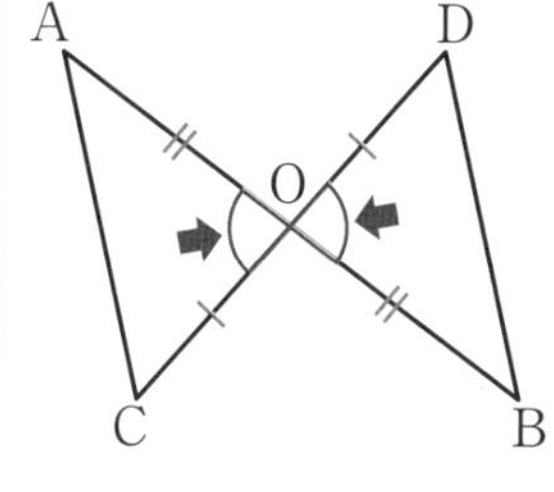

答えは次のように
なります。
△ACO≡△BDO

合同条件：
2 組の辺とその間の角
がそれぞれ等しい。

合同条件❷

答えるときは，三角形が同じ向きであると
考えて，点の対応関係を明確に示しましょう。

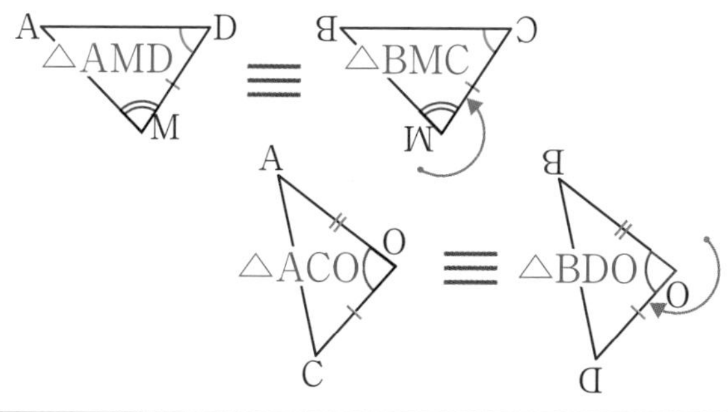

三角形の合同条件は，
次にやる**図形の証明**の
中で最も重要です。
ここでしっかりと
覚えておきましょう。

Chapter 4 平行と合同 3 三角形の合同条件

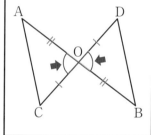

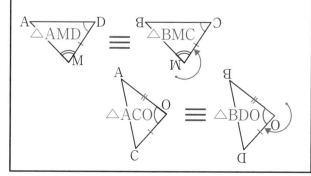

4 証明の進め方

問 1 (証明の進め方)

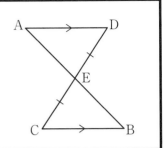

右の図で，線分 AB と CD の交点を E として，DE = CE，AD // CB とする。このとき，AE = BE となることを証明しなさい。

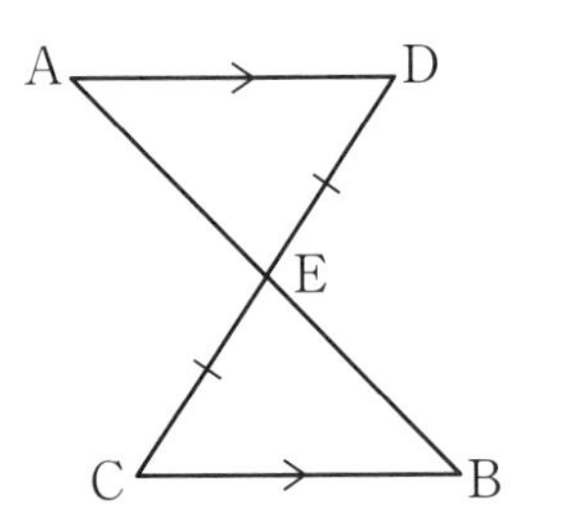

…ふぁ？
…「証明しなさい」？
どういうことニャ？
「しょうめい」かワン？

このことだワン！
照明
絶対いうと思ったニャ！

「証明」の意味を理解するために，まずは「仮定」と「結論」という用語を覚えましょう。

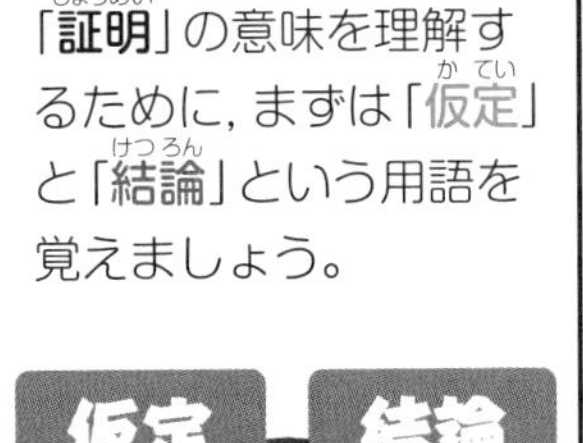

またまた，めんどくさそうなことばが出てきたニャ…
いや，実は今までに何度も出ていた表現なんですよ。

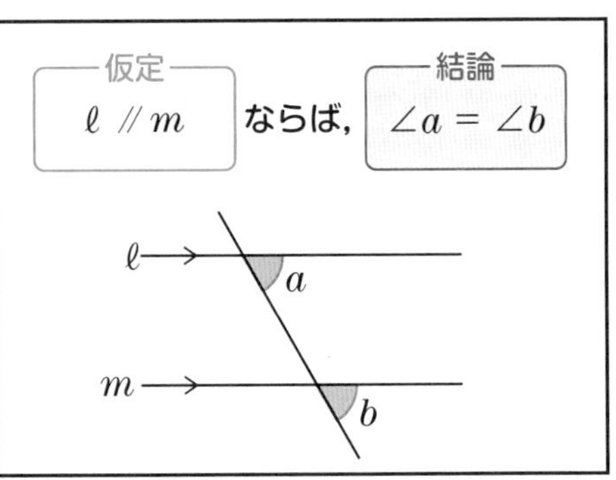

「平行線の性質」ニャ！
同位角ニャ！
そう。合同についても仮定と結論で表せますよ。

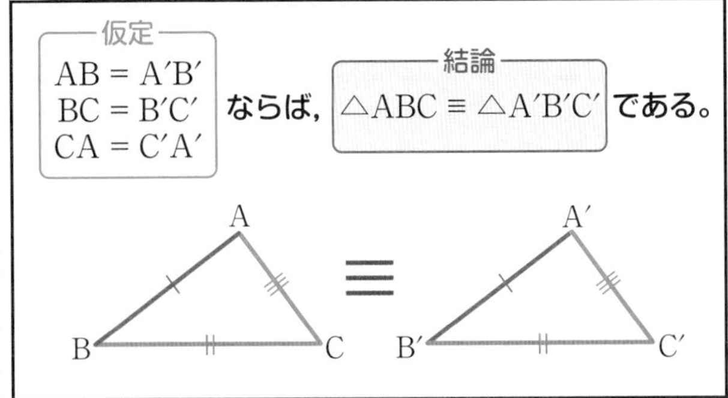

仮定
AB = A′B′
BC = B′C′
CA = C′A′
ならば，
結論
△ABC ≡ △A′B′C′
である。
A
B
C
≡
A′
B′
C′

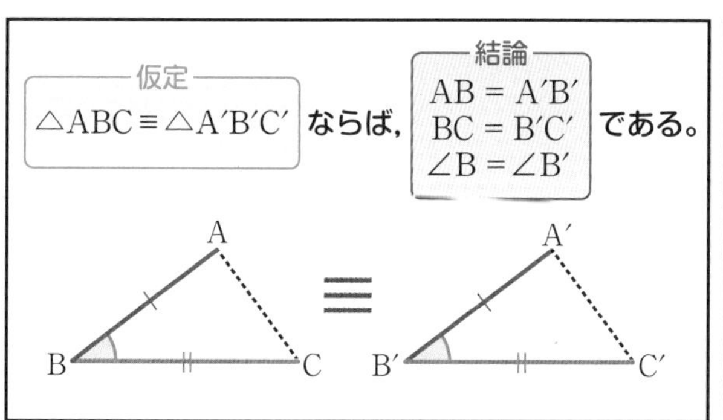

仮定
△ABC≡△A′B′C′
ならば，
結論
AB＝A′B′
BC＝B′C′
∠B＝∠B′
である。
A
B
C
≡
A′
B′
C′

このように，数学では，図形の性質などについて，

（ア） ならば， （イ）

のような形で述べられることが多いんですね。

こういう表現が
よく使われるんです。

このような文では，
「**ならば**」の前の（ア）の部分を「仮定」，
「**ならば**」の後の（イ）の部分を「結論」
というんです。

仮定（ア） **ならば，** 結論（イ）

MEMO **仮定**（かてい）**と結論**（けつろん）

◎**仮定**…数学・論理学で，ある結論を導き出す推論（推理）の出発点となる**前提条件**。古くは「仮設」といった。

◎**結論**…数学・論理学の推論において，前提条件から導き出された判断。

そして，「仮定」を出発点として，
「**すでに正しいとわかっている性質**」
を根拠に，すじ道を立てて「結論」を
導くことを「**証明**（しょうめい）」というんです。

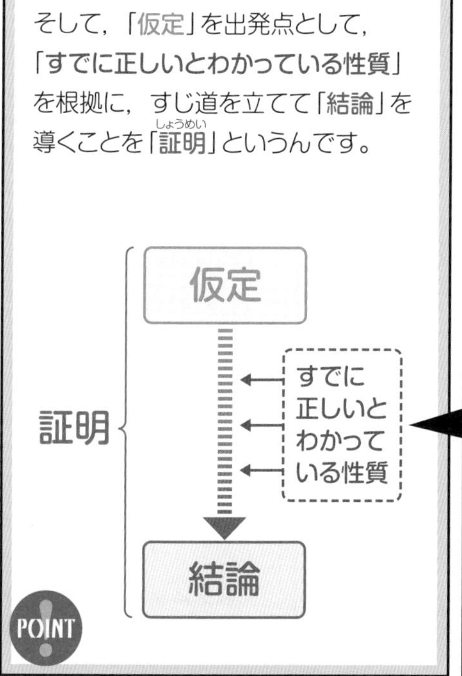

…ふぁ？
「すでに正しいと
わかっている性質」
って何ニャ？

これまでの授業で
学んだ，図形の性質
などのことです。
復習しておきましょう!

すでに正しいとわかっている性質

◎対頂角の性質 (☞P.120)
◎平行線の性質 (☞P.123)
◎平行線になる条件 (☞P.125)
◎三角形の内角，外角の性質 (☞P.128)
◎多角形の内角，外角の和 (☞P.131,135)
◎合同な図形の性質 (☞P.138)
◎三角形の合同条件 (☞P.139)
などなど

※ほかに，等式の性質，面積・体積の公式なども使ってよい。

「証明」のときには，
君たちは「**名探偵**（めいたんてい）」に
なってください。

名探偵?

!?
コニャン?

名探偵も，事件現場の状況（仮定）から推理をして，正しい根拠を述べながら結論を導き，犯人が誰なのかを「証明」しますよね。

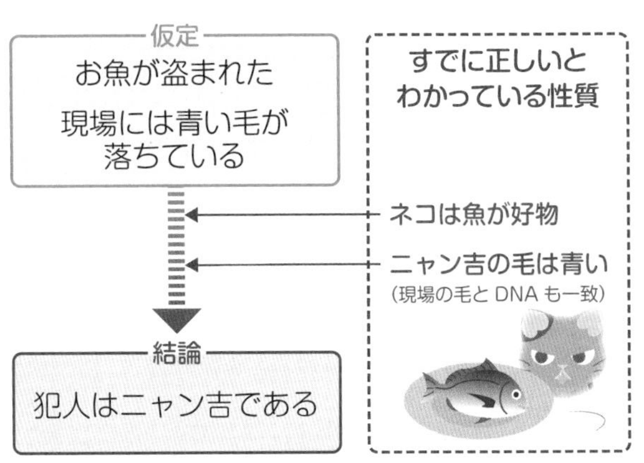
仮定
お魚が盗まれた
現場には青い毛が
落ちている
すでに正しいと
わかっている性質
ネコは魚が好物
ニャン吉の毛は青い
（現場の毛と DNA も一致）
結論
犯人はニャン吉である

「証明」はそんなイメージで考えるといいかもしれません。

ニャんとなくわかるけど…犯人にされてるのがムカつくニャ!

ものを盗むのはよくないワン!

まさに
ドロボウネコだワン!

盗んでないニャ!

話聞いてるニャ?

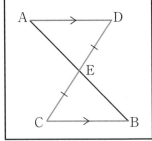

では，**問1**を解きながら，「証明」の進め方を確認していきましょう。問題文をしっかりと正しく読み取っていきますよ。

『線分 AB と CD の交点を E として，』

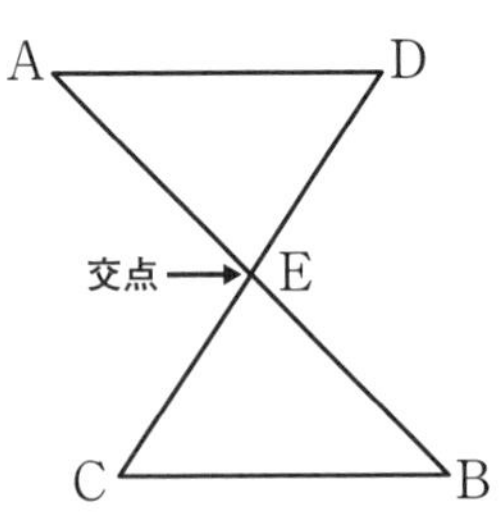
A
D
交点
E
C
B

『DE＝CE，AD // CB とする。』
ここまでが「仮定」です。

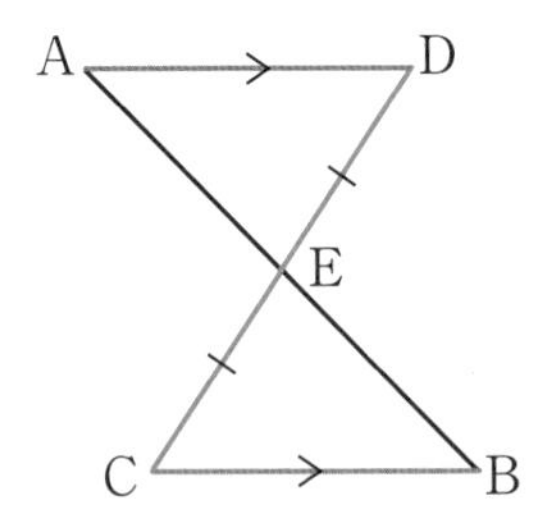
A
D
E
C
B

証明の問題では，**問題文で与えられている前提条件**が「仮定」なんです。

問題文

右の図で，線分 AB と CD の交点を E として，DE = CE，AD // CB とする。このとき，AE = BE となることを証明しなさい。

※図に「平行」や「等しい」などの記号がない場合は，自分でかきこみましょう。

次に，『このとき，AE＝BE となることを証明しなさい。』とありますね。この『AE＝BE』が「結論」です。

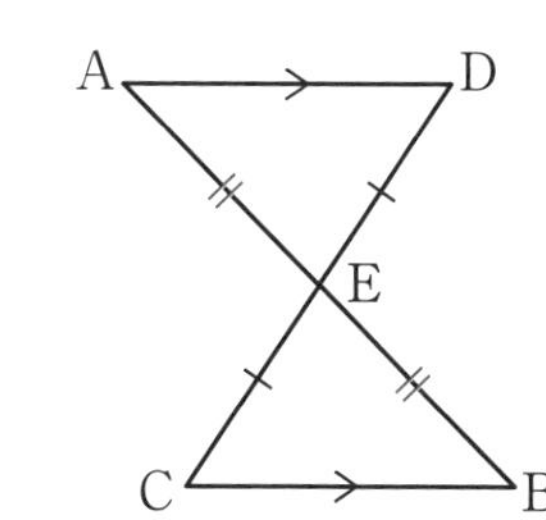

この「仮定」から「結論」を導くためには，どうすればよいか。ここは，自分で**推理**（すいり）をしなければいけません。

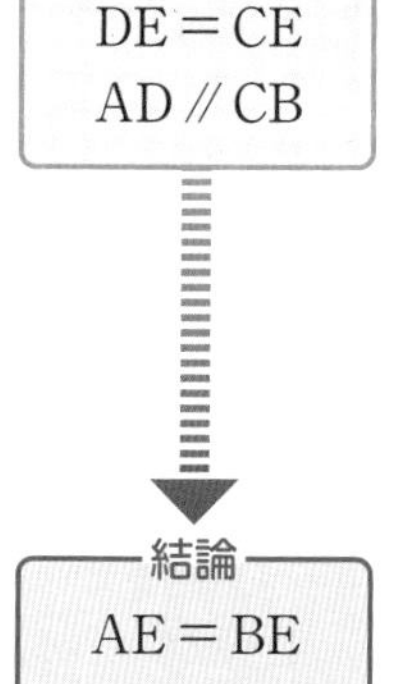

考えて

そう，△AED と△BEC が**合同**であることを示せば，AE＝BE を証明できますよね。

※2 つ以上の三角形が出てくる証明問題は，三角形の合同を根拠として使うパターンが多い。

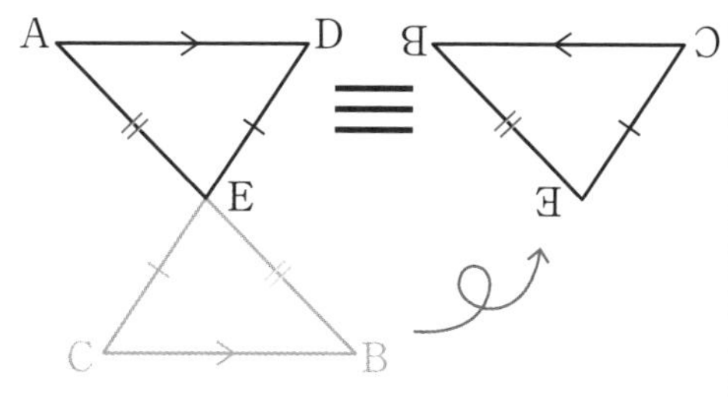

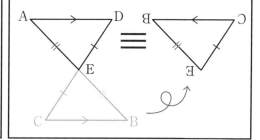

合同を示すために，今までに学んだ「**すでに正しいとわかっている性質（図形の性質）**」でわかる部分を全部あきらかにしていきましょう！

2 直線が平行なので，**錯角**が等しい。

ここも等しいが今回は不要

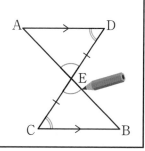

A D E C B

対頂角は等しい。

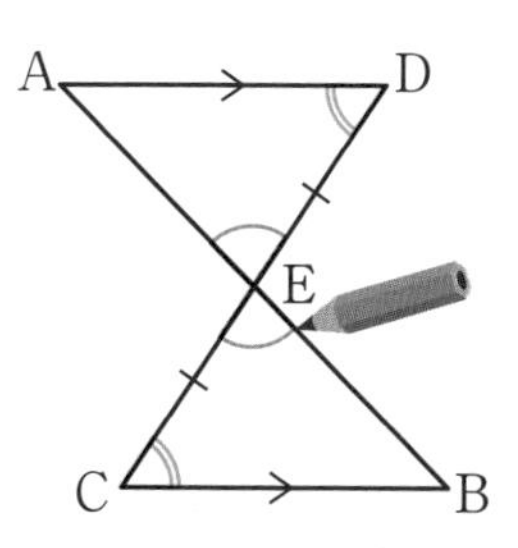

「**1 組の辺**と**その両端の角**が
それぞれ等しい」ので，
2 つの三角形は合同であると言えます。

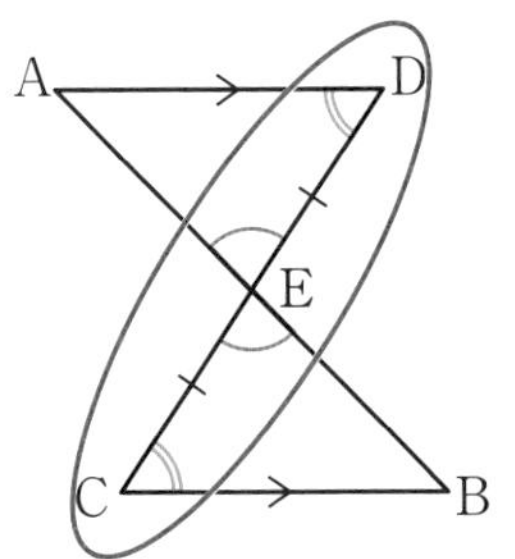

A
D
E
C
B

合同な図形は，
対応する線分が等しいので，
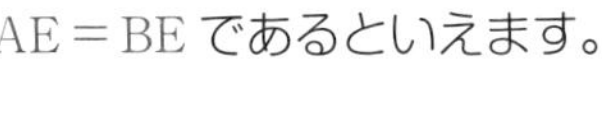
AE＝BE であるといえます。

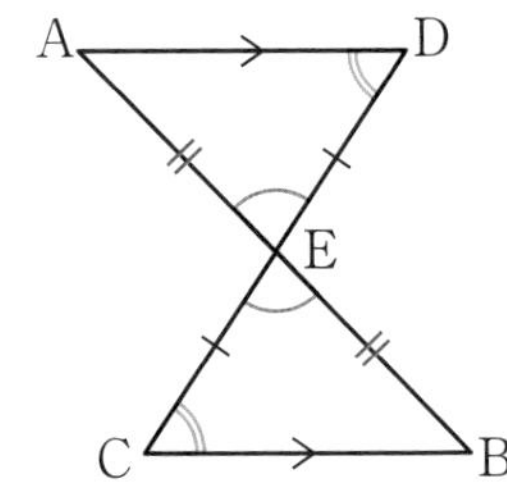

A
D
E
C
B

この問題で，仮定から結論を導くすじ道を
まとめると，以下のようになります。

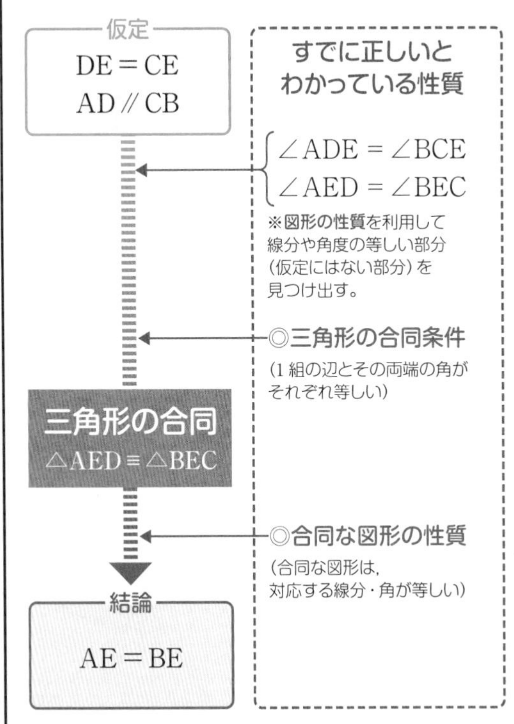

仮定
DE＝CE
AD // CB
すでに正しいと
わかっている性質
∠ADE = ∠BCE
∠AED = ∠BEC
※図形の性質を利用して
線分や角度の等しい部分
（仮定にはない部分）を
見つけ出す。
◎三角形の合同条件
（1 組の辺とその両端の角が
それぞれ等しい）
三角形の合同
△AED ≡ △BEC
◎合同な図形の性質
（合同な図形は，
対応する線分・角が等しい）
結論
AE＝BE

つまり「三角形の合同条件」
をそろえて，「合同」である
ことを根拠に，結論に結び
つけるわけです。

ニャるほど…

テストで証明の答えをかくと，
次ページのようになります。
「三角形の合同の証明」では
基本的に，

……ので，　←理由

A ＝ B　←等式

というように，
理由をいってから等式を示し，
3 つの等式を書いて
「合同条件」をそろえる
パターンが多いので，
覚えておきましょう。

答案の解説

証明

△AED と △BEC において，

仮定より，

DE = CE ……①

AD // CB より，

平行線の錯角は等しいので，

∠EDA = ∠ECB ……②

対頂角は等しいので，

∠AED = ∠BEC ……③

①，②，③より，1 組の辺とその両端の角がそれぞれ等しいので，

△AED ≡ △BEC

合同な図形の対応する辺は等しいので，

AE = BE 答

最初に，どの三角形におけることなのかを示す。

「仮定」をもとに，「図形の性質」を使って線分や角などの等式を示す場合は，
「仮定より，○ = □」
「仮定から，○ = □」
のように書く。

「～ので，○ = □」
「～から，○ = □」のように，
「理由」と共に等式を示す。

番号（①②③…）をつけた等式を「三角形の合同条件」として，合同の式を示す。

「合同な図形の性質」を根拠として，結論を示す。

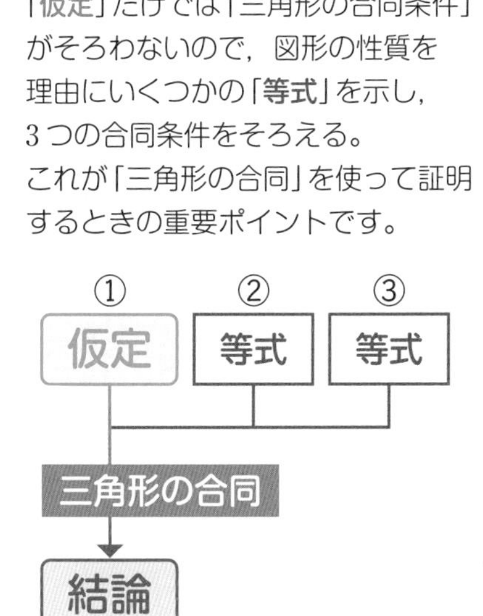

「仮定」だけでは「三角形の合同条件」がそろわないので，図形の性質を理由にいくつかの「**等式**」を示し，3 つの合同条件をそろえる。
これが「三角形の合同」を使って証明するときの重要ポイントです。
①
②
③
仮定
等式
等式
三角形の合同
結論

こんな長い答え書けるわけないニャ…！
ネコをニャめてんニョ？
最初は難しいと思いますけど，慣れれば大丈夫。絶対にできるようになりますよ。

図形の証明の問題は，テストでは超頻出です。中 3 で学習する「相似」と合わせて，何度も練習して慣れておきましょう。

END

高校入試問題にチャレンジ！

平行と合同【実戦演習】

問1

〈長崎県〉

下の図において，$l \parallel m$ のとき，$\angle x$ の大きさを求めよ。

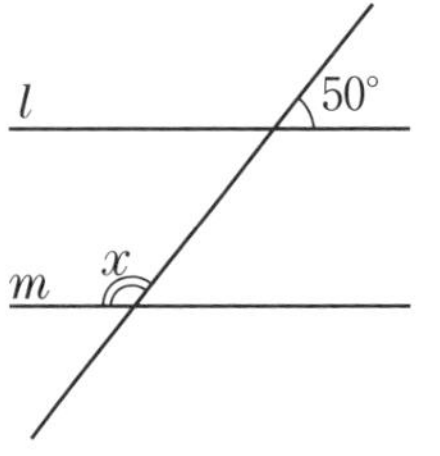

問2

〈沖縄県〉

図で，直線 l と直線 m が平行であるとき，$\angle x$ の大きさを求めなさい。

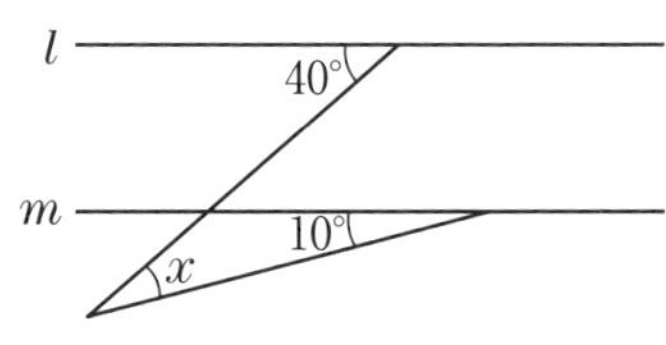

問3

〈島根県〉

下の図で $l \parallel m$ である。$\angle x$ の大きさを求めなさい。

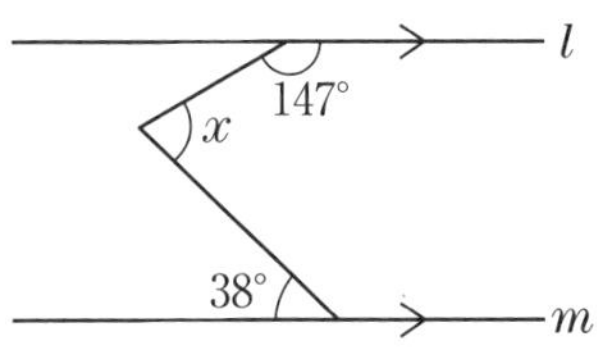

問4

〈鹿児島県〉

下の図のような七角形の内角の和は何度か。

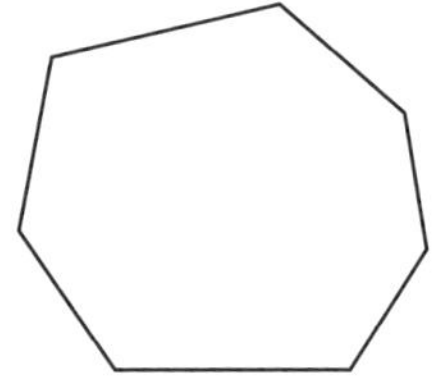

問5

〈高知県〉

右の図のように，五角形 ABCDE があり，頂点 A，C における内角がそれぞれ 114°，130°であり，頂点 D，E における外角がそれぞれ 78°，65°であるとき，頂点 B の内角の大きさは何度か。

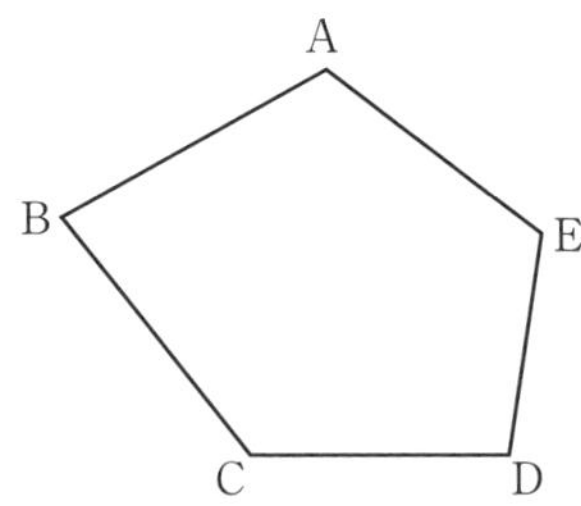

平行線の性質，平行線になる条件，三角形の「内角／外角」の性質，多角形の「内角／外角」の和の法則，三角形の合同条件，すべて完璧に覚えましょう。

答1

平行線の同位角は等しいので，

$\angle x = 180° - 50° = 130°$ 答

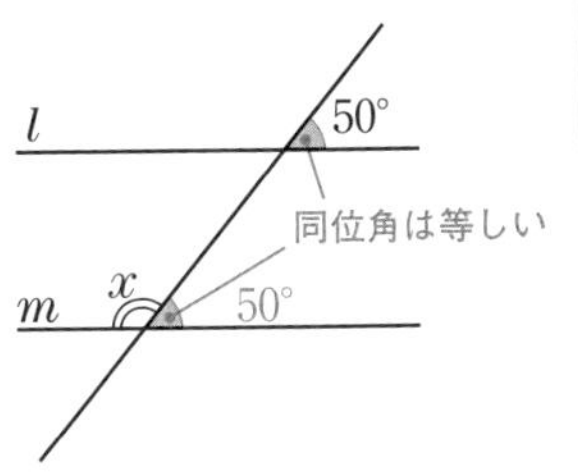

答2

下図より，$10° + \angle x = 40°$

$\angle x = 30°$ 答

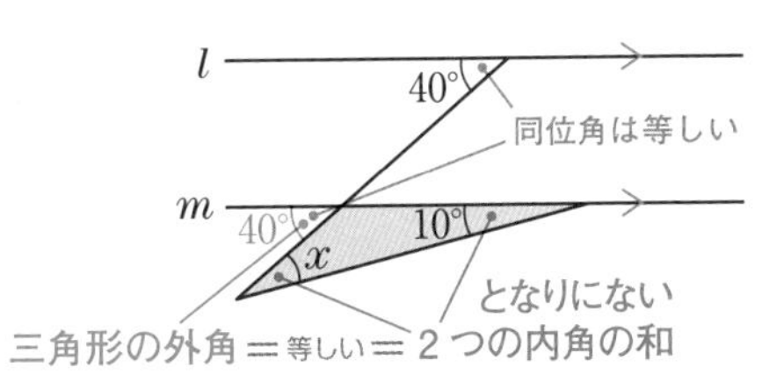

答3

下図のように**補助線**をひき，平行線の錯角は等しいという性質を用いると，

$180° - 147° = 33°$

$\angle x = 33° + 38° = 71°$ 答

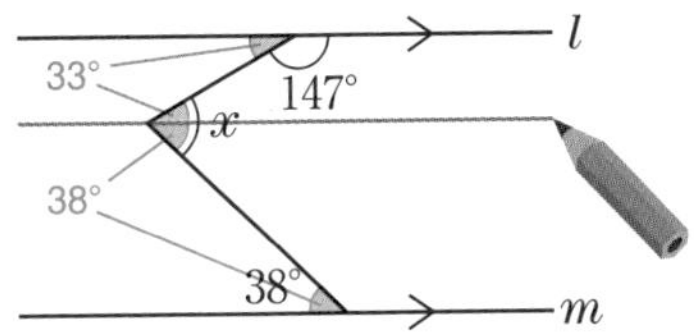

答4

n 角形の内角の和は，

$180° \times (n-2)$※

で求められる。$n = 7$ なので，

$180° \times (7-2) = 900°$

900 度 答

※$180° \times n - 360°$として考え，計算してもよい。

答5

五角形の内角の和は，

$180° \times (5-2) = 540°$

頂点 D，E の内角はそれぞれ，

$180° - 78° = 102°$

$180° - 65° = 115°$

したがって，頂点 B の内角の大きさは，

$540° - (114° + 130° + 102° + 115°) = 79°$

79 度 答

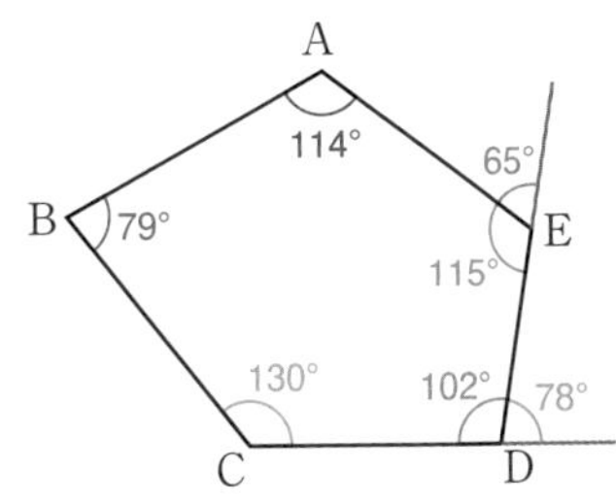

COLUMN-4

ユークリッド幾何学

小学校では直感的な見方や考え方で図形を扱ってきました。この章では，対頂角，同位角，錯角，平行線などについて，その意味と性質を理解し，さらに多角形の内角・外角の和の求め方を学習しました。また，図形の合同について理解し，図形の性質を三角形の合同条件をもとにして確かめ，論理的に考察し，表現できるようになりました。

図形を研究する学問を幾何学（きかがく）といいます。その歴史はピラミッドをつくったエジプトの測量学にまでさかのぼることができます。ナイル川の氾濫（はんらん）によって土地の測量が必要になるなど，人々が生活する上で必要不可欠なものとして幾何学が生まれたのです。

古代エジプトで誕生した幾何学は，やがて，ギリシャ人の手によって学問として論理的に構成されていきます。古代ギリシャでは盛んに幾何学の研究がなされ，紀元前300年頃，エウクレイデス（ユークリッド）はその成果を「原論」にまとめ集大成するに至りました。「原論」ではまず，図形の最も基本となる幾何学的要素である点・直線・平面など23個の基礎的な概念に定義を与え，公理系を確立し，それらの定理を証明するという形がとられています。

ユークリッド幾何学では直線はどこまでものばせるし，平面はどこまでも果てしなく平らな面，平行線は交わることなくどこまでも平行にのびると想定されています。ユークリッド幾何学は19世紀までの永きにわたって，唯一の幾何学でしたが，現在は曲面やゆがんだ空間の図形を探究する非ユークリッド幾何学という分野が存在します。

初等幾何学とは二次元（点や直線や円など）・三次元（錐体（すいたい）や球など）の図形をユークリッド幾何学的に扱う分野で，中学や高校で扱う図形問題はこの分野に該当します。中学で初等幾何学の基本を学んだあとは，高校で初等幾何学の知識を深めるわけですが，2021年から実施予定の新学習指導要領では「コンピューターなどの情報機器を用いて図形を表すなどして，図形の性質や作図について総合的・発展的に考察すること」が新たな目標として盛り込まれています。

（文：沖田一希）

Chapter 5

三角形と四角形

この単元の位置づけ

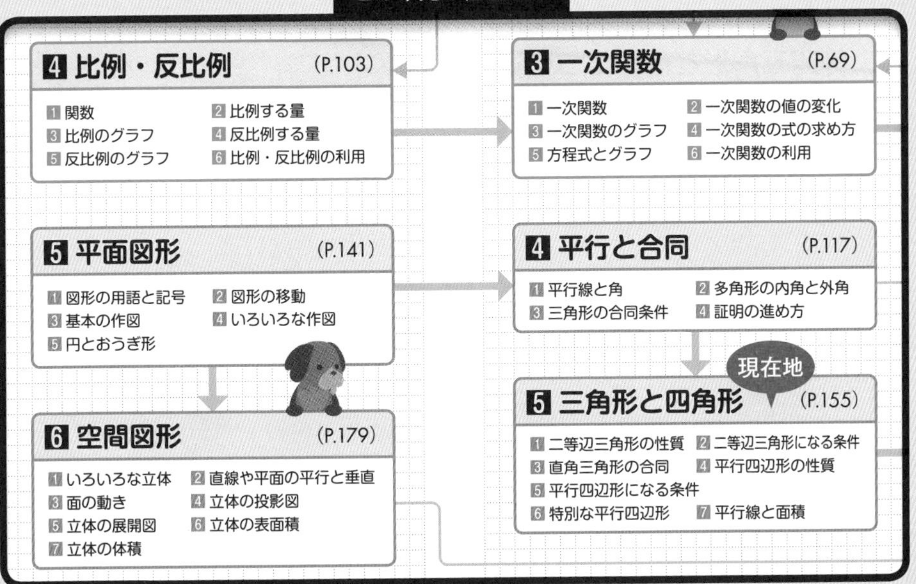

ここでは，二等辺三角形や直角三角形，平行四辺形の性質について，それぞれを証明しながら学んでいきます。情報量が多い単元ですが，「定義」と「定理」は，ことばだけでなく図とセットでしっかり覚えてください。図をかきながら考えると，思考力・理解力が向上します。問題文や図から定義や定理の内容を見つけ出し，図にかき込む訓練が成績を向上させます。

1 二等辺三角形の性質

問 1 **(二等辺三角形の底角)**

右の図の△ABC は，AB = AC の二等辺三角形である。∠A の二等分線 AD をひいたとき，次の(1)・(2)が成立することをそれぞれ証明しなさい。

(1) ∠B = ∠C

(2) AD ⊥ BC

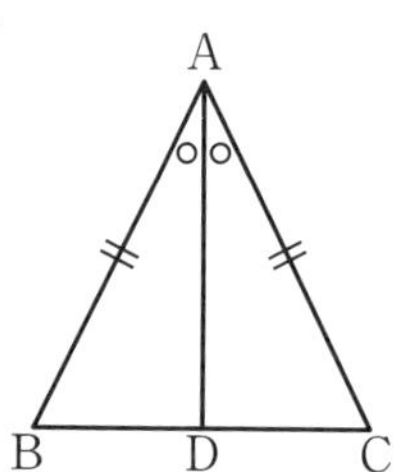

二等辺三角形とは，二つの辺が等しい三角形のことである。(定義)

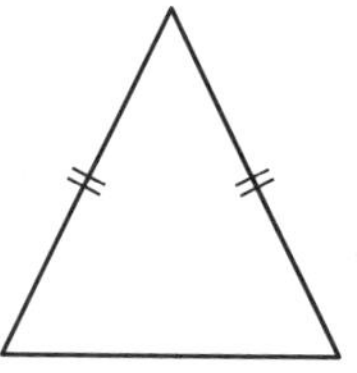

このように，
物事の意味をことばではっきりと決めたものを定義(ていぎ)といいます。

二等辺三角形では，
等しい 2 辺の間の角を
頂角(ちょうかく)といい，

頂角に対する辺
(頂角の対辺※)を
底辺(ていへん)といい，

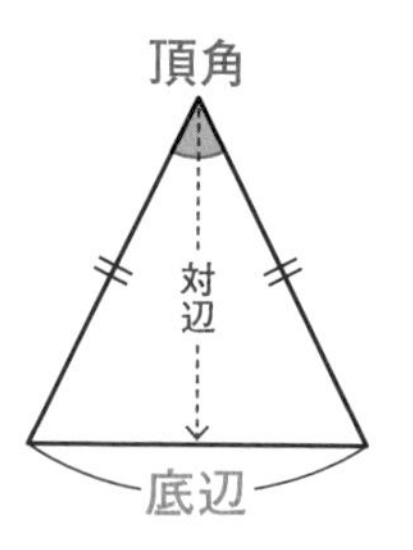

頂角以外の 2 つの角を
底角(ていかく)といいます。

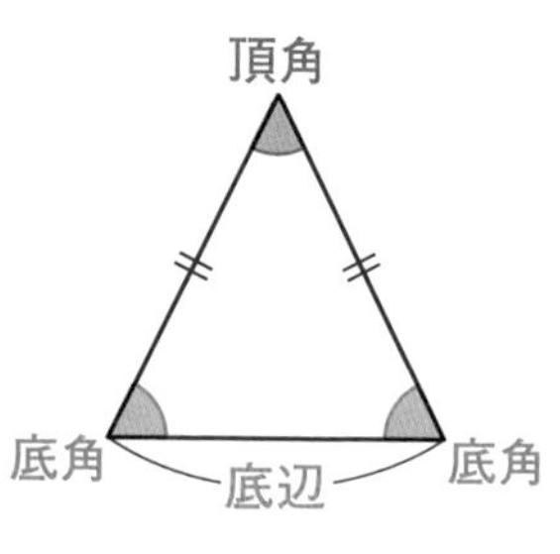

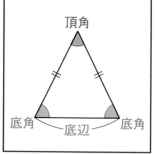

※対辺…三角形では，1 つの頂点と向かい合っている辺。四辺形では 1 つの辺と向かい合っている辺。

仮に，二等辺三角形が「さかさま」になっていても，名前は変わりません。

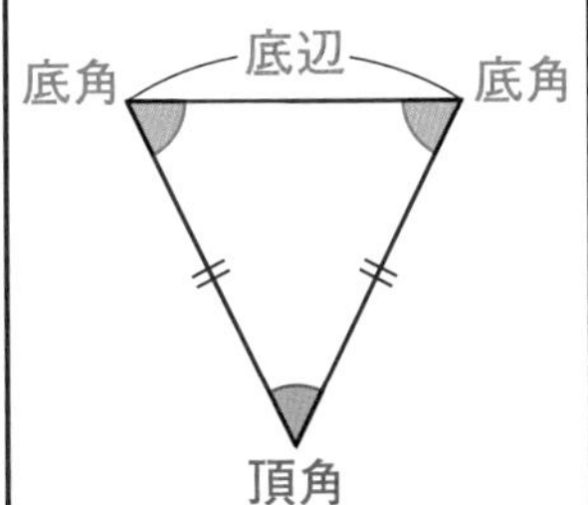

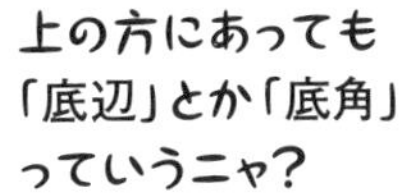

上の方にあっても「底辺」とか「底角」っていうニャ？
「底」じゃないニョに？

そう！　どんな場合も，等しい2辺の間の角が「頂角」になるんです。

二等辺三角形には，特別な**2つの性質**があります。まずはこれをしっかり覚えてください。

二等辺三角形の性質

定理

❶ **二等辺三角形の底角は等しい。**

❷ **二等辺三角形の頂角の二等分線は，底辺を垂直に二等分する。**

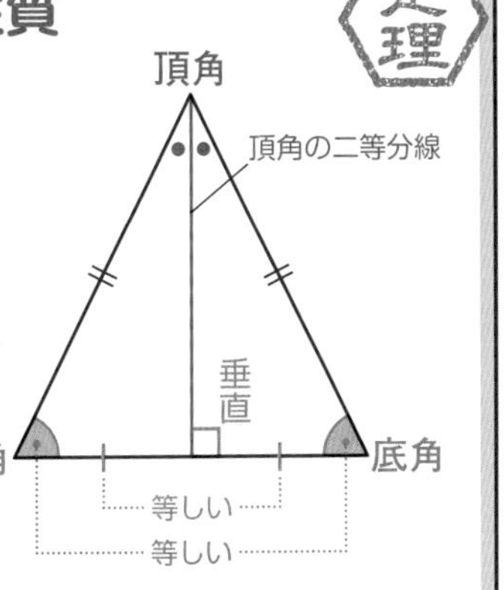

ふ〜ん…でもなんでこうなるニャ？
いい姿勢です！常に「なんで？」と疑問をもちながら話を聞いてくださいね。

では，二等辺三角形は本当にこの性質をもっているのか。それを今から証明していきましょう。

なんでワン？
ホ？
そこは疑問をもたなくていいニャ！

(1)を証明しましょう。
△ABD と△ACD
において，

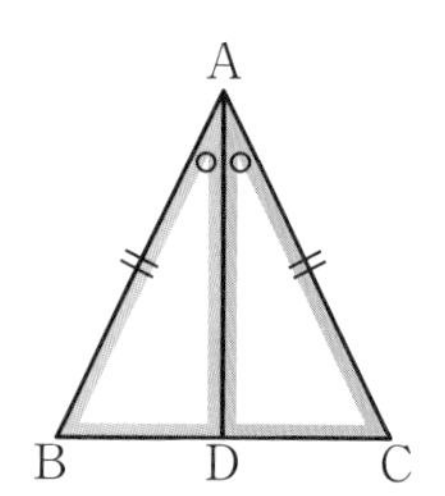

仮定から，

AB = AC ……①

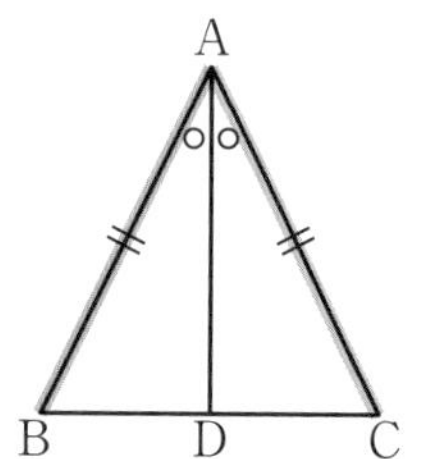

AD は∠A の**二等分線**
だから，

∠BAD = ∠CAD ……②

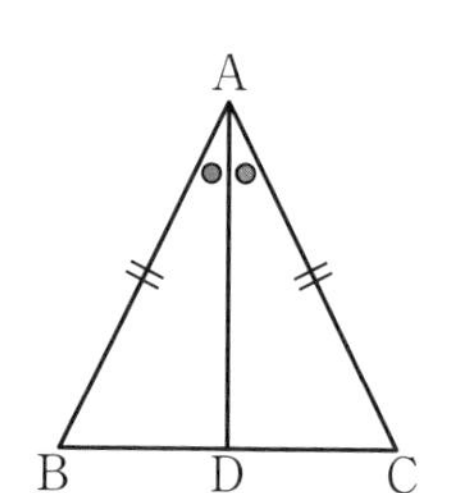

共通な辺だから，

AD = AD ……③

※「AD は共通」という表現も可。

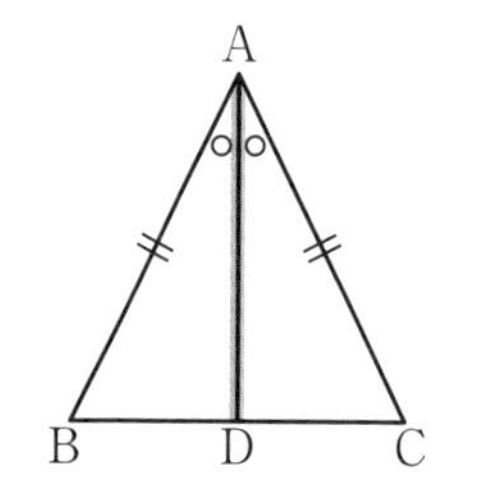

①，②，③より，
2 組の辺とその間の角がそれぞれ等しいから，

△ABD ≡ △ACD

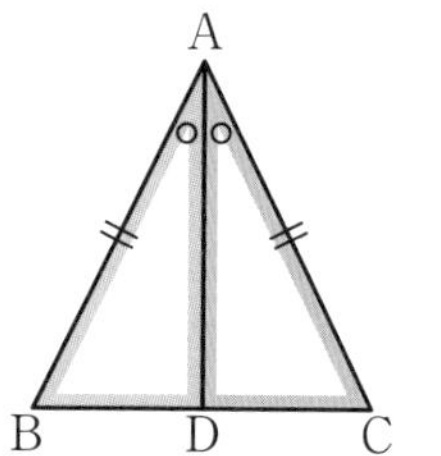

合同な図形の対応する角は等しいから，

∠B = ∠C

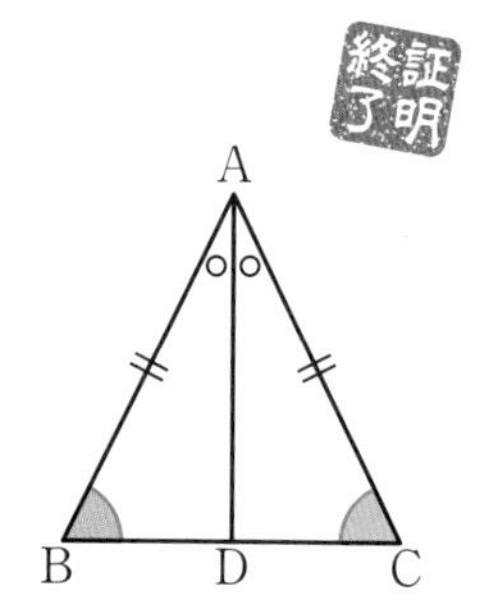

③の「共通」な辺って，何ニャの？

2 つの図形の辺や角がピッタリと重なり合って一致している場合，「**共通**」というんです。

(1)の証明は，AB = AC であるどんな△ABC についてもあてはまります。すなわち，**どんな二等辺三角形であっても，底角は等しい**ということです。

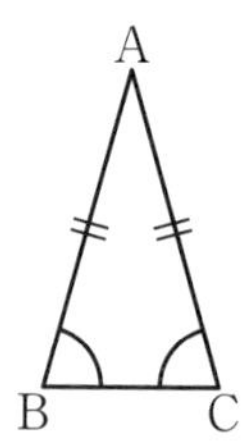

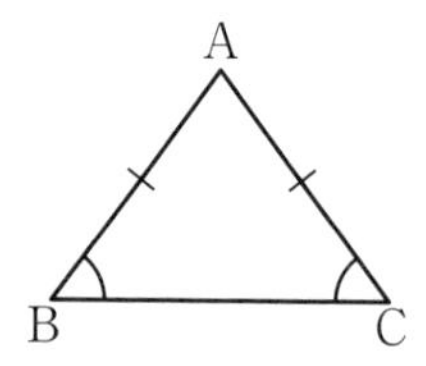

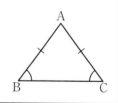

(2)を証明しましょう。
(1)より，

△ABD≡△ACD

※証明できたことは使ってよい。

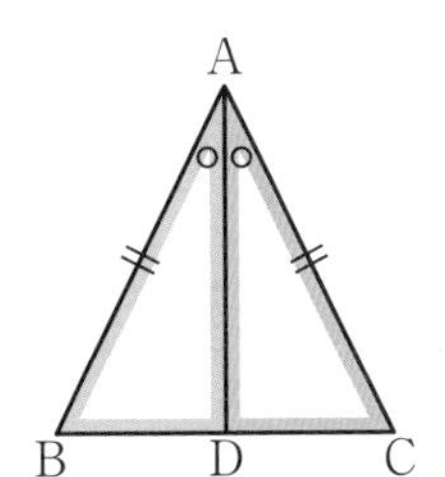

合同な図形の対応する角は等しいから，

∠ADB = ∠ADC

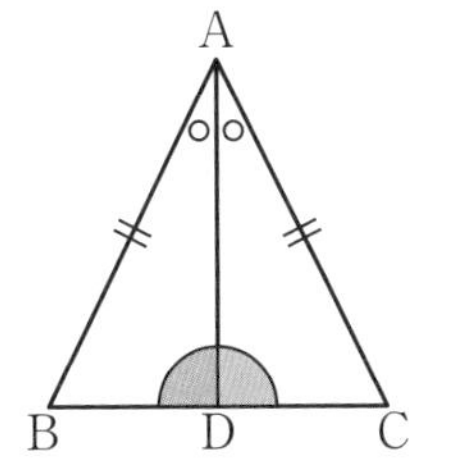

直線なので，

∠ADB + ∠ADC
= 180°

…… ②

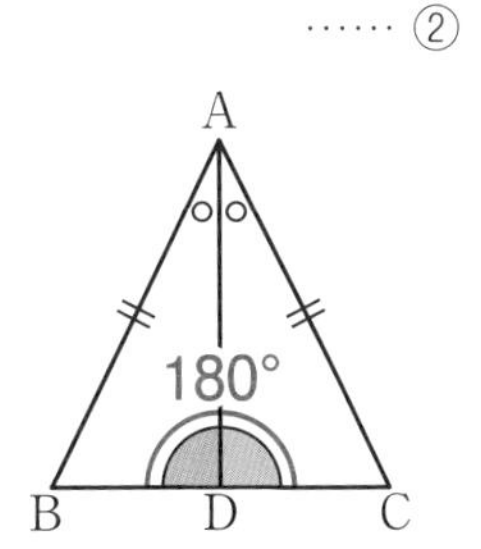

∠ADB = ∠ADC

 = 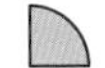

ということは，

∠ADB + ∠ADC
= 2∠ADB

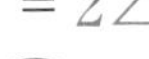 =

ともいえますよね。

①, ②から，

2∠ADB = 180°

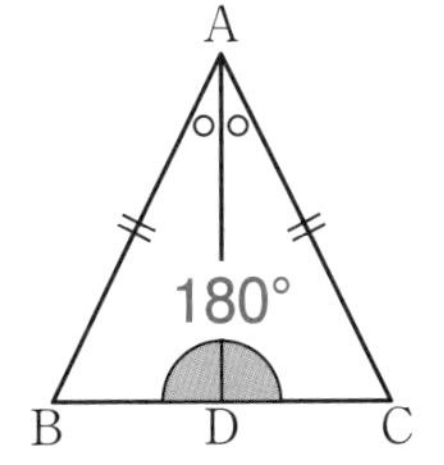

したがって，

∠ADB = 90°

つまり，

AD ⊥ BC

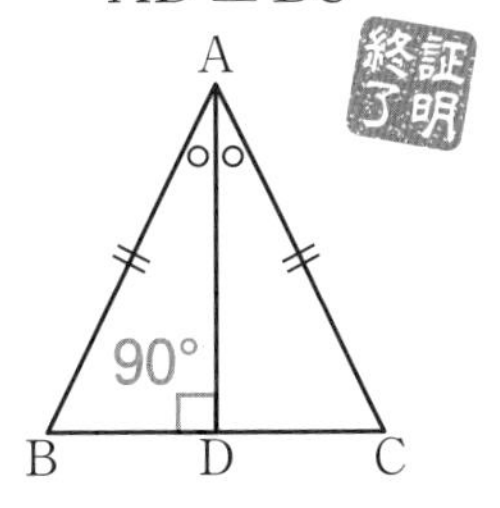

なお，合同な図形の対応する辺は等しいから，

BD = CD

これで，
「二等辺三角形の頂角の二等分線は，底辺を垂直に二等分する」
という性質を証明できましたね。

A
B D C

今まで様々な図形の性質を学んできましたが，
この「二等辺三角形の性質」のように，
証明された性質のうち，
特によく使われる（基本になる）もの
を「**定理**（ていり）」といいます。

※定理は図形の性質を証明するときの根拠としてよく使われる。

問2　(二等辺三角形の角の大きさ)

右図の(1), (2)で，同じ印をつけた辺は等しいとして，$\angle x$ の大きさを求めなさい。

(1)

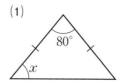

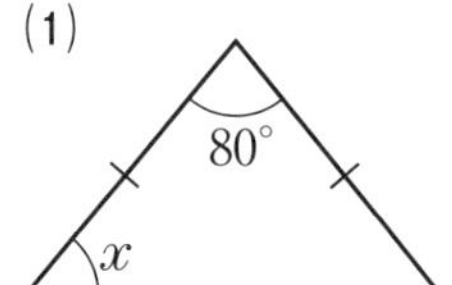

(2)

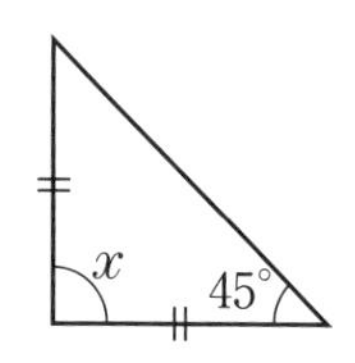

あ，これは「二等辺三角形」ニャ？

そのとおり！
だから，二等辺三角形の性質を利用できるんです。

(1)を考えましょう。
二等辺三角形の**底角**は等しいので，
もう一方の底角も $\angle x$ になります。

$\angle x$ が 2 つなので

$2\angle x$

と表せるんですね。

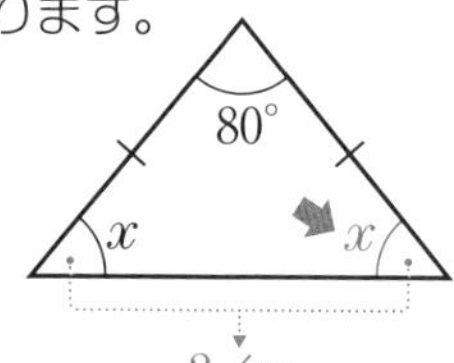

三角形の内角の和は 180°なので，

$$2\angle x + 80^\circ = 180^\circ$$

$$2\angle x = 100^\circ$$

$$\angle x = 50^\circ$$ 答

となります。

(2)も同様に考えましょう。
二等辺三角形の**底角**は等しいので，
もう一方の底角
も 45°になります。

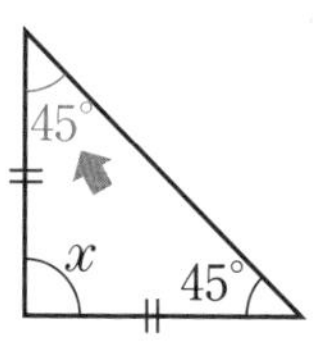

三角形の内角の和は 180°なので，

$$\angle x + 45^\circ + 45^\circ = 180^\circ$$

$$\angle x = 180^\circ - 90^\circ$$

$$\angle x = 90^\circ$$ 答

となります。

「二等辺三角形の底角は等しい」という性質を使えば簡単に解けるニョね…

そう。図形の性質や定理をいろいろと駆使して，ナゾを解いていく感覚ですよね。

0°より大きく180°より小さい範囲の角では，
90°**より小さい**角を「鋭角」，
90°**に等しい**角を「直角」*，
90°**より大きい**角を「鈍角」といいます。

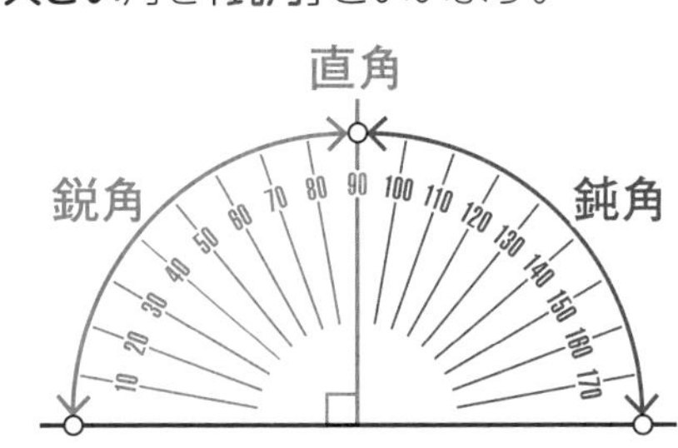

この角の大きさによって，三角形は次の3種類に分類できるんです。

❶ 鋭角三角形

▶3つの角がすべて「鋭角」である三角形。

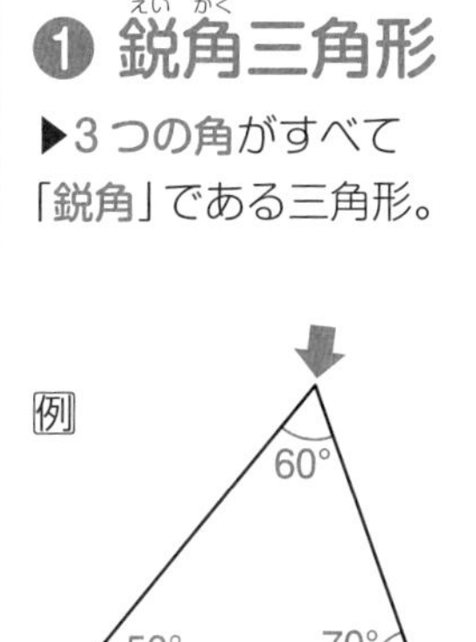

❷ 直角三角形

▶1つの角が「直角」である三角形。

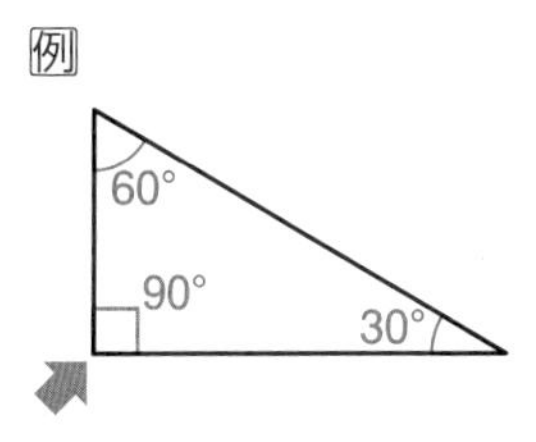

❸ 鈍角三角形

▶1つの角が「鈍角」である三角形。

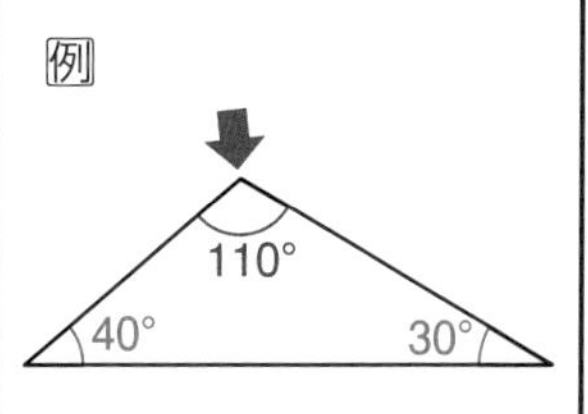

例
110°
40°
30°

さっきの問題では…
(1)は鋭角三角形で，
(2)は直角三角形ニャ？
そのとおり正解！

ただ，(2)のように，
「**頂角**が直角の**二等辺三角形**」の場合は，
特別に「直角二等辺三角形」といいます。
「直角三角形」の仲間ですけどね。

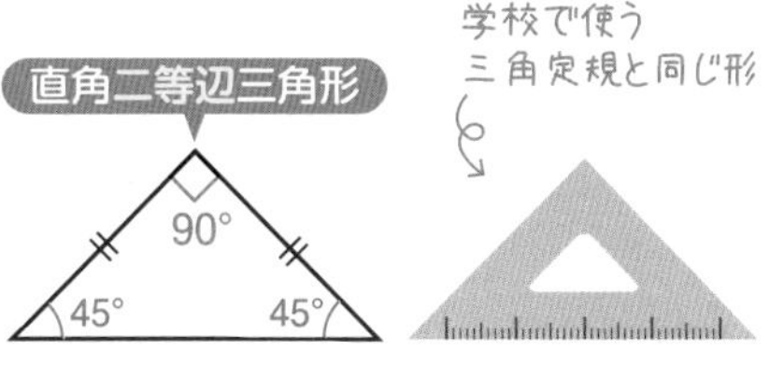

*直角…2直線が**直**交して（垂直に交わって）できる**角**のこと。角度でいうと「**90°**」になる。

問3　**（正三角形の角の大きさ）**

下図の正三角形 ABC の 3 つの角は等しいことを証明しなさい。

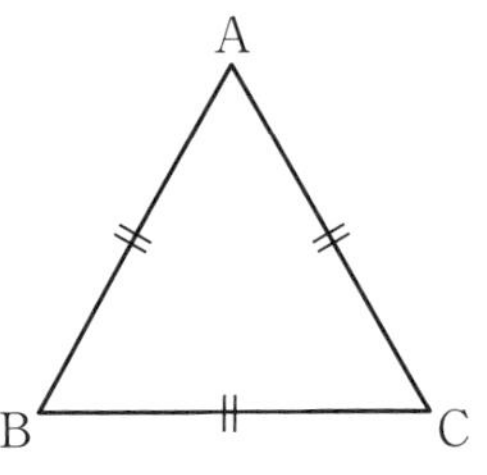

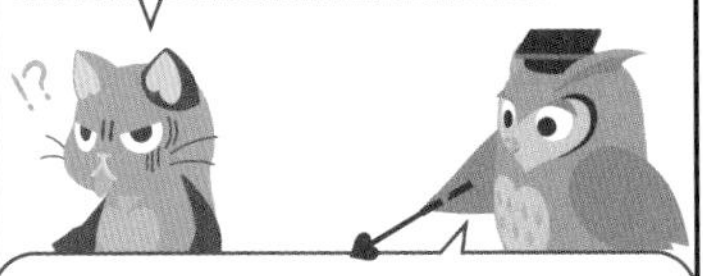

いきなり「正三角形」が出てきたニャ!
どーゆーことニャ?
!?

これは，正三角形の性質を証明する問題ですね。
まず，「正三角形」とは何か。その定義を確認しましょう。

正三角形とは，三つの辺が等しい三角形のことである。（定義）

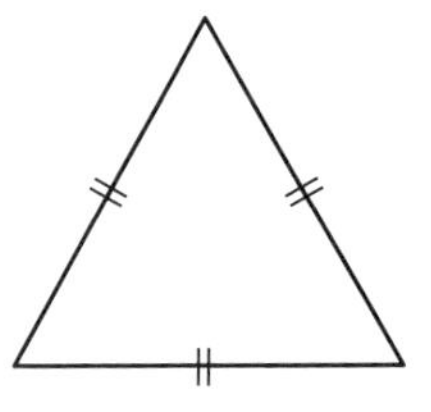

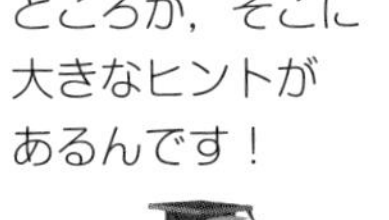

…あたりまえのことをいってるだけニャ?

ところが，そこに大きなヒントがあるんです！

実はこの問題，この**定義**と**二等辺三角形の性質**をもとに考えれば，簡単に証明できるんですよ。

正三角形なので，

AB = BC = CA

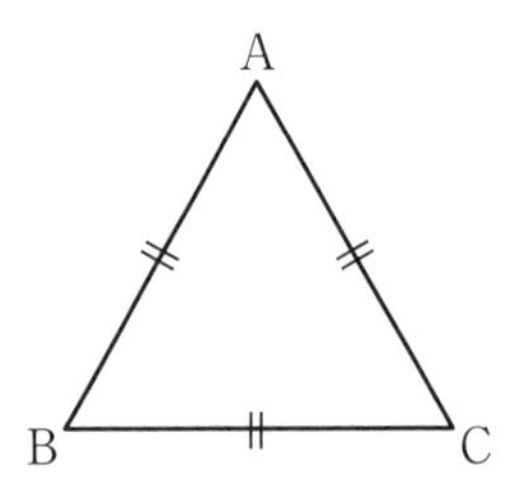

この△ABC を，

AB = BC

の二等辺三角形と考えると，

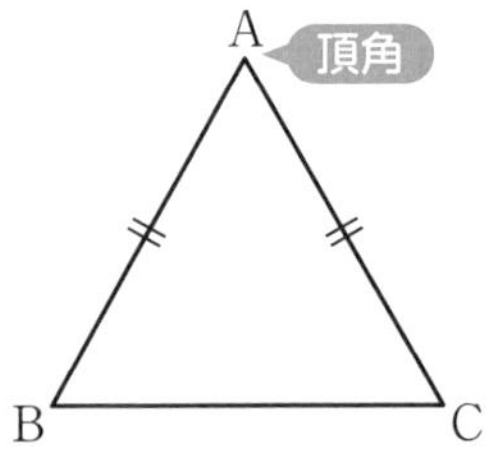

二等辺三角形の底角は等しいので，

∠B = ∠C　…… ①

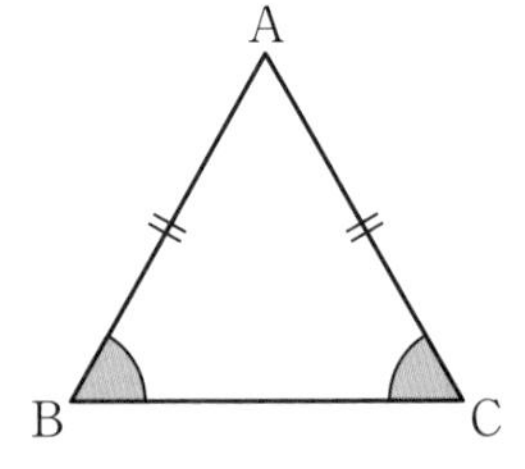

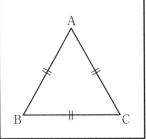

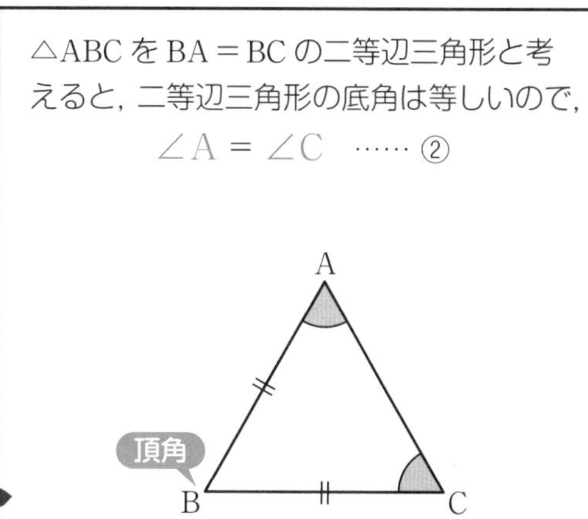

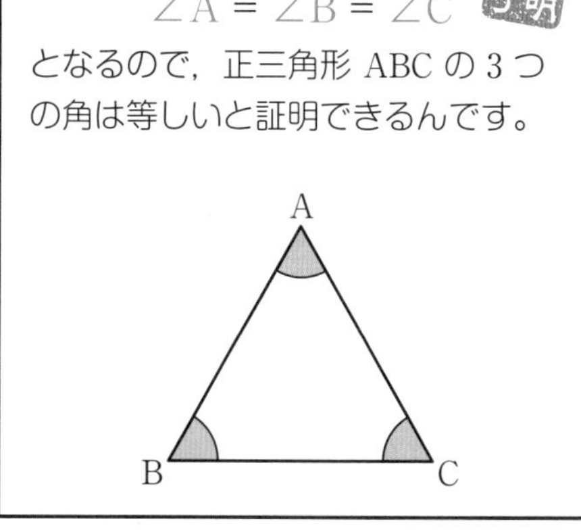

①, ②より，
∠A = ∠B = ∠C
証明終了
となるので，正三角形 ABC の 3 つの角は等しいと証明できるんです。
A
B
C

そう。図形の問題は，少し見方を変えるだけで，見えてくるものが全くちがってくるんですよ。

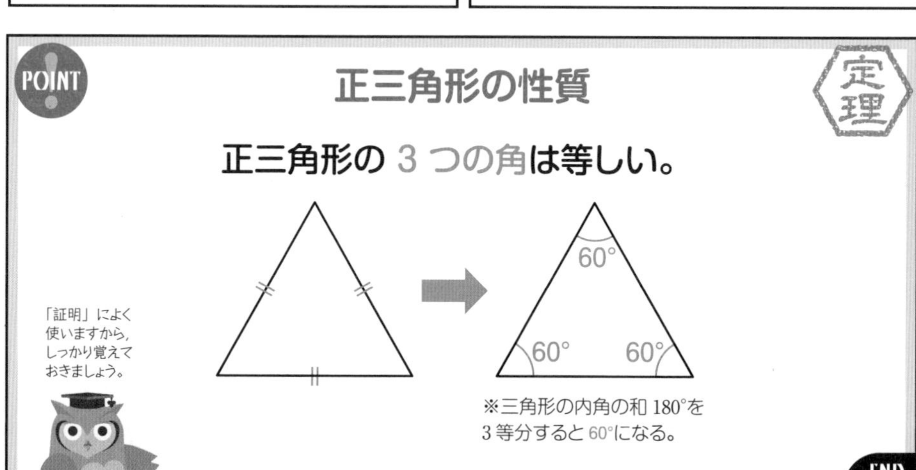

POINT
正三角形の性質
定理
正三角形の 3 つの角は等しい。
60°
60°
60°
「証明」によく使いますから，しっかり覚えておきましょう。
※三角形の内角の和 180°を 3 等分すると 60°になる。
END

2 二等辺三角形になる条件

問 1 (二等辺三角形になる条件)

右の図の△ABC は，∠B = ∠C である。
∠A の二等分線 AD をひくことを用いて，
△ABC が AB = AC の二等辺三角形であることを証明しなさい。

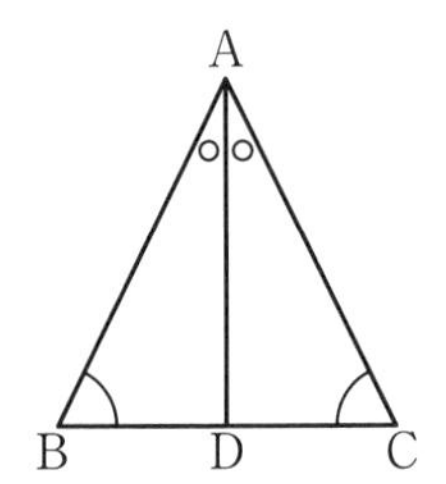

三角形の 2つの辺が等しいとき，2つの角は等しい
ということは，前回で証明しましたよね。

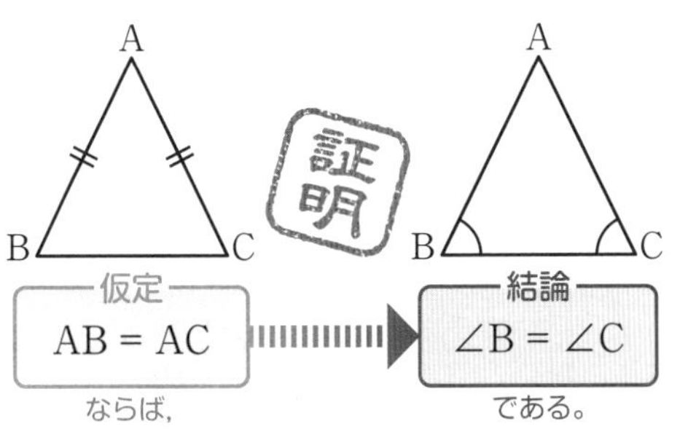

今回の問題は，
それとは「**逆**」のことを
証明する問題です。

三角形の 2つの角が等しいとき，2つの辺は等しい
ことを証明せよ，というわけなんです。

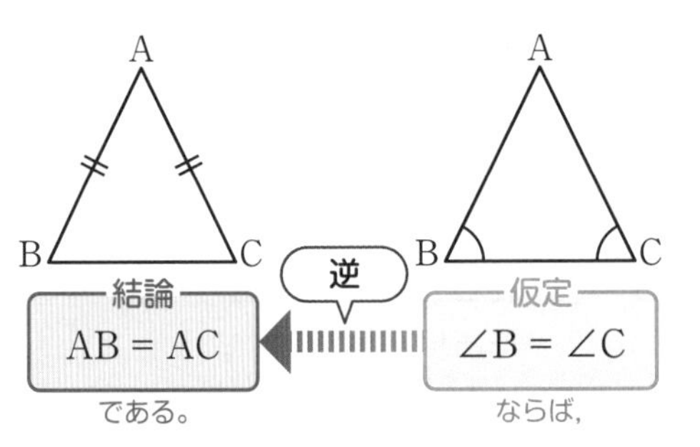

このように，
ある定理の仮定と結論
を入れかえたものを，
その定理の「逆（ぎゃく）」と
いいます。

実は，「平行線」のところで，この「逆」についてはすでに学んでいるんです。

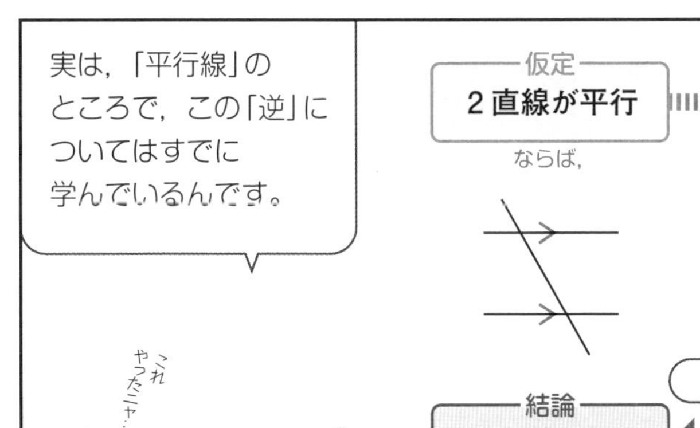
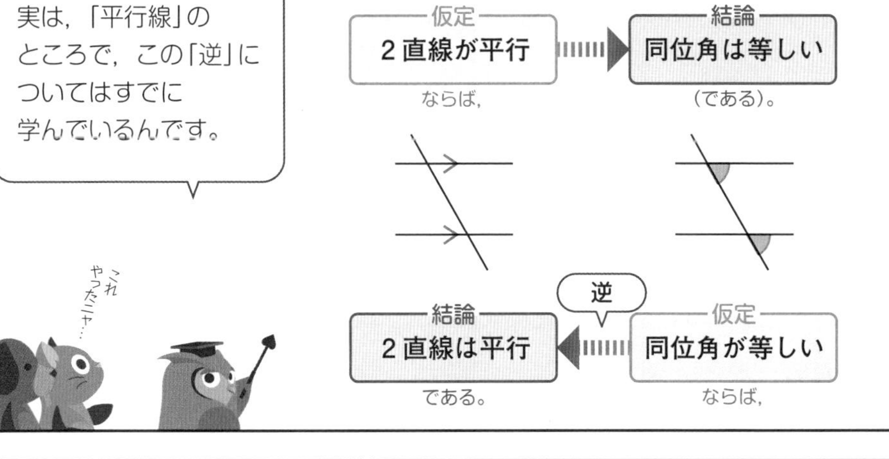

仮定
2 直線が平行
ならば，
結論
同位角は等しい
（である）。
これやったニャ…
逆
結論
2 直線は平行
である。
仮定
同位角が等しい
ならば，

この仮定と結論は「逆」も成立する（正しい）のですが，**「逆」は成立しない（常に正しいとはいえない）場合もある**んです。

?
どういうことニャ？

例えば，「$x \leqq 5$ ならば，$x < 7$ である」は成立しますよね。
では，この「**逆**」は成立するでしょうか。

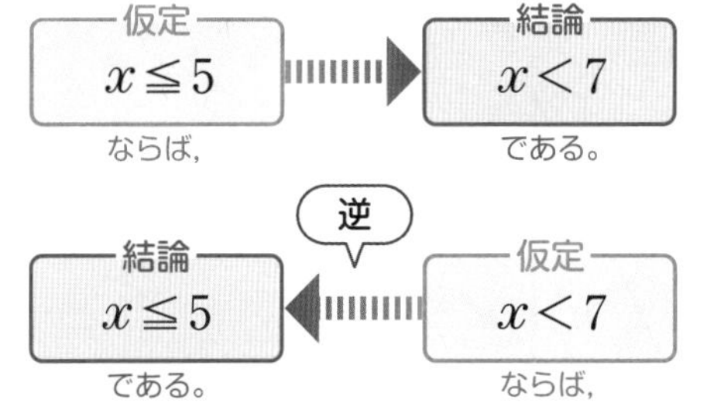

仮定
$x \leqq 5$
ならば，
結論
$x < 7$
である。
逆
結論
$x \leqq 5$
である。
仮定
$x < 7$
ならば，

… $x < 7$ ならば，x＝6 の場合もあるから，$x \leqq 5$ は成立しないニャ！

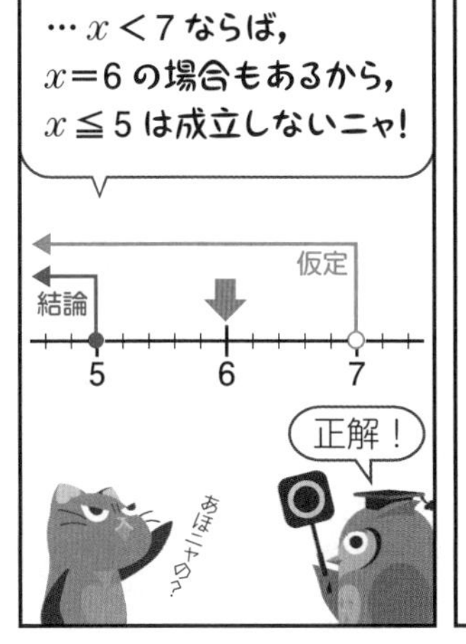

仮定
結論
5
6
7
正解！
あほニャの？

このように，仮定にあてはまるもののうち，結論が成り立たない場合の例を，「反例（はんれい）」といいます。

反例

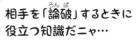

あることがらが正しくないことを示すには，**反例**を 1 つでもあげればいいんですよ。

ニャるほど…

相手を「論破（ろんぱ）」するときに役立つ知識だニャ…

では，**問 1** を考えていきましょう。これもやはり，左右の三角形が「合同」であることを根拠にすれば，AB = AC を証明できますよね。

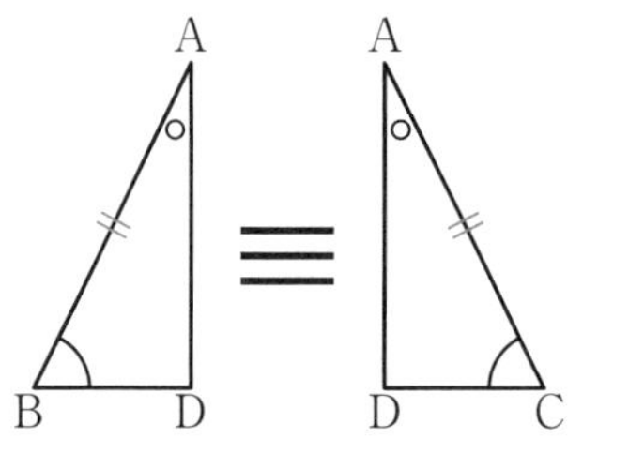

合同条件をそろえるためには，とにかく対応する辺と角をくまなく調べて，「等しい」といえるのかどうか，徹底的にチェックしましょう。

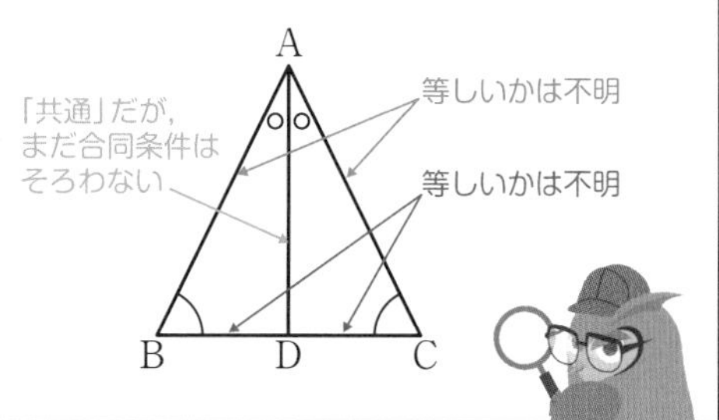

むむ…！
この 2 つの角は等しいといえそうではありませんか？

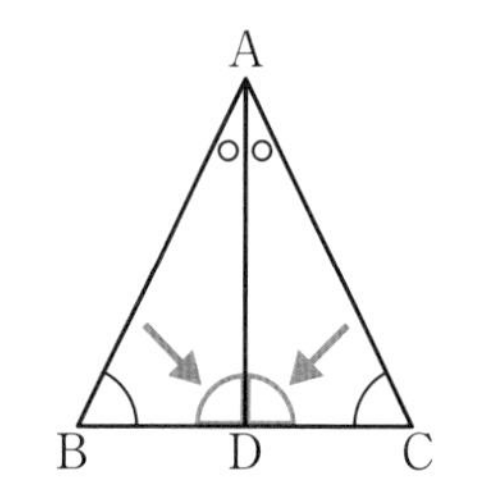

そう，三角形の内角の和は 180°ですから，180°から等しく ○ と △ をひいた「**残りの角**」は，当然，等しくなるはずです。

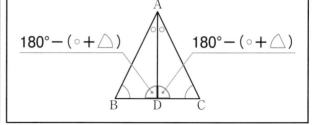

∠ADB = ∠ADC

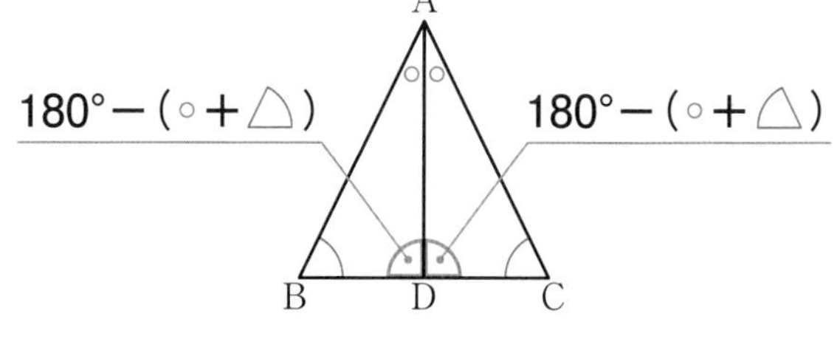

「1 組の辺とその両端の角がそれぞれ等しい」から，

△ABD ≡ △ACD

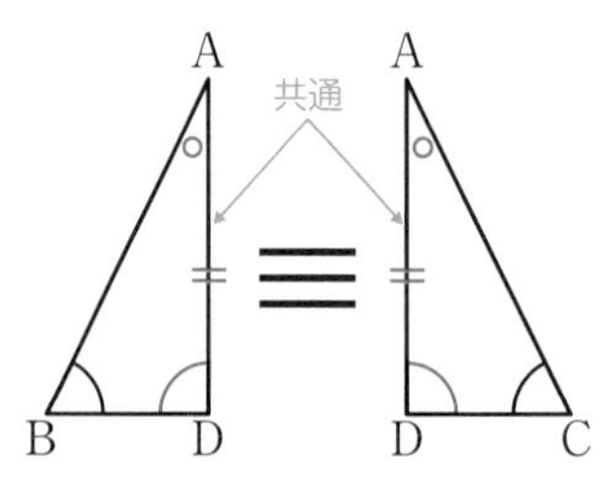

合同な図形の対応する辺は等しいから，

AB = AC

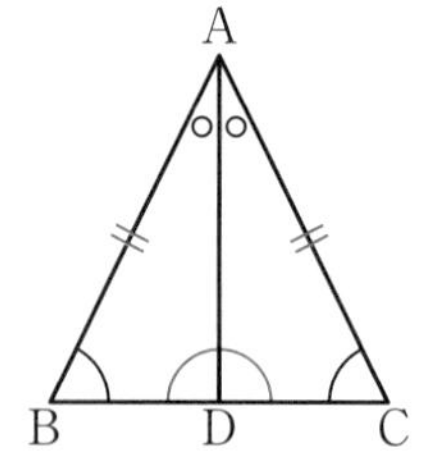

これで，二等辺三角形の性質という定理の「逆」も成立することが証明されました。しっかり覚えておきましょう。

❶ 三角形の合同条件…［3 組の辺／ 2 組の辺とその間の角／ **1 組の辺とその両端の角**］がそれぞれ等しい。

二等辺三角形になる条件

❶ 三角形の 2つの「辺」が等しい。

❷ 三角形の 2つの「角」が等しい。

※等しい 2 つの角が「底角」となる。

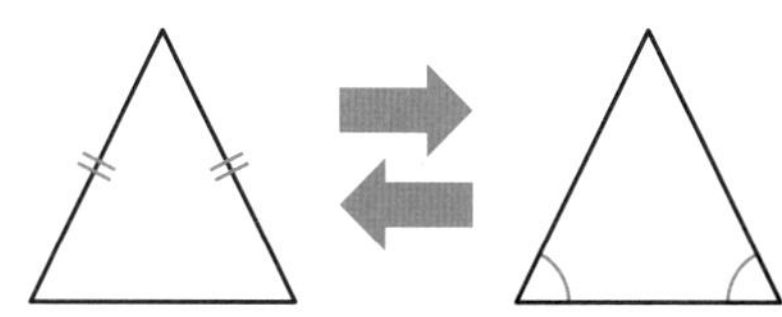

※❶か❷のどちらかがあてはまれば（もう一方も当然あてはまるので），二等辺三角形になる。

ここまでをすべてまとめて答えを書くと，以下のようになります。

証明

△ABD と△ACD において，

仮定から，∠B = ∠C

AD は∠A の二等分線だから，

∠BAD = ∠CAD ……①

三角形の内角の和は 180°であるから，

残りの角も等しい。

したがって，

∠ADB = ∠ADC ……②

AD は共通だから，

AD = AD* ……③

①，②，③より，1 組の辺とその両端の角がそれぞれ等しいから，

△ABD ≡ △ACD

合同な図形の対応する辺は等しいから，

AB = AC 答

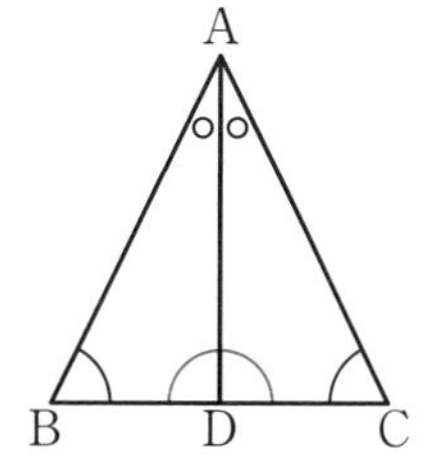

最初に，どの三角形のことなのかを示す。

～より，／～ので，／～から，
A＝B ……①
のように，仮定や図形の性質などを「理由」として述べてから，「等式」を示す。

番号（①②③…）をふった等式を「三角形の合同条件」として，合同の式を示す。

「合同な図形の性質」を根拠として，結論を示す。

END

＊「AD＝AD」を省略して，「AD は共通 …… ③」のように書いてもよい（以下同様）。

3 直角三角形の合同

問 1 （直角三角形の合同①）

右図の△ABC と△DEF で，

$$\begin{cases} \angle C = \angle F = 90^\circ \\ AB = DE \\ \angle A = \angle D \end{cases}$$

であるとき，

△ABC≡△DEF

を証明しなさい。

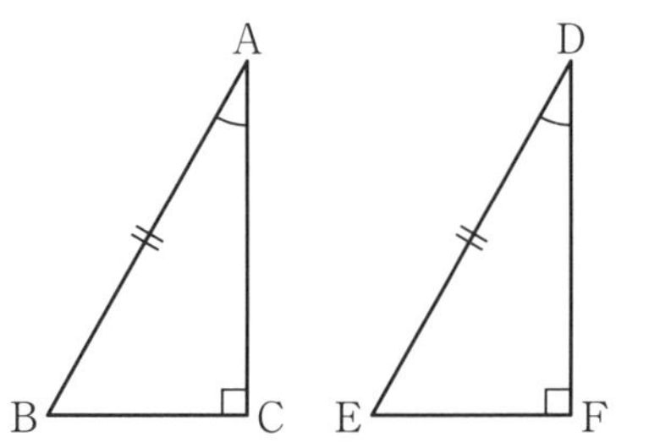

三角形の合同の条件
が微妙にそろわない
ニャ〜

直角三角形は「特別」な
三角形なので，ちょっと
した特徴があるんですよ。

1つの角が「直角」である三角形を「直角三角形」といいます。
直角以外の2つの角は必ず「鋭角」になります。

例

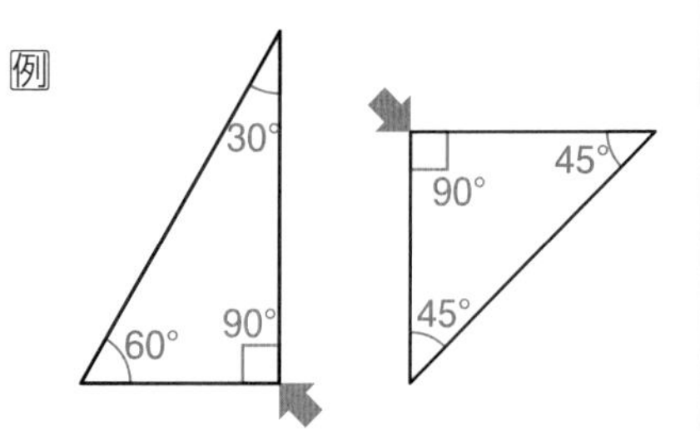

POINT

「直角」の対辺（たいへん）を「斜辺（しゃへん）」といいます。
ここは大事なので，必ず覚えてください。

※対辺…三角形で，1つの角に対する辺。

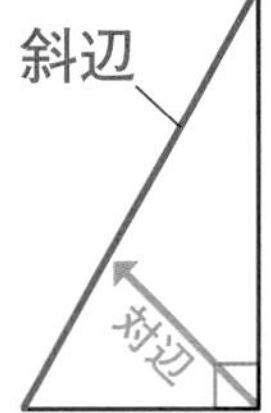

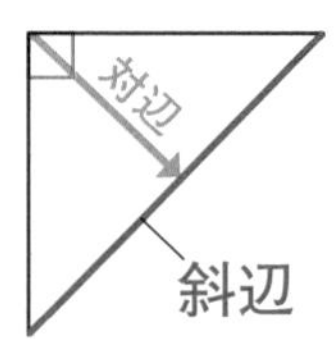

「対辺」が「斜辺」？
覚えるの「大変」だワン！
たいへん！
やかましいニャ！
たいしてうまくないニャ！

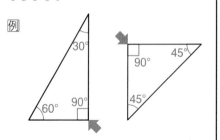

問 1 を考えましょう。
三角形の内角の和は
180°です。

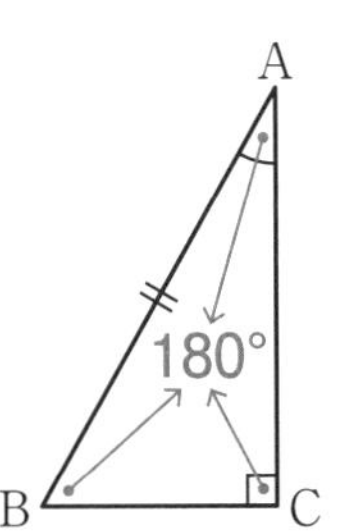

直角と 1 つの鋭角が等しいので，
残りの鋭角も，等しくなりますよね。

∠ABC = ∠DEF

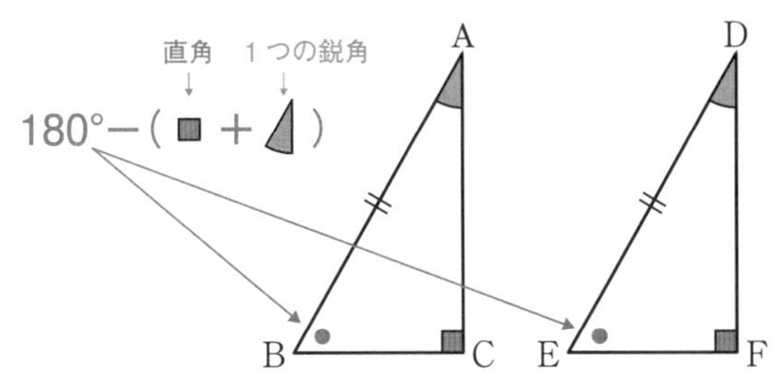

したがって，**1 組の辺とその両端の角がそれぞれ等しい**ので，

△ABC≡△DEF

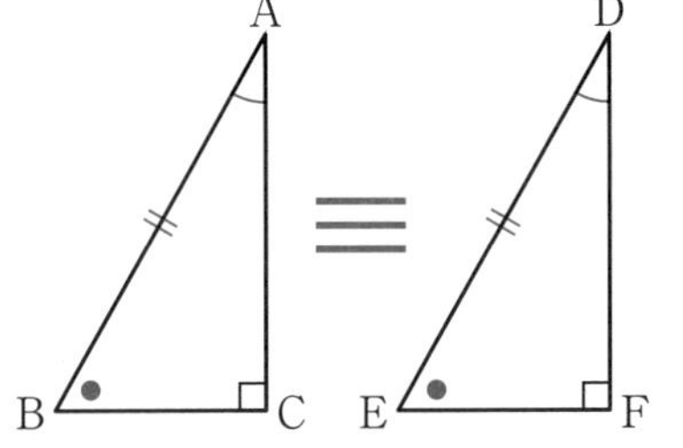

このように，直角三角形では，
斜辺と 1 つの鋭角が等しければ，
残りの鋭角も**自動的に等しくなり**，
三角形の合同条件を満たすので，
「合同」であるといえるわけです。

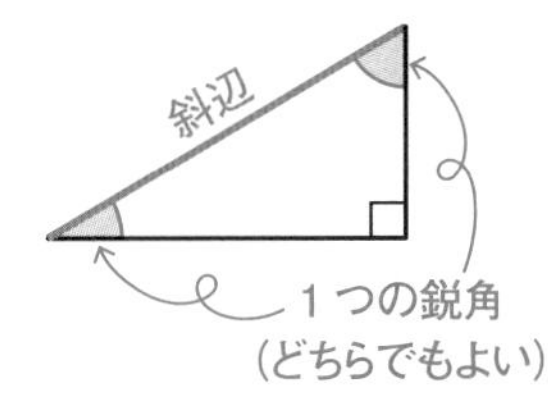

問2 （直角三角形の合同②）

右図の△ABC と△DEF で，

$$
\begin{cases}
\angle C = \angle F = 90^\circ \\
AB = DE \\
AC = DF
\end{cases}
$$

であるとき，

△ABC≡△DEF

を証明しなさい。

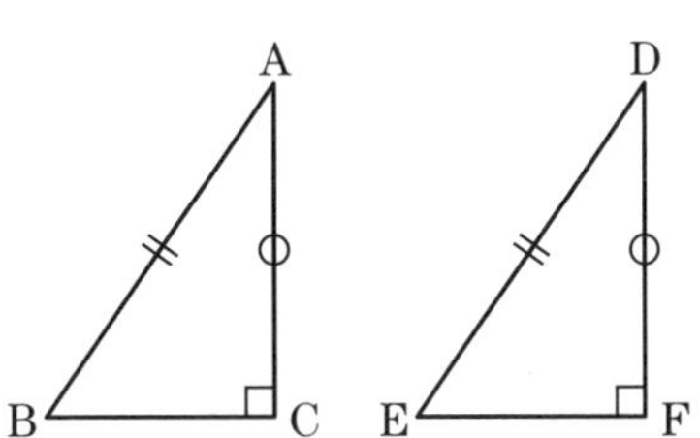

Chapter 5 三角形と四角形 3 直角三角形の合同

さっきと同じ問題が
出てきたワン!
いや…斜辺と,
1つの鋭角…じゃなくて,
他の1辺が等しいってことニャ?

そう，**問1**とちがうのは，
斜辺と「**他の1辺**」が等しいという点です。
ただ，これだけだと，
三角形の合同条件がそろいませんよね。

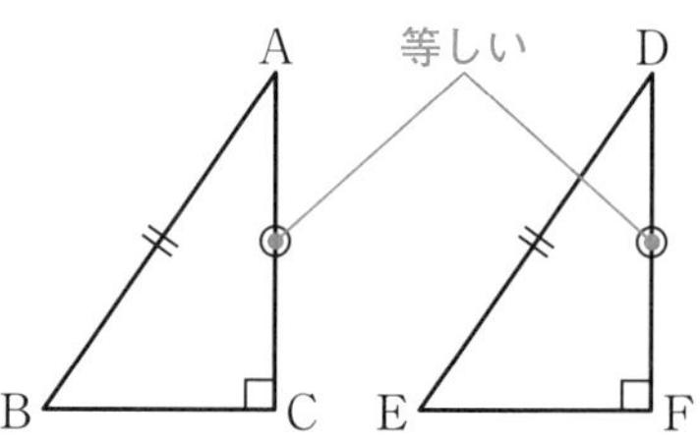
A
等しい
D
B
C
E
F

そこで，まさに「発想の転換」が
必要になってくるんです。
△DEF を（対称移動で）裏返して，

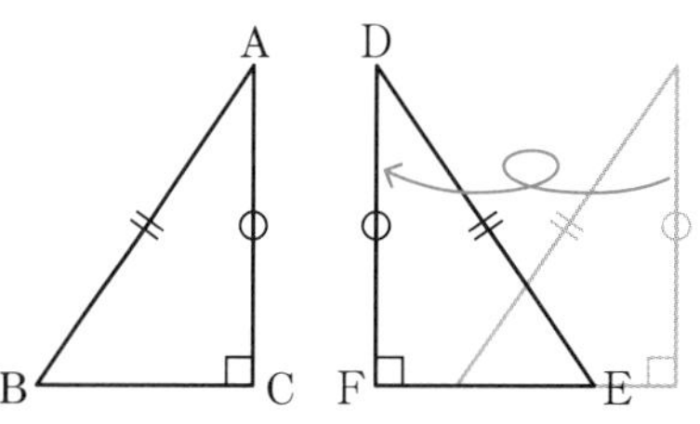
A
D
B
C
F
E

AC と DF を重ね合わせるんです。
AC＝DF なので，ピッタリ重ねる
ことができるんですね。

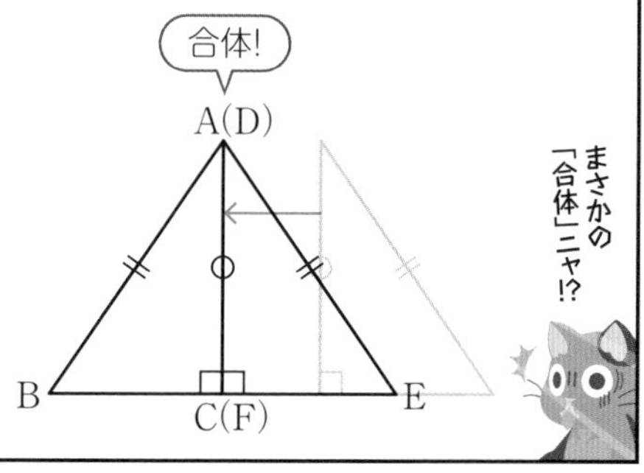
合体!
A(D)
B
C(F)
E
まさかの「合体」ニャ!?

∠C＋∠F＝180°なので，点 B, C, E
は一直線上に並び，二等辺三角形であ
る△ABE ができます。

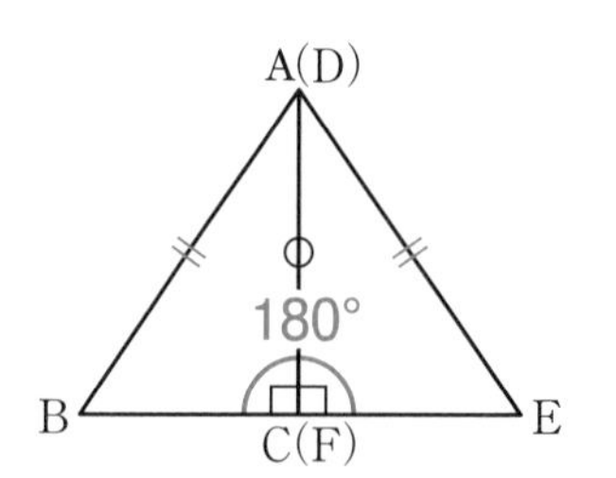
A(D)
180°
B
C(F)
E

二等辺三角形の**底角**は等しいので，

∠B ＝ ∠E

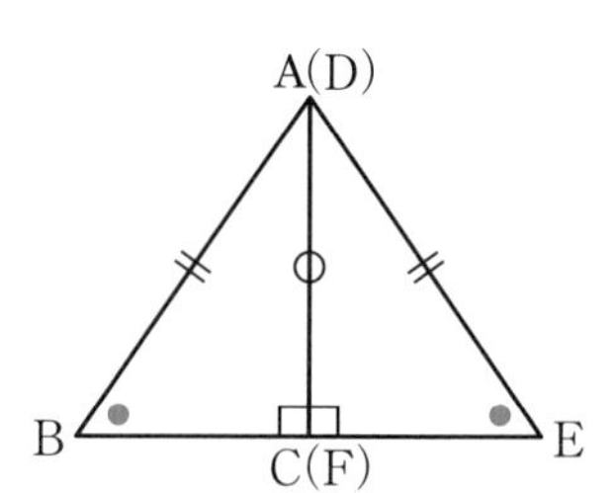
A(D)
B
C(F)
E

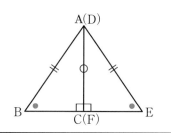

直角と１つの鋭角が等しいので，
残りの鋭角も等しくなります。

∠BAC ＝ ∠EDF

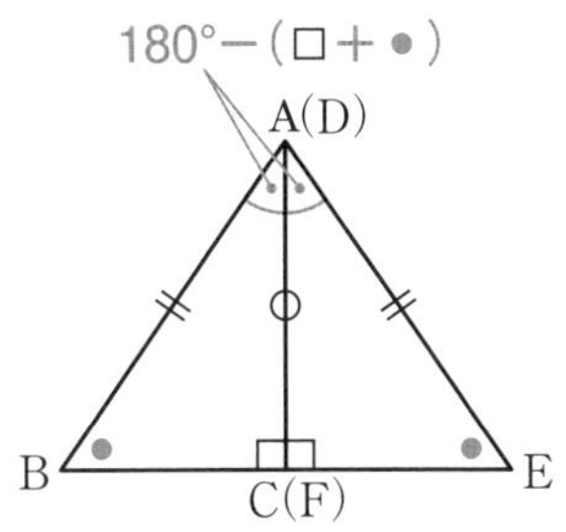

したがって，**２組の辺とその間の角がそれぞれ等しい**（または１組の辺とその両端の角がそれぞれ等しい）ので，

△ABC ≡ △DEF

証明終了

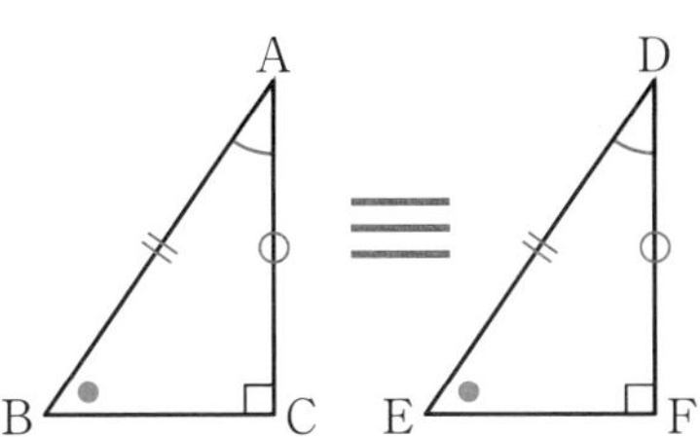

このように，直角三角形では，
斜辺と他の１辺が等しければ，
残りの鋭角も**自動的に等しくなり**，
三角形の合同条件を満たすので，
「合同」であるといえるわけです。

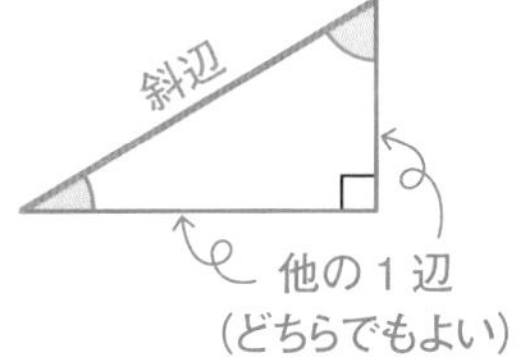

直角三角形の場合は，
通常の「三角形の合同条件」のほかに，
次の合同条件を使うことができます。
斜辺が等しいことが大前提ですから，
注意しましょう。

POINT

直角三角形の合同条件

２つの直角三角形は，次のどちらかが成り立つとき合同である。

❶ 斜辺と１つの鋭角がそれぞれ等しい。

❷ 斜辺と他の１辺がそれぞれ等しい。

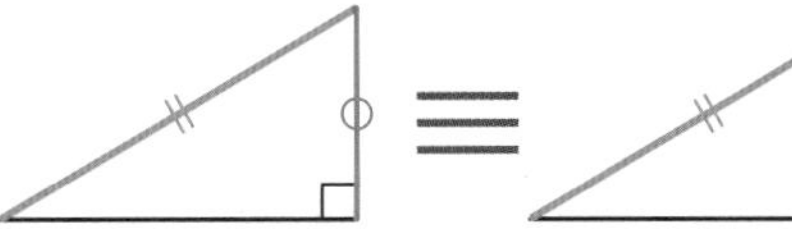

Chapter 5 三角形と四角形 3 直角三角形の合同

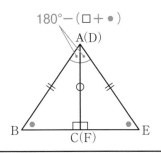

問3 （直角三角形の合同条件の利用）

右の図は，∠AOB の二等分線上の点 P から半直線 OA，OB に垂線 PC，PD をひいたものです。このとき，PC = PD となることを証明しなさい。

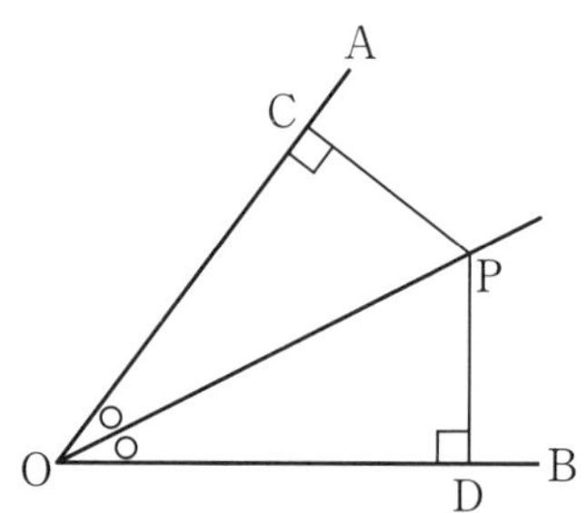

△OPC ≡ △OPD
を証明すれば，対応する辺
PC ＝ PD を証明できますね。

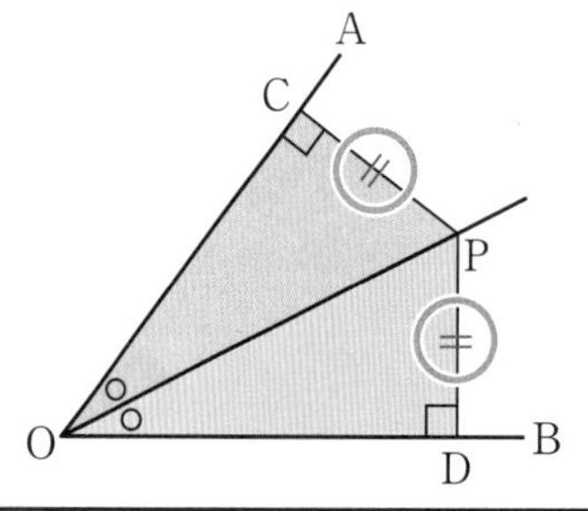

このように，結論を導くための「決定的な証拠」はどこにあるのか。最初にそれを見抜くことが大事です。

三角形があれば「三角形の合同」を，
直角三角形があれば「直角三角形の合同」を疑いましょう。

仮定から，

∠POC = ∠POD

∠PCO = ∠PDO = 90°

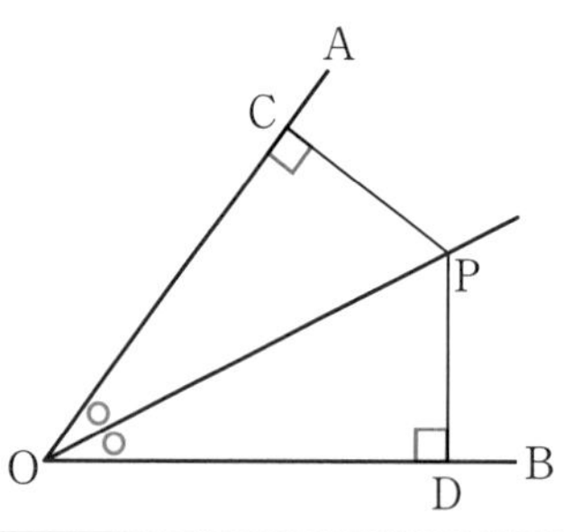

共通な辺なので，

OP = OP

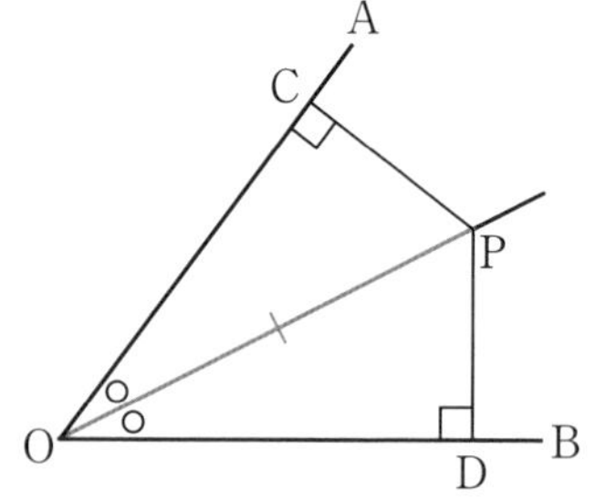

直角三角形で，斜辺と１つの鋭角がそれぞれ等しいので，

△OPC ≡ △OPD

合同な図形では対応する辺は等しいので，

PC = PD

となります。

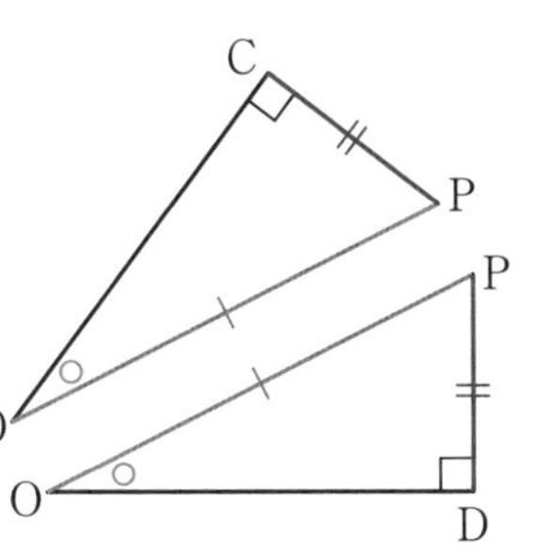

ニャるほど…
「直角三角形」なら，
楽に合同条件が
そろうニョね…

まとめて答えを書くと，以下のようになります。

証明

△OPC と△OPD において，

仮定から，∠POC = ∠POD …①

∠PCO = ∠PDO = 90° …②

OP は共通だから，

OP = OP …③

①，②，③より，直角三角形で，斜辺と1つの鋭角がそれぞれ等しいので，

△OPC ≡ △OPD

合同な図形の対応する辺は等しいから，

PC = PD 答

最初に，どの三角形のことなのかを示す。

～より，／～ので，／～から，
A = B ……①
のように，仮定や図形の性質などを「理由」として述べてから，「等式」を示す。

番号（①②③）を根拠に，「直角三角形の合同」を示す。

「合同な図形の性質」を根拠として，結論を示す。

証明を書くときは「等式」の前で改行しなくてもいいニャ？

等式の前では改行して，**等式は１行で表す**のが「**基本**」ではありますが，「**絶対**」ではありません。「仮定から，」などのように短い理由の場合は，改行せず，右側に等式を示すときもあるんですよ。

図形の証明問題では，「三角形の合同条件」に加えて，ここで学んだ「直角三角形の合同条件」もよく使われます。しっかり理解しておきましょう。

END

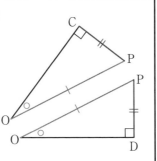

4 平行四辺形の性質

問 1 （平行四辺形の性質の証明①）

右の図の平行四辺形 ABCD において，
次の(1)，(2)であることを証明しなさい。

(1) AB = DC， AD = BC

(2) ∠A = ∠C， ∠B = ∠D

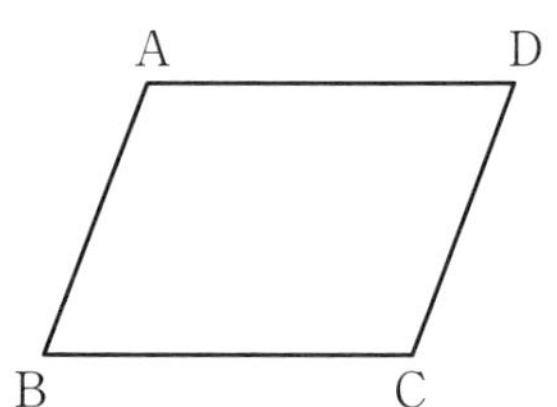

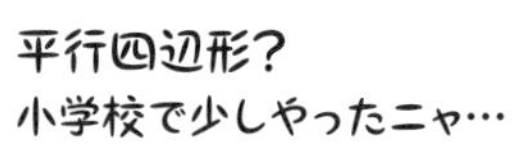

平行四辺形？
小学校で少しやったニャ…

そうですね。
まずは平行四辺形の
定義から確認しましょう。

平行四辺形とは

2 組の対辺（たいへん）がそれぞれ平行な四角形を平行四辺形という。（定義）

（平行四辺形 ABCD を ▱ABCD と書くこともある）

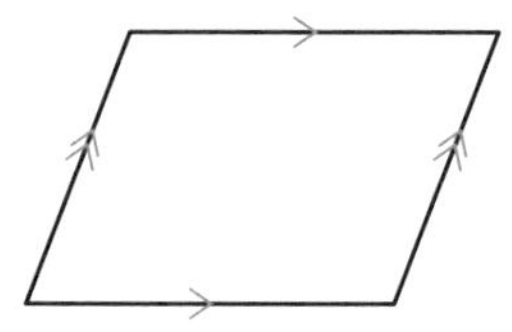

四角形では，**向かい合う辺**を「**対辺**（たいへん）」，
向かい合う角を「**対角**（たいかく）」といいます。

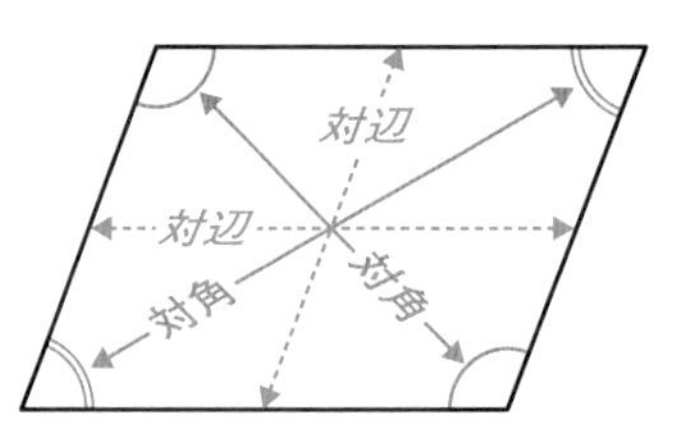

※三角形の場合，1 つの角に対する辺を対辺という。

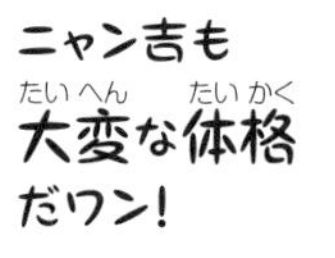

ワン太の方が
大変な体格
だニャ！
メタボだニャ！

(1)を考えます。
平行四辺形では，
2組の対辺が等しい
ということですが，
本当にそうなのか。
証明していきましょう。

対角線 AC をひくと，
2つの三角形が
できますね。

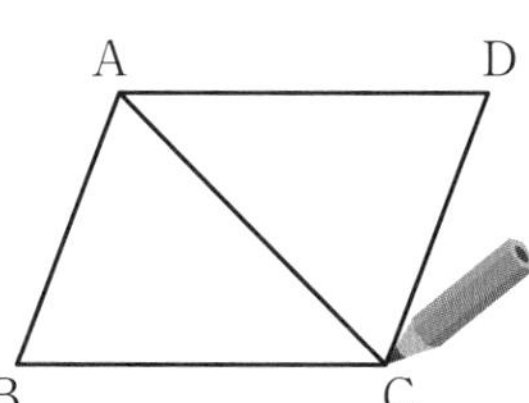

2つの三角形の合同を
示せば，対応する辺は
等しいので，(1)を証明
できるというわけです。

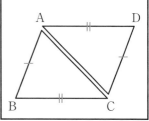

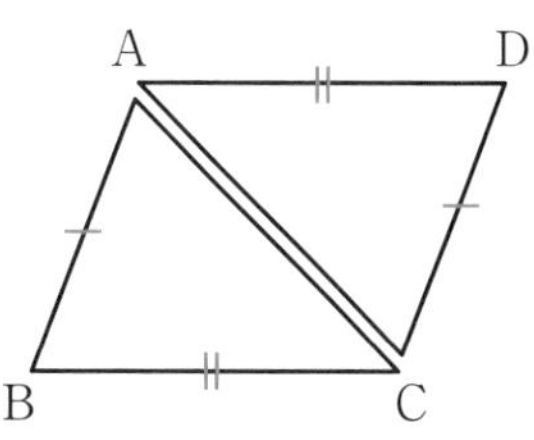

対角線をひく!?
そんな斬新な発想が必要ニャ？

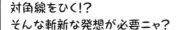

平行四辺形では，**対角線**をひいて**2つの三角形**をつくり，**三角形の合同**を根拠に証明するパターンが多いんです。　慣れれば大丈夫ですよ

△ABC と△CDA において，
AC は共通だから，

AC = CA …… ①

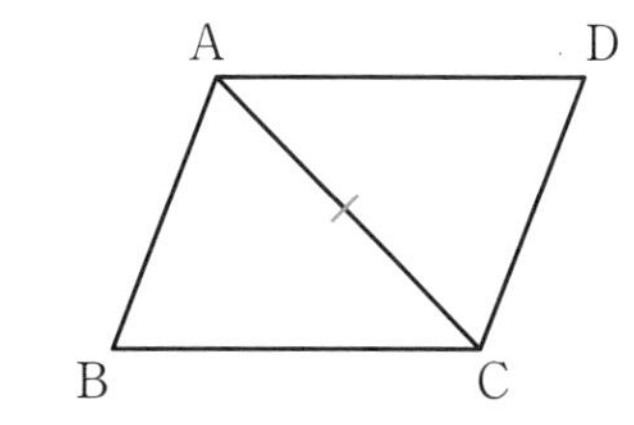

平行線の錯角は等しいので，
AD // BC より，

∠BCA = ∠DAC …… ②

AB // DC より，

∠BAC = ∠DCA …… ③

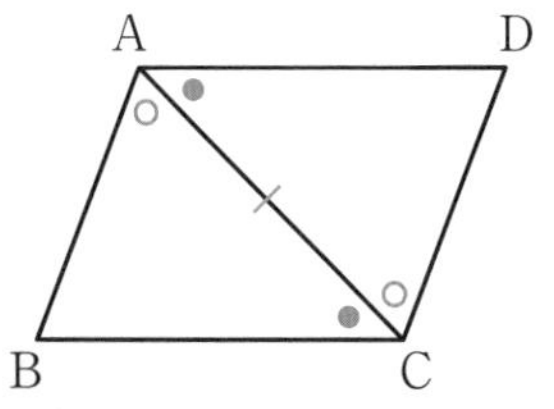

①，②，③より，
1組の辺とその両端の角が
それぞれ等しいから，

△ABC ≡ △CDA

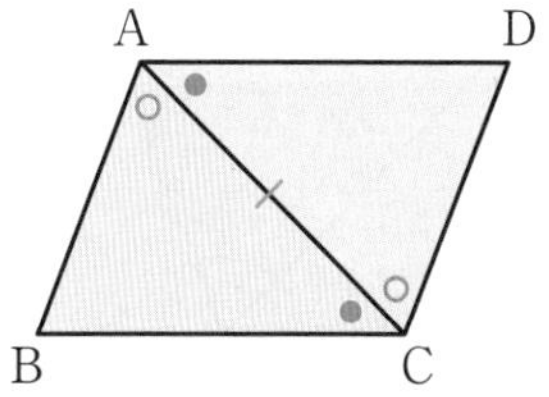

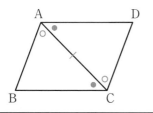

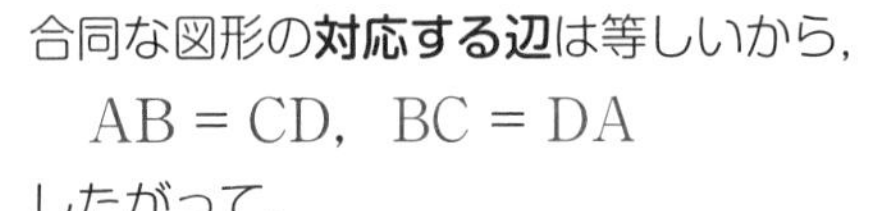

合同な図形の**対応する辺**は等しいから，

AB = CD，BC = DA

したがって，

AB = DC，AD = BC　証明終了

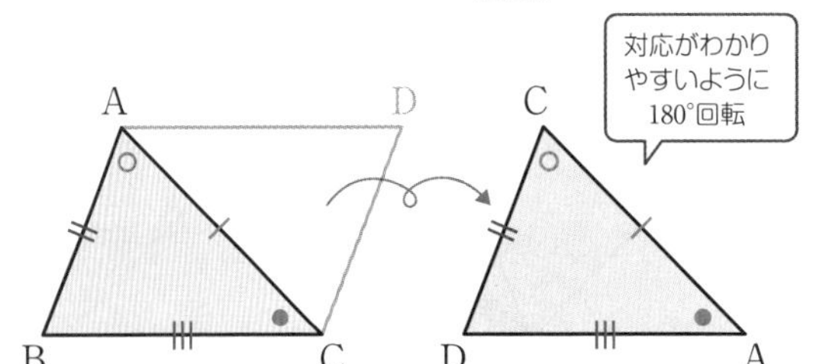

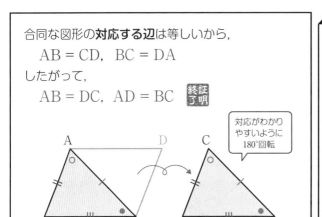

(2)を考えます。平行四辺形では，2 組の**対角**が等しいということですが，本当にそうなのか。(1)に続けて証明していきましょう。

合同な図形の**対応する角**は等しいから，

∠ABC = ∠CDA

すなわち，

∠B = ∠D　証明終了

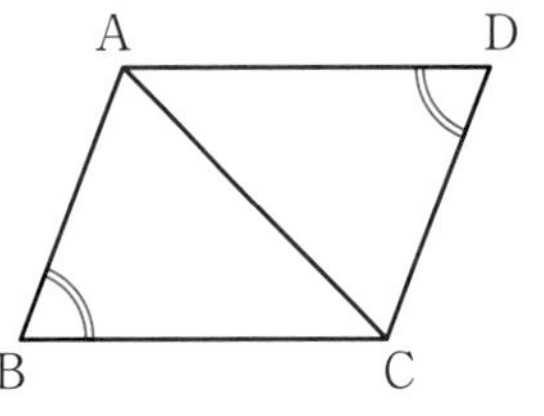

平行四辺形 ABCD において，

∠A = ∠BAC + ∠DAC

∠C = ∠DCA + ∠BCA

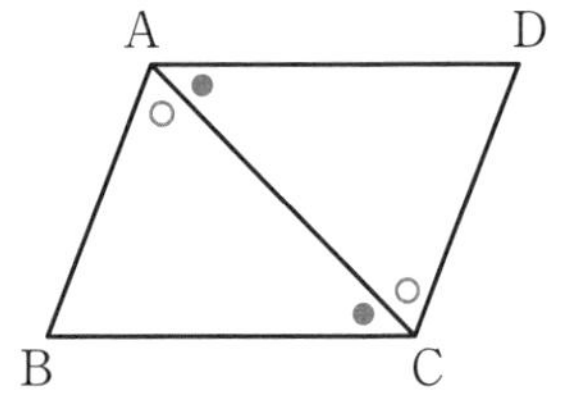

したがって，②，③より，

∠A = ∠C　証明終了

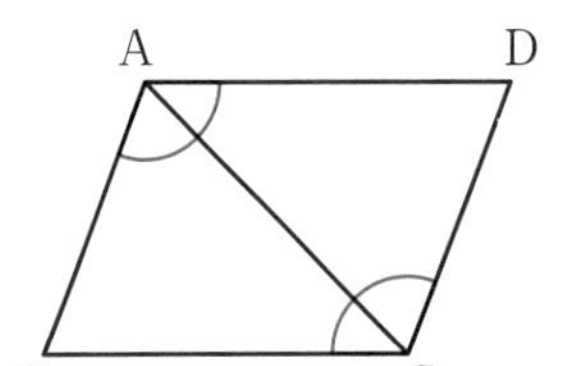

はい，これで「**平行四辺形では，対辺と対角がそれぞれ等しい**」という性質が証明されましたね。

まずはこれをしっかり覚えましょう。

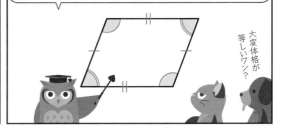

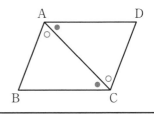

問2 （平行四辺形の性質の証明②）

右の図の平行四辺形 ABCD について，
対角線の交点を O とするとき，

OA = OC，OB = OD

となることを証明しなさい。

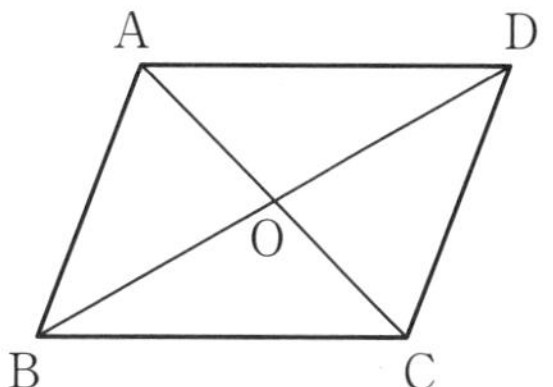

これはつまり，平行四辺形では，**対角線がそれぞれの中点**（ちゅうてん）で交わることを証明しなさい，という問題なんですね。

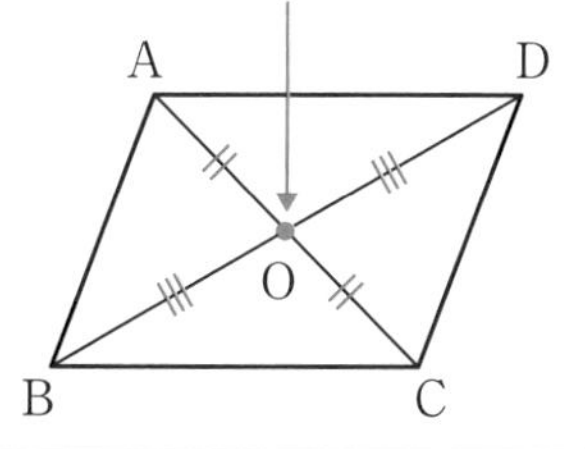

まず，仮定と図形の性質から，等しいと考えられる部分を徹底的に洗い出します。

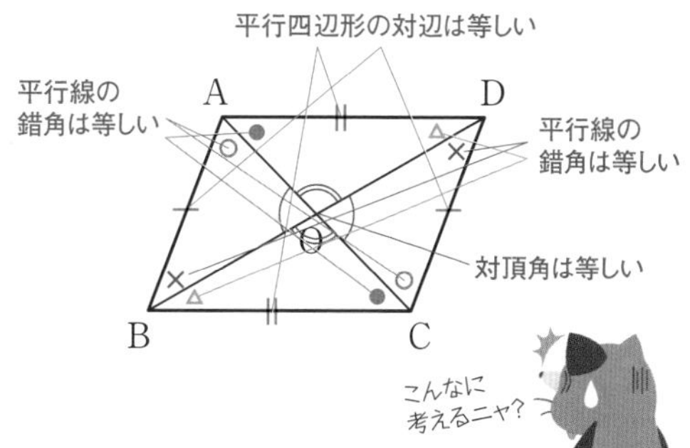

すると，三角形の合同条件がそろい，合同な図形の性質で証明できる部分が見えてきます。今回は，△ABO と△CDO の合同を根拠にしましょう。

※△ADO と△CBO の合同を考えてもよい。

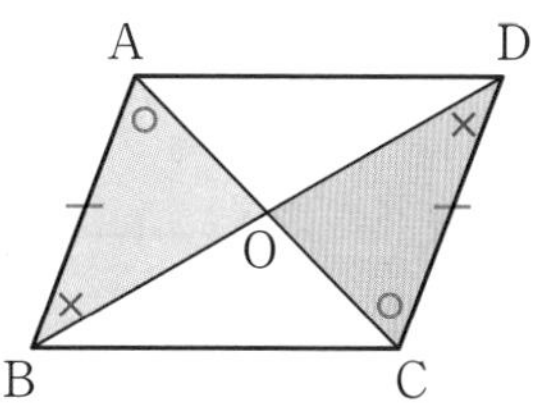

平行四辺形の 2 組の対辺はそれぞれ等しいので，

AB = CD …… ①

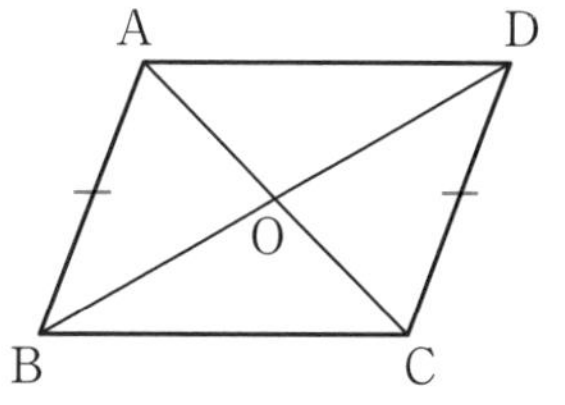

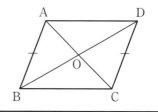

平行線の錯角は等しいから，
AB // DC より，

$\angle ABO = \angle CDO$ …… ②

$\angle BAO = \angle DCO$ …… ③

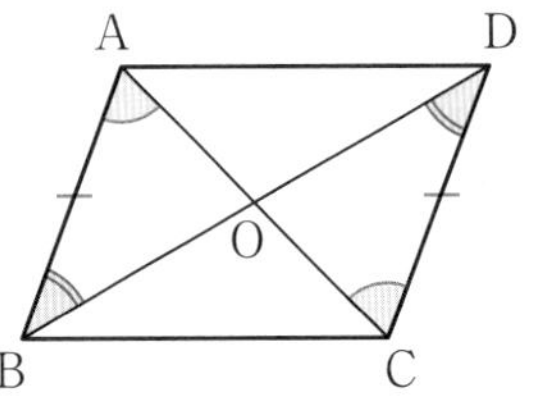

①，②，③より，1 組の辺とその両端の角がそれぞれ等しいから，

$\triangle ABO \equiv \triangle CDO$

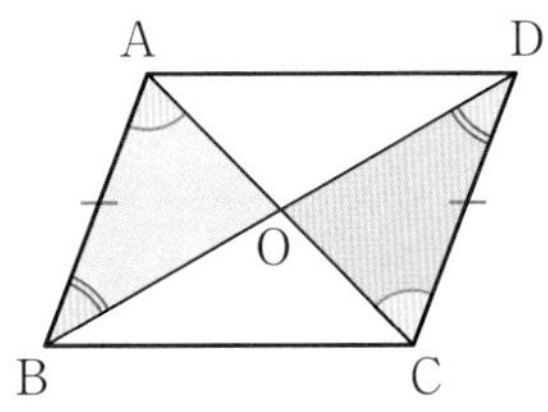

合同な図形の対応する辺は等しいから，

$OA = OC$，$OB = OD$ 証明終了

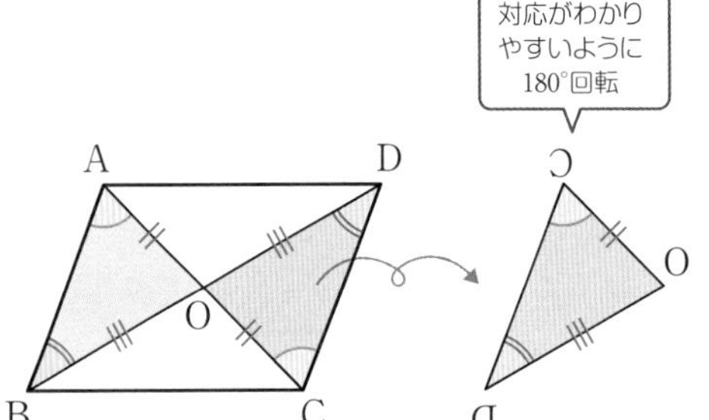

では，平行四辺形の性質をまとめます。
これは非常によく使う重要な「定理」ですから，絶対に覚えておきましょう！

POINT

平行四辺形の性質

定理

平行四辺形の定義から，次の性質を導くことができます。

❶ 2 組の対辺はそれぞれ等しい。

❷ 2 組の対角はそれぞれ等しい。

❸ 対角線はそれぞれの中点で交わる。

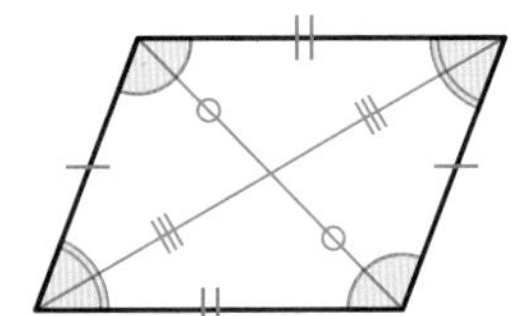

問3 (平行四辺形の性質)

下の図の $\square$ABCD で，x，y の値をそれぞれ求めなさい。

(1)

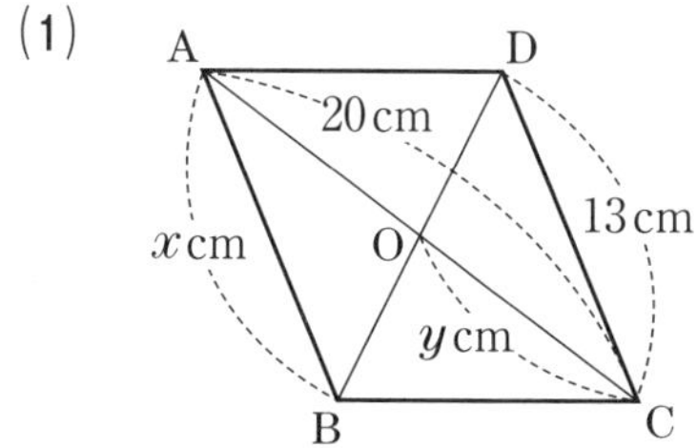

(2)

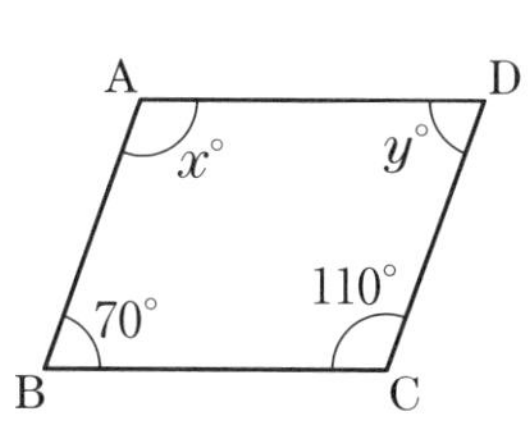

(1)を考えましょう。
平行四辺形では，**2組の対辺はそれぞれ等しい**ので，

$x = 13$cm

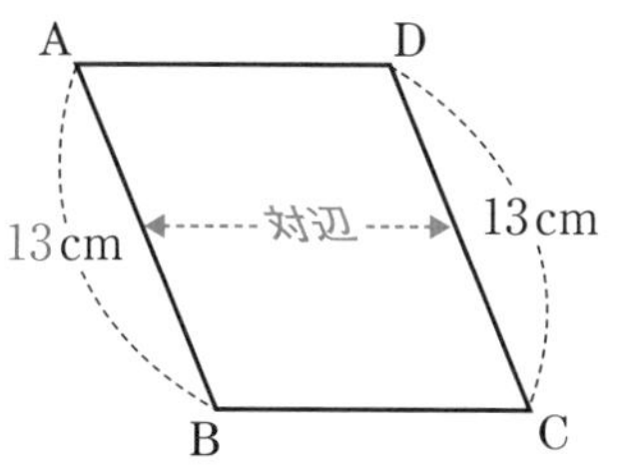

また，対角線 AC が 20cm であり，**対角線はそれぞれの中点で交わる**ので，

AO = OC = 10cm

$x = 13$cm，$y = 10$cm 答

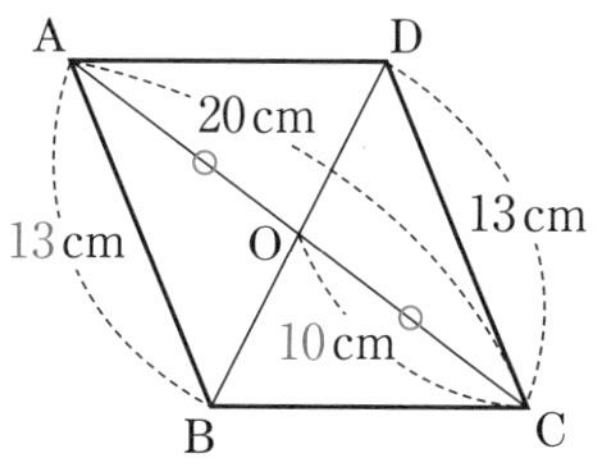

(2)は簡単ですね。
平行四辺形では，
2組の対角はそれぞれ等しいので，

$x = 110°$，$y = 70°$ 答

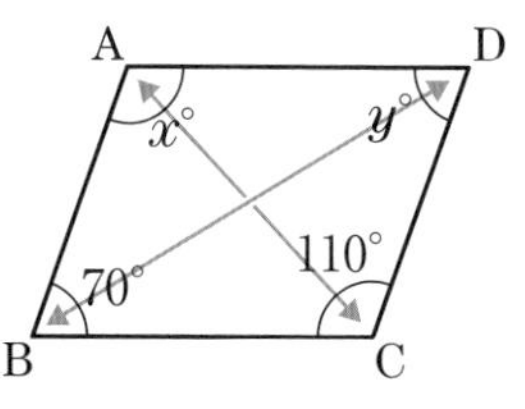

このように，平行四辺形の性質を使えば，よくわかっていない辺の長さや角の大きさが簡単にわかるというわけですね。

ニャるほど。こういった「定理」は覚えておくと便利なニョね…

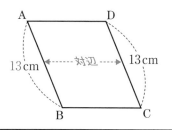

問4 (平行四辺形の性質の利用)

右の図の平行四辺形 ABCD の辺 AD，BC 上に，AE = FC となるように 2 点 E，F をとった。このとき，OE = OF となることを証明しなさい。

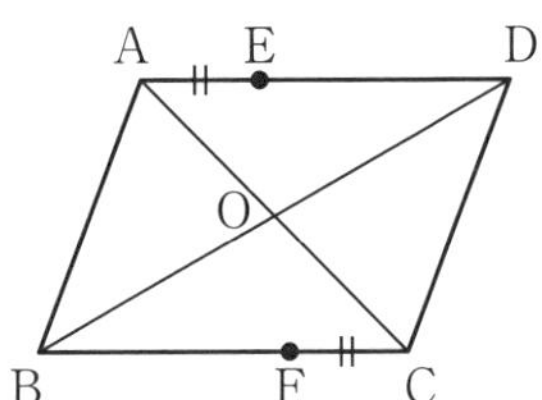

まず，OE，OF をかきます。

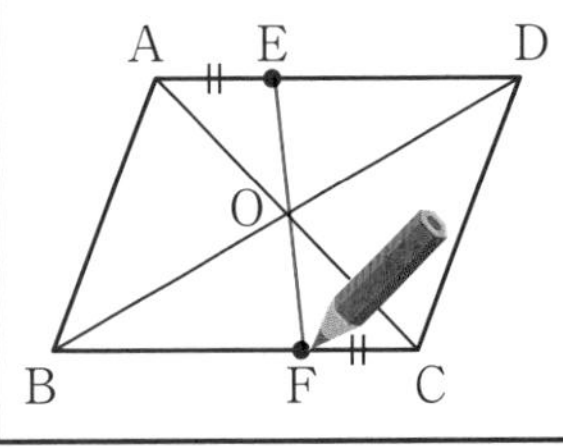

OEとOF が一直線上にあるのか，OE＝OF なのかは，ここでは不明です。どうやって証明すればいいでしょうか。

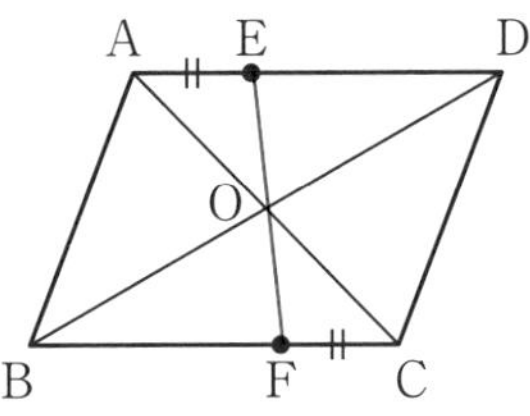

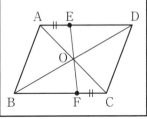

これもまた，「三角形の合同」で証明するやつニャ？

そのとおり！
そのパターンは，
非常に多いですよね。

OEとOF をふくむ三角形，△AOE と△COF が合同であれば，OE＝OF を証明できますよね。

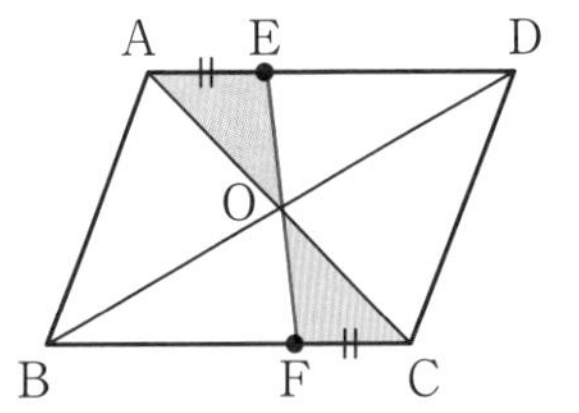

△AOE と△COF の合同条件を探すと，錯角と対角線で，等しい部分が見つかります。これをもとに，証明していきましょう。

※この時点では，EF が**直線かどうかはわからない（問題文にも書かれていない）**ため，対頂角や EF を使った性質は使えない。

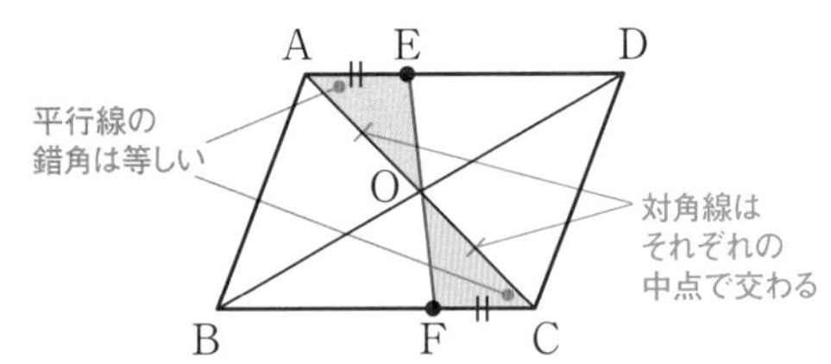

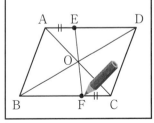

正式に答案としてまとめると，以下のようになります。

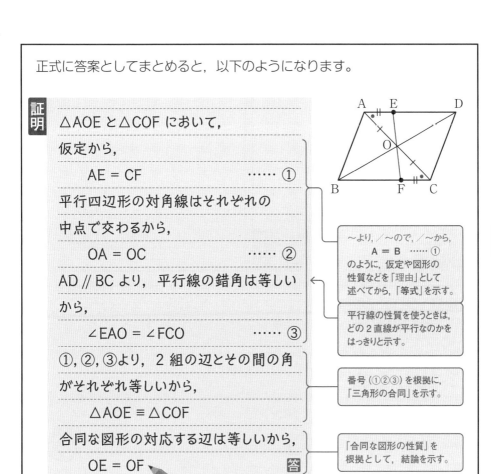

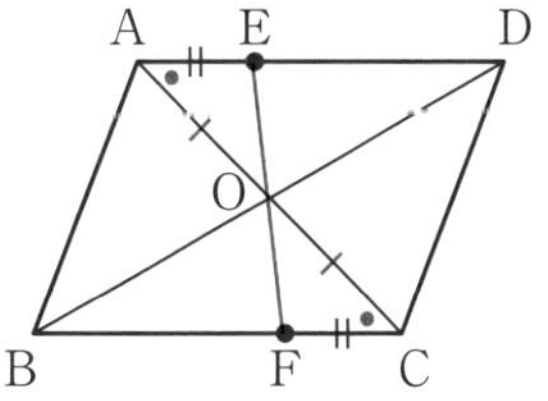

証明

△AOE と△COF において，

仮定から，

AE = CF ……①

平行四辺形の対角線はそれぞれの中点で交わるから，

OA = OC ……②

AD // BC より，平行線の錯角は等しいから，

∠EAO = ∠FCO ……③

①, ②, ③より，2 組の辺とその間の角がそれぞれ等しいから，

△AOE ≡ △COF

合同な図形の対応する辺は等しいから，

OE = OF 答

A E D O B F C

～より，／～ので，／～から，
A = B ……①
のように，仮定や図形の性質などを「理由」として述べてから，「等式」を示す。

平行線の性質を使うときは，どの 2 直線が平行なのかをはっきりと示す。

番号（①②③）を根拠に，「三角形の合同」を示す。

「合同な図形の性質」を根拠として，結論を示す。

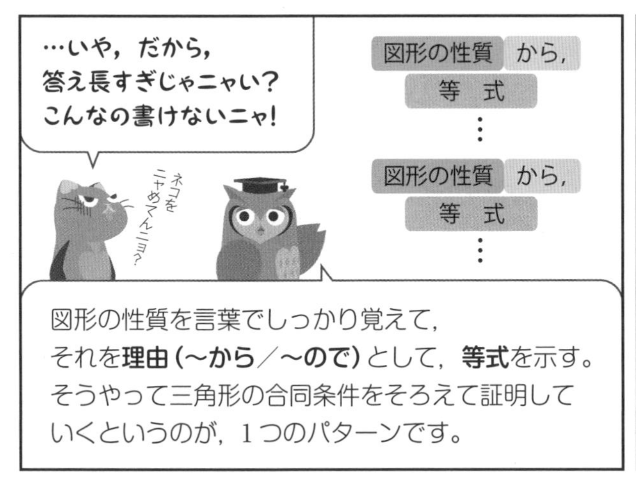

…いや，だから，
答え長すぎじゃニャい？
こんなの書けないニャ！
ネコをニャめてんニョ？
図形の性質 から，
等 式
⋮
図形の性質 から，
等 式
⋮
図形の性質を言葉でしっかり覚えて，
それを**理由（～から／～ので）**として，**等式**を示す。
そうやって三角形の合同条件をそろえて証明していくというのが，1つのパターンです。

平行四辺形が関係する
図形の証明問題は，
テストでもよく出ます。
同じようなパターンを
くり返し練習すれば
できるようになりますよ。
END

5 平行四辺形になる条件

「2 組の対辺がそれぞれ平行な四角形を平行四辺形という」(定義)
…ということは，

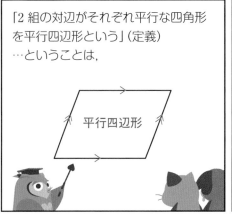

平行四辺形

四角形があって，2 組の対辺がそれぞれ平行であれば，その四角形は「平行四辺形」だといえますよね。

これは平行四辺形だ!
認定

同様に，「平行四辺形の性質」に 1 つでもあてはまる四角形があったら，その四角形は「平行四辺形」といえるんです。

例

平行四辺形の性質

ただの四角形…?
(平行四辺形っぽいけど)

2 組の対辺が
それぞれ等しいゾ!

この四角形は
平行四辺形だ!

認定

これはつまり，「平行四辺形の性質」という定理の「**逆**」が成り立つというわけなんですね。

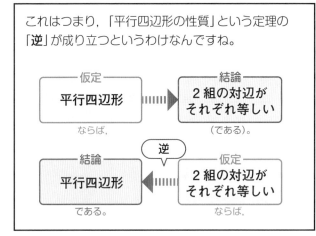

仮定
平行四辺形
ならば，

結論
2 組の対辺がそれぞれ等しい
(である)。

逆

結論
平行四辺形
である。

仮定
2 組の対辺がそれぞれ等しい
ならば，

次のように，**平行四辺形になる条件**は全部で 5 つあります。重要な定理ですから，しっかり覚えておいてください。

平行四辺形になる条件

四角形は，次のどれか１つでも成り立てば，平行四辺形である。

⓪ 2 組の対辺がそれぞれ平行である。（定義）

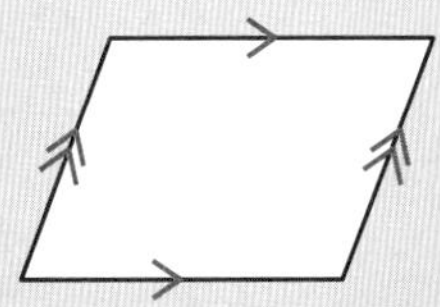

❶ 2 組の対辺がそれぞれ等しい。

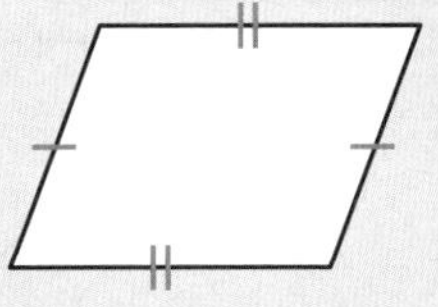

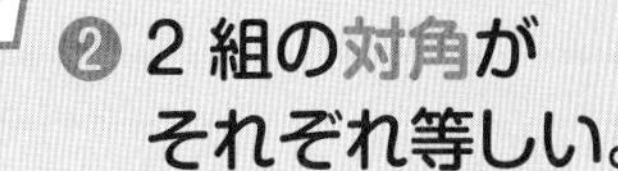

❷ 2 組の対角がそれぞれ等しい。

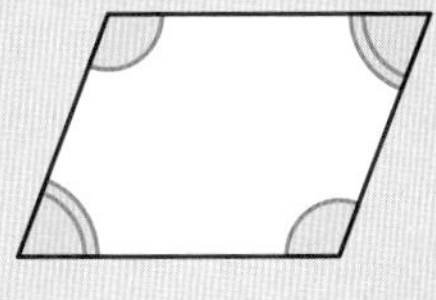

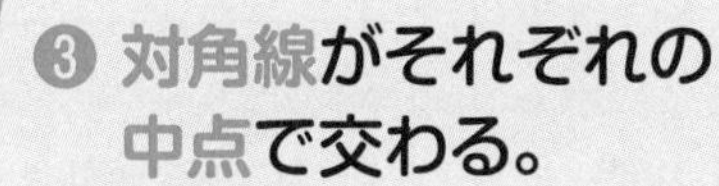

❸ 対角線がそれぞれの中点で交わる。

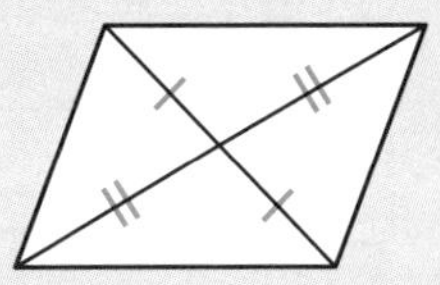

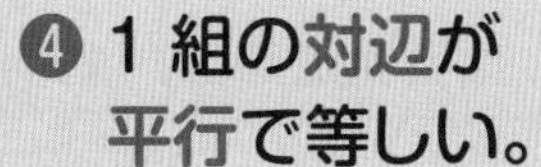

❹ 1 組の対辺が平行で等しい。

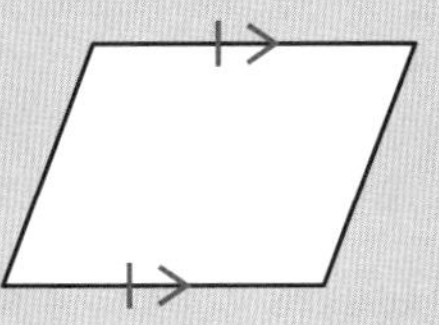

…ん？最後の❹は「平行四辺形の性質」にはないニャ？

平行四辺形の「**定義**」と「**性質❶**」を半分ずつたしたような条件ですね。2 組でなく，**1 組**だけでも，その対辺が平行で等しければ，平行四辺形といえるんだよということです。

では，この条件にあてはまれば，本当に平行四辺形だといえるのか。それを１つずつ証明していきましょう。

問1　(平行四辺形になる条件①)

下図の四角形 ABCD で，AB = DC，AD = BC であるとき，四角形 ABCD が平行四辺形になることを証明しなさい。

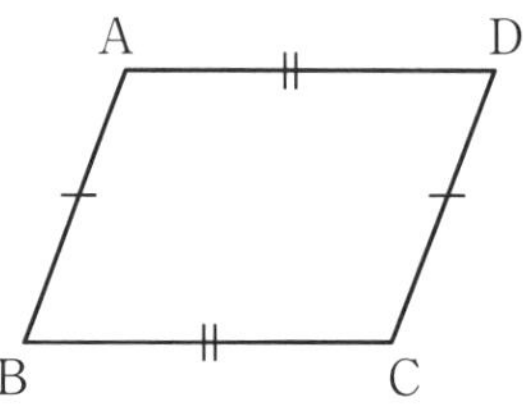

まずは，平行四辺形になる条件の❶ですね。**「2 組の対辺はそれぞれ等しい」**という平行四辺形の性質❶の**「逆」**が成り立つのか。これを証明しましょう。

※条件⓿は定義なので省略。

証明

対角線 AC をひく。

△ABC と△CDA において，

仮定より，　AB = CD　……①

BC = DA　……②

AC は共通なので，　AC = CA　……③

①, ②, ③より，3 組の辺がそれぞれ等しいので，

△ABC ≡ △CDA

合同な図形の対応する角は等しいので，

∠BCA = ∠DAC　……④

∠BAC = ∠DCA　……⑤

④, ⑤より，錯角が等しいので，

AD // BC，AB // DC

2 組の対辺がそれぞれ平行なので，

四角形 ABCD は平行四辺形である。**答**

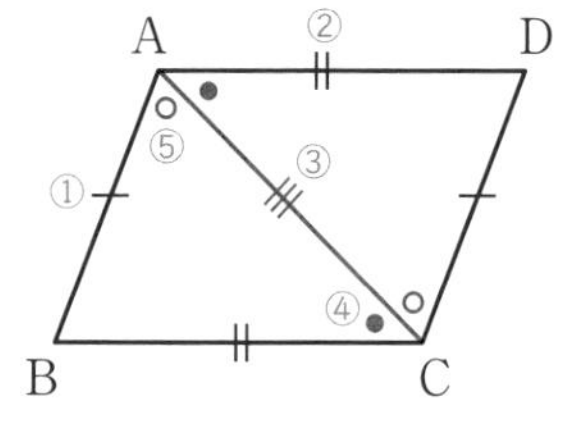

～より，／～ので，／～から，
A = B　……①
のように，仮定や図形の性質などを「理由」として述べてから，「等式」を示す。

番号（①②③）を根拠に，「三角形の合同」を示す。

合同な図形の対応する角を錯角として，錯角が等しいことを理由に，2 組の対辺が平行であることを示す。

「平行四辺形の定義」を根拠として，結論を示す。

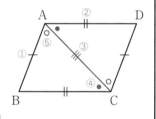

問2 （平行四辺形になる条件②）

下図の四角形 ABCD で，∠A＝∠C，∠B＝∠D であるとき，四角形 ABCD が平行四辺形になることを証明しなさい。

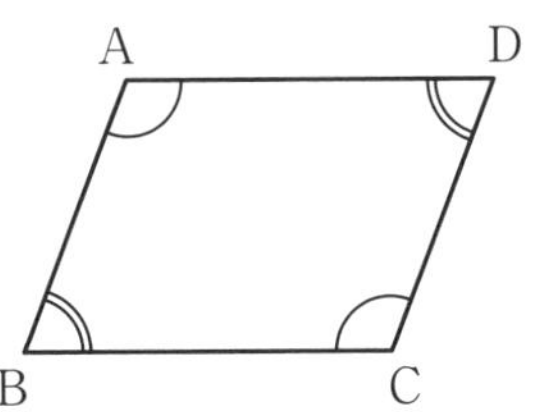

今度は，平行四辺形になる条件の❷ですね。**「2 組の対角はそれぞれ等しい」**という平行四辺形の性質❷の**「逆」**が成り立つのか。証明しましょう。

証明

四角形の内角の和は 360°であるから，

$\angle A+\angle B+\angle C+\angle D=360^\circ$

仮定より，∠A＝∠C，∠B＝∠D なので，

$\angle A+\angle B+\angle A+\angle B=360^\circ$

$2(\angle A+\angle B)=360^\circ$

したがって，∠A+∠B＝180°　…… ①

まず，∠A＋∠B＝180°であることを示す。

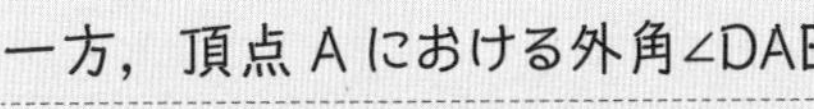

一方，頂点 A における外角∠DAE をつくると，∠A+∠DAE＝180°　…… ②

①，②より，∠B＝∠DAE

同位角が等しいから，AD // BC

また，∠B＝∠D と∠B＝∠DAE より，

∠D=∠DAE

錯角が等しいから，AB // DC

どこかに外角をつくり，同位角と錯角が等しいことを理由に，2 組の対辺が平行であることを示す。

2 組の対辺がそれぞれ平行であるから，四角形 ABCD は平行四辺形である。**答**

「平行四辺形の定義」を根拠として，結論を示す。

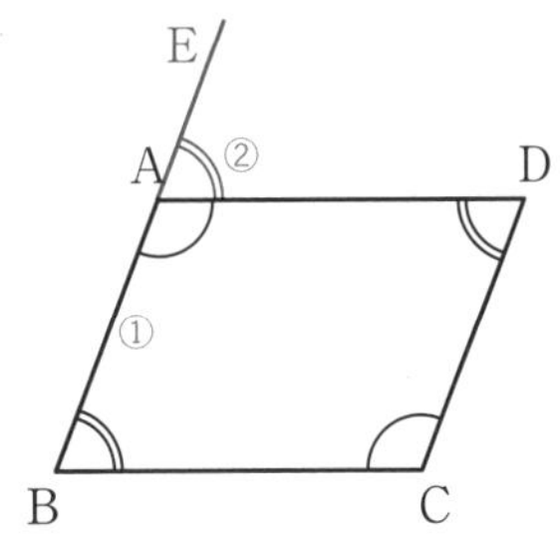

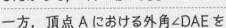

問3 （平行四辺形になる条件③）

下図の四角形 ABCD の対角線の交点を O とし，OA = OC，OB = OD であるとき，四角形 ABCD が平行四辺形になることを証明しなさい。

今度は，平行四辺形になる条件の❸ですね。「**対角線**はそれぞれの**中点**で交わる」という平行四辺形の性質❸の「**逆**」が成り立つのか。証明しましょう。

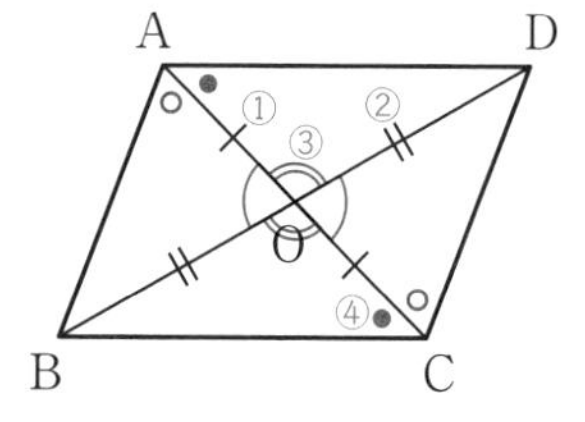

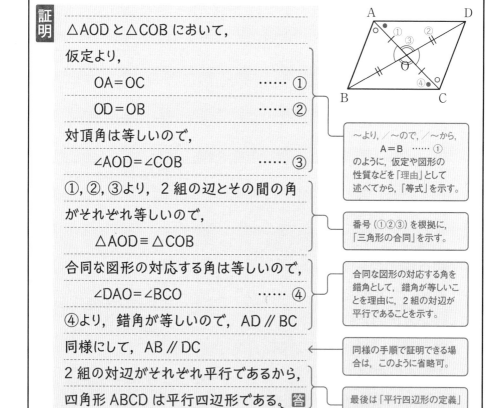

△AOD と△COB において，

仮定より，

OA＝OC …… ①

OD＝OB …… ②

対頂角は等しいので，

∠AOD＝∠COB …… ③

①，②，③より，2 組の辺とその間の角がそれぞれ等しいので，

△AOD≡△COB

合同な図形の対応する角は等しいので，

∠DAO＝∠BCO …… ④

④より，錯角が等しいので，AD // BC

同様にして，AB // DC

2 組の対辺がそれぞれ平行であるから，

四角形 ABCD は平行四辺形である。 答

～より，／～ので，／～から，
A＝B …… ①
のように，仮定や図形の性質などを「理由」として述べてから，「等式」を示す。

番号（①②③）を根拠に，「三角形の合同」を示す。

合同な図形の対応する角を錯角として，錯角が等しいことを理由に，2 組の対辺が平行であることを示す。

同様の手順で証明できる場合は，このように省略可。

最後は「平行四辺形の定義」を根拠として，結論を示す。

問4　(平行四辺形になる条件④)

下図の四角形 ABCD で，AD // BC，AD = BC であるとき，四角形 ABCD が平行四辺形になることを証明しなさい。

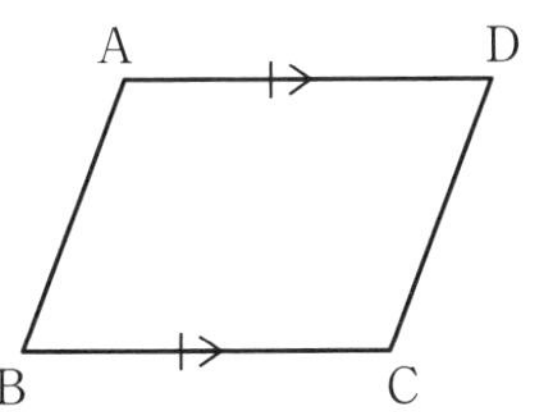

最後は，平行四辺形になる条件の❹ですね。**「1 組の対辺が平行で等しい」**だけで，平行四辺形といえるのか。それを証明して，終わりにしましょう。

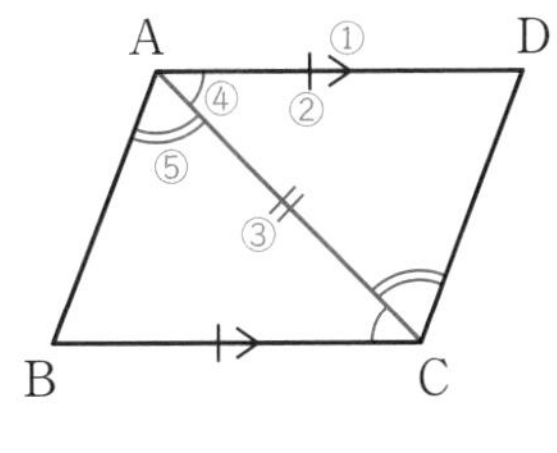

対角線 AC をひく。

△ABC と△CDA において，

仮定から，　　　BC // DA　…… ①

　　　　　　　　BC = DA　…… ②

AC は共通なので，　AC = CA　…… ③

①より，平行線の錯角は等しいので，

　∠BCA = ∠DAC　…… ④

②, ③, ④より，2 組の辺とその間の角がそれぞれ等しいから，

　△ABC ≡ △CDA

合同な図形の対応する角は等しいから，

　∠BAC = ∠DCA　…… ⑤

⑤より，錯角が等しいから，AB // CD

2 組の対辺がそれぞれ平行であるから，

四角形 ABCD は平行四辺形である。**答**

> ～より，／～ので，／～から，
> A = B　…… ①
> のように，仮定や図形の性質などを「理由」として述べてから，「等式」を示す。

> 番号を根拠に，「三角形の合同」を示す。

> 合同な図形の対応する角を錯角として，錯角が等しいことを理由に，2 組の対辺が平行であることを示す。

> 最後は「平行四辺形の定義」を根拠として，結論を示す。

問5 （平行四辺形になる条件の証明への利用）

右の図の ▱ABCD の頂点 A，C から，対角線 BD に垂線をひき，交点をそれぞれ E，F とした。このとき，四角形 AECF は平行四辺形 になることを証明しなさい。

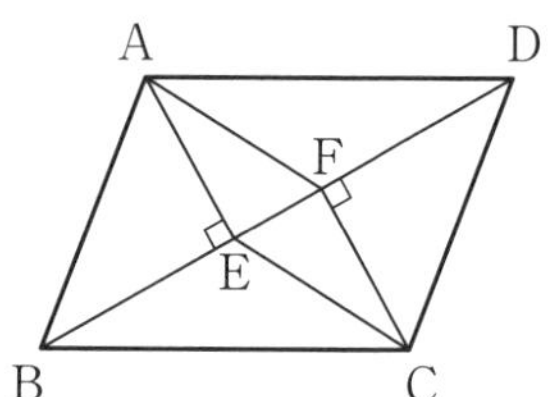

これもまた，三角形の合同を示して，対応する角を錯角として平行を証明するパターンじゃないニョ？

そのパターンは多いですよね。ただ，証明の方法は 1 つではありません。今回は**直角三角形**がポイントですよ。

△AEB と△CFD において，
仮定より，

∠AEB ＝ ∠CFD ＝ 90°

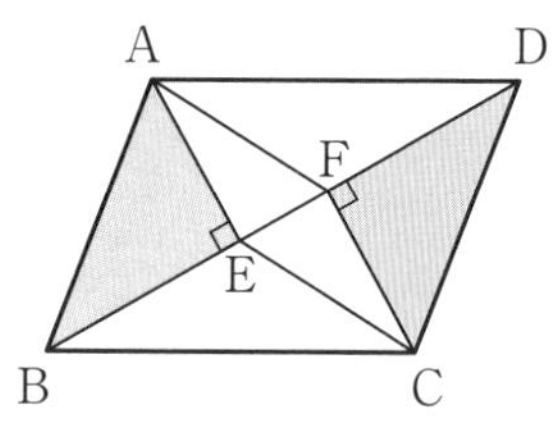

平行四辺形の対辺は等しいので，

AB ＝ CD

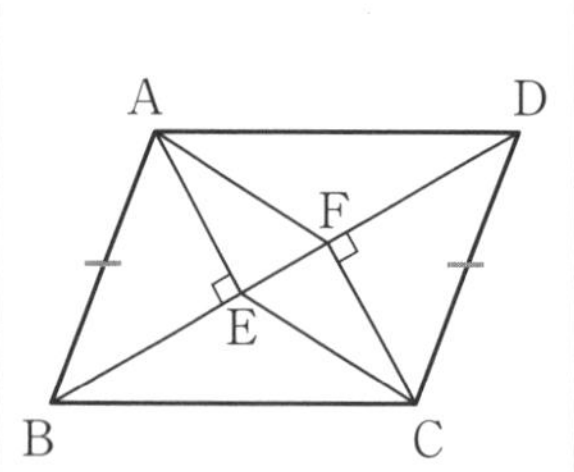

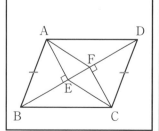

平行線の錯角は等しいので，AB∥DC より，

∠ABE ＝ ∠CDF

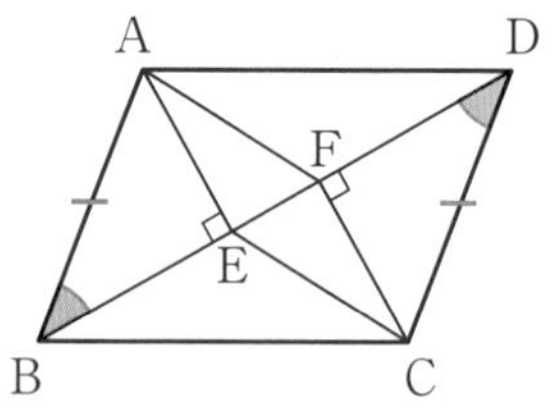

三角形の合同条件がそろったワン？

…いや，「1 組の辺とその両端の角」じゃないから，これだけじゃ合同とはいえないニャ…

どうすればいいニャ…？

こういうときに思い出してほしいのが，
直角三角形の合同条件なんです。

直角三角形の合同条件

❶ 斜辺と 1つの鋭角がそれぞれ等しい。
❷ 斜辺と他の 1 辺がそれぞれ等しい。

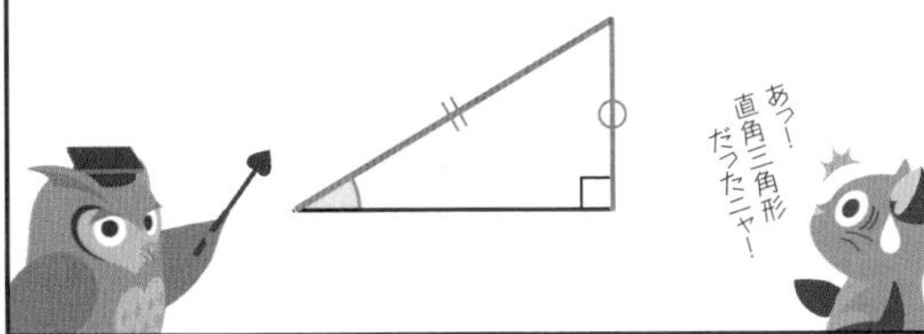

直角三角形の斜辺と 1 つの
鋭角がそれぞれ等しいので，

△AEB ≡ △CFD

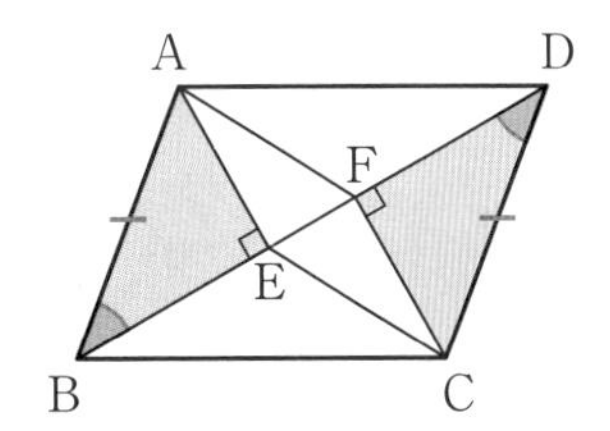

合同な三角形の対応する辺は等しいので，

AE = CF

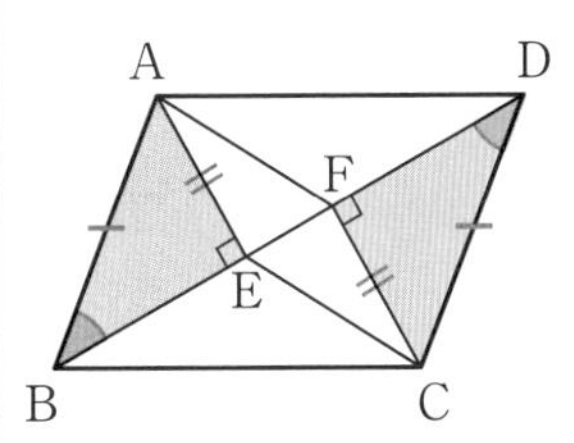

AE，CF は垂線なので，

∠AEF = ∠CFE
= 90°

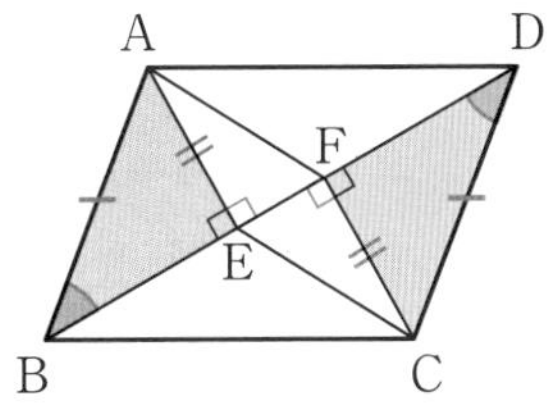

錯角が等しいので，

AE // FC

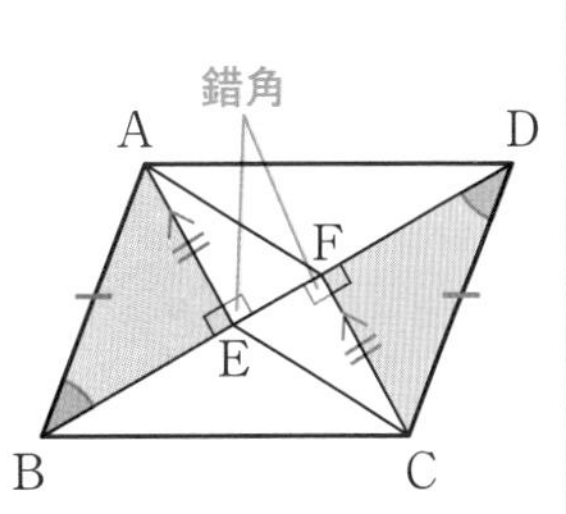

1 組の対辺が平行で
その長さが等しいので，
四角形 AECF は平行四辺形となる。

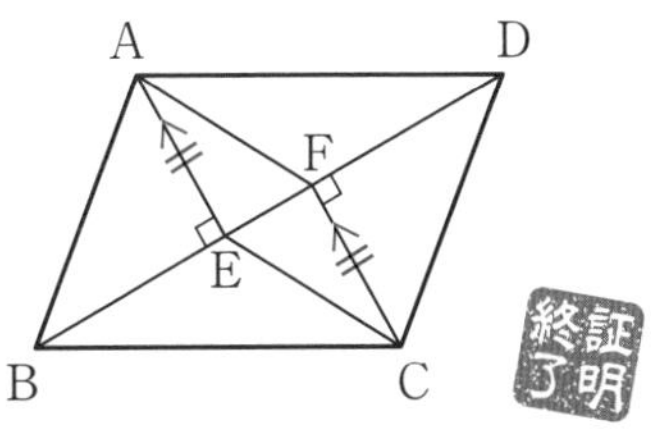

このように，「三角形」ではなく
「**直角三角形**」の合同条件を使う場合や，
平行線の性質など様々な性質を使って
証明する場合も今後多くなってきます。
図形の性質や定理は
しっかり覚えておきましょうね。

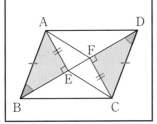

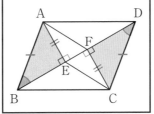

6 特別な平行四辺形

問1 (長方形と平行四辺形の関係)

平行四辺形が，長方形，ひし形，正方形になるためには，それぞれどんな条件を加えればよいか。下図の(1)～(4)にあてはまる条件を，次の㋐～㋓の中からすべて選びなさい。ただし，同じ記号を何度選んでもよい。

㋐ AB = BC　　㋑ AC = BD　　㋒ ∠A = ∠B　　㋓ AC ⊥ BD

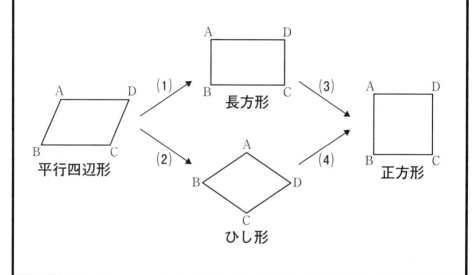

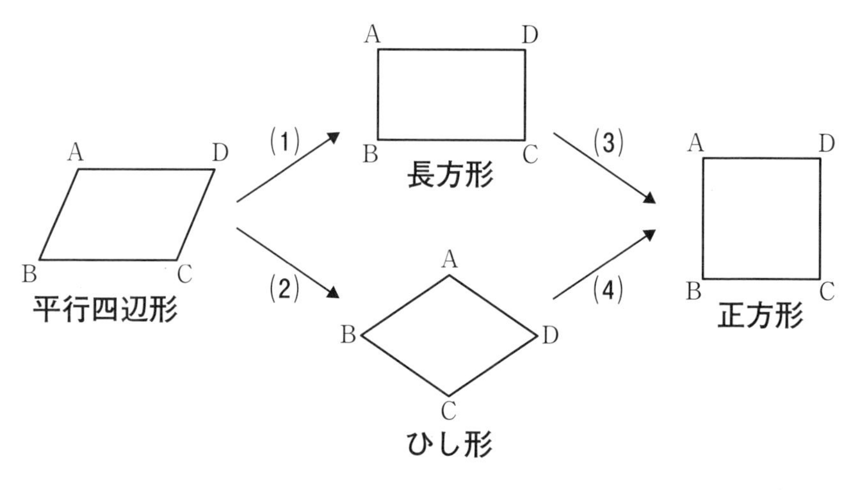

…ふぁ？　条件？
どういうことニャ…？
以前，平行四辺形の
定義を学びましたよね。

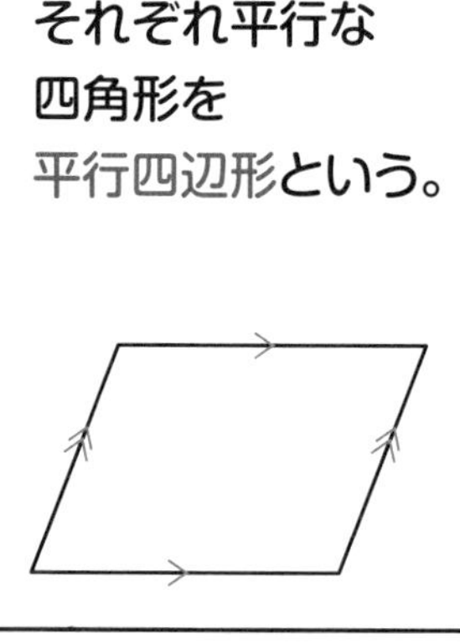

2組の対辺が
それぞれ平行な
四角形を
平行四辺形という。

この定義を見て，
「え？これだけ？
おかしくない？」
と疑問に思った人は，
すばらしいです！
ニャんで？

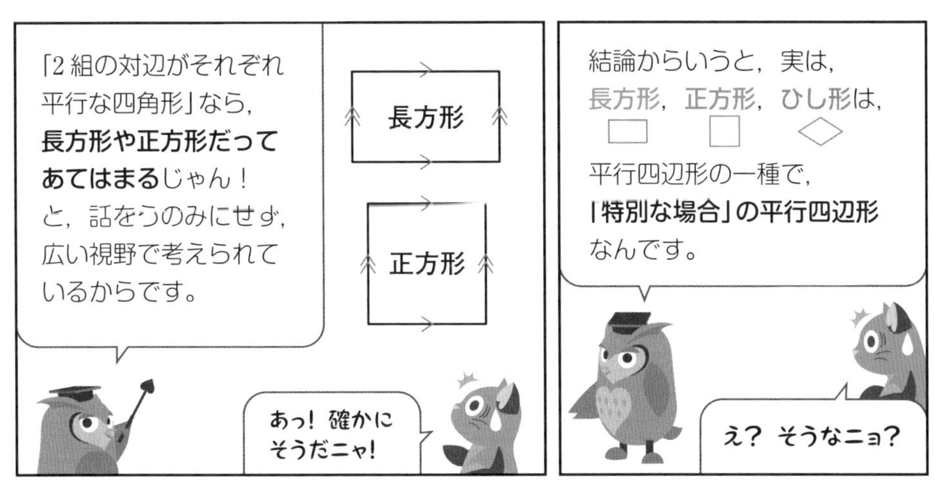

「2組の対辺がそれぞれ平行な四角形」なら，**長方形や正方形だってあてはまる**じゃん！
と，話をうのみにせず，広い視野で考えられているからです。
長方形
正方形
あっ！ 確かにそうだニャ！
結論からいうと，実は，長方形，正方形，ひし形は，
平行四辺形の一種で，
「特別な場合」の平行四辺形なんです。
え？ そうなニョ？

POINT

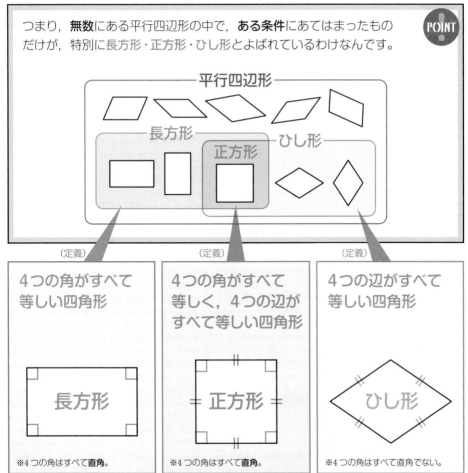

つまり，**無数**にある平行四辺形の中で，**ある条件**にあてはまったものだけが，特別に長方形・正方形・ひし形とよばれているわけなんです。

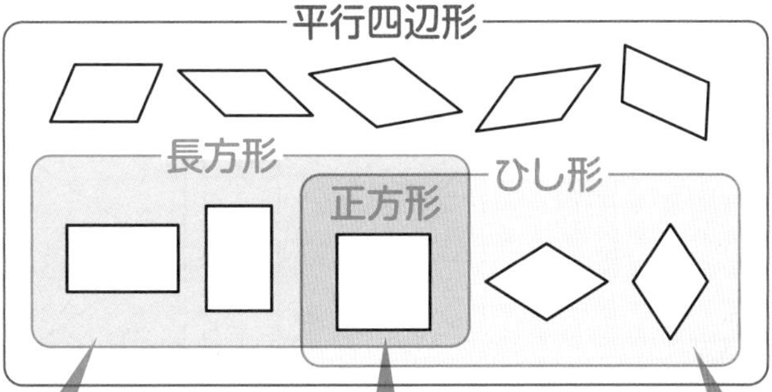

平行四辺形

長方形　正方形　ひし形

(定義)	(定義)	(定義)
4つの角がすべて等しい四角形	4つの角がすべて等しく，4つの辺がすべて等しい四角形	4つの辺がすべて等しい四角形
長方形	正方形	ひし形
※4つの角はすべて**直角**。	※4つの角はすべて**直角**。	※4つの角はすべて直角でない。

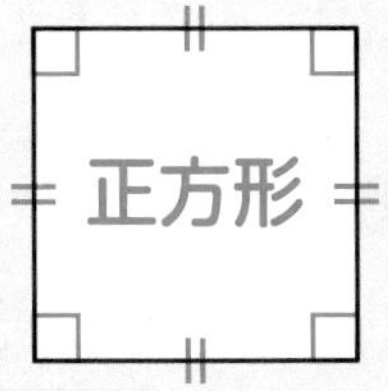

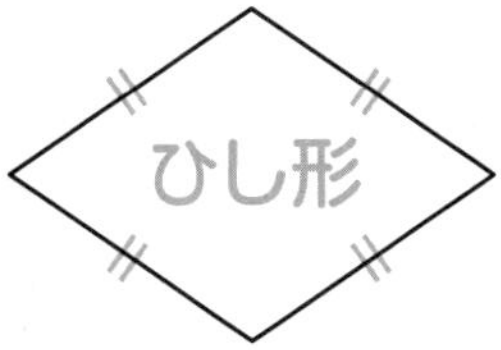

正方形は，
なんで長方形
とひし形の間
にあるニャ？

長方形とひし形の**両方の性質**が
合わさっているからです。
4つの角・辺がすべて等しい
「**奇跡の激レア平行四辺形**」が
正方形なんですよ。

長方形
ひし形
正方形
4つの角がすべて等しい
4つの辺がすべて等しい

さらに，これら
3つの四角形は，
「**対角線**」についても，
特別な性質を
もつんです。

四角形の対角線の性質

POINT

長方形の対角線の
長さは等しい。

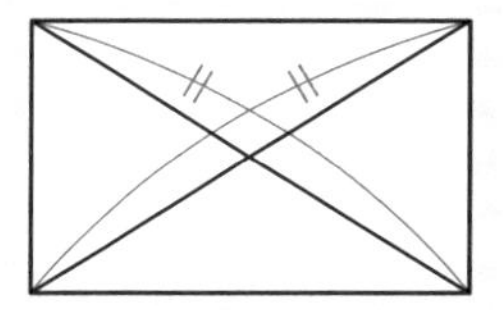

正方形の対角線は，
長さが等しく，
垂直に交わる。

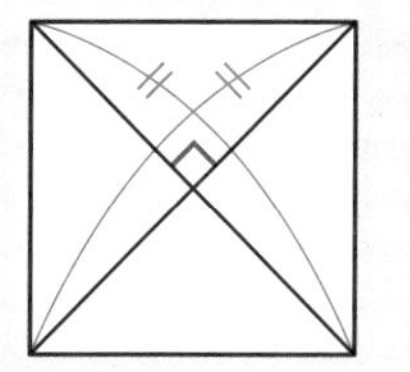

ひし形の対角線は，
垂直に交わる。

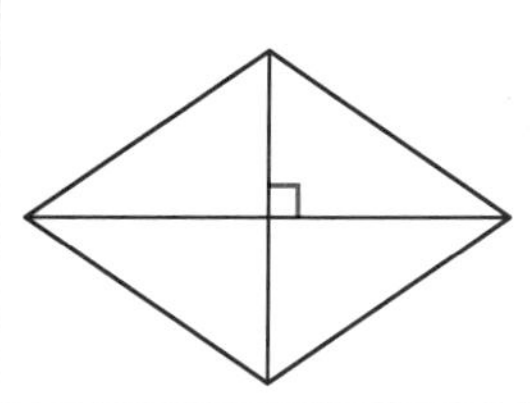

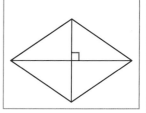

※平行四辺形の性質❸（対角線**はそれぞれの**中点**で交わる**）ももっている。

なお，長方形は，4つの角が直角で，対角線はそれぞれの中点で交わることから，

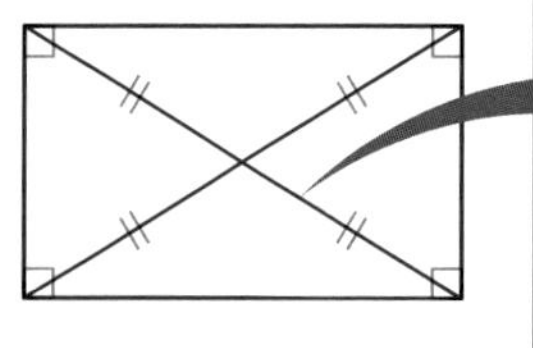

「直角三角形」の「斜辺の中点」は，この三角形の3つの頂点から等しい距離にある。
という性質も導くことができるんです。
これもついでに覚えておきましょう。

斜辺の中点

POINT

⑴を考えましょう。
平行四辺形と比べた長方形の特徴（ちがい）は，次の２点ですね。
◎4つの角がすべて等しい。
◎対角線の長さは等しい。

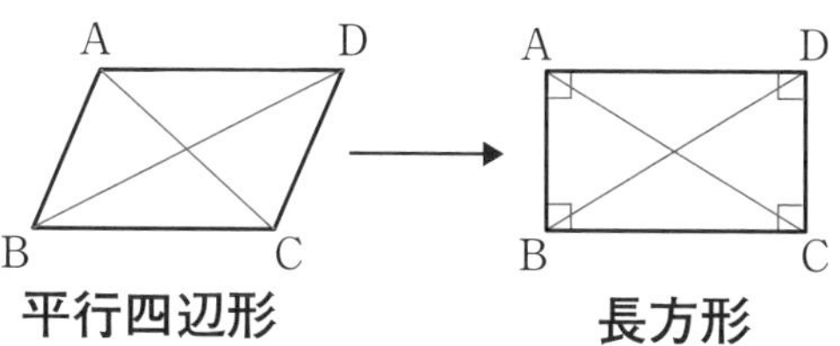

したがって，
㋑ AC = BD
㋒ ∠A = ∠B
のどちらか一方があてはまれば，平行四辺形は長方形になるというわけです。
問題文には「**すべて**選びなさい」とあるので，
両方を答えましょう。

， 答

⑵，⑶，⑷も同様に，**前の四角形とのちがい**は何かを考え，あてはまるものをすべて答えましょう。

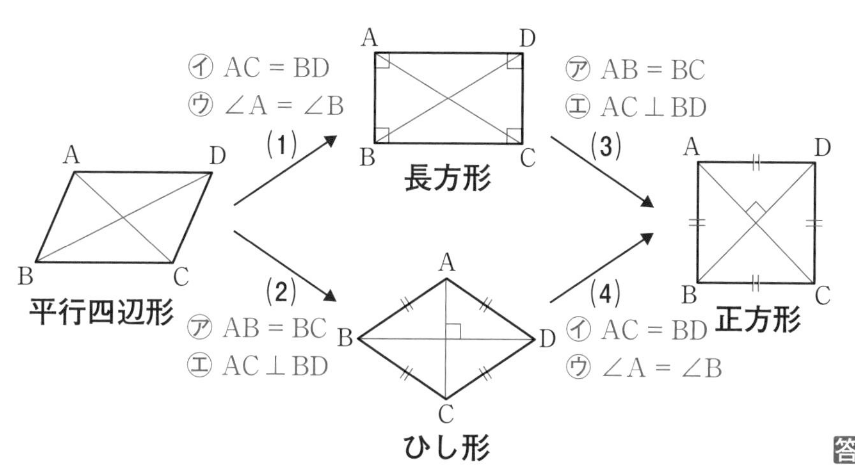

答

長方形とひし形を「合成」したのが正方形ニャ？
なるほど。そんなイメージで覚えてもいいですね。
ゲームっぽく

長方形，ひし形，正方形の定義や性質は似ているところが多いので，**どこがどうちがうのか**に注目しながら確実に覚えましょう。

1 平行線と面積

問 1 （平行線と面積）

右の図で，AD∥BC であるとき，図の中から面積の等しい三角形の組をすべて見つけて，それぞれ式で表しなさい。

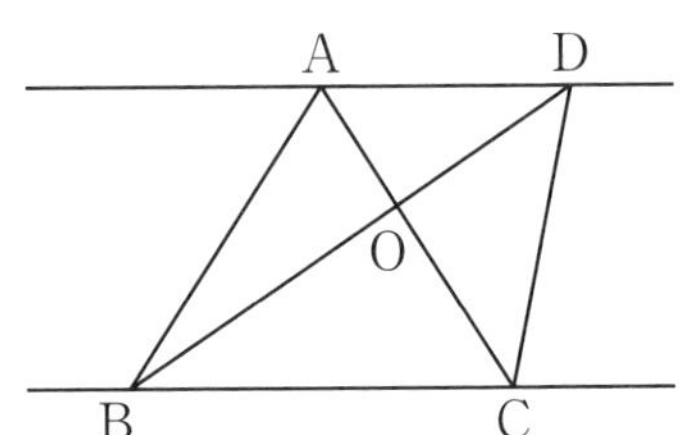

面積が同じ三角形？どこワン？
また三角形の合同で証明するパターンじゃないニョ？

三角形があっても，必ず三角形の合同条件を使うとは限りません。今回は**平行線の性質**がポイントです。

中１で学んだように，平行な２直線の「距離」とは，平行線間にひいた**垂線**（すいせん）の長さであり，その長さは常に同じですよね。

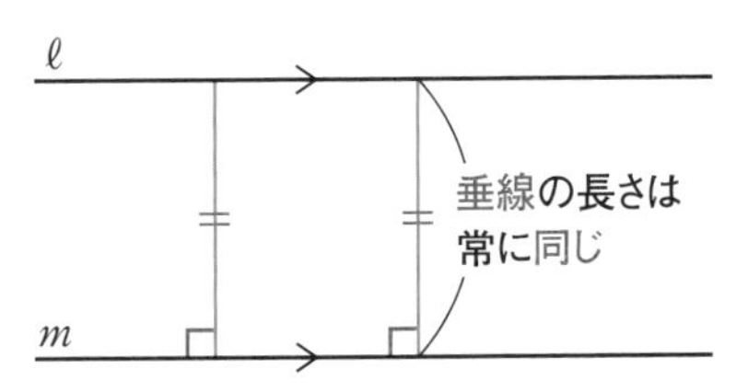

ℓ
m
垂線の長さは常に同じ

つまり，**問 1** のように，底辺 BC に平行な直線上に頂点をもつ三角形の場合，

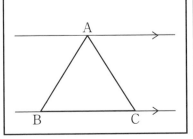

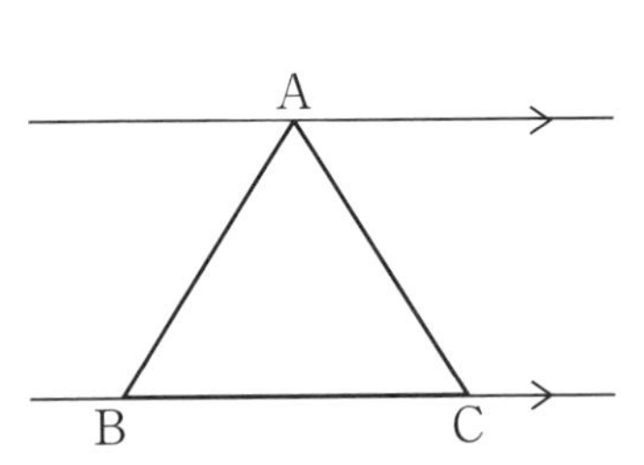

平行線間にひいた垂線の長さが，三角形の「**高さ**」になるわけです。

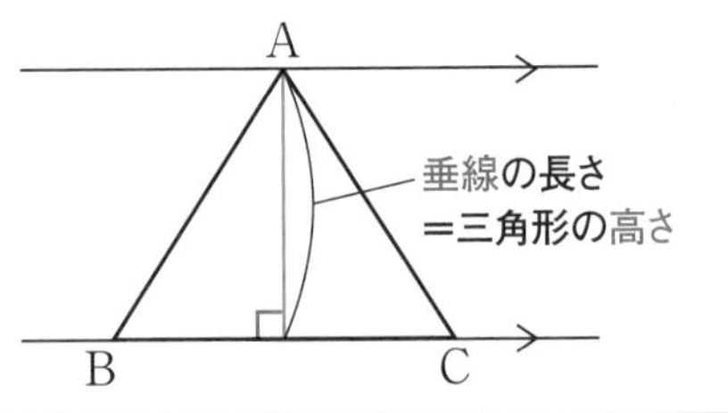

三角形の面積は

底辺 × 高さ × $\frac{1}{2}$

ですから,

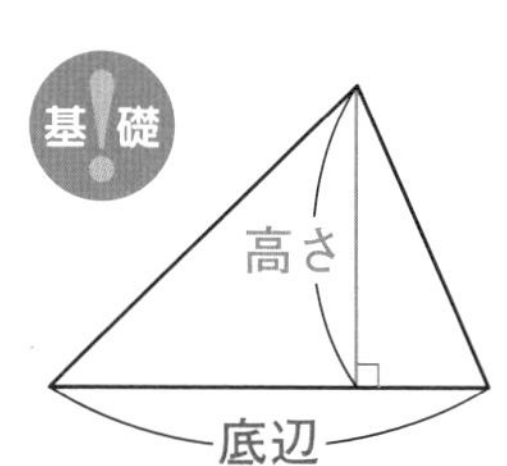

底辺と高さが**同じ**であれば，頂点がどこにあっても，三角形の**面積は**同じになるんです。

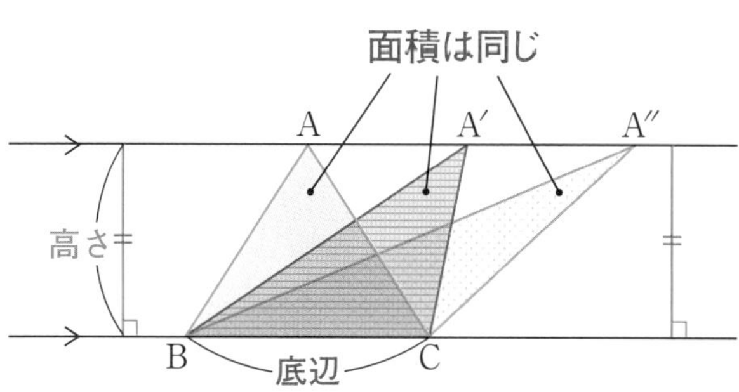

このように，図形の面積は**等**しいまま，**形**を**変**えることを**等積変形**(とうせきへんけい)といいます。

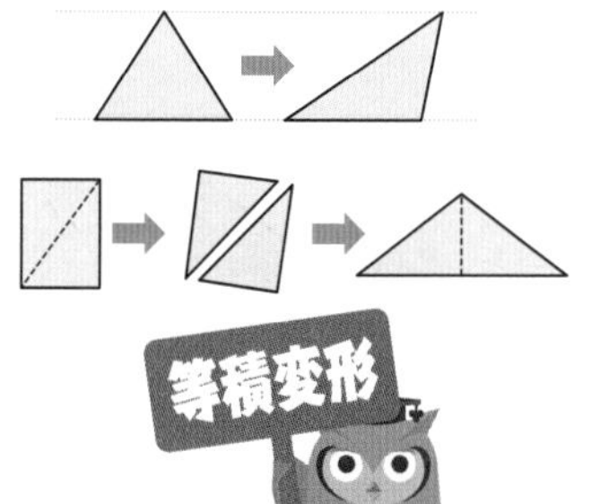

さて，**問1**は AD // BC です。

△ABC と△DBC は底辺と高さが同じなので，面積が等しくなります。

△ABC = △DBC 答①

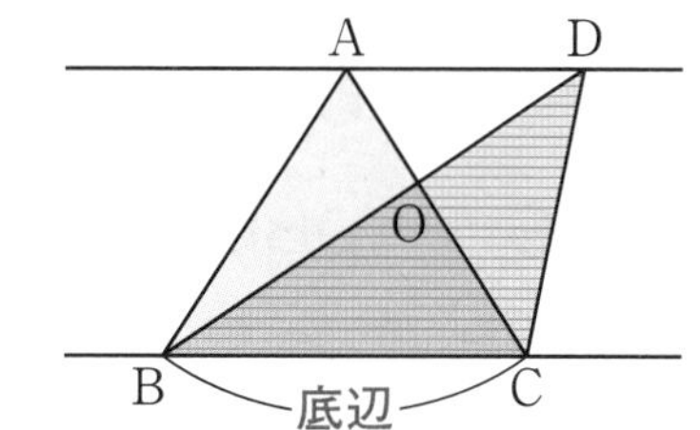

「△ABC」は，三角形 ABC の「**名前（記号）**」として使ってきましたが，このように，三角形 ABC の「**面積**」を表すこともあるんですね。

また，重なった部分を除いた三角形どうしも，面積が等しくなります。

△ABO = △DOC 答②

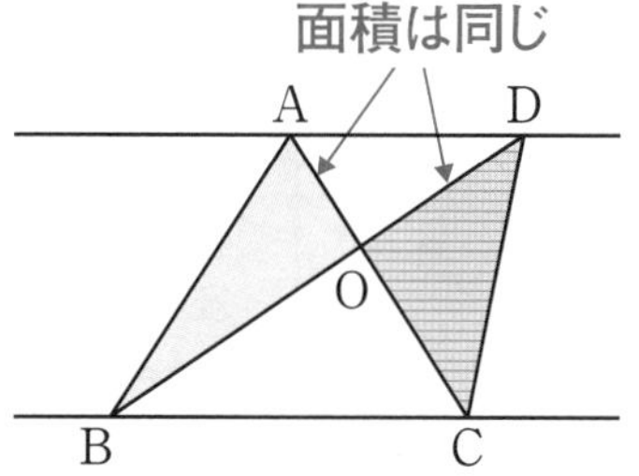

Chapter 5 三角形と四角形 7 平行線と面積

さらに，AD を底辺と考えると，
△ABD と△ACD も底辺と高さが同じで，
面積が等しくなります。

△ABD ＝ △ACD　**答**③

A　底辺　D

B　C

以上，①・②・③が**問 1** の答えになります。

……ふぁ !?　ニャにこれ？
上の辺を底辺として見たら，
別の三角形が出てきたニャ!

少し見方を変えるだけで，様々な三角形が見えてくるんですよ。
答えは 1 つとは限らないんです。

POINT　底辺が共通な三角形の等積変形

1 つの直線上の 2 点 B，C と，その直線の同じ側にある※2 点 A，D について，

❶ **AD // BC ならば，**
△ABC ＝ △DBC

❷ **△ABC ＝ △DBC ならば，**
AD // BC

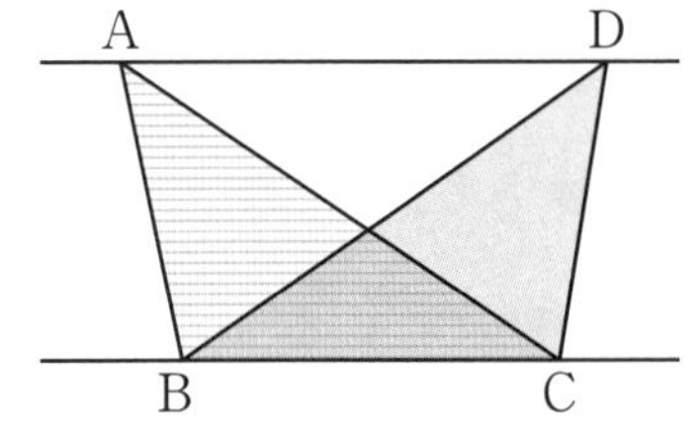

※その直線をはさんで反対側にある 2 点ではなく，同じ側にある 2 点という意味。

この性質を使うと，例えば下図のように，土地の面積を変えずに，
境界線をきれいにひき直すこともできるんです。便利なんですね！

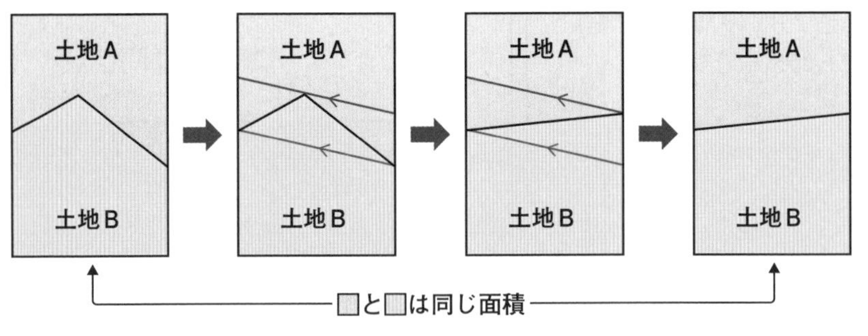

問2 （面積の等しい図形のかき方）

右の四角形 ABCD で，
辺 BC の延長上に点 E をとり，
四角形 ABCD と面積が等しい
△ABE をかきなさい。

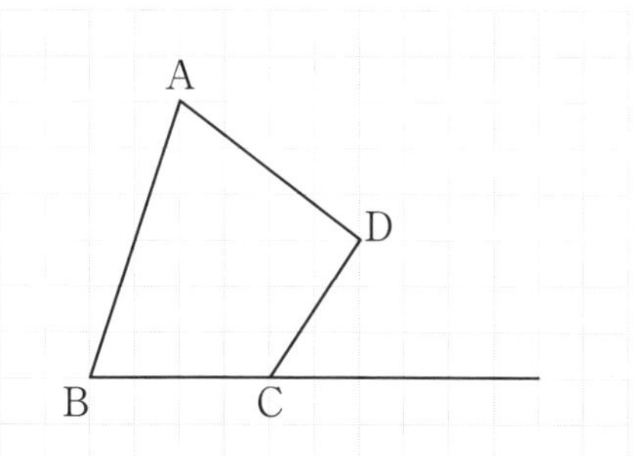

…何をどうすれば
いいニョか…
全くわからんニャ…

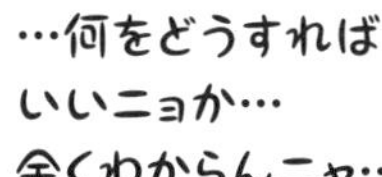

そういうときは，とりあえず**対角線**をひいて**三角形**をつくってみて，そこから考えましょう。

対角線 BD をひいてみましょう。

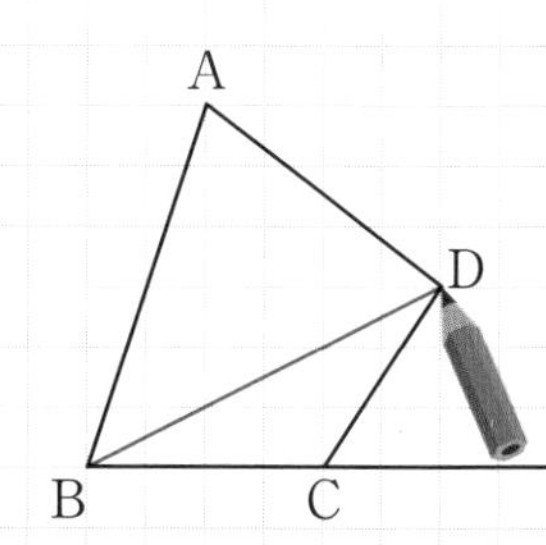

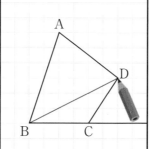

……ふぁ !?
……何もできる気がしないニャ…

ちょっとダメそうですね。
別の方法を考えましょう。

対角線 AC をひいてみましょう。
2 つの三角形ができましたね。

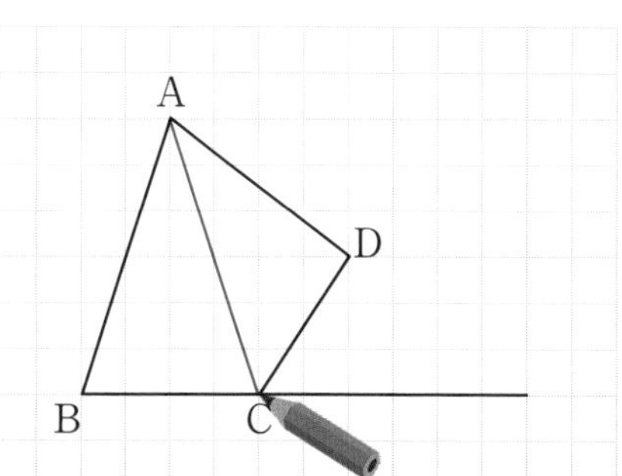

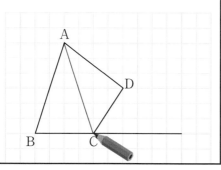

BC の延長上に点 E をとるので，
イメージとして，このような感じで，
△ABE をかけばいいということです。

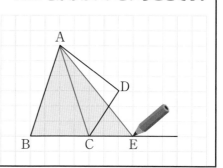

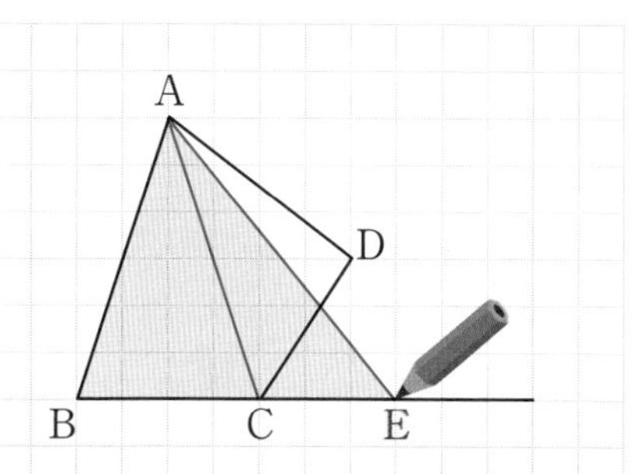

「だいたいこんな感じの
答えになるだろうなぁ」と
イメージすることは，
解答を導くうえで
とても大切ですからね。

さあ，ここで使うのが，**問 1** で学んだ，
底辺と**平行**な直線上に頂点があれば，
三角形の**面積は同じ**という性質です。

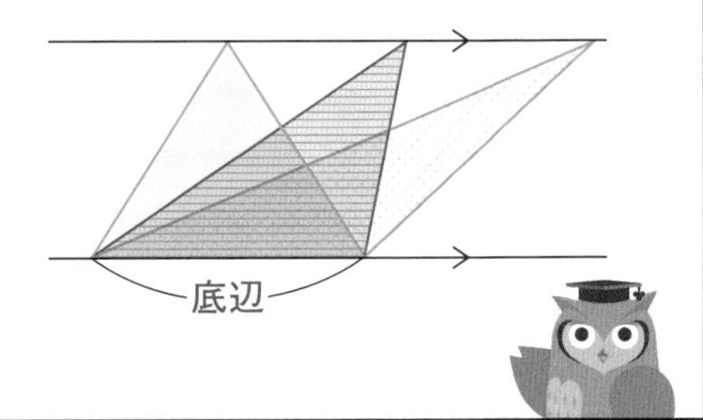

AC を**底辺**と考え，AC に**平行**で点 D を通る直線をひきます。

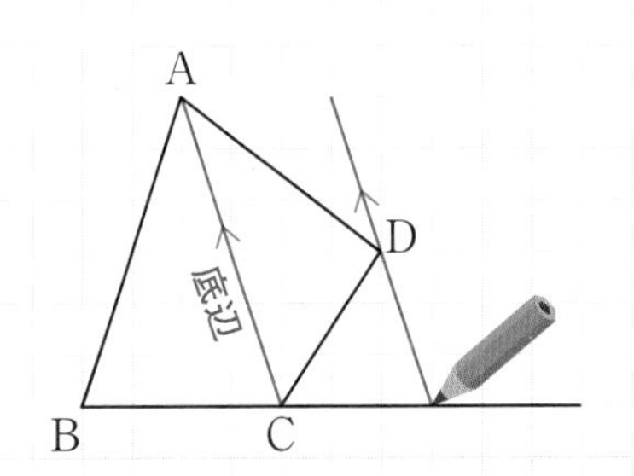

頂点 D がこの直線上にあれば，
底辺 AC は共通なので，△ACD の
面積は常に同じになりますよね。

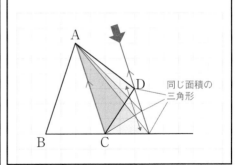

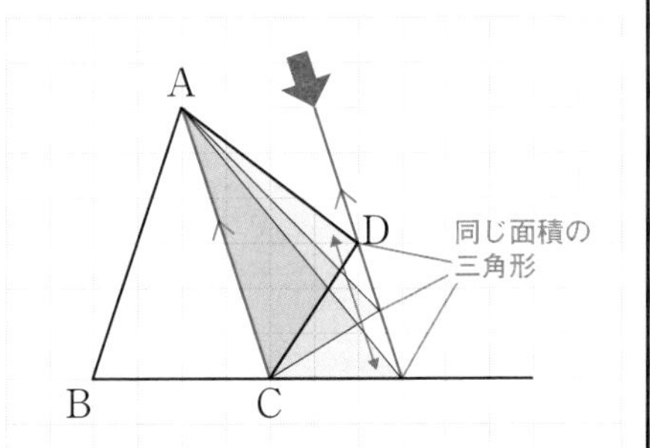

つまり，三角形の頂点が BC の
延長上の点 E にきても，
面積は変わらないわけです。

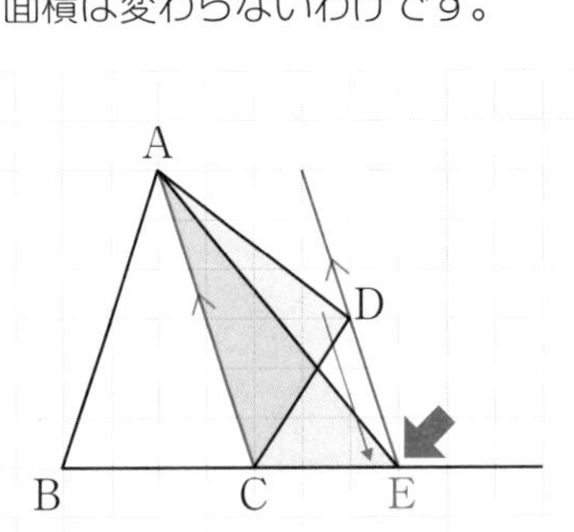

したがって，点 A と E を結ぶと，

△ACD = △ACE

となり，下の図が答えになります。

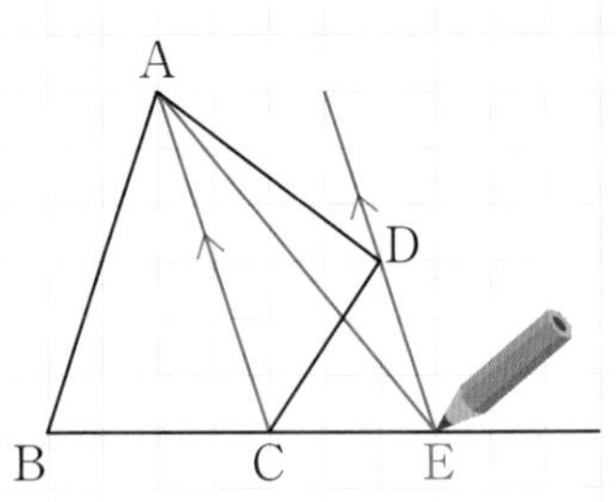

△ABC の面積は共通だから，四角形 ABCD と△ABE は面積が等しいといえますよね。

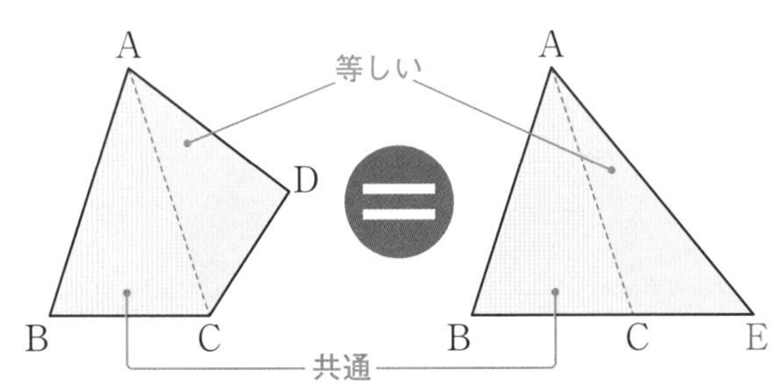

三角形の底辺を決めて
その底辺に平行な線を
かけばいいニャ？
そう，その平行な線上で，
三角形の頂点を動かして
考えてみるといいですよ。

ちなみに，**問２**でかいた図をもとにして，四角形 ABCD＝△ABE を**証明**する場合は，このようにかきましょう。

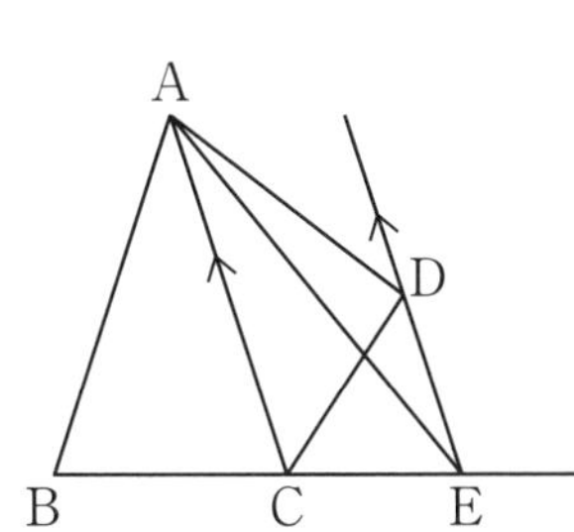

証明

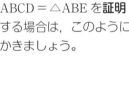

△ACD と△ACE において，

AC を底辺と見ると，共通で等しい。

また，AC // DE より，高さも等しい。

したがって，

△ACD＝△ACE …①

四角形ABCD＝△ABC＋△ACD …②

△ABE＝△ABC＋△ACE …③

①, ②, ③より，

四角形ABCD＝△ABE **答**

また新しいパターンの証明だニャ！
こんなのどうやってかけばいいニャ？
ネコをニャめてんニョ？
証明はいろいろな解答の書き方があるので，
最初は難しいですよね。

最初のうちは，解説の解答を真似して，そのまま何回も書き写してください。
慣れてくると，だんだんパターンとコツが身についてきますから，
とにかく練習あるのみです！
END

高校入試問題にチャレンジ！
三角形と四角形【実戦演習】

問1

〈広島県〉

右図のように，1つの平面上に∠BAC = 90°の直角二等辺三角形 ABC と正方形 ADEF があります。ただし，∠BAD は鋭角とします。このとき，△ABD ≡ △ACF であることを証明しなさい。

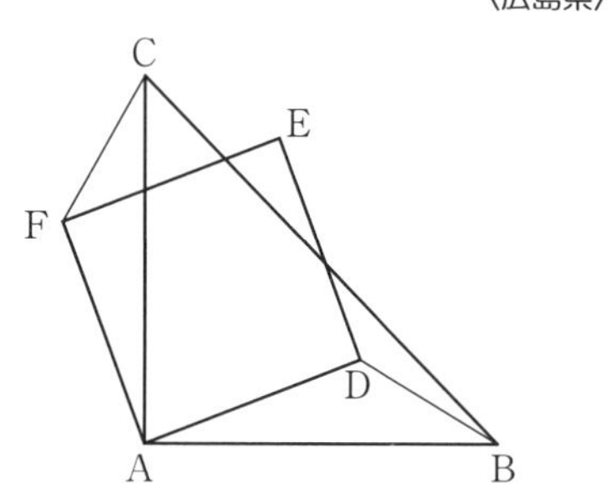

問2

〈秋田県〉

図のように，平行四辺形 ABCD があり，点 E は辺 BC 上の点で，AB = AE である。このとき，△ABC ≡ △EAD となることを証明しなさい。

また，∠BAE = 40°，AC⊥DE のとき，∠CAE の大きさを求めなさい。

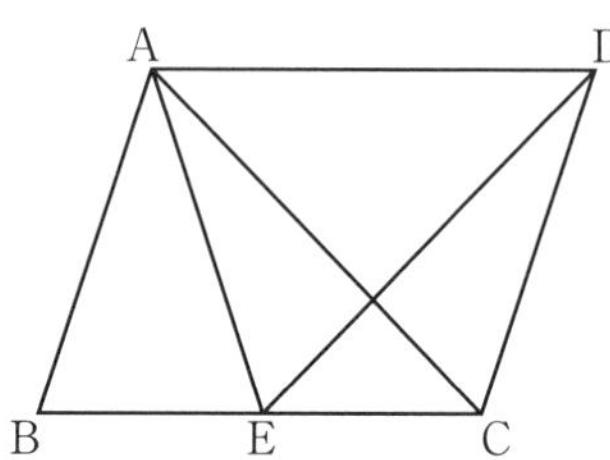

問3

〈青森県〉

図の平行四辺形 ABCD で，AB，BC 上にそれぞれ点 E，F をとる。AC//EF のとき，△ACE と面積が等しい三角形を3つ書きなさい。

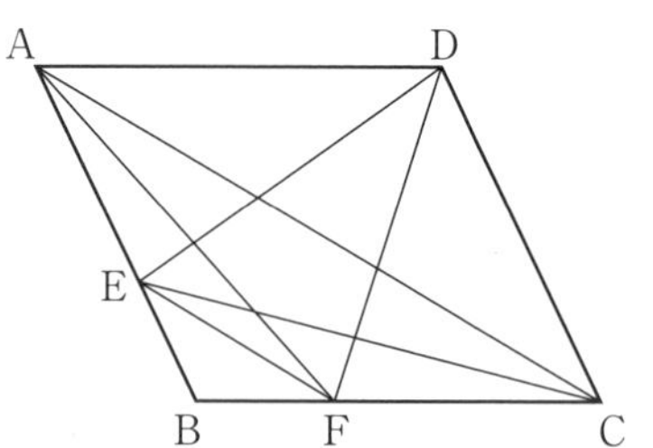

二等辺三角形の性質，直角二等辺三角形の性質，平行四辺形の性質などを使って「等しいところ」を見つけ，証明に用いましょう。

答1 （証明）

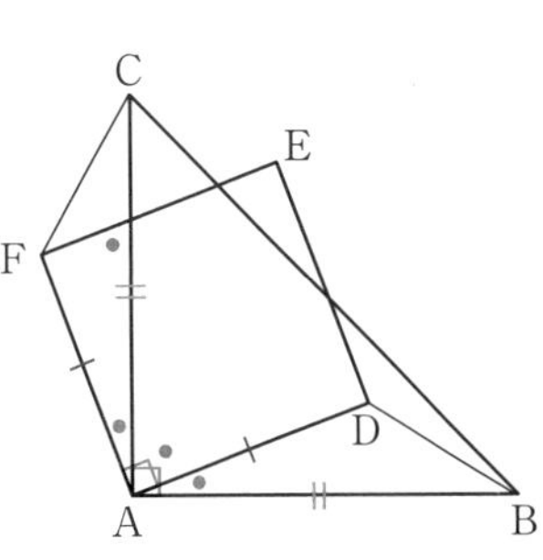

△ABD と△ACF において，△ABC は∠BAC＝90°の直角二等辺三角形なので，AB＝AC ……①

また，∠DAB＝90°－∠CAD ……②

四角形 ADEF は正方形より，AD＝AF ……③

また，∠FAD＝90°より，∠FAC＝90°－∠CAD ……④

②，④より，∠DAB＝∠FAC ……⑤

①，③，⑤より，2 組の辺とその間の角がそれぞれ等しいので，△ABD≡△ACF（証明終わり）答

答2 （証明）

△ABC と△EAD において，仮定から，AB＝EA ……①

平行四辺形の対辺は等しいから，BC＝AD ……②

①より，△ABE は二等辺三角形だから，

∠ABC＝∠AEB ……③

平行線の錯角は等しいから，∠AEB＝∠EAD ……④

③，④より，∠ABC＝∠EAD ……⑤

①，②，⑤より，2 組の辺とその間の角がそれぞれ等しいので，△ABC≡△EAD（証明終わり）答

また，∠CAE＝x とおくと，∠BAC＝40°＋x

合同な三角形の対応する角は等しいので，∠BAC＝∠AED＝40°＋x

線分 AC と線分 DE の交点を F とすると，△AEF で，

$x+(40+x)=90°$　　$2x=90°-40°$　　$x=25°$ 答

答3

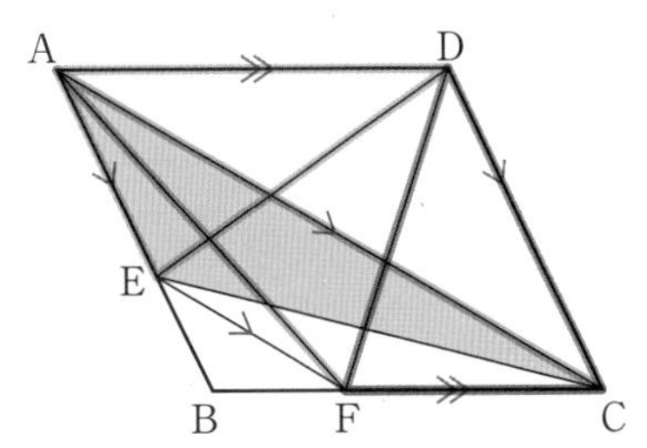

底辺が共通な三角形の等積変形を考えて，△ACE と面積が等しいものをあげればよい。

AE // DC より，△ACE＝△ADE ……①

AC // EF より，△ACE＝△AFC ……②

AD // FC より，△AFC＝△DCF ……③

②，③より，△ACE＝△DCF　←ここに注意!

よって答えは，△ADE，△AFC，△DCF 答

COLUMN-5

ナポレオンの定理

フランス革命終盤の混乱期にクーデターによって軍事独裁政権を樹立し，その後皇帝に就任したナポレオン。彼は数学大好き人間として有名で，才能にも優れていたようです。若き日のナポレオンは，故郷のコルシカ島から大陸へ渡り陸軍幼年学校に入学し，代数，三角法，幾何などを学びました。卒業後はラプラス変換などで有名な数学者のラプラスに認められ，陸軍士官学校に入学。数学の勉強ができる砲兵科を選択し，難なく数学の教程をおさめ，16 歳で砲兵少尉となりました。ちなみに，ナポレオン政権時代，ラプラスは内務大臣に登用されています。

「ナポレオンの定理」は，ナポレオンが自ら見つけた定理といわれています。その内容は，「任意の三角形に対し，各辺を一辺とした正三角形をつくる。それらの正三角形の重心*をそれぞれ結んでできる三角形は正三角形となる」というものです。各正三角形の重心を結ぶと，また正三角形が出てくるというのが面白いですね。

3 つの正三角形をもとの三角形の外側にかく場合と内側にかく場合の 2 つの場合がありますが，いずれも正三角形となります。また，この 2 つの正三角形の面積の差は，もとの三角形の面積と等しくなります。3 つの正三角形の重心を結んでできる正三角形をナポレオン三角形とよびますが，ナポレオン三角形の重心は元の三角形の重心と一致します。

ナポレオンの定理の証明は少し複雑な計算になりますが，高校 1 年で習う正弦（せいげん）定理，余弦（よげん）定理と高校 2 年で習う加法定理などを用いて証明することができます。

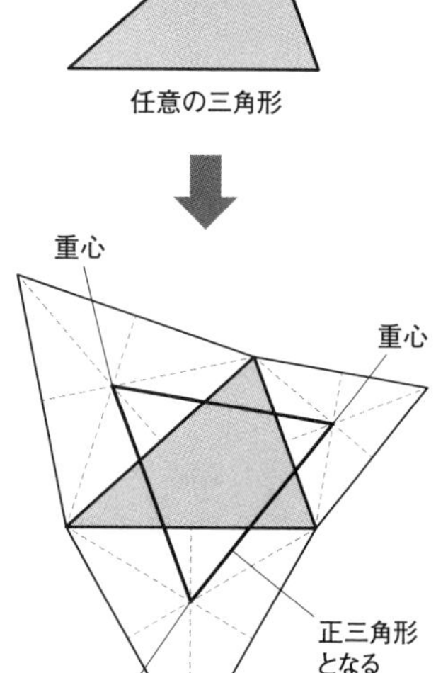

*三角形の重心…3 本の中線（=頂点と対辺の中点を結んだ線）の交点。

（文：沖田一希）

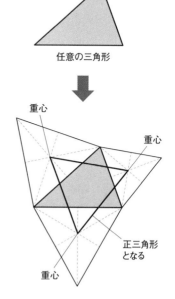

Chapter 6

データの分布の比較

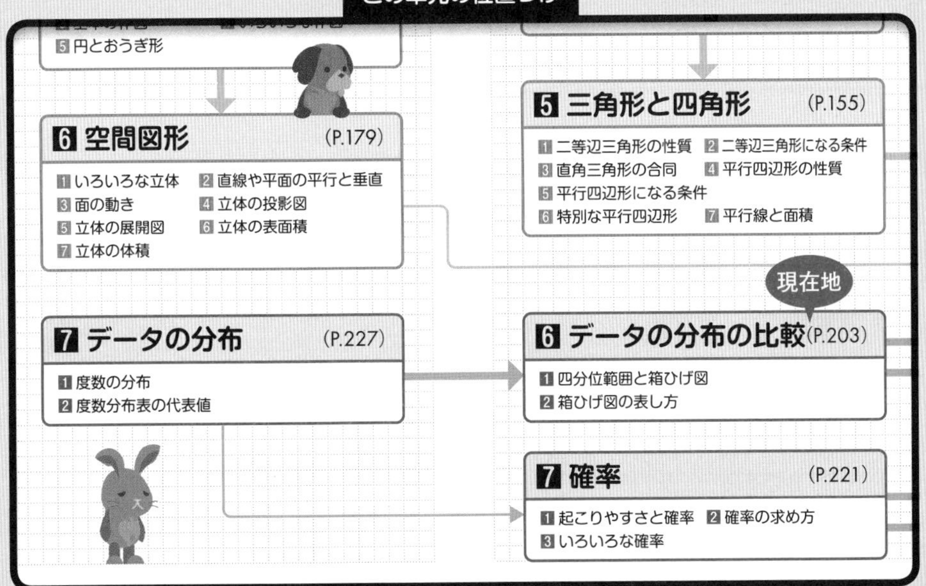

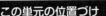

中1では，データの分布について整理し，その傾向や特徴を読み取る方法を主に学びました。中2では，複数のデータの分布をおおまかに「比較」する方法を学習します。

最小値，最大値，四分位範囲などの用語を理解し，それらを簡明に表すための「箱ひげ図」のかき方を学ぶことで，異なる複数のデータをおおまかに比較できるようになりましょう。

I 四分位範囲と箱ひげ図

問 1 （箱ひげ図のかき方）

あるテニススクール A に所属する 19 人の学生の年齢を調べると，右の表のようになりました。
このデータの分布を表す箱ひげ図をかきなさい。

所属する学生の年齢（単位：歳）

10,	15,	12,	8,	13,	12,	16,
17,	14,	11,	16,	12,	14,	16,
12,	9,	15,	12,	10		

ふぁ…!?
…箱ひげ図?
ニャにそれ?
箱ひげ図なら
カンタンに
かけるワン!
スゴイ!!
かけるんですか?

できたワン!
絶対ちがうニャ!
「箱」に「ひげ」の図
かいただけニャ!

中 1 の「度数の分布」という項目で，**度数分布表**と**ヒストグラム**をつくりましたよね。
覚えていますか？

年齢の度数分布表

年齢（歳） 以上　未満	度数（人）
6 ～ 8	0
8 ～ 10	2
10 ～ 12	3
12 ～ 14	6
14 ～ 16	4
16 ～ 18	5
合計	20

階級　度数

グラフ化

ヒストグラム（柱状グラフ）

(人) 度数 0 1 2 3 4 5 6
6 8 10 12 14 16 18 (歳) 階級

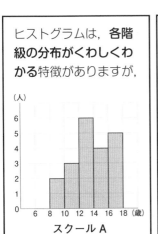

ヒストグラムは，**各階級の分布がくわしくわかる**特徴がありますが，

(人)

スクール A

1つのヒストグラムでは1つのデータの分布しか表せないので，例えばほかのスクールと比べたい場合など，**複数データの比較**がしづらいんです。

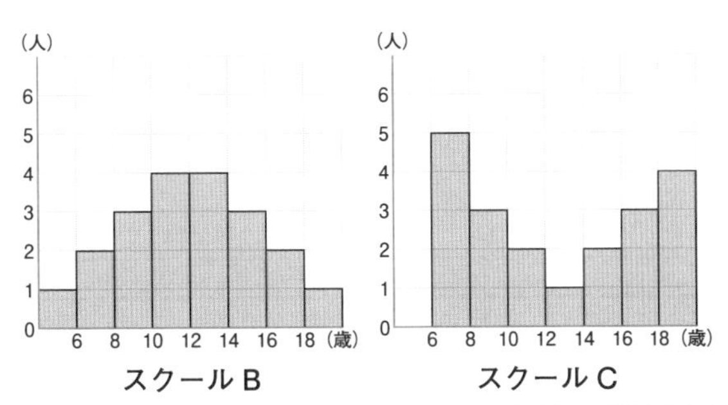

(人)
(歳)
スクール B
スクール C

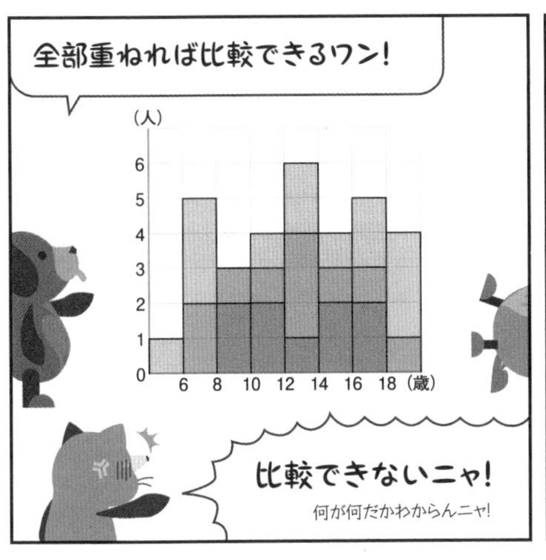

全部重ねれば比較できるワン!
(人)
(歳)
比較できないニャ!
何が何だかわからんニャ!

…ということで，データの分布（散らばりぐあい）がシンプルにつかめて，**複数のデータの比較**もできるよう，アメリカの数学者が考えたのが，「**箱ひげ図**（はこひげず）」なんです。
この図のかき方を学びましょう。

箱ひげ図
ニャめてんニョ?

まず，左から右へ，データを小さい順に並べます。全部で19人（1～19番）です。数直線上ではないので，同じ値を上に重ねたりせず，すべて横一列に並べます。

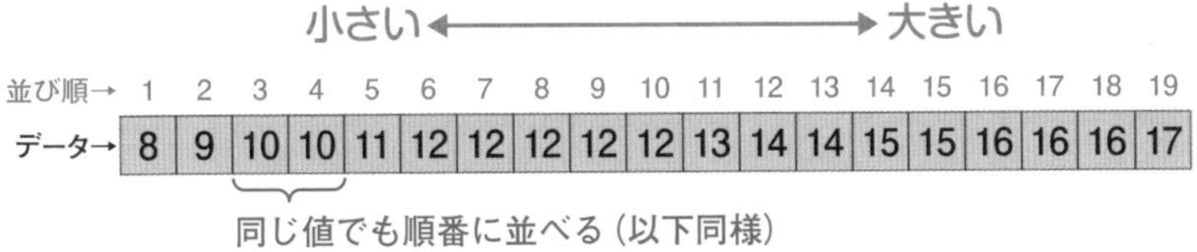

小さい ←→ 大きい

並び順→	1	2	3	4	5	6	7	8	9	10	11	12	13	14	15	16	17	18	19
データ→	8	9	10	10	11	12	12	12	12	12	13	14	14	15	15	16	16	16	17

同じ値でも順番に並べる（以下同様）

横一列に並んだデータの，最も小さい値 (8) を**最小値**といい，
最も大きい値 (17) を**最大値**といいます。

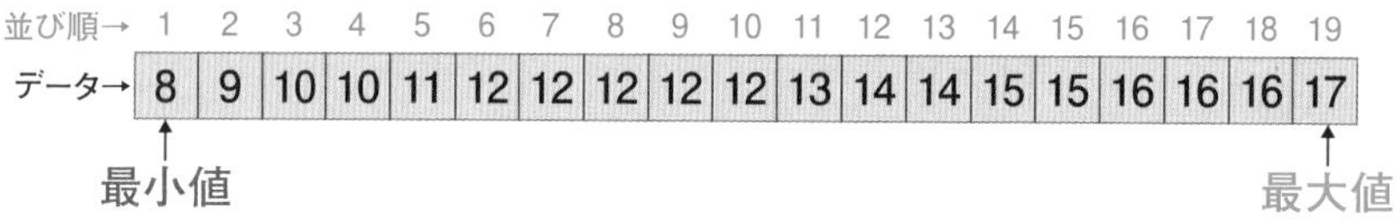

列の**真ん中** (全体の $\frac{1}{2}$) に位置する値を**中央値 (第 2 四分位数)** といいます。

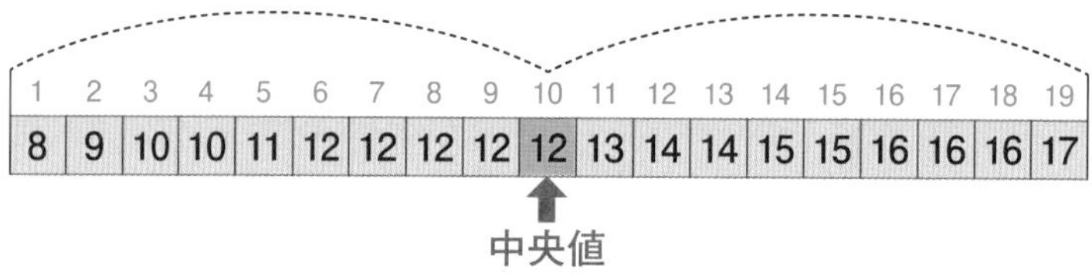

中央値の左側にあるデータを，さらに半分に分けたとき，
左側半分の真ん中 (全体の $\frac{1}{4}$) に位置する値を**第 1 四分位数**といいます。

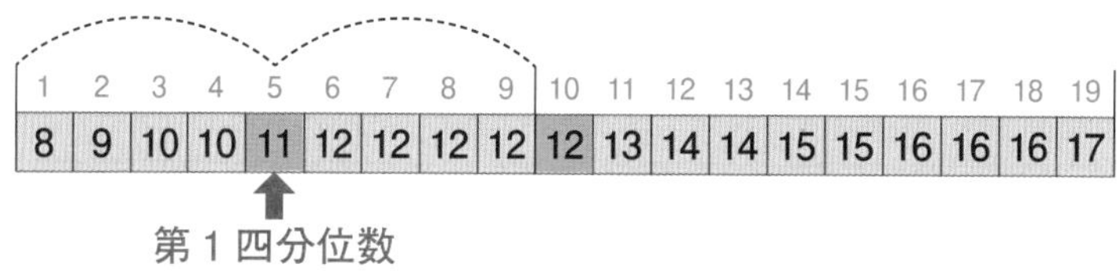

一方，中央値の右側にあるデータを，さらに半分に分けたとき，
右側半分の真ん中 (全体の $\frac{3}{4}$) に位置する値を**第 3 四分位数**といいます。

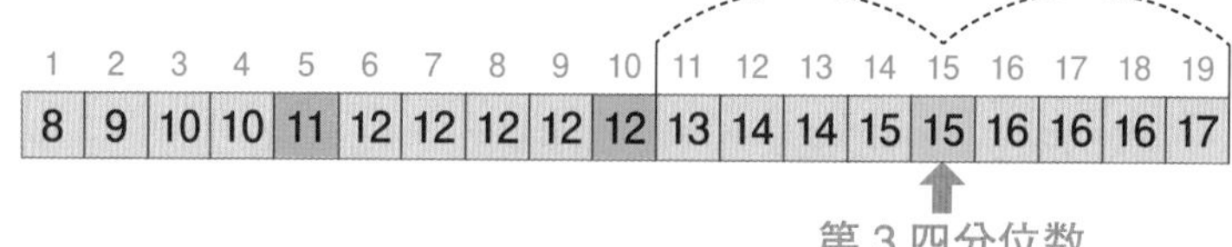

※第 1 四分位数・第 2 四分位数 (中央値)・第 3 四分位数をまとめて**四分位数**という。

そして，第３四分位数と第１四分位数の差（間の範囲）を四分位範囲(しぶんいはんい)といいます。この範囲にデータの半分がふくまれるわけです。

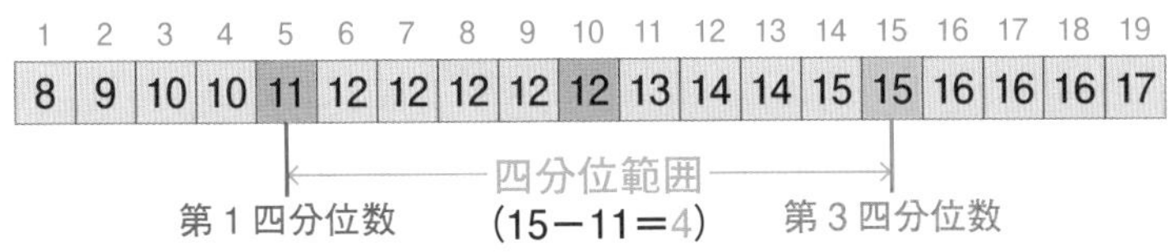

ちなみに，仮にデータの数が「20」（4の倍数）だった場合，下の図のようにデータは4等分され，それぞれの四分位数は**2つの値の中間**に位置しますが，

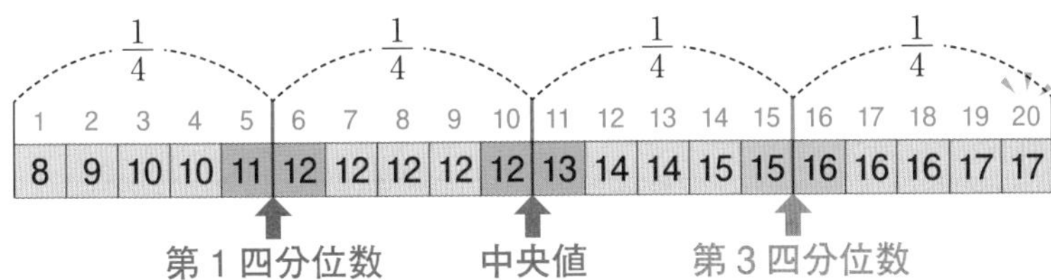

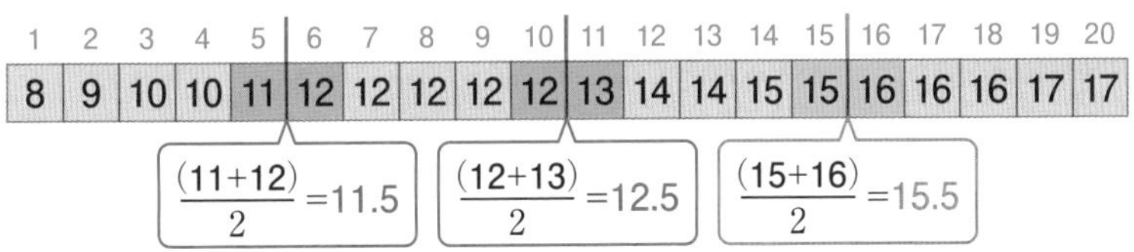

$$\frac{(11+12)}{2}=11.5 \quad \frac{(12+13)}{2}=12.5 \quad \frac{(15+16)}{2}=15.5$$

この場合，「**2つの値**」をたして2でわることで，値が出てきます。
このように，四分位数が**2つの値の平均値**になる場合があるわけですね。
「データにある値」ではなくなるので注意しましょう。

データの数が偶数のときは，中央値は2つの値の平均値になるニョね…

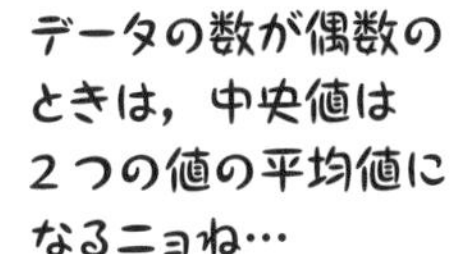

そのとおり！

箱ひげ図では，データの数が**4の倍数でない**ときは，きれいに4等分できないので，注意してくださいね。

※データを半分に分けられないときは，**真ん中**の値を区切りとして（除いて）左右半分に分けるように考えること。

では，四分位数をもとに，数直線（グラフ）上に**問1**の「箱ひげ図」をかいていきましょう。

第 1 四分位数（11）の位置に線をひきます。

0
5
10
11
15
20

中央値（第 2 四分位数）（12）の位置に線をひきます。

※この中央値の線を一番最初にひいても OK です。

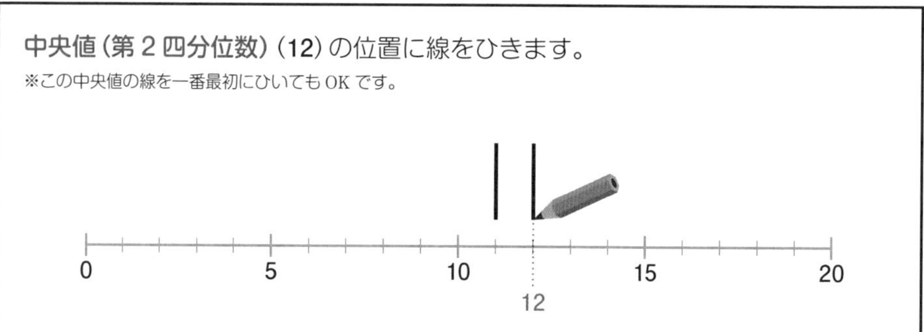

第 3 四分位数（15）の位置に線をひきます。

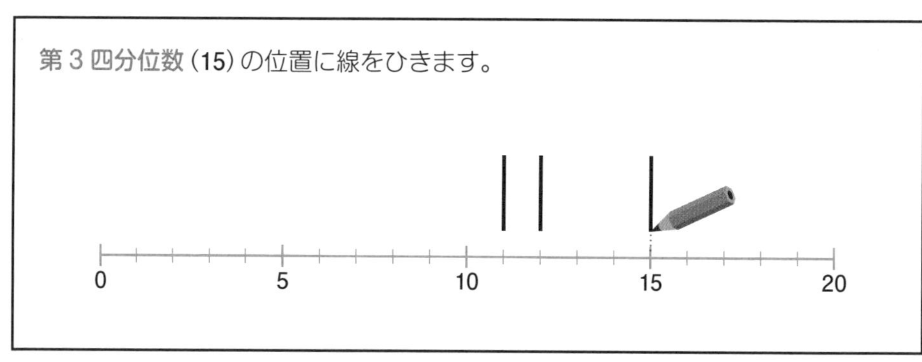

四隅をつなげて「箱」にします。この「箱」の幅が「四分位範囲」を表します。

※「データは主にこのへんを中心に分布しているよ」という重要情報を表すので，目立つように「箱」にする。

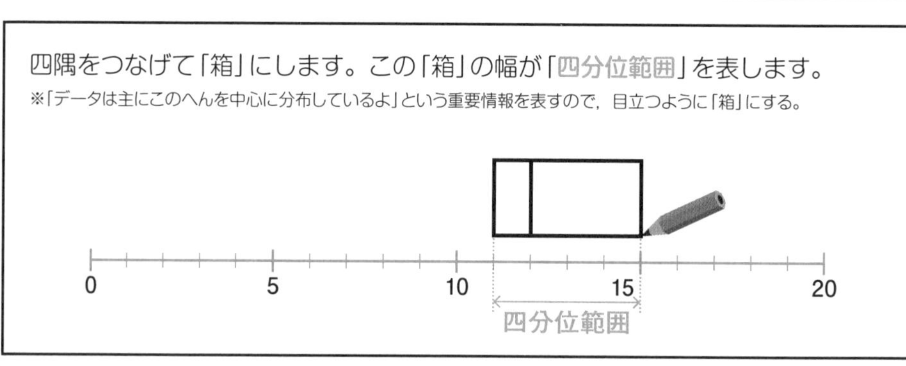

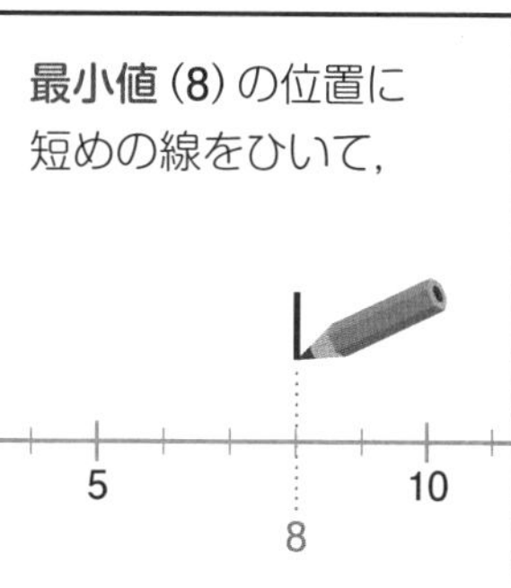

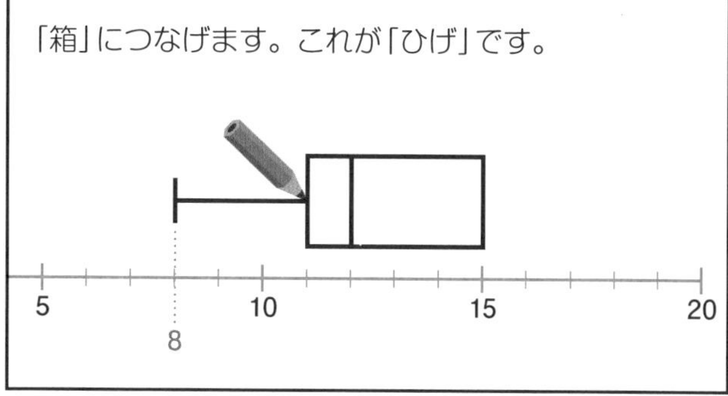

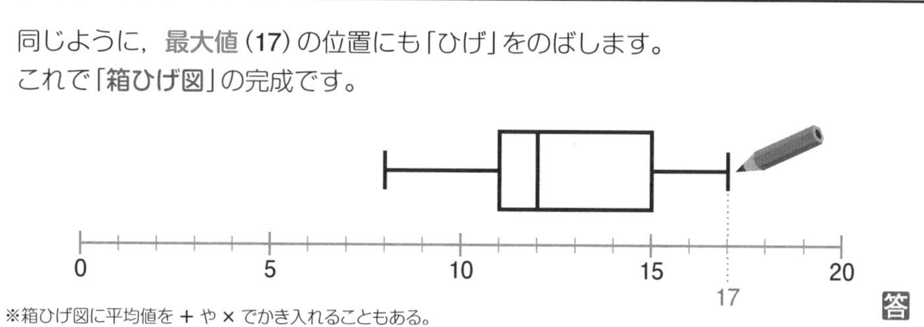

同じように，最大値（17）の位置にも「ひげ」をのばします。
これで「箱ひげ図」の完成です。
0
5
10
15
20
17
答
※箱ひげ図に平均値を ＋ や × でかき入れることもある。

POINT 箱ひげ図

中央値
（第 2 四分位数）
第 1 四分位数
第 3 四分位数
最小値
最大値
0
5
10
15
20
四分位範囲
（データの）範囲

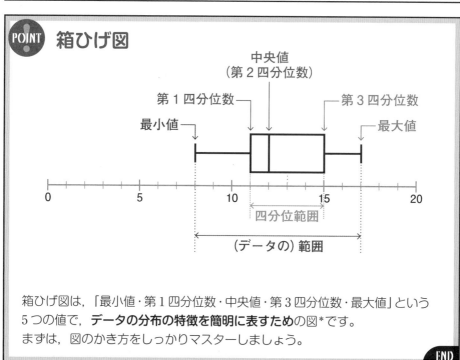

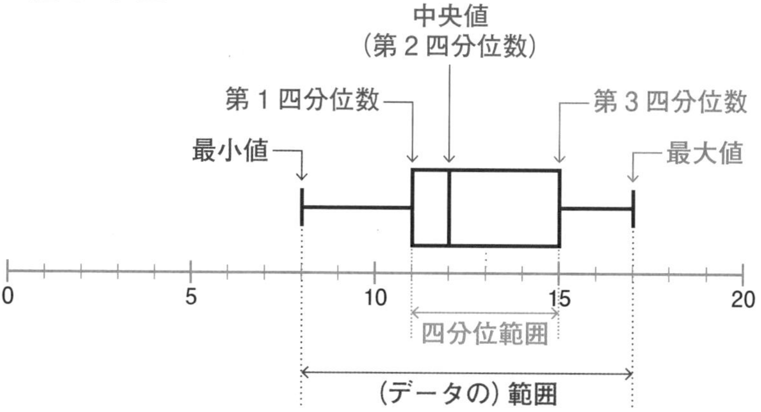

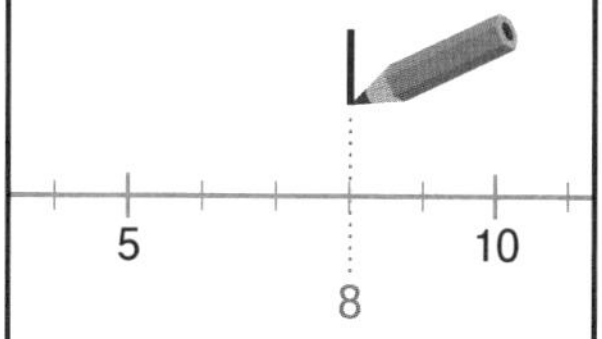

箱ひげ図は，「最小値・第 1 四分位数・中央値・第 3 四分位数・最大値」という 5 つの値で，**データの分布の特徴を簡明に表すため**の図*です。
まずは，図のかき方をしっかりマスターしましょう。

END

*箱ひげ図は，視覚的にわかりやすく簡単な形で表した図なので，詳細な数値を調べたり比べたりはしづらい。

2 箱ひげ図の表し方

問 1 （箱ひげ図の読み取り①）

A 組から D 組の各組 30 人の生徒に対して理科のテストを行なった。次の図は各組ごとに理科のテストの得点を箱ひげ図にしたものである。

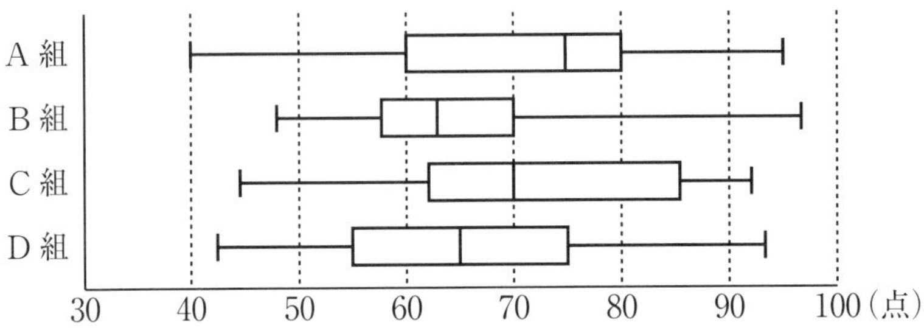

この箱ひげ図について述べた文として**誤っているもの**を，次の⓪～⑤のうちから 2 つ選べ。

⓪ A，B，C，D の 4 組全体の最高点の生徒がいるのは B 組である。

① A，B，C，D の 4 組で比べたとき，四分位範囲が最も大きいのは A 組である。

② A，B，C，D の 4 組で比べたとき，範囲が最も大きいのは A 組である。

③ A，B，C，D の 4 組で比べたとき，第 1 四分位数と中央値の差が最も小さいのは B 組である。

④ A 組では，60 点未満の人数は 80 点以上の人数より多い。

⑤ A 組と C 組で 70 点以下の人数を比べたとき，C 組の人数は A 組の人数以上である。

ふぁ !?
箱ひげ図が
たくさん出て
きたニャ…!?

複数のデータを並べて比較しやすいのが，
箱ひげ図の
特徴なんですよ。

この問題はなんと，過去に大学入試で実際に出題された良問です。
これを通じて，箱ひげ図の表し方，読み取り方を学んでいきましょう。

⓪の文を考えましょう。全体の最高点の生徒がいる，つまり「最大値」が最も大きい（＝「ひげ」が一番右までのびている）のは，B 組ですね。
よって，⓪の文は**正しい**です。

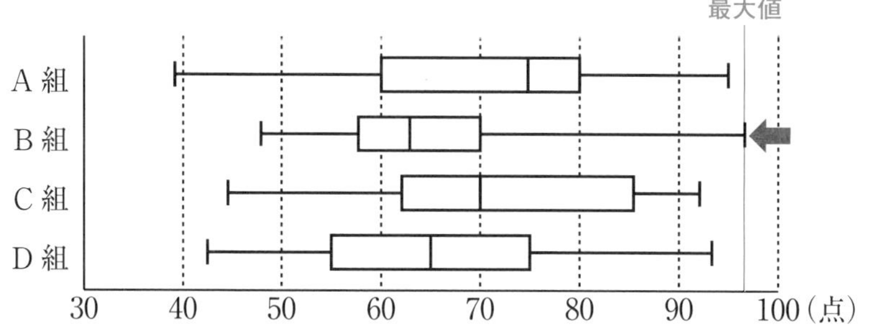

①の文を考えましょう。四分位範囲が最も大きい（＝箱の幅が一番長い）のは，C 組ですね。よって，①の文は**誤り**です。
※第1四分位数が 60 点に近く，第3四分位数が 85 点くらいなので，四分位範囲は 20 点より大きいと判断できる。

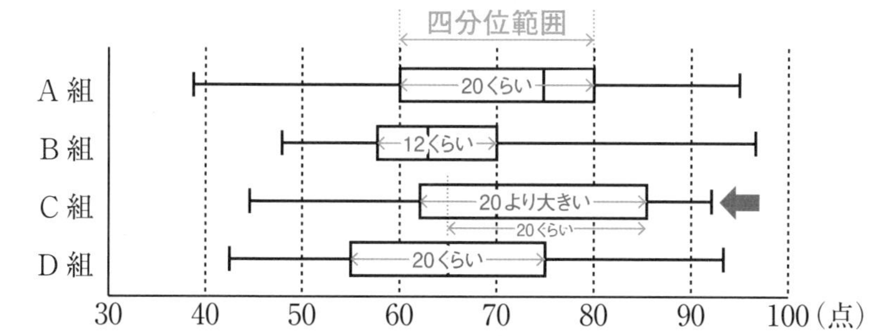

②の文を考えましょう。データ分布の「範囲」が最も大きい（＝「ひげ」の左端から右端までの幅が一番長い）のは，A 組ですね。よって，②の文は**正しい**です。
※ほかはおよそ 50 前後だが，A 組はあきらかに 50 を超えているのがわかる。

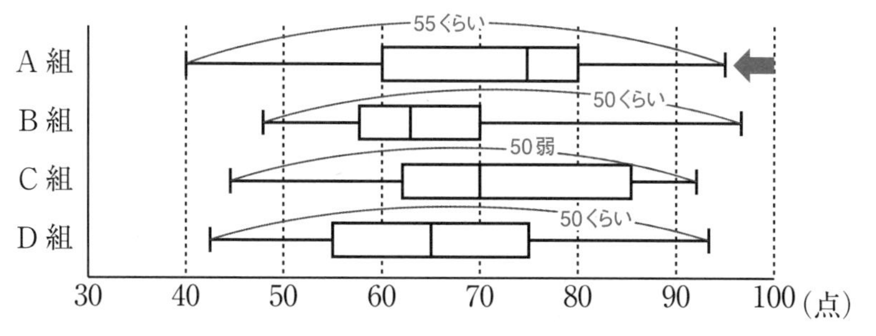

③の文を考えましょう。第1四分位数と中央値の差が最も小さいのは，B 組ですね。よって，③の文は**正しい**です。

※正確な数値はわからないものの，横幅を見比べて，どれが一番小さいかはわかる。

④の文を考えましょう。A 組では，60 点未満の人数は全体の $\frac{1}{4}$ くらいで，80 点以上の人数も $\frac{1}{4}$ くらい，つまり同じくらいの人数だと判断できます。必ずしも多いとは限らないので，④の文は**誤り**です。

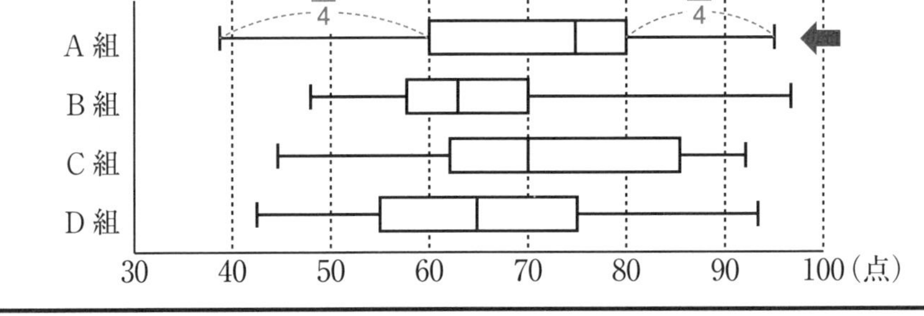

⑤の文を考えましょう。A 組の中央値は 75 点くらいなので，70 点以下の人数は全体の $\frac{1}{2}$（15 人）以下[*1]。一方，C 組の中央値は 70 点なので，70 点以下は全体の $\frac{1}{2}$ 以上（15〜16人[*2]）。A 組の人数以上といえるので，⑤の文は**正しい**です。

①，④ **答**

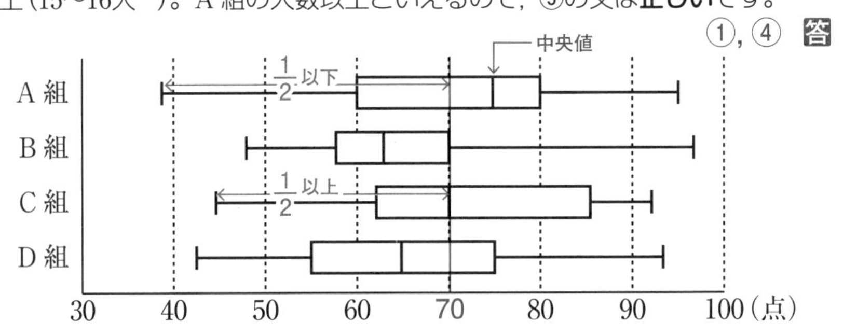

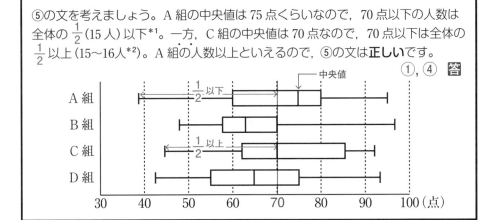

*1…A 組の 15 番が 70 点で 16 番（〜23 番）が 80 点であれば，図に矛盾せず，「70 点以下」が「15 人」になりえる。

*2…**問1**の中央値は 15 番と 16 番の平均値。C 組の 15 番が 69 点なら 16 番は 71 点，15 番が 70 点なら 16 番は 70 点となる。

ふぁ!?　④・⑤がナゾだニャ!
なんで全体の$\frac{1}{4}$とか$\frac{1}{2}$とかがわかるニャ?
!?
いい質問ですね!
説明しましょう。

四分位数は，データを小さい順に横一列に並べ，全体の数を**4等分**する位置につけましたよね。

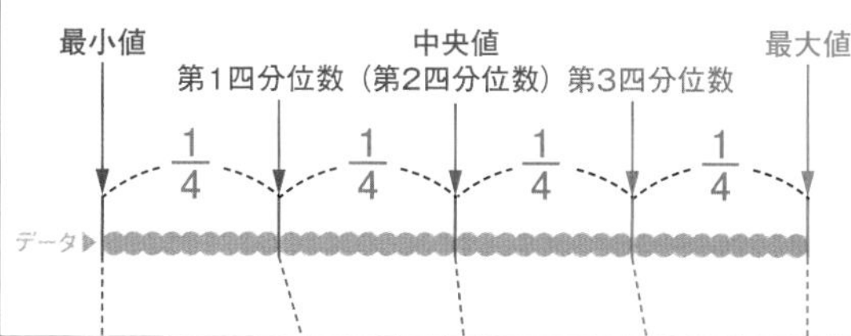

箱ひげ図は，これら四分位数を数直線やグラフの目盛りに合わせてかいた図なので，見た目は「4等分」ではありませんが，データの個数は約$\frac{1}{4}$（25%）ずつあるんですよ。

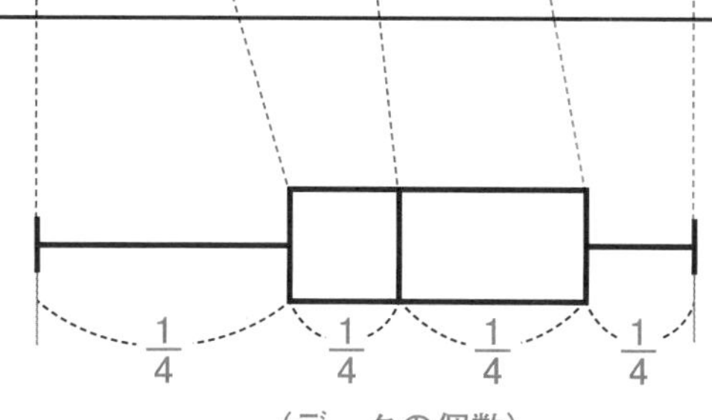

※データの数が**4の倍数でない**ときは，きれいに4等分できないため，データの個数が完全な「25%」とはならない。

中央値から最小値の間，
中央値から最大値の間，
四分位範囲の中には，
それぞれ約$\frac{1}{2}$のデータがあります。
特に四分位範囲は，
そのデータの主な分布範囲を示すので，
とても重要なんですよ。

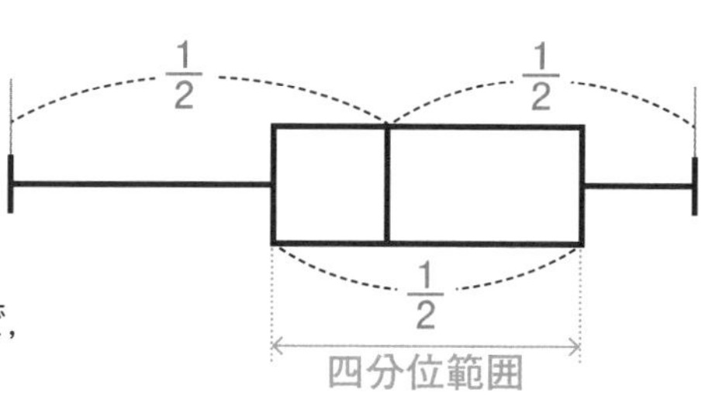

ニャるほど…
「ひげ」1本に
全体の$\frac{1}{4}$個の
データが散らばってるわけニャ…
でも…
おかしいワン!
ホ?

こんな「ひげ」おかしいワン!
ふつうこっちだワン!
ひげ?
ひげ?
確かに…
そうですね…

問2 (箱ひげ図の読み取り②)

問1 で行なわれたテストに関して，C 組の箱ひげ図のもとになった得点をヒストグラムにしたとき，対応するものを下の⓪〜③の中から１つ選べ。

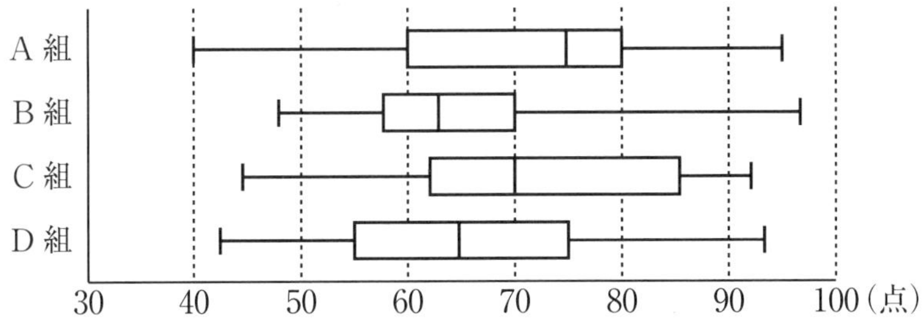

⓪

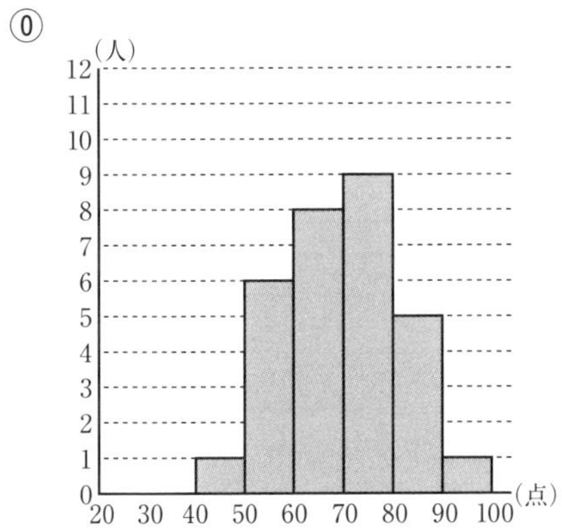

①

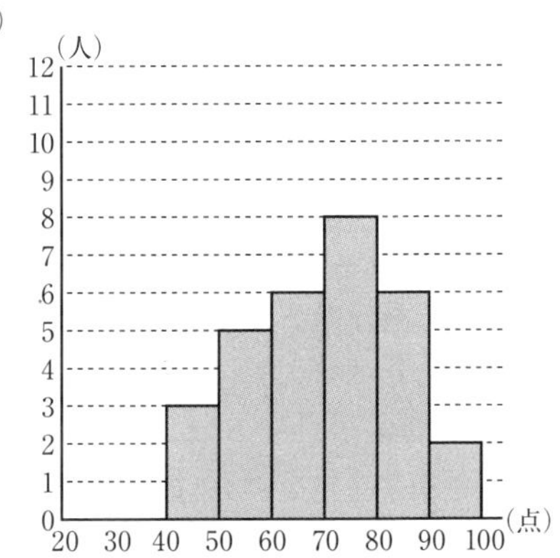

②

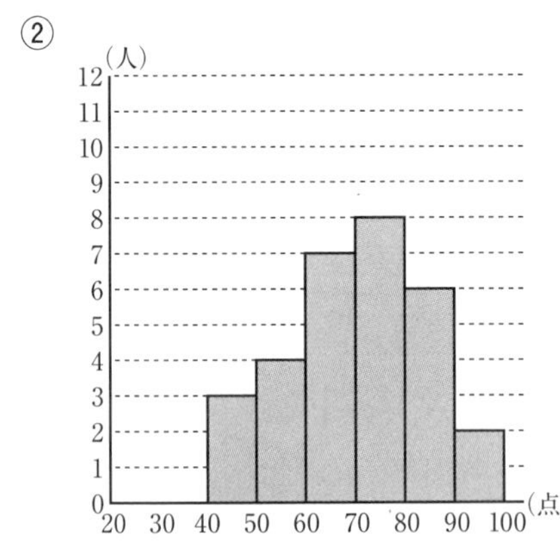

③

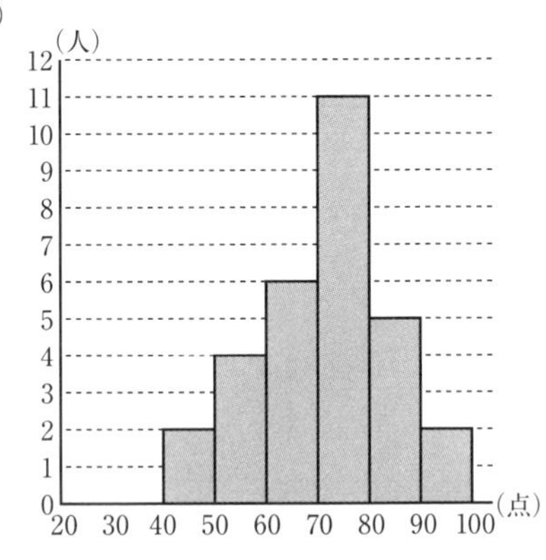

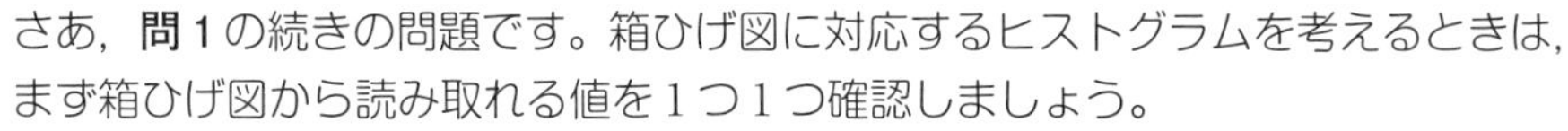

さあ，**問 1** の続きの問題です。箱ひげ図に対応するヒストグラムを考えるときは，まず箱ひげ図から読み取れる値を 1 つ 1 つ確認しましょう。

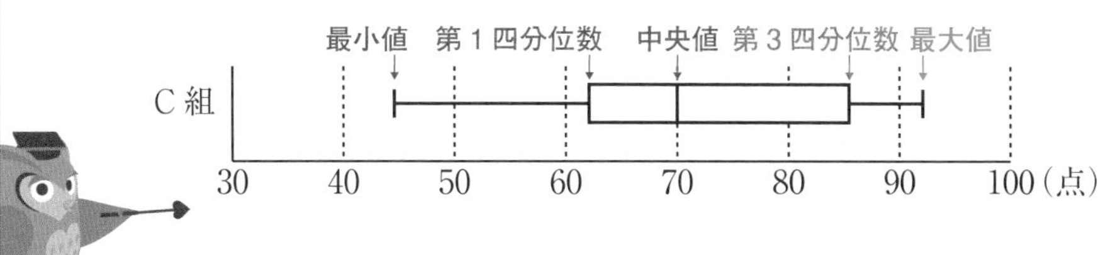

データは全部で 30 個なので，小さい順に横に並べて考えるとおよそ下図のようになります。この図をもとに，各得点の階級にあてはまる人数を数えましょう。

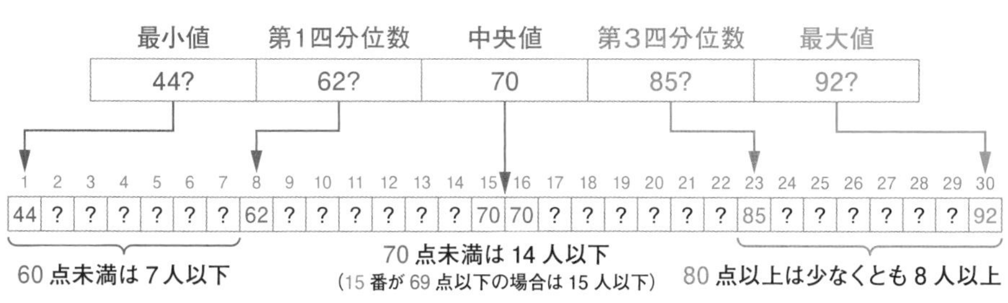

「60 点未満は **7 人**以下かつ 80 点以上は **8 人**以上」にあてはまるのは，②ですね。①と②で迷いますが，①は 60 点未満が **8 人**なので，あてはまりません。

② **答**

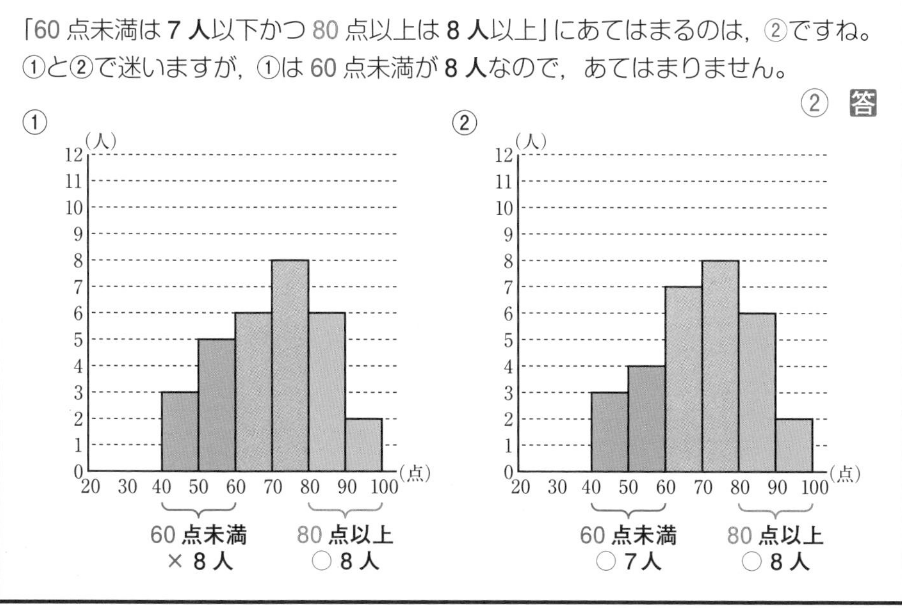

…そう考えるニャ？
箱ひげ図を
ヒストグラムに変えて
考えると思ったニャ…

それはできないんですよ。

箱ひげ図は，データ全体を簡略化した図です。
最小値・最大値・四分位数以外の，
それらの間にある個々のデータの値は省略されているので，わからないんです。

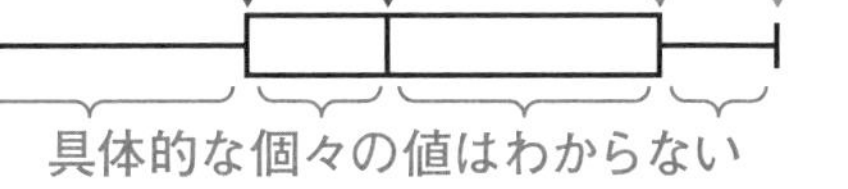

よって，ヒストグラムを箱ひげ図にすることはできても，その逆の，箱ひげ図をヒストグラムにすることはできないんですよ。

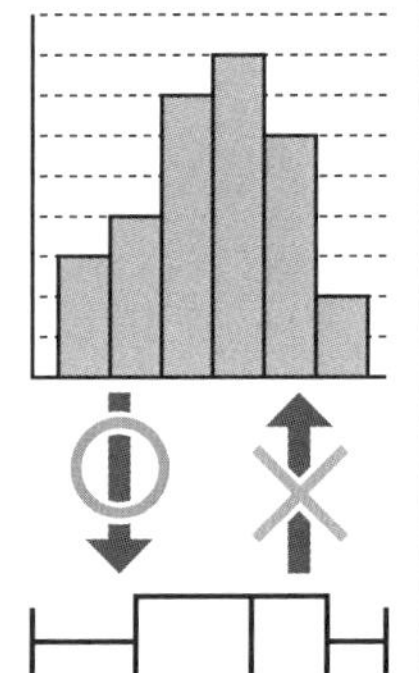

ただ，箱ひげ図の区切りの値と，その間にある**データの個数**は**ほぼわかる**ので，それをもとにヒストグラムを考えれば，ある程度の判別は十分可能です。

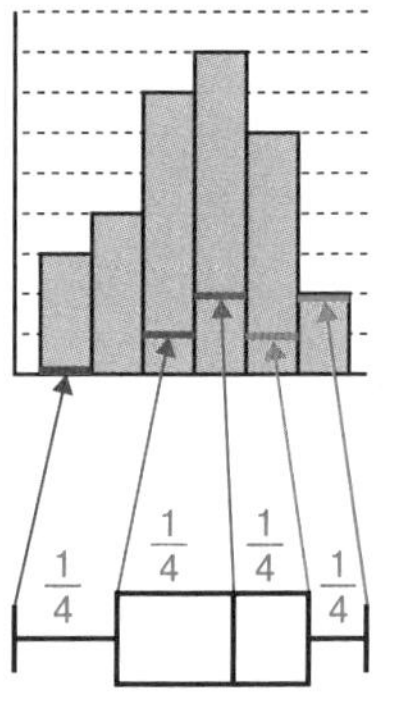

また，次のような**箱ひげ図の特徴**から，ヒストグラムの形をある程度想定できます。
❶箱ひげ図の幅が**狭い**ところほどデータが密集している→柱が**高く**積み上がる
❷箱ひげ図の幅が**広い**ところほどデータが分散している→柱が**低く**広がる
※箱ひげ図の「箱」が寄っている方にデータも寄る。

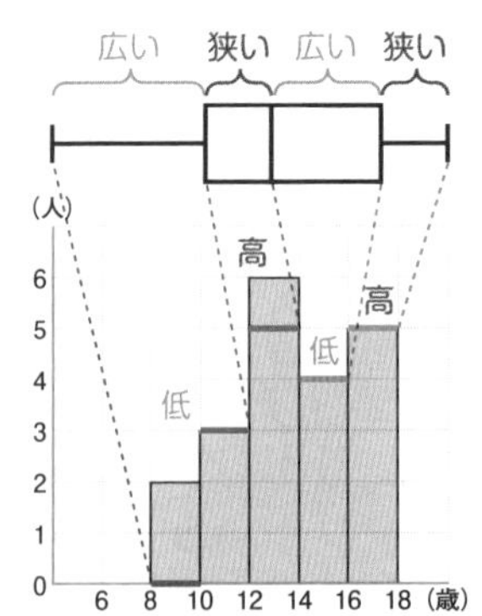

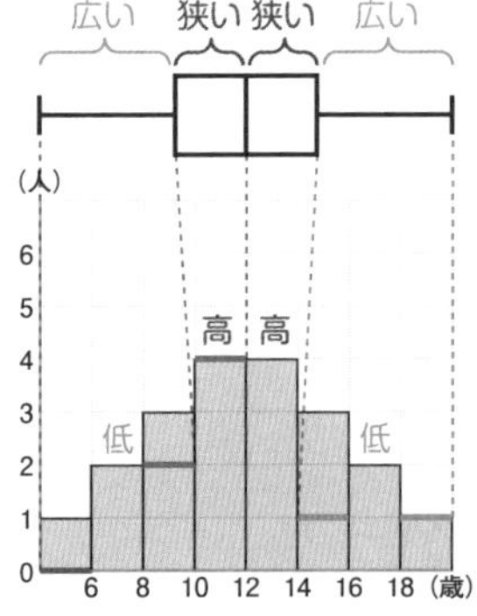

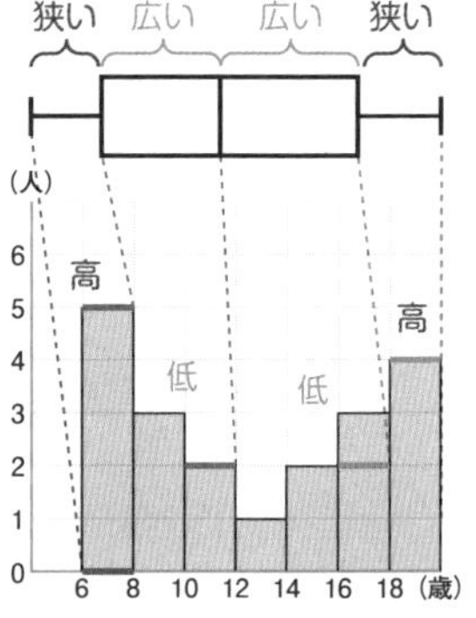

「箱」の幅が狭いと山ができて，
「箱」の幅が広いと谷になるニャ？

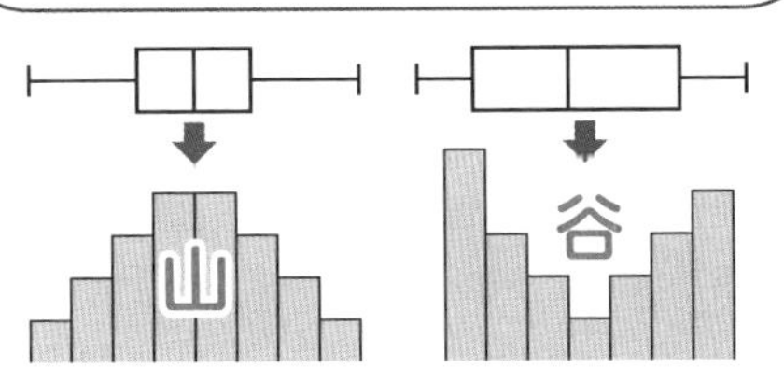

そう！　「箱」が左寄りなら山や谷も左寄りに，「箱」が右寄りなら山や谷も右寄りになりますからね。

なお，次のように箱ひげ図が「縦向き」で使われることもよくあります。

中学２年生男子のハンドボール投げの分布

(m)
40
35
30
25
20
15
10
2000　2005　2010　2015　(年)

タテになってるニャ…！

下から上に向かうニャ？

そう。
下が最小値で
上が最大値です。

箱ひげ図は，視覚的に比べやすいので，
すぐにいろいろなことが考察できるんですよ。

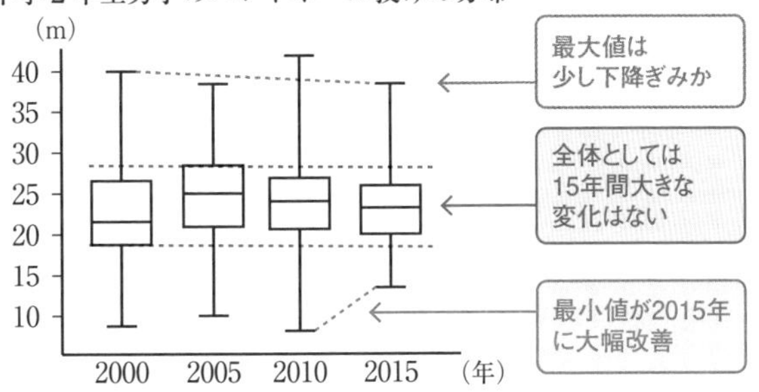

１つのデータの分布を詳しく表すときは**ヒストグラム**が適していますが，**複数のデータの分布をおおまかに比較するときは**，**箱ひげ図**の方が適しているんですね。

箱ひげ図を「縦向き」にしたら
もはや「ひげ」ではないワン！

何かのアンテナみたいだワン！

おかしいワン！

ひげに
うるさいニャ〜

END

入試問題にチャレンジ！
データの分布の比較【実戦演習】

問1

〈2020年度センター試験〉

ある県は20の市区町村からなる。図2はその県の男の市区町村別平均寿命のヒストグラムである。なお，ヒストグラムの各階級の区間は，左側の数値をふくみ，右側の数値をふくまない。図2のヒストグラムに対応する箱ひげ図を下の⓪～⑦から1つ選べ。

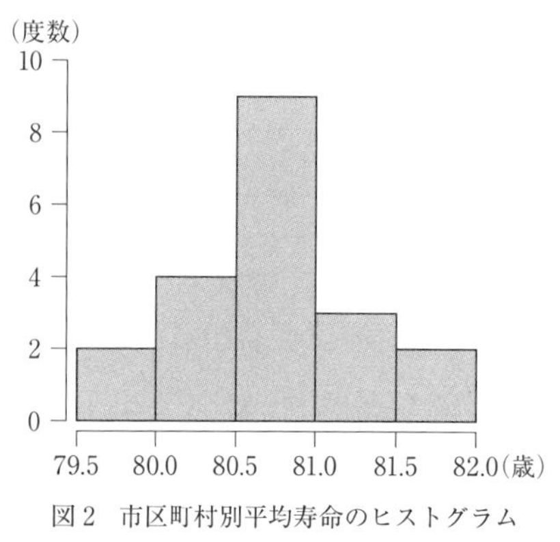

図2　市区町村別平均寿命のヒストグラム

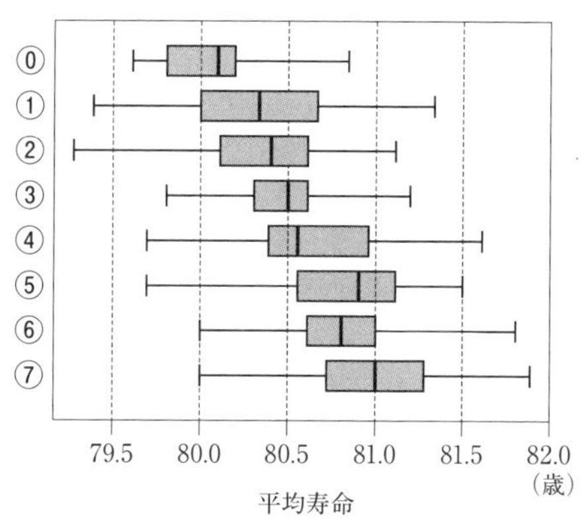

問2

〈2015年度センター試験〉

ある高校3年生1クラスの生徒40人について，ハンドボール投げの飛距離のデータを取った。次の図1は，このクラスで最初に取ったデータのヒストグラムである。このデータを箱ひげ図にまとめたとき，図1と**矛盾するもの**を下の⓪～⑤から4つ選べ。

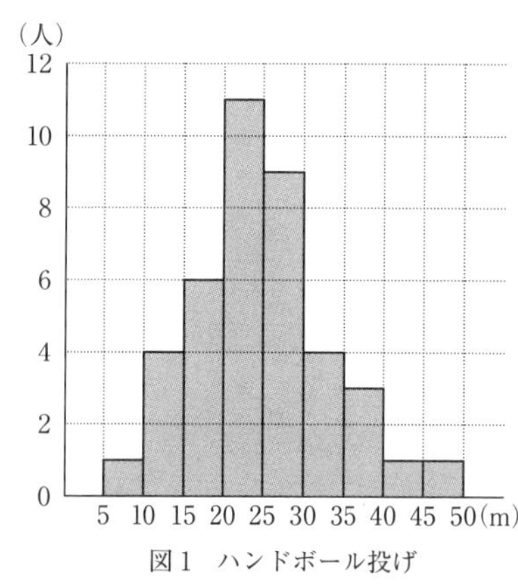

図1　ハンドボール投げ

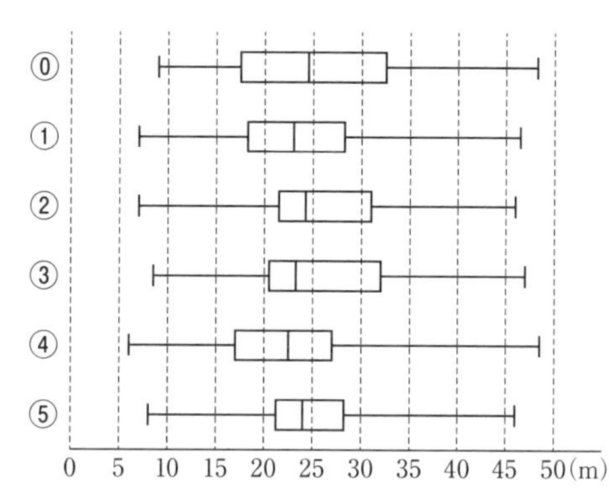

ヒストグラムと箱ひげ図の対応を調べるときは，最大値・最小値・四分位数の位置をそれぞれ比べるのが基本です。

答1

ヒストグラムの各階級と箱ひげ図の対応は，下図の色分けのとおり。

最小値は□，最大値は▨の階級に入るので，この時点で⓪①②③⑥⑦は不適切。

※⑤は，最大値が 81.5 なので，▨の階級に入る 2 つ（の市区町村別平均寿命）が両方 81.5 歳ならば可能性は残る。

第 1 四分位数（全 20 番中，5・6 番目の平均値）は□の階級に位置するので，第 1 四分位数が□の階級に位置する⑤は不適切。残る④に矛盾点はない。

④ 答

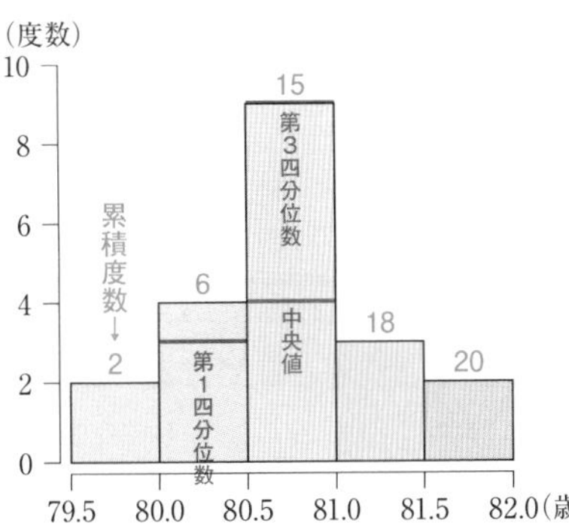

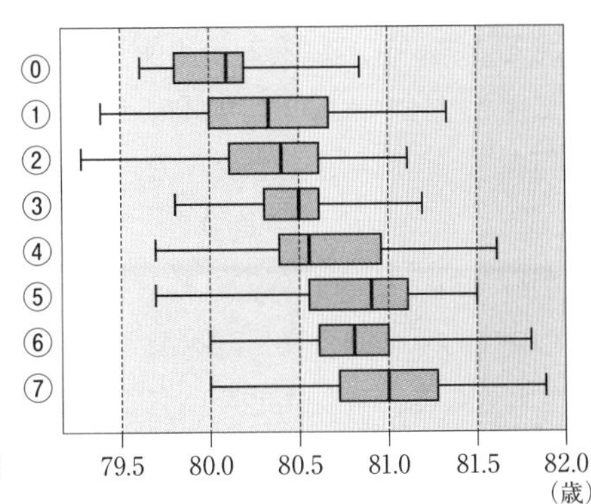

答2

下図の色分けどおり，ヒストグラムの最小値は□，最大値は▨の階級に入る（これは全部の箱ひげ図があてはまる）。また，第 1 四分位数（全 40 番中，10・11 番目の平均値）は□，中央値（20・21 番目の平均値）は□，第 3 四分位数（30・31 番目の平均値）は□の階級に位置する。これに矛盾しないのは①・④だけである。

⓪，②，③，⑤ 答

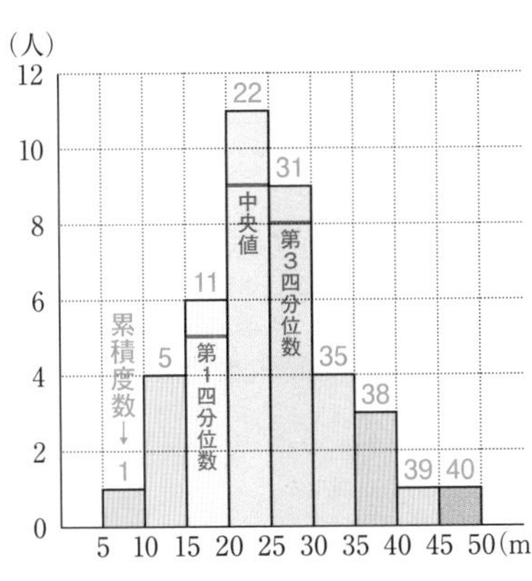

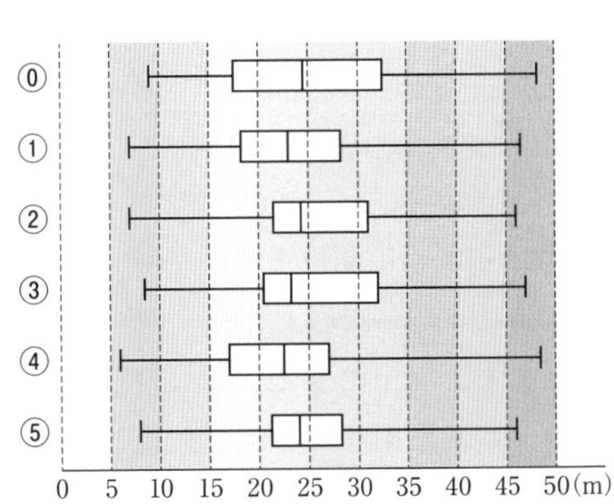

Chapter 6 データの分布の比較【実戦演習】

COLUMN-6

「平均給与」のからくり

私が中学生のみなさんによくする質問の1つに「あなたは何のために勉強しているんですか？」というものがあります。「高校に行くため」,「両親に笑顔になってもらうため」などいろいろな答え（どれも正解ですよ）がある中で，結構多いのが「将来いい会社に入るため」という答えです。「いい会社ってどんな会社？」と聞くと，「給料のいい会社」と答える人もいます。2020年9月に発表された国税庁の民間給与実態調査によると日本人の平均年収は436万円です。この現実をふまえ，就職を目指す学生になった気持ちで，真剣に以下の話を考えてください。

あなたのやりたい職種で，平均年収が1,210万円の会社があります。あなたはその会社への入社を目指し，エントリーシートを提出するでしょうか。もちろん，選択肢の1つに入れることはやぶさかではありませんが，もう少し実態を調べてみる方がいいかもしれません。平均年収とは，全従業員の給与総額をその会社の従業員数でわったものです。一見すると平均年収1,210万円は魅力（みりょく）的に見えますが，実情はこんな感じでした。

給与総額43,560万円，従業員数36名で平均年収1,210万円。しかし，平均を超えているのは36名のうちわずか4名。中央値は(上から18番目の人の年収の420万円と19番目の人の420万円をたして2でわって)420万円で，最頻値も420万円。平均年収1,210万円は，嘘ではないものの，想像と実情はずいぶんちがったのではないでしょうか。

年収（万円）	人数（人）
18,000	1
3,000	1
2,000	2
1,000	6
720	4
640	2
420	20
計 43,560	計 36

このように，一部の「異常値」の影響で，全体の平均値が実情を表さない例はよくあります。今一度，ベンジャミン・ディズレーリのことばを思い出しましょう――There are three kinds of lies: lies, damned lies, and statistics.（嘘には三種類ある。嘘と大嘘，そして統計である）。データを活用する力は，今後ますます重要になってきます。

（文：沖田一希）

中2　データの活用

Chapter 7

確率

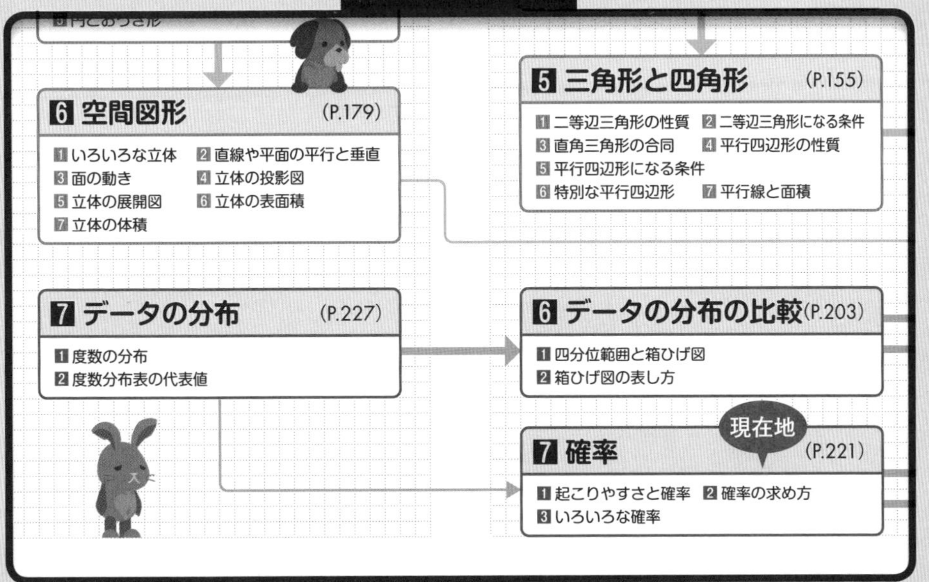

「さいころ」や「くじ」のように，すべて偶然に左右されそうなものごとの起こりやすさも，ある一定の「確率」というものに支配されています。中２数学の最後に，確率を調べたり，計算で求めたりする方法を学びましょう。高校入試でも頻出の単元ですが，コツは「漏れなく，重複なく」数えること。漏れや重複を防ぐために,「表」や「樹形図」を活用する方法も身につけましょう。

1 起こりやすさと確率

はい，今回から「**確率**」の勉強をしていきます。

例えば，さいころを投げる場合を考えましょう。
1から6まで，目の出方は全部で6通りありますよね。

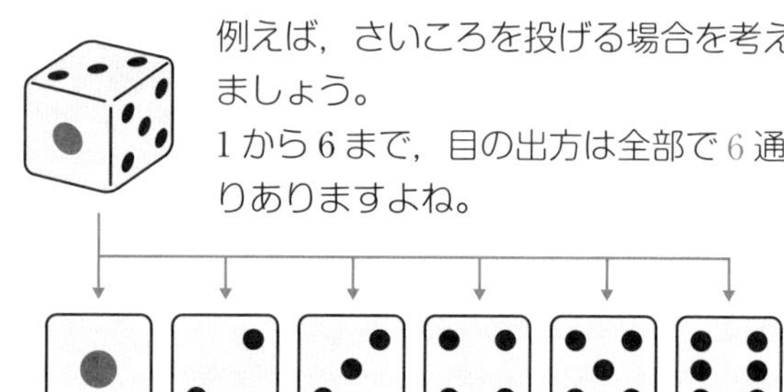

6通りのうち，「1の目」が出る場合は1通りなので，

1の目が出る**確率**は，$\frac{1}{6}$ となります。

1の目が出る確率 $= \frac{1}{6}$

1 ←1の目が出る場合の数

6 ←起こりうる全部の場合の数

MEMO 場合(ばあい)の数(かず)

あることがらの起こりうる（起こる可能性がある）場合の総数。
※総数…全体を合計した数。

このように，**あることがらの起こりやすさの程度**（起こると期待される程度）を**数値（分数）**で表したものを，そのことがらの起こる「**確率(かくりつ)**」といいます。

本当に $\frac{1}{6}$ ニャ？
スゴロクでは⚀⚁ばかり出る気がするけどニャ…

スゴロクだと⚅がなかなか出ないワン！

ぜんぜん進まないワン

それでは，本当に $\frac{1}{6}$ の確率で1の目が出るのか。実際にさいころを**100回**ふって実験してみましょう！

1回目
出た1!!
安定の1だニャ!

2回目
今度は2ニャ…
やっぱ1と2が多いニャ!

3回目
あ，5が出たニャ…
めずらしいニャ!

4回目
お，また1ニャ…
…って，
これで100コマ使う気ニャ!?
何ページになるニャ!?

まあまあ，とにかく
がんばって100回
ふってみてください。
くっ…
20回目…
60回目…
80回目…

100回目
はい100回！
おつかれさまです！

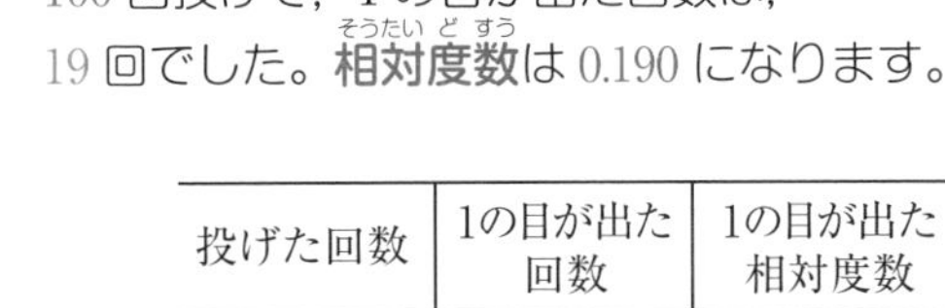

100回投げて，1の目が出た回数は，
19回でした。**相対度数**は0.190になります。

投げた回数	1の目が出た回数	1の目が出た相対度数
100	19	0.190

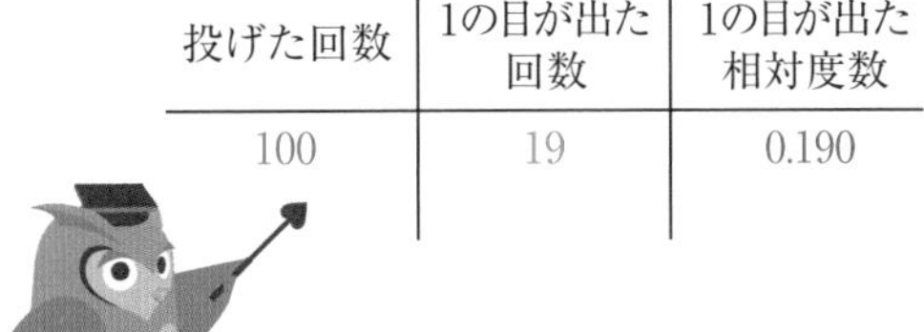

相対度数？
聞いたことがあるようニャ…

全体に対する個々の割合
のことです。
中1でやりましたよね

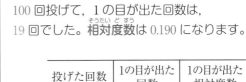

MEMO 相対度数

あることがらが起こった**個々の回数**の，**全体の回数**に対する割合（主に**小数**で示す）。相対度数の合計は1になる。

$$相対度数 = \frac{個々の回数}{全体の回数}$$

個々の回数：1の目が出た回数（19回）
全体の回数：投げた回数（100回）

※度数分布表では，「各階級の度数の全体に対する割合」も相対度数という。

じゃあ「1の目が出た相対度数」の0.190って大きくニャい？
のろわれてるニャ？

数学的確率（$\frac{1}{6} \fallingdotseq 0.167$）と比べると，大きいですね。

何かの「のろい」なのかどうか，徹底的に検証してみましょう。
さいころを**1000回**ふってください。

1000回？
あほニャの？

今度はワン太の番ニャ！
さっき寝てたニャ！

1000回ふるワン？

ボケとかいらニャいから
無心でひたすらふるニャ！

無心ワン？

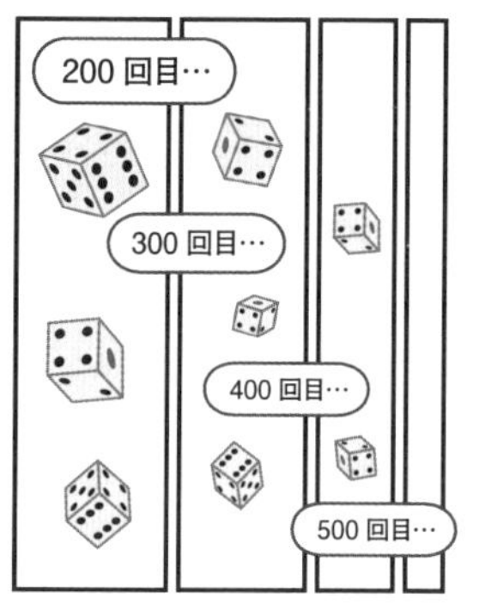

200回目…
300回目…
400回目…
500回目…

1000回目
はい1000回！
おつかれさまです！
無心すぎるニャ！
寝ながら投げてるニャ…

では，結果発表～～！
「投げた回数」と「1の目が出た回数」，「1の目が出た相対度数」を表に書いてみましょう。

投げた回数	1の目が出た回数	1の目が出た相対度数
100	19	0.190
200	31	0.155
300	54	0.180
400	64	0.160
500	88	0.176
600	99	0.165
700	118	0.169
800	133	0.166
900	150	0.167
1000	167	0.167

さあ，このような表になりました。
今度はこれを「グラフ」にしてみましょう。

グラフでは，相対度数の「ばらつき」はどのように変化しているでしょうか。考えてください。

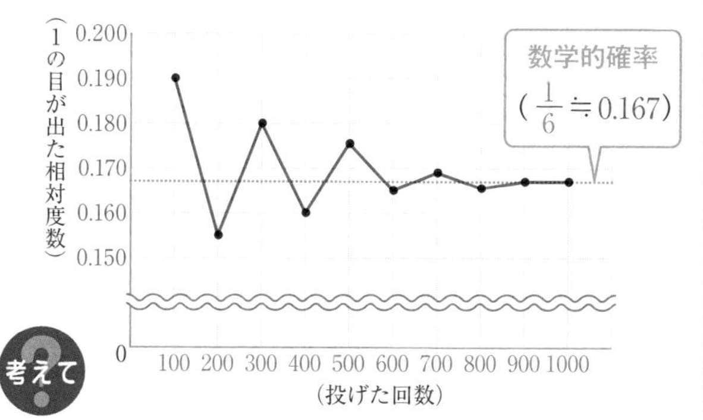

最初は ⚀ ののろいにかかるけど，無心で投げ続ければ，いつかはのろいはとける…ニャ？

「のろい」とか「無心」とかは全く関係ありません。

投げた回数が少ないうちは，相対度数のばらつきは大きいのですが，

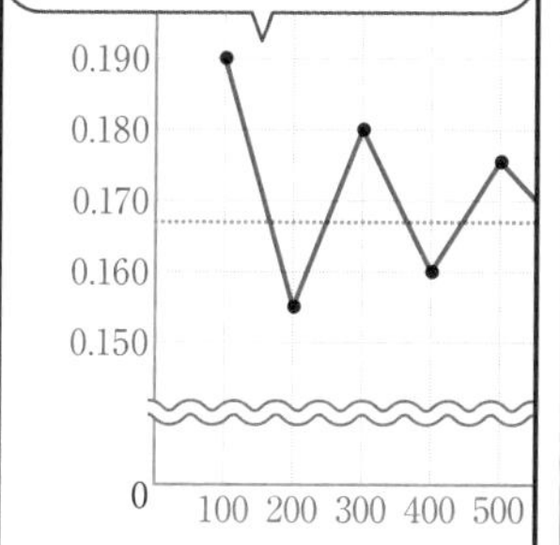

投げた回数が多くなるにつれて，ばらつきは小さくなりますよね。

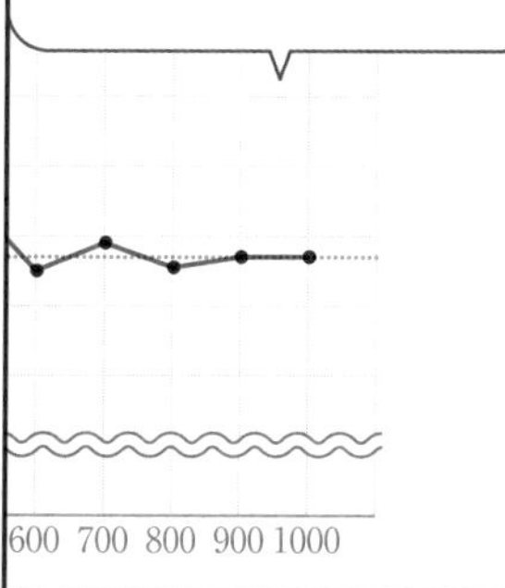

つまり，**ことがらの起こりやすさ**については，

くり返す回数が多いほど，「相対度数」は一定の値（数学的確率）に限りなく近づく。

といえるんです。

場合の数などから数学的（理論的）に求める確率を**数学的確率**といいます。一方，実際に何度もくり返して得られたデータから求める確率のことを**統計的確率**（とうけいてきかくりつ）（経験的確率）といいます。

（例）
野球の打率
病気で死亡する確率
交通事故にあう確率
明日雨が降る確率

中２で学ぶ「確率」は，基本的に「**数学的確率**」の方です。ただ，今回のさいころの例のように，数学的確率と統計的確率は，値を求める方法はちがうものの，くり返す回数が多くなるほど，その値は限りなく近づくんだよという点だけ，覚えておいてください。

END

2 確率の求め方

問 1 （確率の求め方①：１つのさいころ）

さいころを投げて，偶数の目が出る確率を求めなさい。

   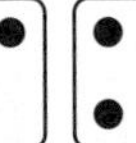  

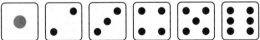

ふぁ!!
またさいころ何回もふらされるニャ!?

トラウマだニャ…

そういうことをしなくていいように，**確率の求め方**を学習しましょう！

さいころを投げる場合，結果は「偶然」に左右されますから，**どの目が出ることも同じ程度**（に期待できる）と考えられますよね。

どの目も同じ程度で出る

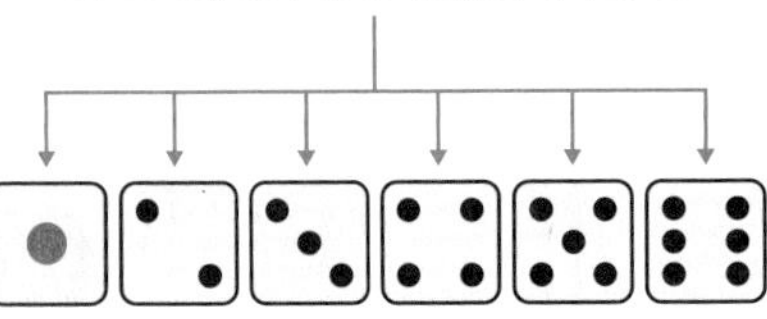

このように，**どの場合が起こることも同じ程度**であると考えられるとき，数学では「同様に確からしい」と表現します。

同様に確からしい
?
変な日本語だニャ…

さいころの1の目が出る**確率**は $\frac{1}{6}$ ですが，

1の目が出る場合の数

$$\frac{1}{6}$$

起こりうる全部の場合の数

これはつまり，以下のように考えた値ですね。

$$\frac{\text{あることがらの起こる場合の数}}{\text{起こりうる全部の場合の数}}$$

場合の数をそれぞれ n，a という文字に置きかえ，確率の値を p*とすると，

$$\frac{a}{n}$$

*確率を表す文字として，英語の probability（確率）の頭文字 p がよく使われる。

確率の求め方

あることがらの起こる確率 p は，次の式で求めることができます。

（あることがらの起こる確率）$p = \dfrac{a}{n}$ （a：あることがらの起こる場合の数）（n：起こりうる全部の場合の数）

※どの場合が起こることも**同様に確からしい**とする。確率では，さいころ・コイントス・トランプ・くじびきなど，結果がすべて等しく偶然に左右される「同様に確からしい」場合のみ扱う。

問 1 を考えましょう。
「起こりうる全部の場合の数（n）」は，全部で 6 通りありますね。

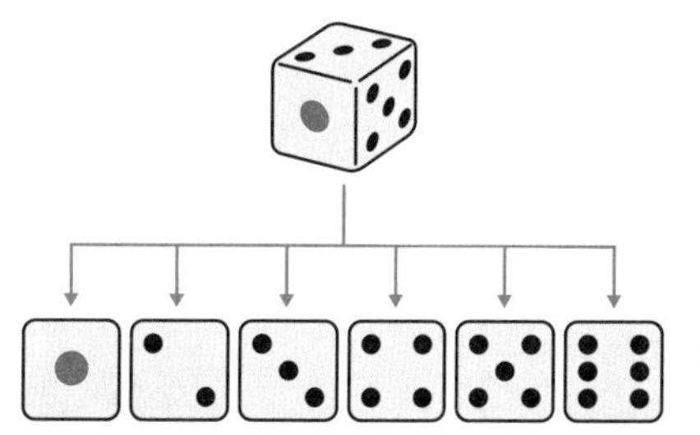

このうち，
「あることがらの起こる場合の数（a）」は，「偶数の目の数」なので，
2，4，6 の 3 通りです。

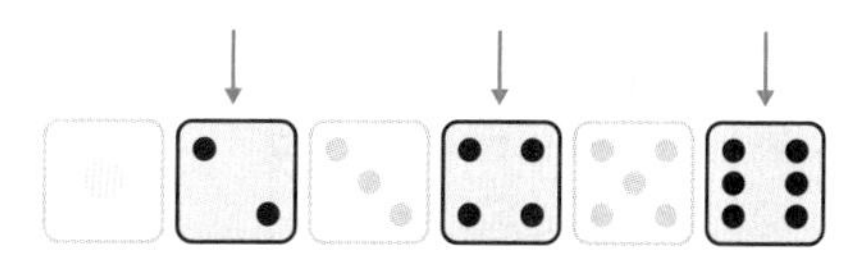

これを確率を求める式にあてはめると，

$$p = \frac{3}{6} = \frac{1}{2}$$ 答

となります。確率の値はふつう「**分数**」で表しますからね。
※約分ができる場合はする。

確率を求めるときは，起こりうる全部の場合の数（n）は何通りあるのか，あることがらの起こる場合の数（a）は何通りあるのか，これを**正確に数えること**が大切です。
しっかり練習して，マスターしましょう！

問2 （確率の求め方②：トランプ）

2から9までの数が1つずつ記された8枚のトランプがあります。このトランプをよくきって1枚ひくとき，トランプの数字が3の倍数である確率を求めなさい。

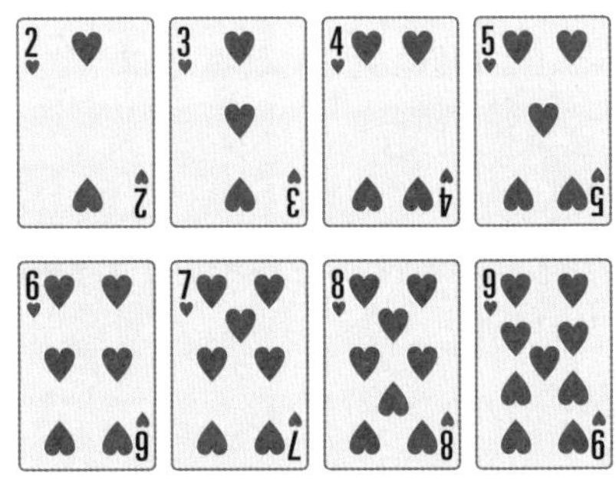

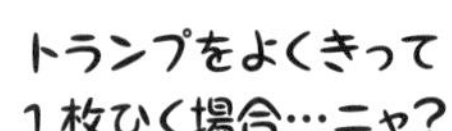
トランプをよくきって
1枚ひく場合…ニャ？

そう，**よくきって**から
ひくので，どの数をひ
く場合も**同様に確から
しい**ということです。

よくきるワン？
その「切る」じゃ
ないニャ！

これも，**問1**と同じよう
に考えていきましょう。
おまえは
小学生ニャ？

トランプは8枚あるので，
起こりうる全部の場合は8通りです。

そのうち，「3の倍数」は，3，6，9の3つなので，あることがらの起こる場合は3通りですね。

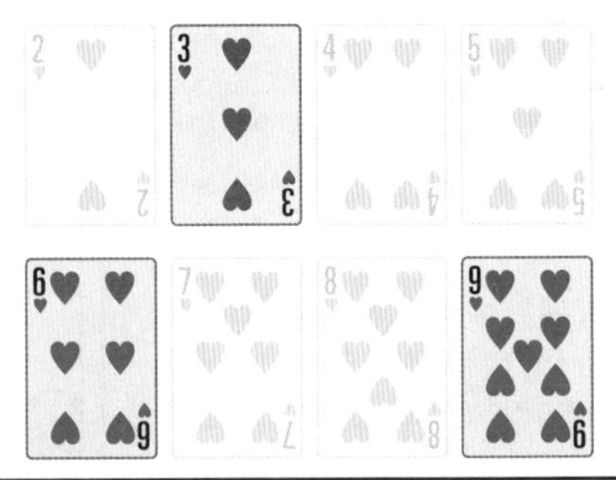

これを確率を求める式にあてはめると，

$$p = \frac{3}{8}$$ 答

となります。
簡単ですよね。

ちなみに，**問2**で，「ハート（♥）」をひく確率はどのくらいだと思いますか？

ハート？
8枚全部「ハート」ニャ！

そう。したがって，ハートをひく確率は，

$$p = \frac{8}{8} = 1$$

となります。
「必ず起こることがら」の確率は1になるわけです。

では，**問2**で，「**スペード（♠）**」をひく確率はどのくらいでしょうか？

スペード？
スペードはないから…
確率はゼロニャ？

そのとおり！
スペードをひく確率は，

$$p = \frac{0}{8} = 0$$

となります。
「決して起こらないことがら」の確率は0になるわけです。

先生の尾は「スペード」だワン

関係ないニャ！

POINT

したがって，あることがらが起こる確率を p とすると，
p のとりうる値は，常に $0 \leqq p \leqq 1$ の範囲にあるということです。
確率の値は，負の数になったり，1を超えたりすることはないんですね。

（あることがらの起こる確率）

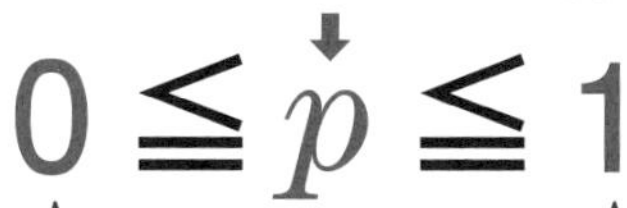

$$0 \leqq p \leqq 1$$

決して起こらないことがら

必ず起こることがら

Chapter 7 確率 2 確率の求め方

問3 （確率の求め方③：コインの裏表）

AとBの2枚のコインを同時に投げるとき，1枚が表で1枚が裏となる確率を求めなさい。

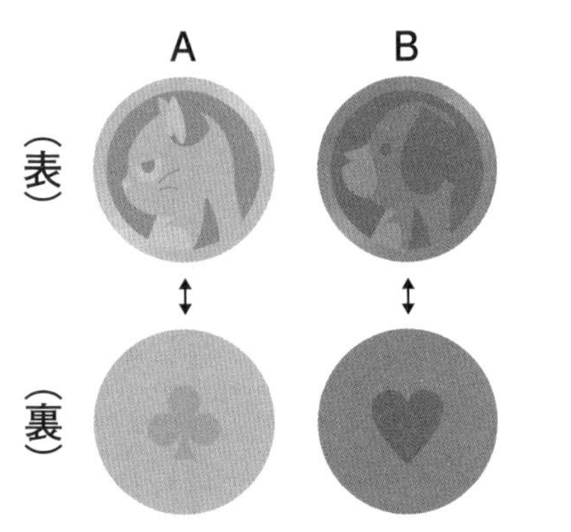

A
B
（表）
（裏）

表と裏が1枚ずつ出る場合かワン？

確率では，まず起こりうる全部の場合は何通りかを考えるニャ！

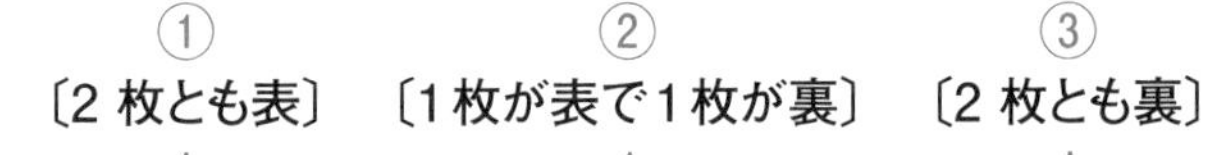

①〔2枚とも表〕
②〔1枚が表で1枚が裏〕
③〔2枚とも裏〕

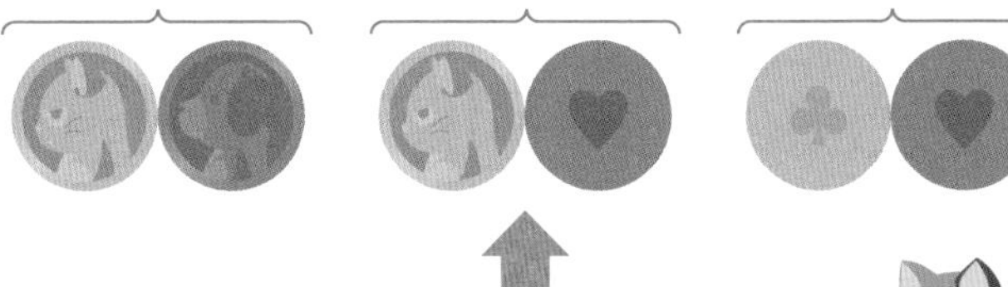

起こりうる全部の場合は3通りで，そのうち〔1枚が表で1枚が裏〕になる場合は1通りだから…

答えは $\frac{1}{3}$ だワン！
残念！
え？ちがうニョ？

〔1枚が表で1枚が裏〕になる場合には，「Aが表でBが裏」の場合だけではなく，「Bが表でAが裏」の場合もありますよね。
〔1枚が表で1枚が裏〕

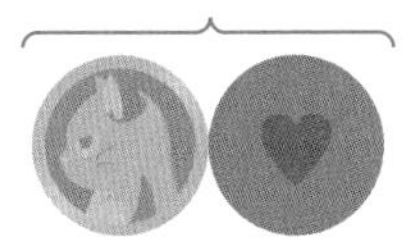

〔1枚が表で1枚が裏〕

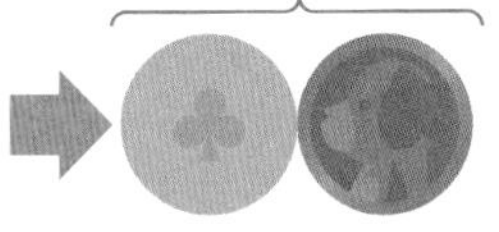

あっ！ほんとニャ!!

つまり，起こりうる全部の場合は4通りになります。
このような組み合わせは，下表（かひょう）のように整理するとわかりやすいですよ。

A＼B	表	裏
表	（表，表）	（表，裏）
裏	（裏，表）	（裏，裏）

4通りのうち，「1枚が表で1枚が裏」となる場合は2通りあるので，答えは，

$$p = \frac{2}{4} = \frac{1}{2}$$ 答

となります。

A＼B	表	裏
表	（表，表）	（表，裏）
裏	（裏，表）	（裏，裏）

このように，起こりうる全部の場合の数は，結構まちがえやすいので，注意が必要なんですね。

自分だけ「表」でいいと思ってるからまちがえるワン！

うるさいニャ！
ワン太もまちがえてたニャ！

こうしたまちがいをふせぐために，ある画期的な方法が開発されたんです。

そんな方法あるニャ？

AとBのコインを投げますよね。
まず，Aに起こりうる全部の場合（表，裏の2通り）をかきます。

A
表の場合
裏の場合

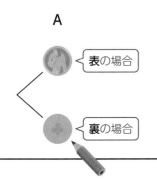

次に，Aが「表」の場合に，Bに起こりうる全部の場合をかきます。

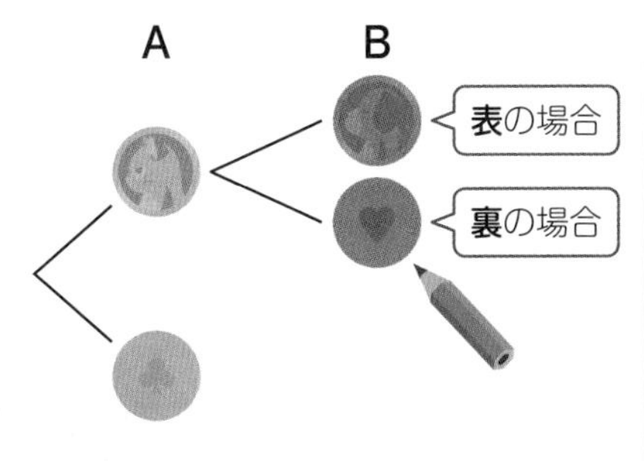

Chapter 7 確率 2 確率の求め方

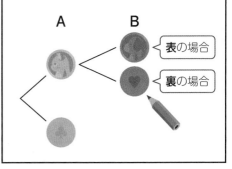

最後に，**Aが「裏」の場合**に，
Bに起こりうる全部の場合をかきます。

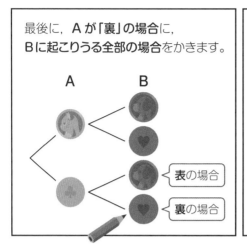

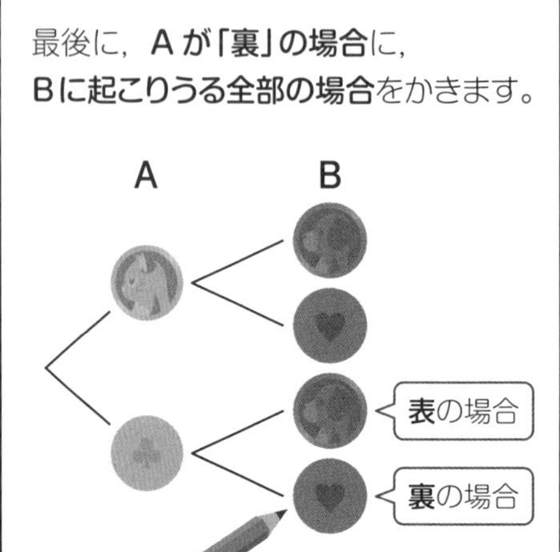

こうすると，下図のように，①・②・
③・④の4通りのコースができますね。

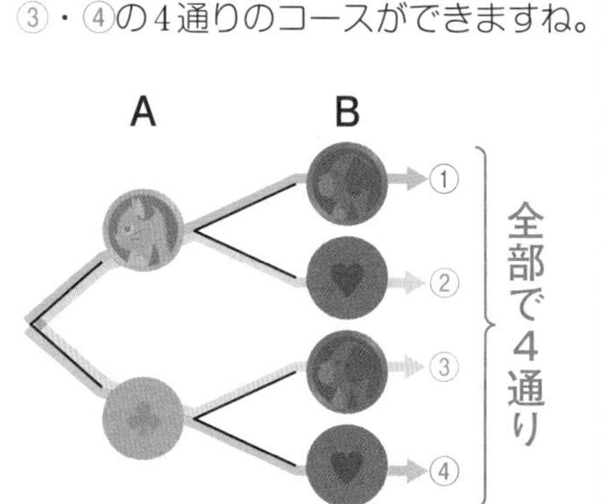

つまり，**起こりうる全部の場合が一目でわかる図**
になるわけです。

A　B

▶（表，表）の場合
▶（表，裏）の場合
▶（裏，表）の場合
▶（裏，裏）の場合

自分で図をかく場合は，
表を○，裏を×とするなど，
簡単な記号を使うと速く
かけるんですが，

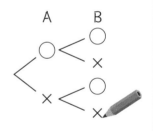

A　B

○＜○ ×
×＜○ ×

このような図を，次々と枝分かれして
いく**樹**木の**形**に似た**図**ということで，
「**樹形図**（じゅけいず）」といいます。

ちなみに，A，B，Cの3枚のコインを同時に投げる（または1枚のコインを3回投げる）場合，樹形図はこのようになります。（○＝表，×＝裏）

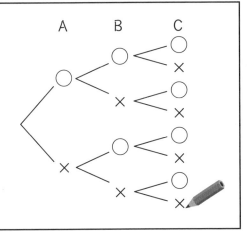

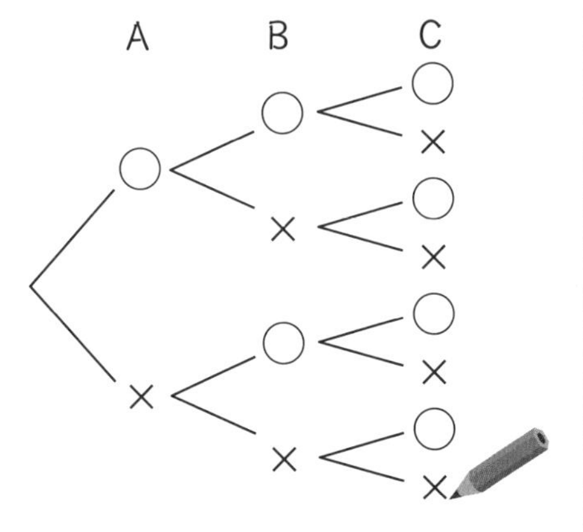

この場合，

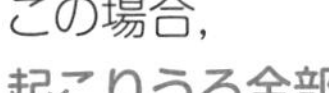

は何通りですか？

一番右側の文字が
8個あるから…
8通りニャ!?

正解！

3枚（3回）とも
「裏」が出る確率は？

×→×→×は
1通りしかないから…
$\frac{1}{8}$ニャ!?

正解！

このように，「樹形図」をしっかりかくことができれば，あとはそれぞれの場合の数を数えるだけで，確率の値は簡単に出るんですね。

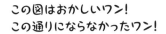

この図はおかしいワン！
この通りにならなかったワン！

ふぁ!?　何がおかしいニャ？

投げたコインが，
立ったまま倒れない
場合もあるワン！

奇跡ニャ!?
完全に余計な
奇跡ニャ!!

話がややこしくなるやつニャ！

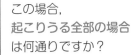

問4　（確率の求め方④：じゃんけん）

Ａくんと B さん の２人がじゃんけんを１回するとき，B さんが勝つ確率を求めなさい。ただし，Ａくんと B さん がグー，チョキ，パーのどれを出すことも，同様に確からしいとします。

……ふぁ !?

じゃんけんで勝つ確率？ ふつう $\frac{1}{3}$ じゃないニョ？

こういう場合も、まずは「樹形図」で考えます。

グーを「**グ**」，
チョキを「**チ**」，
パーを「**パ**」と略して
樹形図をかきますね。

まず，Ａくんの手の出し方ですが，３通りあるので，樹形図は３本に枝分かれします。

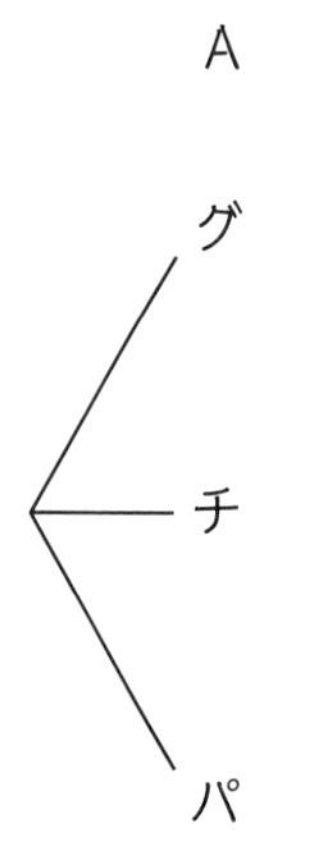

次に，B さんの手の出し方です。Ａくんの「**グ**」に対して，B さんの手の出し方も「**グ・チ・パ**」の３通りありますね。

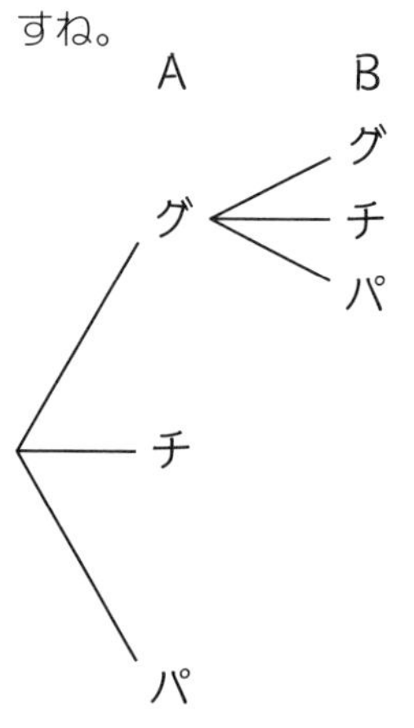

同様に，Ａくんの「**チ**」と「**パ**」に対しても，B さんの手の出し方は３通りずつあります。

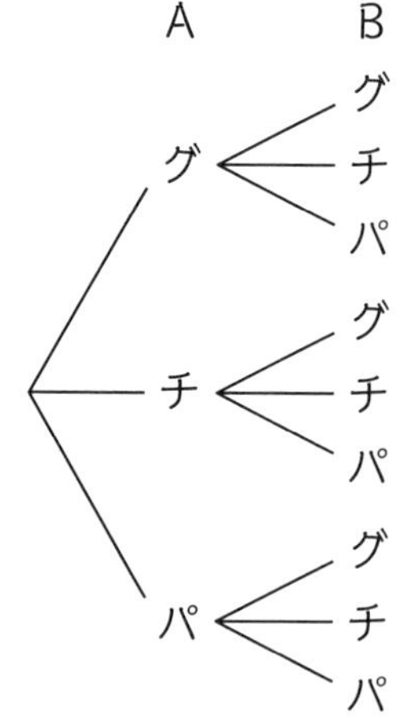

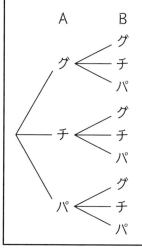

起こりうる全部の場合は 9 通りで，
B さんが勝つ場合は○をつけた部分の 3 通りですね。

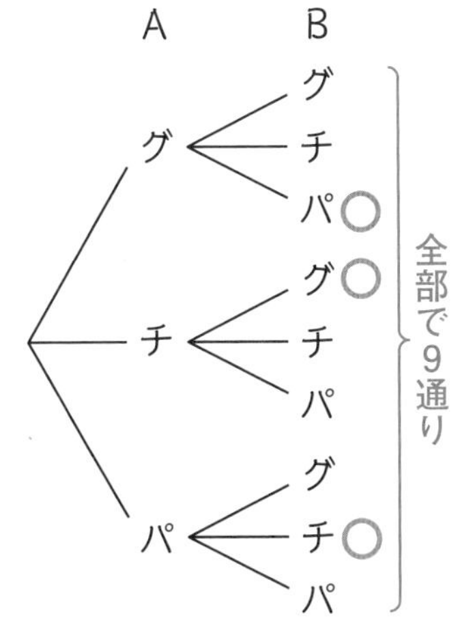

したがって，求める確率 p は，

$$p = \frac{3}{9} = \frac{1}{3}$$ 答

となります。

でもこれ…
AとBを
逆にしても
同じ答えに
なるニャ？
お…！
いい疑問ですね。
では，確かめて
みましょう。

A くんと B さんを逆にした場合も，
起こりうる全部の場合は 9 通りで，
B さんが勝つ場合も 3 通りです。
○の位置は変わりますが，
確率の値は同じ値になるんですね。

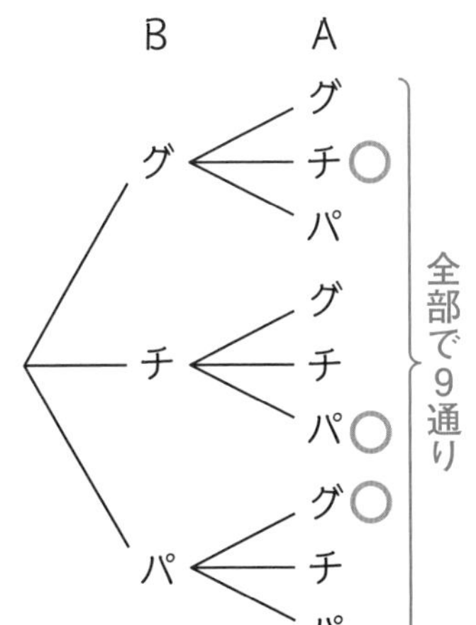

ニャン吉は「パー」しか出せないから勝つ確率はもっと低いワン！
同様に確からしくないワン！
おまえも同じような手だニャ!!
だいたい「パー」なのか「グー」なのかわからんニャ！

確率の問題は，関係が複雑になるほど樹形図のかき方も難しくなりますが，樹形図がきちんとかければ，正解にグッと近づきます。数えもれや計算ミスには注意しましょうね。
END

3 いろいろな確率

問 1 （くじびき①）

箱の中に，A，B，C，D とかかれた合計 4 枚のくじが入っています。
A，B，C，D の 4 人の中から，くじびきで委員長 1 人と副委員長 1 人を選ぶとき，C が委員長，D が副委員長に選ばれる確率を求めなさい。

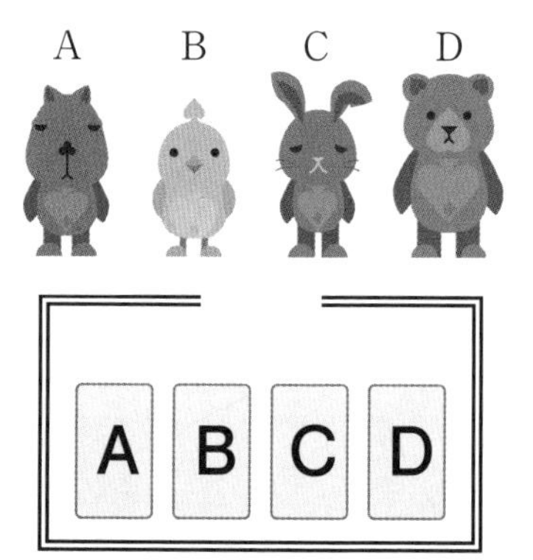

1 つ 1 つ考えましょう。
箱の中に，A，B，C，D とかかれたくじが計 4 枚あるんですよね。

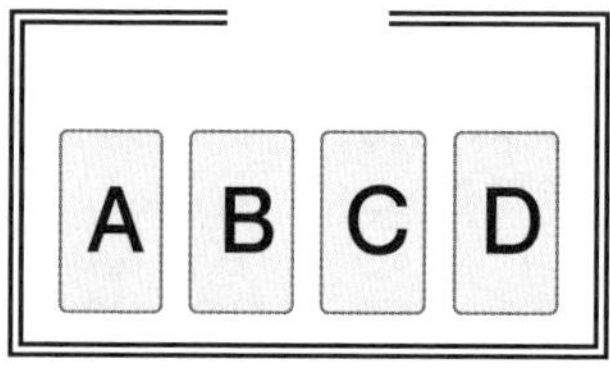

まず，「委員長」を決めるために，くじを 1 枚ひきます。

「委員長」で A をひいた場合，
B，C，D が残ります。
同じ人が委員長と副委員長に**同時**にはなれない，という点に注意しましょう。

次に，「副委員長」を決めるくじを 1 枚ひきますが，これは残った B，C，D から選ばれることになるわけです。

このようなやり方をふまえて，樹形図をかいてみましょう。まず，最初に「委員長」を選ぶとしたら，A，B，C，D，4通りの場合があります。

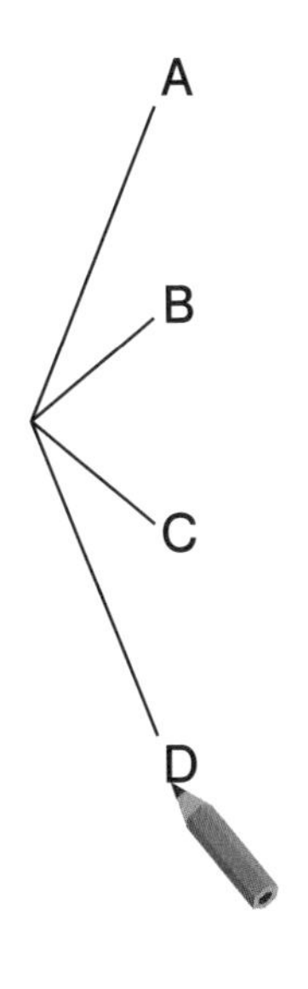

次に「副委員長」を選ぶときは，残った3通りずつの場合がありますよね。

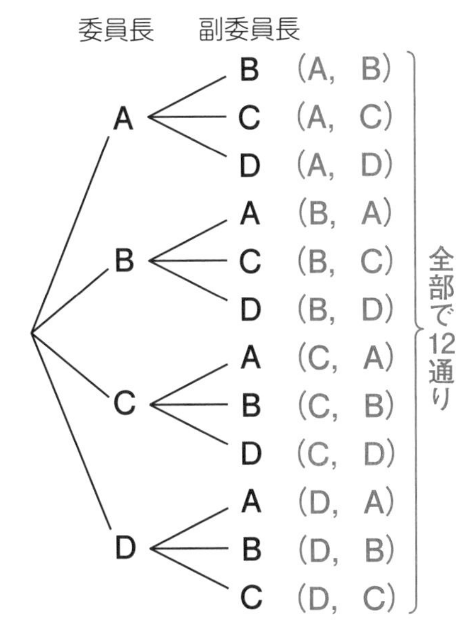

起こりうる全部の場合は12通りで，C が委員長，D が副委員長に選ばれる場合は1通りですね。

したがって，求める確率は，

$$p = \frac{1}{12}$$ 答

となります。

さて，**問1**は，委員長と副委員長という**別の**委員を2人選びました。次は，**同じ**委員を2人選ぶケースを考えましょう。

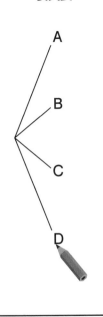

問2 （くじびき②）

箱の中に，A，B，C，Dとかかれた合計4枚のくじが入っています。
2回連続でくじをひき，A，B，C，Dの4人の中から2人の委員を選ぶとき，次の確率を求めなさい。

(1) BとDが委員に選ばれる確率
(2) Cが委員に選ばれる確率

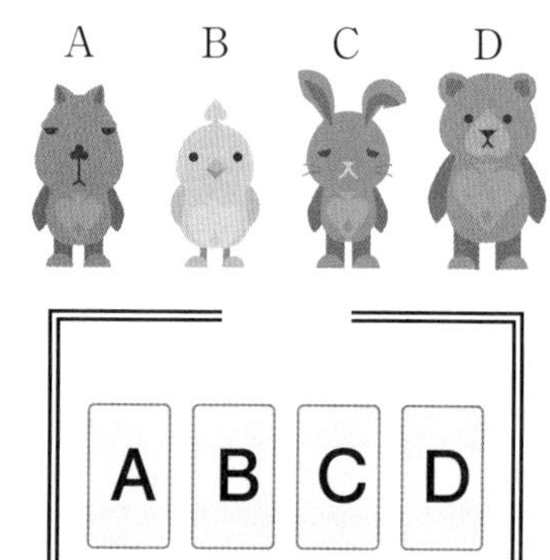

問1と同じように，
2回連続でくじびきしたときの
樹形図をかきましょう。
樹形図を完成させると，
起こりうる全部の場合（＝12通り）が
一目でわかります。

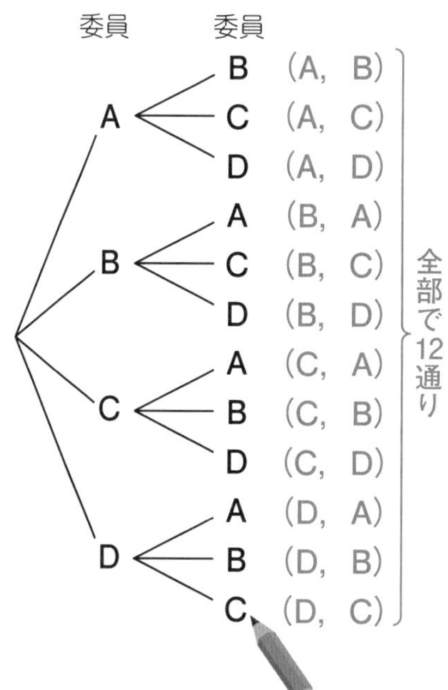

(1)を考えましょう。
ここで要注意なのが，BとDが委員に選ばれるのであれば，**組み合わせの順番は関係ない**という点です。

例えば，（B，D）と（D，B）は
同じ組み合わせなので，委員の構成としては全く同じですよね。

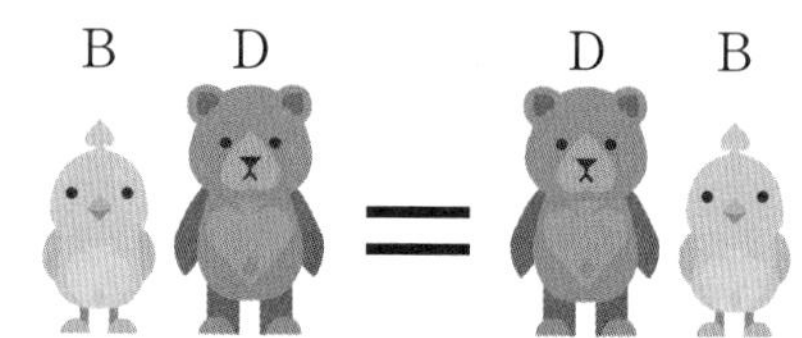

このように，**重複している組み合わせ**は，どちらか一方を樹形図（**起こりうる全部の場合**）から消去して考えてもいいんです。

重複している組み合わせを
斜線で消して，

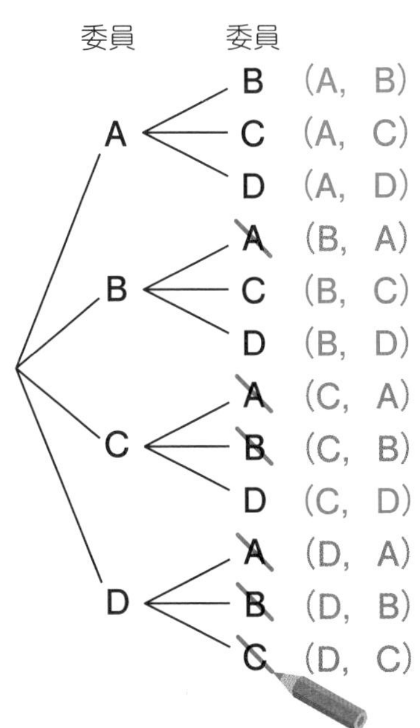

整理すると，2人の委員の組み合わせは6通りになりますよね。

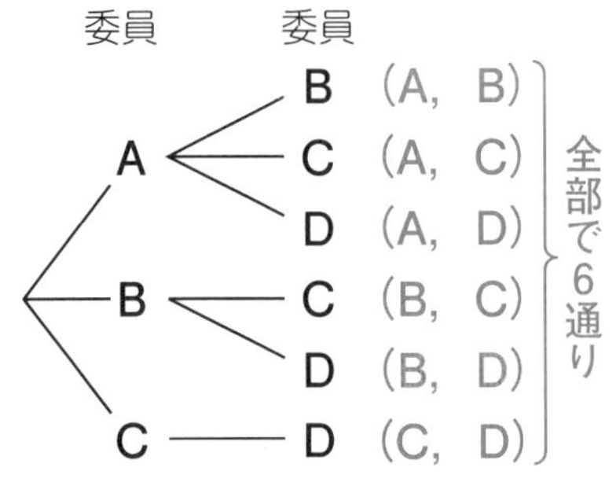

そのうち，BとDが委員に選ばれる場合は1通りなので，求める確率は，

$$p=\frac{1}{6}$$ 答

となります。

(2)を考えましょう。
Cが委員に選ばれる場合は，
(A, C) (B, C) (C, D) の
3通りありますよね。

委員　委員
A — B (A, B)
C (A, C)
D (A, D)
B — C (B, C)
D (B, D)
C — D (C, D)

したがって，求める確率は，

$$p=\frac{3}{6}=\frac{1}{2}$$ 答

となります。

このように，起こりうる全部の場合から**重複している組み合わせ**を省いて考えた方が速く解ける問題もあります。
慣れてくると，最初から重複を省いた樹形図がかけるようになりますので，何度も練習しましょう。

問3 (2つのさいころ)

大小 2 つのさいころを投げるとき，次の確率を求めなさい。

(1) 出た目の数の和が 8 となる確率。

(2) 出た目の数の和が 8 にならない確率。

「出た目の数の和が 8 となる」というのは，例えば以下のような場合ですね。

⚁ + ⚅ ＝8

⚂ + ⚄ ＝8

⚃ + ⚃ ＝8

この問題は，ふつうに「樹形図」をかいてもいいのですが，**さいころを 2 つふるような場合**は，総当たりの表をかく方が簡単です。

例えば下のように，縦の列にさいころ「小」の目を並べ，横の行にさいころ「大」の目を並べた表のわくをかきましょう。

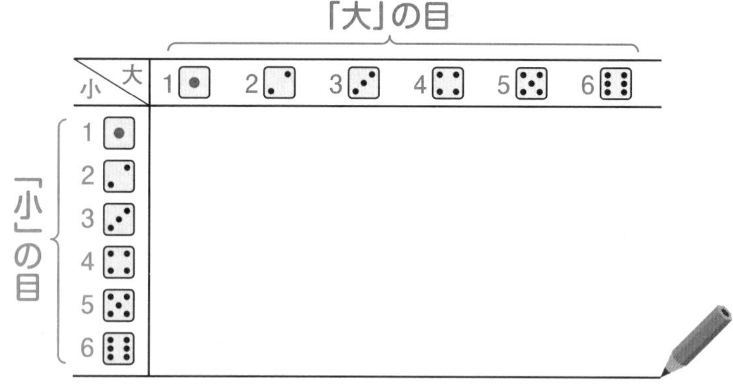

※表にあるさいころの絵はイメージです。実際にかく必要はありません。

小の 1 と，大の 1 が当たるところは (1，1)。
※かっこの左が小，右が大の値。

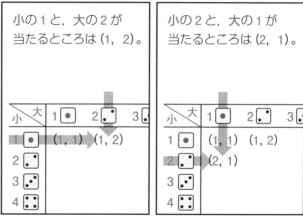

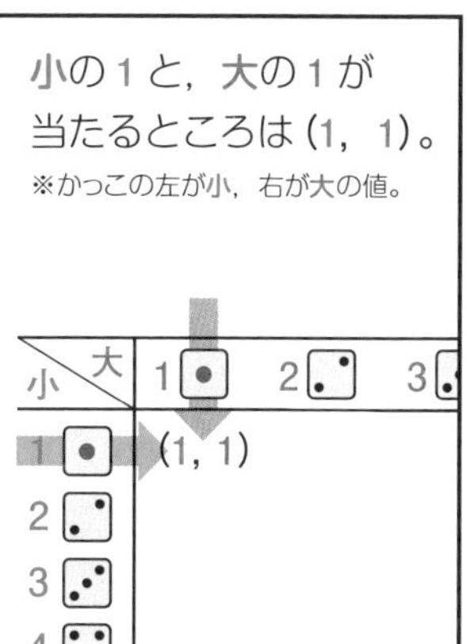

小の 1 と，大の 2 が当たるところは (1，2)。

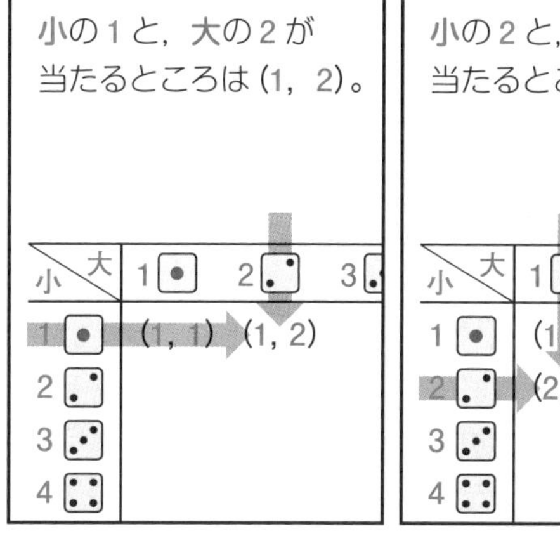

小の 2 と，大の 1 が当たるところは (2，1)。

小＼大	1	2	3
1	(1, 1)	(1, 2)	
2	(2, 1)		
3			
4			

このようにして，すべての目の組み合わせをかくと，下のような表になります。
6×6＝36 なので，全部で 36 通りの組み合わせになります。

小＼大	1	2	3	4	5	6
1	(1, 1)	(1, 2)	(1, 3)	(1, 4)	(1, 5)	(1, 6)
2	(2, 1)	(2, 2)	(2, 3)	(2, 4)	(2, 5)	(2, 6)
3	(3, 1)	(3, 2)	(3, 3)	(3, 4)	(3, 5)	(3, 6)
4	(4, 1)	(4, 2)	(4, 3)	(4, 4)	(4, 5)	(4, 6)
5	(5, 1)	(5, 2)	(5, 3)	(5, 4)	(5, 5)	(5, 6)
6	(6, 1)	(6, 2)	(6, 3)	(6, 4)	(6, 5)	(6, 6)

(1)を考えましょう。「目の数の和が 8 となる」組み合わせを表から探すと，□部分の 5 通りが見つかります。

全 36 通り中の 5 通りなので，求める確率 p は，

$$p=\frac{5}{36}$$ 答

となります。

表ができたら，あとはひたすら，求めたい場合の数を正確に自分の目と手で数えるんです。

(2)を考えましょう。
「数の和が 8 にならない」のように，あることがらの**起こらない**場合の数とは，**起こりうる全部**の場合の数から，あることがらの**起こる**場合の数をひいた値になりますよね。

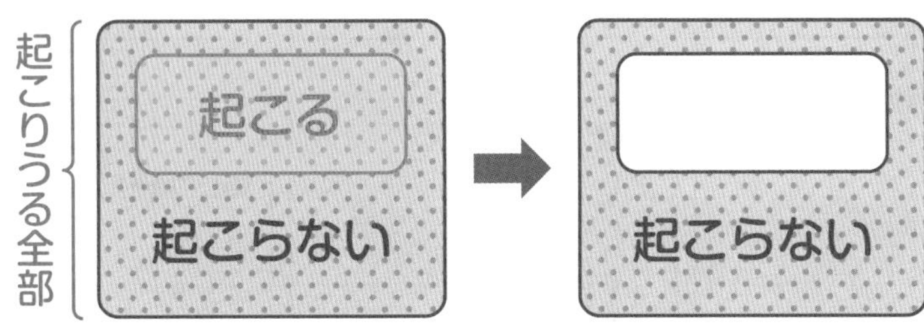

これと同じように，全 36 通りから**数の和が 8 となる**場合の 5 通りをひくと，
36 − 5 = 31 で，**数の和が 8 にならない**場合は 31 通りだとわかります。
したがって，求める確率 p は，

$$p=\frac{31}{36}$$ 答

となります。

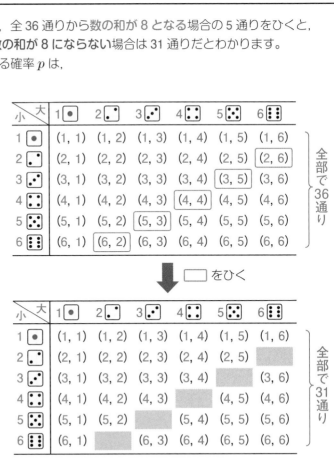

小＼大	1	2	3	4	5	6
1	(1, 1)	(1, 2)	(1, 3)	(1, 4)	(1, 5)	(1, 6)
2	(2, 1)	(2, 2)	(2, 3)	(2, 4)	(2, 5)	(2, 6)
3	(3, 1)	(3, 2)	(3, 3)	(3, 4)	(3, 5)	(3, 6)
4	(4, 1)	(4, 2)	(4, 3)	(4, 4)	(4, 5)	(4, 6)
5	(5, 1)	(5, 2)	(5, 3)	(5, 4)	(5, 5)	(5, 6)
6	(6, 1)	(6, 2)	(6, 3)	(6, 4)	(6, 5)	(6, 6)

全部で36通り

□をひく

小＼大	1	2	3	4	5	6
1	(1, 1)	(1, 2)	(1, 3)	(1, 4)	(1, 5)	(1, 6)
2	(2, 1)	(2, 2)	(2, 3)	(2, 4)	(2, 5)	
3	(3, 1)	(3, 2)	(3, 3)	(3, 4)		(3, 6)
4	(4, 1)	(4, 2)	(4, 3)		(4, 5)	(4, 6)
5	(5, 1)	(5, 2)		(5, 4)	(5, 5)	(5, 6)
6	(6, 1)		(6, 3)	(6, 4)	(6, 5)	(6, 6)

全部で31通り

「**場合の数**」だけでなく，「**確率の値**」についても，同じように考えることができます。

起こりうる全部の確率 ＝1（確率の最大値）

起こる確率

起こらない確率

つまり，**あることがらの起こらない確率**は，次の式で求めることができるんです。

あることがらの起こらない確率の求め方

$$\left(\text{あることがらの起こらない確率}\right) = 1 - \left(\text{あることがらの起こる確率}\right)$$

⑴より，数の和が 8 となる確率は $\frac{5}{36}$ ですから，これを上の式にあてはめると，

$$\left(\text{数の和が 8 にならない確率}\right) = 1 - \frac{5}{36}$$

$$= \frac{36}{36} - \frac{5}{36}$$

$$= \frac{31}{36}$$ 答

このように，簡単に⑵の答えが求められますね。

全部から一部をひくと，**残りの部分**がわかる。このイメージをしっかり固めておきましょう。

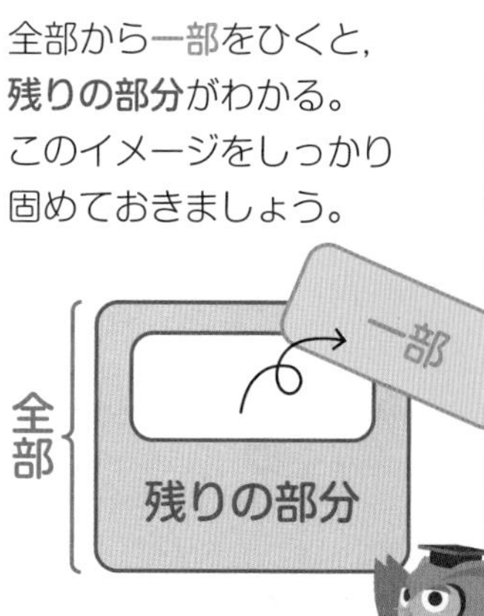

Chapter 7 確率 3 いろいろな確率

問4 （くじびき③）

4本のうち2本の当たりが入っているくじがあります。A，Bの2人がこの順（A→Bの順）に1本ずつくじをひくとき，どちらの方が当たりくじをひく確率が大きいかを求め，くじをひく順番で，当たりやすさにちがいがあるのかを説明しなさい。ただし，ひいたくじはもとにもどさないとする。

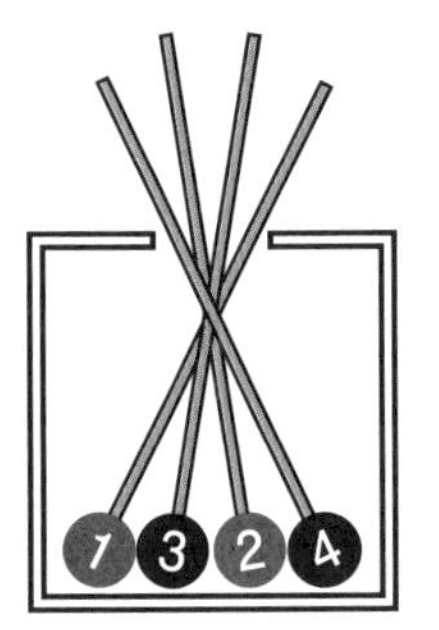

先にひいた方が絶対有利に決まってるニャ！
残り物には服があるともいうワン？

「服」じゃなくて「**福**」ですね…
では，くじをひく順番で，当たる確率は変わるのか，考えてみましょう。

4本のうち2本の当たりが入っているくじがあるということで，

当たり…❶❷
はずれ…❸❹

として樹形図をかきましょう。

※4本すべてのくじに別々の番号をふることで区別し，さらに当たりを赤色にすることでわかりやすくした。明確な区別がつけられれば，記号・番号などは自由でよい。

最初にAがひくときは，❶，❷，❸，❹の4通りの場合があります。

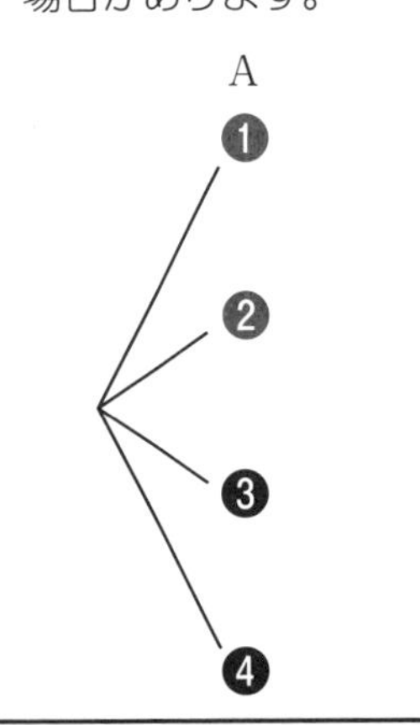

Aが❶をひいた場合，次にBがひくのは，❷，❸，❹の3通りになりますよね。

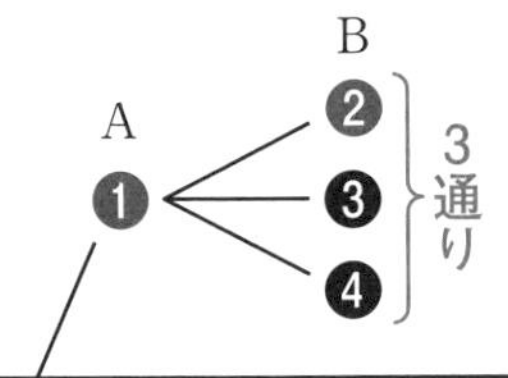

同じように，Aが❷をひいた場合，次にBがひくのは，❶，❸，❹の3通りになります。

※ひいたくじをもとにもどさないかぎり，AとBが同じくじをひくことはない点に注意。

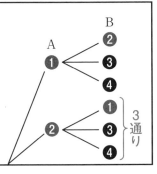

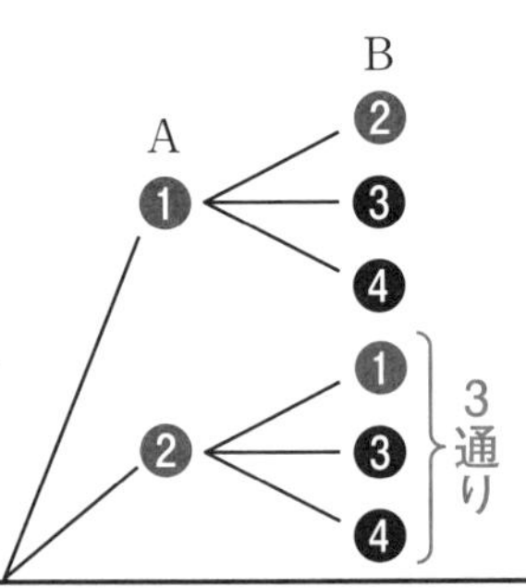

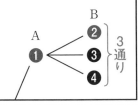

このようにして樹形図を完成させると，
全部で **12通り**の場合があることが
わかります。

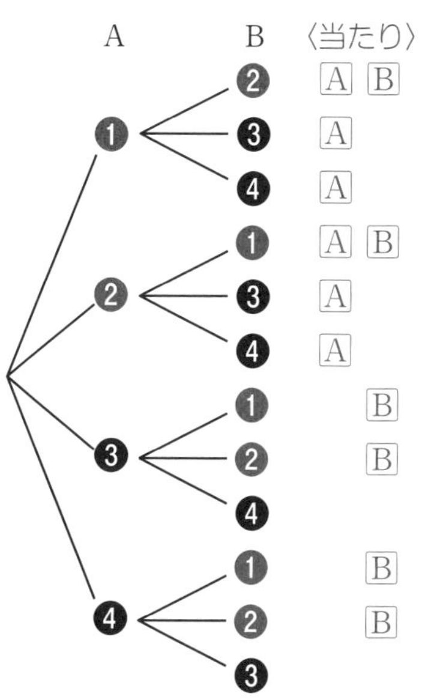

樹形図の右の A は A が当たる場合であり，
B は B が当たる場合です。
A と B，両方とも 6 通りですね。

樹形図より，
A が当たる場合は 6 通りなので，
求める確率 p は，

$$p = \frac{6}{12} = \frac{1}{2}$$

となります。

同様に，
B が当たる場合は 6 通りなので，
求める確率 p は，

$$p = \frac{6}{12} = \frac{1}{2}$$

となります。

A と B が当たりくじをひく
確率は同じなので，結論は，

くじをひく順番で，当たり
やすさにちがいはない。

ということに
なります。

先にひいても，あとにひいても，
当たる確率は変わらないニョね…

この問題だけでなく，
「くじ」に当たる確率というのは，
ひく順番によって差はないことが
知られているんですよ。

確率の問題は，試験に必ず出ます。
ただ，前回と今回の授業で，
典型的な問題のパターンは
すべてマスターしたので大丈夫！
あとはしっかり復習して，
練習問題をくり返し，
応用力をみがきましょう！

高校入試問題にチャレンジ！

確率【実戦演習】

問1

〈大阪府〉

2つのさいころを同時に投げるとき，出る目の数の積が12である確率はいくらですか。

※確率は同様に確からしいものとする。(以下同)

問2

〈埼玉県〉

1から5までの数字が1つずつ書かれた5枚のカードがある。この中から1枚取り出し，数字を見てもとに戻す。次に，もう一度，5枚のカードから1枚取り出し，数字を見る。はじめに取り出したカードの数字をa，次に取り出したカードの数字をbとして，$\dfrac{b}{a}$の値が整数となる確率を求めなさい。

1 2 3 4 5

問3

〈熊本県〉

100円硬貨1枚と，50円硬貨2枚がある。この3枚の硬貨を同時に1回投げる。

(1) 表裏の出方は全部で何通りあるか。

(2) 投げた3枚の硬貨のうち，表が出た硬貨の金額を合計して100円以上になる確率を求めなさい。

問4

〈滋賀県〉

4本のうち，当たりが1本入っているくじがあります。このくじを，太郎さん，花子さんの2人がこの順に1本ずつ引きます。

太郎さん，花子さんが当たりくじを引く確率をそれぞれ求めなさい。

問5

〈長野県〉

大小2つのさいころを同時に投げるとき，5の目が全く出ない確率を求めなさい。

問6

〈福島県〉

箱の中に赤玉2個，青玉2個，白玉1個の合計5個の玉が入っている。この箱の中から，A，Bの2人がこの順に1個ずつ玉を取り出す。ただし，取り出した玉は箱の中に戻さないものとする。

(1) Aが青玉を取り出す確率を求めなさい。

(2) A, Bの2人のうち，少なくとも1人が青玉を取り出す確率を求めなさい。

確率の問題は，基本的に「樹形図」で考えましょう。場合の数が多く，同時に行なうようなときは，「総当たりの表」で考えると便利です。

答1

さいころの目の出方は全部で36通り。
出る目の数の積が12である場合は，
2×6，3×4，4×3，6×2の4通り。
したがって，求める確率は

$\frac{4}{36}=\frac{1}{9}$ 答

※2つのさいころを同時に投げるときは，総当たりの表をかいてみるとわかりやすい。ただ，表をかかなくても，場合の数がわかる場合は省略してよい。
※さいころの区別をつけない2つのさいころの場合も同様に考えてよい。

答2

組み合わせは全部で25（＝5×5）通り。
$a=1$のときに$\frac{b}{a}$が整数となるのは，
$b=1$，2，3，4，5の5通り。同様に，
$a=2$の場合は，$b=2$，4の2通り。
$a=3$の場合は，$b=3$の1通り。
$a=4$の場合は，$b=4$の1通り。
$a=5$の場合は，$b=5$の1通り。
計10通りなので，答えは $\frac{10}{25}=\frac{2}{5}$ 答

答3

表を○，裏を×として樹形図で考える。

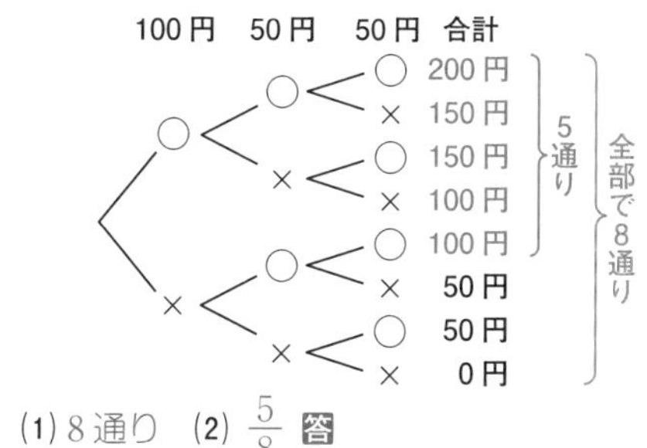

(1) 8通り (2) $\frac{5}{8}$ 答

答4

くじの引き方は全部で12通り。当たりを❶とすると，太郎さんが当たるのは3通り（★）。花子さんが当たるのは3通り（◎）である。
よって，どちらも

$\frac{3}{12}=\frac{1}{4}$ 答

太郎 花子
❶ ― ❷★ ❸★ ❹★
❷ ― ❶◎ ❸ ❹
❸ ― ❶◎ ❷ ❹
❹ ― ❶◎ ❷ ❸

答5

総当たり表で考えると，5の目が出る場合は○の11通り。したがって，
(5の目が出ない確率)$=1-\frac{11}{36}=\frac{25}{36}$ 答

大＼小	1	2	3	4	5	6
1					○	
2					○	
3					○	
4					○	
5	○	○	○	○	○	○
6					○	

答6

(1) Aが青玉を取り出す確率は$\frac{2}{5}$ 答
(2) 全20通りのうち，少なくとも1人が青玉を取り出す場合（★）は14通り。
よって，$\frac{14}{20}=\frac{7}{10}$ 答

A B
❶ ― ❷ ❶★ ❷★ ❶
❷ ― ❶ ❶★ ❷★ ❶
❶ ― ❶★ ❷★ ❷★ ❶★
❷ ― ❶★ ❷★ ❶★ ❶★
❶ ― ❶ ❷ ❶★ ❷★

【別解】誰も青玉を取り出さない場合は6通りなので，
$1-\frac{6}{20}=\frac{14}{20}=\frac{7}{10}$

Chapter 7 確率【実戦演習】

COLUMN-7

モンティ・ホール・ジレンマ

モンティ・ホールが司会を務めるアメリカのテレビ番組で行なわれていたゲームです。3つのドアA,B,Cがあり，どれか1つのドアの後ろにだけ景品が置いてあります。あなたはドアを1つ選び，景品が置いてあればもち帰ることができます。仮に，Aのドアを選択した（ただし，まだ開けない）としましょう。ここで，どのドアの後ろに景品があるかを知っている司会者は，BかCのうち景品の置いていないドアを1つ開けて，あなたに問いかけます。「本当にAのドアでいい？」「まだ，開けていないドアに変えてもいいんだよ？」。このとき，最初の選択どおりAのドアを開けるのと，開いていない方のドアに変えるのと，どちらの方が有利なのかを確率的に考えてみてください。ふつうに考えると，まだ開いていない2つのドアの1つに景品があるので，どちらにしろ当たる確率は$\frac{1}{2}$だと思いますよね。しかし，「最も高いIQ」を有しているとギネスに認定されたコラムニストのサヴァントは，連載するコラムで「ドアを変更する場合，景品が当たる確率は$\frac{2}{3}$になる*」と発表し，多くの視聴者や数学者から批判が殺到しました。では，途中でドアの選択を変えるときの当たる確率を一緒に考えてみましょう。

「Aに景品があり，最初にどれかのドアを選択し，その後選択を変える」とします。最初にAを選んだ場合，景品のないBまたはCのドアが開きますが，どちらにも景品はないので結局はずれます。最初にBを選んだ場合，Aに景品があるのでCのドアが開かれます。選択を変更するとAを選ぶことになるので当たりです。最初にCを選ぶ場合，Aに景品があるのでBのドアが開かれます。選択を変更すると，Aを選ぶことになるので当たりです。最初の選択後に，景品の置いていないドアが開かれる（＝そのドアは必然的に選択しない）ので，起こりうる全部の場合は3通りで，うち当たりは2通り。サヴァントのいうとおり，選択を変更する場合は，$\frac{2}{3}$の確率で当たりを選択することになるわけです。

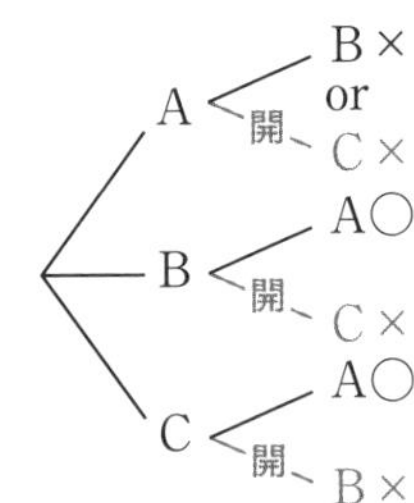

*ドアを変更しなければ当たる確率は$\frac{1}{3}$であるが，ドアを変更すれば当たる確率は$\frac{2}{3}$となると述べた。

（文：沖田一希）

おわりに

はい，みなさんお疲れさまでした。
最後までよくがんばりましたね！
中２数学はよく理解できましたか？

同様に
確からしく
わかったワン！

どういう
意味ニャ！？
絶対わかってないニャ!!

ボケてばかり
だったニャ!!

まだ完全に理解していないところは，
しっかり復習しておきましょうね。

特にこのマークがあるコマは，
教科書でも強調されている
最重要ポイントです。
復習のときはここを見るだけで
もOKですから，完璧に覚えて
おきましょう。

POINT

この授業のあとは
『中３数学コマ送り教室』に
進めばいいニャ？

もちろん，それもオススメです。
中２生でもゼロからわかる内容に
なっていますから，できる人は
どんどん先に進んでください。

また，数学の得点力を上げるには，
本書の**【実戦演習】**のような「**演習**」を
くり返すことが必要です。
このあとは，いろいろな問題を
たくさん解いてくださいね。

演習をくり返さな
きゃダメなニョね…

円周(えんしゅう)をくり返すワン!!

円周
「演習(えんしゅう)」ニャ！
字がちがうニャ!!
END

INDEX

さくいん

▶この索引（さくいん）では，小見出し（＝もくじ掲載の項目名），重要ポイント，本文内の太字にふくまれる数学的な用語を五十音順に掲載しています。

【ページ数の色分け】
青数字＝小見出し
赤数字＝重要ポイント
黒数字＝本文内の太字ほか

あ行　ページ数↓

か行

さ行

た行

な行

は行

ま行

ら行

わ行

中2数学コマ送り教室

発行日：2021年 3月12日　　初版発行

編著：東進ハイスクール中等部・東進中学NET
監修：**沖田一希**
発行者：**永瀬昭幸**

編集担当：八重樫清隆
発行所：株式会社ナガセ
〒180-0003 東京都武蔵野市吉祥寺南町 1-29-2
出版事業部（東進ブックス）
TEL：0422-70-7456 ／ FAX：0422-70-7457
URL：http://www.toshin.com/books（東進 WEB 書店）
※東進ブックスの最新情報（本書の正誤表を含む）は東進 WEB 書店をご覧ください。

編集協力：金子航　栗原咲紀　竹林綺夏　板谷優初　市橋明季　土屋岳弘
制作協力：㈱群企画　大木誓子
装丁・DTP：東進ブックス編集部
印刷・製本：シナノ印刷㈱

ISBN978-4-89085-860-6 C6341